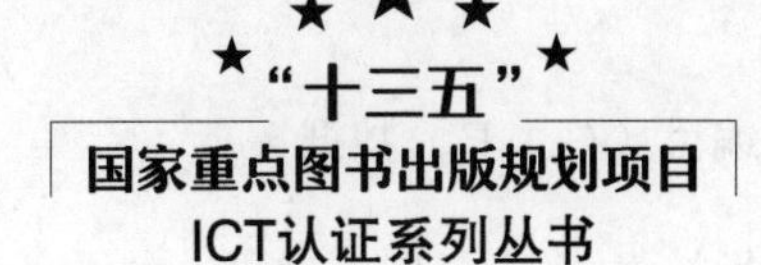

华为信息与网络技术学院指定教材

路由与交换技术

刘丹宁　田果　韩士良　/ 著

人民邮电出版社
北京

图书在版编目（CIP）数据

路由与交换技术 / 刘丹宁，田果，韩士良著. -- 北京 : 人民邮电出版社，2017.9（2021.2重印）
（ICT认证系列丛书）
ISBN 978-7-115-45650-2

Ⅰ. ①路… Ⅱ. ①刘… ②田… ③韩… Ⅲ. ①计算机网络－路由选择②计算机网络－信息交换机 Ⅳ. ①TN915.05

中国版本图书馆CIP数据核字(2017)第199301号

内 容 提 要

本书是华为 ICT 学院路由与交换技术官方教材，旨在帮助初级阶段的学生进一步学习网络技术的常用协议和对应的配置方法。

本书的写作顺序为先交换后路由。首先对交换网络进行了概述，以便读者学习本书后文的内容；接下来，用两章介绍了 VLAN 和 STP 这两项交换网络中常用的技术；后面的 6 章内容均与路由技术有关，路由技术是互联网络中必不可少的核心技术。

除华为 ICT 学院的学生之外，本书同样适合正在备考 HCNA 认证或者正在参加 HCNA 技术培训的人士进行阅读和参考。其他有志从事 ICT 行业的初级人员和网络技术爱好者也可以通过阅读本书，加深对网络技术的理解。

◆ 著　　刘丹宁　田　果　韩士良
责任编辑　李　静
执行编辑　王国霞
责任印制　彭志环

◆ 人民邮电出版社出版发行　　北京市丰台区成寿寺路 11 号
邮编　100164　　电子邮件　315@ptpress.com.cn
网址　http://www.ptpress.com.cn
涿州市京南印刷厂印刷

◆ 开本：787×1092　1/16
印张：26.5　　2017 年 9 月第 1 版
字数：628 千字　　2021 年 2 月河北第 25 次印刷

定价：79.00 元

读者服务热线：(010)81055493　印装质量热线：(010)81055316
反盗版热线：(010)81055315

序

物联网、云计算、大数据、人工智能等新技术的兴起，推动着社会的数字化演进。全球正在从“人人互联”发展至“万物互联”。未来二三十年，人类社会将演变成以“万物感知、万物互联、万物智能”为特征的智能社会。

新兴技术快速渗透并推动企业加速向数字化转型，企业业务应用系统趋于横向贯通，数据趋于融合互联，ICT 正在成为企业新一代公共基础设施和创新引擎，成为企业的核心生产力。华为 GIV（全球 ICT 产业愿景）预测，到 2025 年，全球的联接数将达到 1 000 亿，85%的企业应用云计算技术，100%的企业会联接云服务，工业智能的普及率将超过 20%。数字化发展为各行业带来的纵深影响远超出想象。

ICT 人才作为企业数字化转型中的关键使能者，将站在更新的高度，以更为全局的视角审视整个行业，并依靠新思想、新技术驱动行业发展。因此，企业对于融合型 ICT 人才需求也更为迫切。未来 5 年，华为领导的全球 ICT 产业生态系统对人才的需求将超过 80 万。华为积累了 20 余年的 ICT 人才培养经验，对 ICT 行业发展现状及趋势有着深刻的理解。面对数字化转型背景下企业 ICT 人才短缺的情况，华为致力于构建良性 ICT 人才生态链。2013 年，华为开始与高校合作，共同制订 ICT 人才培养计划，设立华为信息与网络技术学院（简称华为 ICT 学院），依据企业对 ICT 人才的新需求，将物联网、云计算、大数据等新技术和最佳实践经验融入到课程与教学中。华为希望通过校企合作，让大学生在校园内就能掌握新技术，并积累实践经验，促使他们快速成长为有应用能力、会复合创新、能动态成长的融合型人才。

教材是知识传递、人才培养的重要载体，华为聚合技术专家、高校教师倾心打造 ICT 学院系列精品教材，希望能帮助大学生快速完成知识积累，奠定坚实的理论基础，助力同学们更好地开启 ICT 职业道路，奔向更美好的未来。

亲爱的同学们，面对新时代对 ICT 人才的呼唤，请抓住历史机遇，拥抱精彩的 ICT 时代，书写未来职业的光荣与梦想吧！华为，将始终与你同行！

前　言

华为 ICT 学院路由与交换技术官方教材分为 3 册，是华为技术有限公司、YESLAB 培训中心和高校专家，针对华为 ICT 学院的学生推出的诚意之作。教材的大纲结构到文字描述由业内专家执笔，而且内容经多方顶级专家反复论证推敲。

本书定位的人群为学习《网络基础》或者已经参加过计算机网络（Computer Network）类专业课程的学习，对于网络技术具有一定了解的读者。

本书按照先交换后路由的顺序展开。本书首先会以交换机的基本工作原理为起点，对交换技术进行介绍；接下来，会用两章内容介绍交换网络中的常用技术，即 VLAN 技术和生成树（STP）协议。

在路由技术部分，首先对静态路由进行详细的讲解；接下来，会对 VLAN 间路由技术进行介绍。这个阶段介绍的 VLAN 间路由技术，也可以帮助读者回顾前面几章介绍过的交换技术和路由技术，建立知识点间的联系。本书的最后 4 章均与动态路由协议有关，这 4 章将介绍 RIP 和 OSPF 两种常见动态路由协议的原理及部署方法。在这两种动态路由协议中，OSPF 是重点，针对这个常用且复杂的协议，本书将使用 3 章的篇幅对其进行讲解。

本书主要内容

本书共分为 9 章，其中第 1～3 章为交换技术；第 4、6、7、8、9 章为路由技术；第 5 章的知识以路由技术为主，同时涉及交换网络。各自的内容分别包括如下。

第 1 章：交换网络

本章首先介绍了以太网的概念，包括共享型以太网、交换型以太网、冲突域和广播域等，同时会解释交换机在以太网中的工作方式。接下来，本章会对交换机的一些基本设置方法进行演示，包括如何设置交换机端口的速率、双工模式，如何修改交换机的 MAC 地址表等。

第 2 章：虚拟局域网（VLAN）技术

本章完全围绕着 VLAN 技术展开。首先，从需求出发，引出 VLAN 的作用和原理，解释在实际网络中如何设计和划分 VLAN；接下来，介绍在一个包含多台交换机的交换网络中，如何设计和同步 VLAN；最后，通过大量案例，演示如何在华为交换机上添加和删除 VLAN、修改端口的工作模式、配置 GVRP 等。

第 3 章：生成树协议

本章会对各个版本的生成树协议进行介绍。首先，从网络对冗余链路的需求和潜在风险之间的矛盾引出生成树协议，并且介绍了与生成树协议有关的概念；接下来，对 STP 的工作原理，特别是不同端口角色的选举过程进行详细的介绍；最后，用两节分别介绍两种比传统 STP 协议更新、目前也更常用的 STP 版本，即快速生成树（RSTP）和多生成树（MSTP）。

第 4 章：静态路由

从本章开始，本书的重点从交换技术切换到路由技术。在本章中，首先回顾了《网络基础》中已经介绍的概念，包括路由、路由表、路由优先级、路由度量等；接下来，会介绍如何在华为路由设备上添加各类静态路由条目（包括普通静态路由、默认路由、汇总静态路由、浮动静态路由）的方法，以及如何找出与静态路由有关的网络故障。

第 5 章：VLAN 间路由

本章重点介绍了如何在多个 VLAN 之间实现设备通信。在本章中，首先提出物理拓扑与逻辑拓扑的对应关系，继而介绍三种 VLAN 间路由的实现方法；接着，介绍三层交换技术的概念与配置；最后，提出了网络排错的整体思路，并通过三个不同的路由环境对排错思路进行举例。

第 6 章：动态路由

在本章中，本书对动态路由和动态路由协议进行了概述，并从两个角度介绍了路由协议的分类。接下来，本章详细介绍了距离矢量型路由协议 RIP，其中包括 RIP 两个版本（RIPv1 和 RIPv2）的对比、RIP 的基本工作原理，以及 RIP 的环路避免机制；此外，本章还以案例的形式具体展示了在华为设备上配置 RIPv2 的方法，包括 RIPv2 的基本配置、路由汇总配置、认证，以及公共特性的调试；最后，本章对链路状态型路由协议的信息交互进行介绍，为本书后续内容打下理论基础。

第 7 章：单区域 OSPF

本章主要介绍 OSPF 的基础知识，其中包括 OSPF 使用的三个表（邻居表、链路状态数据库和路由表）、OSPF 消息的封装格式、OSPF 的报文类型以及 OSPF 中的网络类型、路由器 ID、路由器角色（DR 和 BDR）。本章的后半部分则重点介绍了 OSPF 的整体工作原理，即路由设备之间发现 OSPF 邻居、形成 OSPF 邻居关系、建立完全邻接关系的过程。最后，提供了一个单区域 OSPF 的配置案例。

第 8 章：单区域 OSPF 的特性设置

本章延续了第 7 章的单区域 OSPF 配置，在相同的环境中展示 OSPF 一些高级特性的配置方法，其中包括 OSPF 邻居认证、调整网络类型与 DR 优先级、调整 OSPF 计时器、设置 OSPF 静默接口和路由度量值。最后还介绍了在部署 OSPF 的工作时，一些经常使用的排错命令。

第 9 章：多区域 OSPF

本章重点介绍了多区域 OSPF 的工作原理和配置。首先对 OSPF 的分层结构进行概述，继而介绍 OSPF 路由器的类型；在多区域 OSPF 工作原理中，介绍了 OSPF LSA 类型；最后，演示了多区域 OSPF 的配置和排错方法。

关于本书读者

本书的定位是华为 ICT 学院路由与交换技术官方教材，本书适合以下几类读者。

- 华为 ICT 学院的学生。
- 各大高校学生。
- 正在学习 HCNA 课程的学员和正在备考 HCNA 认证的考生。
- 有志于从事 ICT 行业的初学者。
- 网络技术爱好者。

本书阅读说明

读者在阅读本书的过程中，尤其是教师在使用本书作为教材的过程中，需要注意以下事项。

1．本书多处把路由器或计算机上的网络适配器连接口称为“接口”，把交换机上的网口称为“端口”，这种差异仅仅是称谓习惯上的差异。在平时的交流中，“接口”一词与“端口”一词完全可以混用。

2．在华为公司的作品中，串行链路常用虚线表示，以太链路而以实线表示。本书中所有链路一概用实线表示，虚线在各图中作特殊表意使用，如数据包前进路线、区域范围等。

3．本书学习目标中要求读者了解的内容，读者只需了解对应的概念及其表意；本书学习目标中要求读者理解的内容，读者应把握其工作原理，做到既知其然，也知其所以然；本书学习目标中要求读者掌握的内容，读者还应在理解的基础上有能力对其灵活运用。

4．本书章节名称前带星号的内容为选学模块，华为 ICT 学院授课教师可根据授课情况进行选择。

本书常用图标

路由器

集线器

核心层交换机

汇聚层交换机

接入层交换机

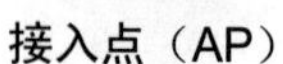
接入点（AP）

IP 网络云

PC 终端

笔记本电脑

调制解调器

服务器

FTP 服务器

本书作者

著： 刘丹宁、田果、韩士良

编委人员： 刘丹宁、田果、韩士良、余建威、江永红、刘军、刘洋、闫建刚、刘耀林、谢金伟、苏函

技术审校： 江永红、刘军、谢金伟、余建威

目　录

第1章 交换网络

顾名思义，本册教材将会围绕着与交换和路由相关的技术展开。在《网络基础》中，我们曾经在第 1 章和第 4 章对局域网、以太网及一些基础概念进行了普及。本章主要帮助读者对《网络基础》中所学的交换技术加深印象，建立知识点之间的相互联系，以便更好地理解这些理论知识在网络环境中的作用。学习这些内容的目的都是为了给读者在后面两章中进一步学习更加复杂的交换技术打好基础。

在本章中，我们会从以太网的最初形态讲起，带领读者回忆冲突域的概念和冲突域给以太网带来的限制，然后根据人们对于解除这种限制的需求引出交换机的起源。接下来，介绍交换机的原理，解释它是如何解决冲突问题的，并以一款华为交换机为例，介绍交换机上最重要的性能参数，继而由最简单的交换型以太网环境引出当前园区网的设计方案。

在接下来的内容中，我们会介绍速率与双工模式的概念以及在 VRP 系统中修改交换机接口速率和双工模式的方法。而后，我们会首先通过实验演示交换机是如何在自己的 MAC 地址表中，为端口所连接设备的 MAC 地址与这个端口的编号之间建立映射关系的；在充分介绍了交换机向 MAC 地址表中添加条目的流程之后，我们会介绍交换机利用 MAC 地址转发数据帧的操作逻辑；在本章的最后，我们会针对交换机的工作方式，提出交换型以太网中存在的一种隐患。

- 理解传统以太网的工作方式和冲突域的概念；
- 了解网桥的由来；
- 掌握交换机的工作原理；
- 理解双工模式和接口速率的概念；
- 理解华为交换机动态学习 MAC 地址的过程；

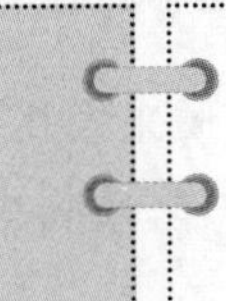

- 掌握在华为交换机上静态配置 MAC 地址条目的方法；
- 掌握交换机根据 MAC 地址条目对数据帧进行转发的逻辑；
- 了解发起 MAC 地址泛洪攻击的手段。

1.1　交换网络

如今，终端设备接入有线局域网的方式存在着惊人的同质性：对于步入这个行业时间不长的技术人员来说，似乎除了用一根线缆（多为铜线）连接终端设备适配器和二层交换机的某个端口之外，从来没有过其他方法能够把一台个人计算机通过有线的方式连接到以太网当中。这种接入方式的垄断地位，恰恰证明了交换型以太网提供的效率和效益是多年以来其他局域网技术所无法企及的。

然而，这种交换型以太网并不是局域网或以太网最初的形式。无论是交换机，还是通过交换机连接而建立的交换型以太网，它们都是由很多年前一些效率更低的技术演进而来的。这个演进的过程，可以用来佐证交换机与交换型以太网的工作原理和技术优势。

这些内容我们大多都已经在《网络基础》的第 1 章和第 4 章中进行过介绍，鉴于本书要在前 3 章中深入介绍与交换技术相关的知识，因此复习和强化这些知识正是本节的重点。

1.1.1　共享型以太网与冲突域

最初的以太网采用的拓扑结构是总线型拓扑，搭建这个网络的具体做法是将一系列终端设备采用粗同轴电缆连接在一起。因为所有终端都是通过一根同轴电缆相互连接的，所以当多台设备同时发送数据时，这些终端用来描述数据的电信号就会在共享的传输介质上相互叠加干扰。通过《网络基础》第 4 章的学习，我们知道这种发送方数据相互干扰的现象称为冲突，冲突的后果是每个发送方所发送的数据均无法被接收方正确识别，因为接收方无法通过叠加后的电信号还原出发送过来的原始数据，冲突产生的过程如图 1-1 所示。

注释：

同时发送数据就会造成冲突的设备即处于同一个冲突域（Collision Domain）中。

显然，在这种以太网环境中，要想保证发送方发送的数据能够不受干扰地传送给接收方，必须通过一种机制来确保整个网络在同一时间只有一台设备在发送数据。这个为了避免冲突而诞生的机制称为载波侦听多路访问/冲突检测，简称 CSMA/CD，其中 MA（多路访问）即指这种多个节点通过竞争的方式共享相同传输媒介的网络通信方式。通过这种通信方式搭建以太网，意味着在这个网络中所有设备都会使用相同的介质来发送数据，同时由某一台设备发送给另一台设备的数据，会被连接到网络中的所有设备接收到，因此这种以太网称为共享型以太网。

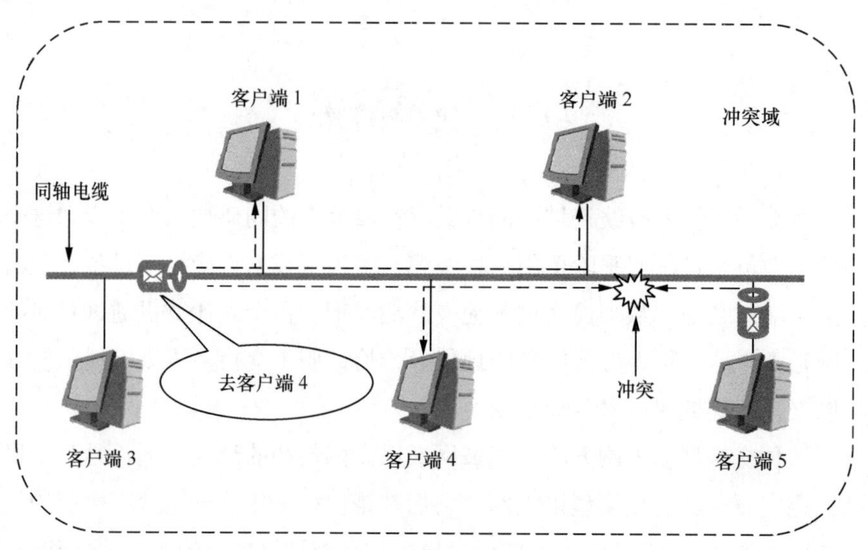

图 1-1　冲突的产生

集线器（Hub）的问世让星型网络成为流行的以太网物理连接方式。但由于**集线器只会不加区分地将数据向所有连接设备进行转发**，因此用集线器搭建的以太网在数据转发层面上，与同轴电缆以太网那种总线型网络没有任何区别。这种网络依旧没有摆脱共享型以太网的窠臼，因为通过集线器相连的终端设备依旧处于同一个冲突域中，也依旧只能通过 CSMA/CD 来避免因同时发送数据造成的冲突。在逻辑上，只能将数据盲目转发给（除始发设备之外的）所有连接设备的集线器只不过取代总线成为这种网络中的新共享介质，而通过集线器搭建的星型拓扑，也更像是一个装在盒子中的总线型网络，如图 1-2 所示。

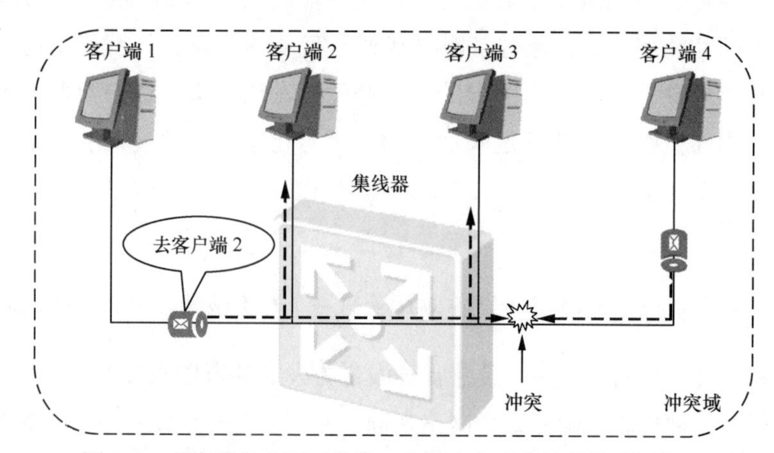

图 1-2　共享型以太网（就像一个装在盒子中的总线型网络）

在以太网日渐普及的过程中，这种共享型以太网的限制不可避免地被突显出来。随着这种网络连接的终端的增加，多台设备需要同时发送数据的概率也会随之增加，而在共享型以太网中，同时只能有一台设备发送数据，因此共享型以太网的数据传输效率势必会随着网络的规模递减。

这种限制无疑让局域网的可扩展性遭遇了严重的瓶颈。当人们开始越来越多地需要将两个甚至多个局域网互联在一起时，这个问题就体现得淋漓尽致。因为将两个局域网相连势必引入更多的集线器，并且导致合并之后的冲突域规模变得更大，其中也包含更多的终端。

要想突破局域网扩展性方面的限制，就要设法让连接以太网各个节点的设备有能力将节点隔离在不同的冲突域中。于是，一种叫作网桥（Bridge）的设备应运而生，这种拥有两个端口的设备采用了一种不同于集线器的数据转发方式，因此可以将每个端口隔离为一个独立的冲突域，两个冲突域中的设备同时发送数据而不会形成冲突。在网桥问世之后，连接两个局域网的问题暂时得到了解决。

图 1-3 为用网桥连接两个局域网的示意图。

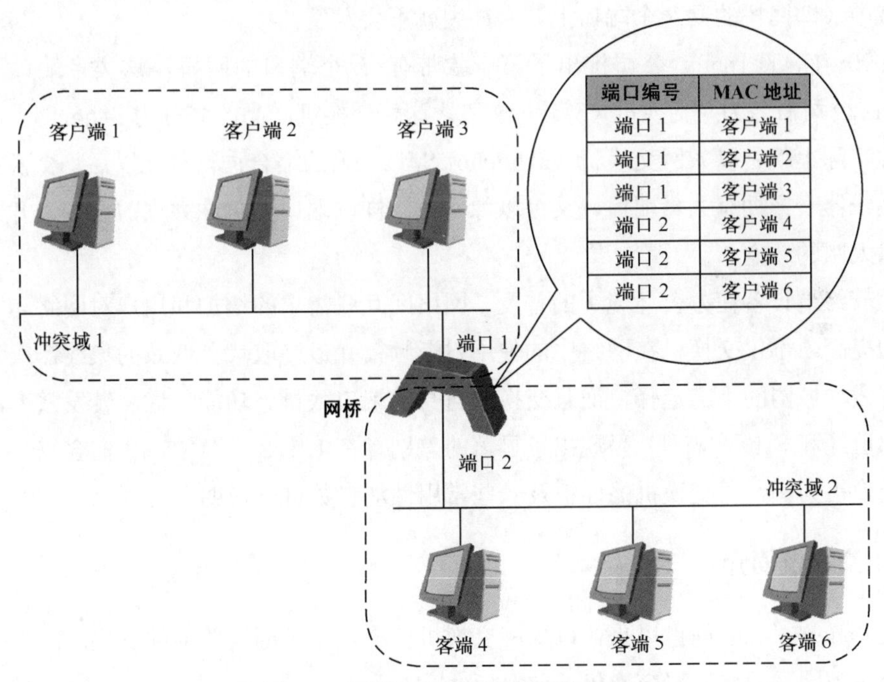

图 1-3　网桥连接两个局域网的环境

如图 1-3 所示，当终端第一次向网桥发送数据帧时，网桥会记录下数据帧的源 MAC 地址和接收到这个数据帧的端口，并为它们之间建立对应关系，这样做是为了方便网桥处理后面的数据转发：若网桥发现数据帧的目的 MAC 地址所对应的端口正是接收这个数据帧的端口，那么网桥就不会对这个数据帧进行转发处理，而是直接将其丢弃。这样一来，在图 1-3 中的客户端 2 向客户端 3 发送数据帧时，只有同一个冲突域中的客户端 1 和客户端 3 会接收到客户端 2 发来的数据帧，当网桥通过端口 1 接收到数据帧之后，它会查看自己的数据表，发现客户端 3 所对应的端口也是端口 1，于是它就不会将数据帧通过端口 2 转发出去，所以客户端 4、客户端 5 和客户端 6 都不会接收到这个数据帧。基于网桥的工作方式，即使在客户端 2 向客户端 3 发送数据帧的同时，客户端 5 也在向客户端 6 发送数据帧，也不会造成冲突，这就实现了将冲突域隔离在端口的范围内，即**网桥上每个端口所连接的环境单独构成一个冲突域**的目标。

如果在客户端 2 向客户端 3 发送数据的同时，客户端 6 也在向客户端 1 发送数据，那么网桥在接收到客户端 6 发送给客户端 1 的数据时会查询 MAC 地址表，发现这个以客户端 1 的 MAC 地址作为目的 MAC 地址的数据应该通过自己的端口 1 转发出去，但端口 1 通过载波侦听多路访问机制发现自己所在的媒介，即冲突域 1 信号正忙——这当然是因为客户端 2 正在给客户端 3 发送数据，此时，网桥的端口 1 会将客户端 6 发送给客户端 1 的数据缓存下来，等待自己所连接的媒介空闲之后再将数据发送出去。所以，网桥的工作机制确保了只要发送数据的网络适配器（即网卡或网络接口卡）没有连接在同一个冲突域中（即网桥的同一个端口上），冲突就不会发生。

1990 年，Kalpana 公司推出了第一款带有 7 个端口的网桥，这类多端口网桥被 Kalpana 公司命名为“交换机（Switch）”。这款交换机产品的名称为 EtherSwitch，这个名称实际上就是以太网交换机（Ethernet Switch）的缩合词。自此以后，交换机这种既像集线器一样拥有大量端口，又可以像网桥一样以端口分割冲突域的设备，开始成为组建以太网的新宠。

随着终端设备在办公环境中的普及、网络间互联需求的增加和用户对网络转发效率需求的提高，不仅交换机在网络中的使用日渐频繁并最终取代了低效的集线器成为当今连接有线局域网的不二选择，而且交换机自身的端口数量、功能特性、转发效率，甚至外观都已经和 EtherSwitch 呈现出了显著的差别。在 1.1.2 小节中，我们会以一款华为二层交换机为例，对交换机的面板及一些常用性能参数进行说明。

1.1.2 交换机简介

自 EtherSwitch 问世以来，以太网交换机已经发生了翻天覆地的变化。图 1-4 所示为一台华为园区网接入层交换机的前面板。

如图 1-4 所示，交换机前面板中常常包含交换机提供的大多数接口（包括上行接口、下行接口和管理接口[如 Console 接口]）和对应的 LED 指示灯。此外，有些交换机前面板中也包含电源插头。对于模块化交换机来说，前面板中也会包含模块的插槽。

对于一台交换机来说，它的重要性能参数包括端口的数量与带宽、交换容量、转发性能，以及是否支持 PoE+（以太网接口供电技术）等。

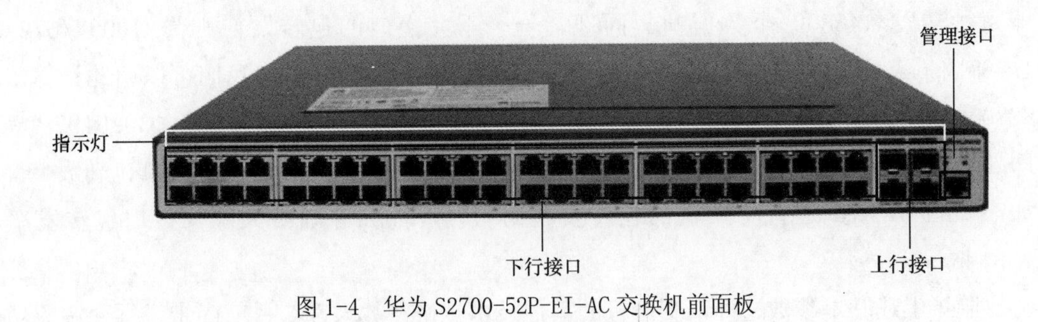

图1-4 华为 S2700-52P-EI-AC 交换机前面板

以图1-4所示的华为 S2700-52P-EI-AC 交换机为例，它的基本参数见表1-1。

表1-1 华为 **S2700-52P-EI-AC** 交换机基本参数

产品型号	S2700-52P-EI-AC
端口描述	下行48个10/100Base-TX以太网端口 上行4个千兆SFP端口
交换容量	32Gbit/s
包转发率	17.7Mpps

通过表1-1我们可以看出，这台交换机拥有48个下行接口，且这些接口皆为十兆/百兆以太网接口（10/100Base-TX）。同时，这台交换机的上行接口配置有4个千兆SFP端口。SFP端口需要连接SFP模块使用，后者的作用是执行光信号与电信号之间的相互转换，实现光纤线缆对交换机的接入。

表1-1中的交换容量是指整机交换容量，所谓整机交换容量是指交换机内部总线的传输容量。一台交换机所有端口都在工作时，它们的双向数据传输速率之和称为这台交换机的接口交换容量。在设计交换机时，交换机的整机交换容量总是大于交换机的接口交换容量。

以图1-4中的S2700-52P-EI-AC交换机为例，因为这台交换机有48个百兆端口和4个千兆端口，所以它的接口交换容量等于 48×2×100 Mbit/s + 4×2×1000 Mbit/s = 17600 Mbit/s = 17.6 Gbit/s。如表1-1第3行所示，华为S2700-52P-EI-AC型交换机的交换容量为32 Gbit/s，大于这台交换机的接口交换容量17.6 Gbit/s。

同理，表1-1中的包转发率是指这台交换机每秒可以转发数据包的数量，即整机包转发率。而一台交换机所有端口都在工作时，它们每秒可以转发的数据包数量之和称为这台交换机的接口包转发率。通过本系列教程《网络基础》第4章的4.4.2小节（以太网数据帧封装格式）可知，一个以太网数据帧包含数据部分和前导码在内，最小长度为72字节。此外，在传输过程中，每个数据帧还有12字节的数据帧间隙。因此，最小的可传输数据帧长度为84字节，即672比特。在最极端的情况下，如果一个网络中传输的全部都是最小的数据帧，那么1个百兆接口的包转发率为100M/672=0.1488 Mpps，即每秒转发 148809 个数据帧。同理，一个千兆接口的包转发率则为 1000M/672=1.488 Mpps，即每秒转发 1488090 个数据帧，以此类推。所以，我们可以由此计算出 S2700-52P-EI-A 交换机的接口包转发率为每秒 148809×48 + 1488090×4 = 13095192 个，即 13.1 Mpps。交换机的整机包转发率同样必须大于这台交换机的接口包转发率，如表 1-1 所示，这台交换机的包转发率为 17.7 Mpps，确实大于其接口包转发率 13.1Mpps。

除了上述基本参数之外，交换机的其他技术规格参数大都与目前尚未进行介绍的功能特性有关。因此，我们会将这些内容留至介绍这些功能的章节再进行说明。

1.1.3 交换型以太网与广播域

通过本章的 1.1.1 小节（共享型以太网与冲突域）学习所知，由于集线器只能将一台物理设备发送过来的信息不加区分地转发给所有它连接的设备，因此使用集线器连接的局域网，尽管在物理上采用的是星型连接，但它仍然拥有总线型连接的所有弊端，这是因为**集线器所连接的设备全都处于同一个冲突域中**。

我们可以通过图 1-5 再来复习一下使用集线器连接终端的情形：尽管终端 1 只希望将数据传输给终端 3，但由于整个网络通过集线器相连，所有设备处于同一个冲突域中，因此与本次通信无关的终端 2 和终端 4 也无法在同时发送信息。这样的网络规模越大，当一台设备需要使用共享资源（即集线器）时，共享资源（即集线器）被占用的概率也就越大。

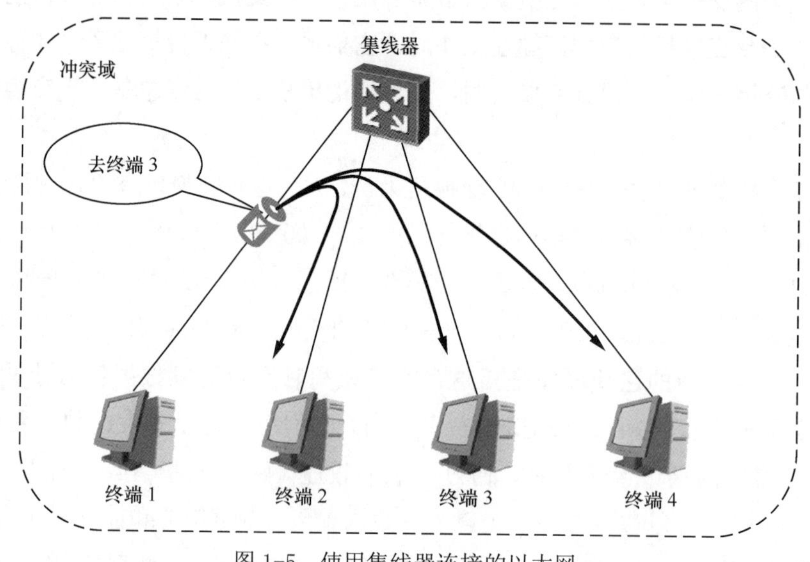

图 1-5　使用集线器连接的以太网

取代集线器的交换机有能力查看数据帧的源和目的 MAC 地址，并且将数据帧从与目的设备相连的端口转发出去，而不会像集线器那样向不需要这个数据帧的接口发送数据帧。换言之，在使用交换机连接终端设备所组成的星型连接中，交换机的每个接口和它所连的设备之间会构成一个独立的冲突域，网络转发的效率由此得到了极大的提升，而星型拓扑的优越性也因而获得了充分的发挥，如图 1-6 所示。

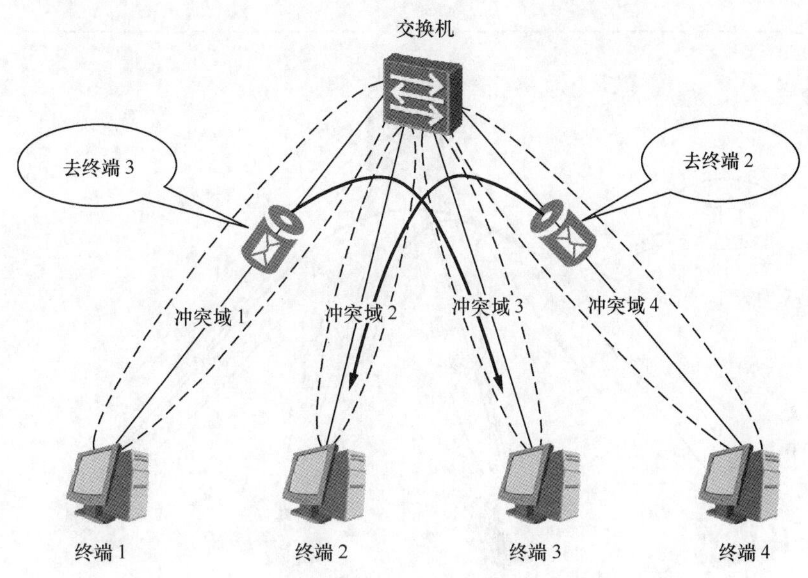

图 1-6　交换机以端口隔离冲突域形成的交换型以太网

当然，交换机可以通过自己的接口隔离冲突域，并不表示交换型以太网中连接的设备之间只能实现一对一的数据交互。有时，局域网中的一台终端设备确实需要向局域网中的所有其他终端设备发送消息。在《网络基础》的 6.3.1 小节（地址解析协议）中我们曾经提到，当局域网中的一台设备需要了解同处一个局域网中另一台设备的硬件地址时，这台设备就会以那台设备的 IP 地址作为目的 IP 地址，以广播 MAC 地址 FF-FF-FF-FF-FF-FF 作为目的 MAC 地址封装一个 ARP 请求数据包并发送出去，而交换机在接收到以这样的 MAC 地址作为目的 MAC 地址的数据帧时，就会将这个数据帧从所有其他接口发送出去。那么，诸如 ARP 请求这种**一台设备向同一个网络中所有其他设备发送消息的数据发送方式称为广播（Broadcast），为了实现这种转发方式而以网络层或数据链路层广播地址封装的数据称为广播数据包或广播帧，而广播帧可达的区域则称为广播域（Broadcast Domain）**。广播域有二层广播域和三层广播域，二层广播域是指广播帧可达的范围，我们在这一章只针对二层广播域进行讨论。由于广播可达的区域传统上就是一个局域网的范围，因此一个局域网往往就是一个广播域。

交换机与广播域和冲突域之间的关系如图 1-7 所示。

注释：

有一点值得注意，那就是交换机并非没有能力分割广播域。实际上，一台交换机可以通过逻辑的方法，按照管理员的配置将自己的接口划分到多个不同的广播域。关于这种技术，我们会在第 2 章中用一章的篇幅进行详细介绍。

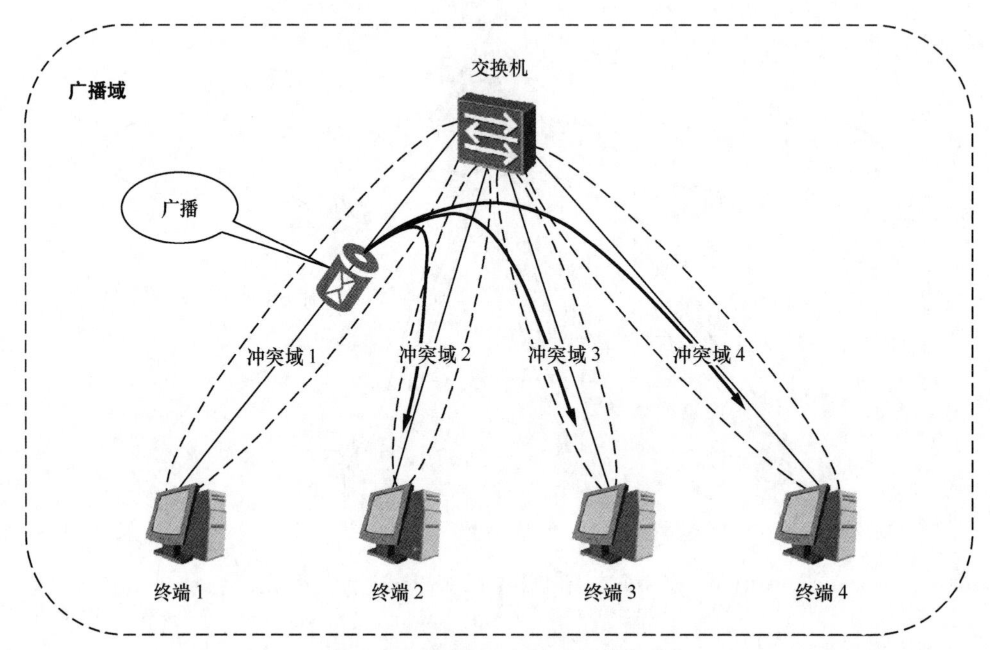

图 1-7　广播帧、广播域与冲突域

在《网络基础》6.3.1 小节（地址解析协议）中我们介绍 MAC 地址和 IP 地址的异同时曾经提到，MAC 地址的扁平结构决定了这类地址难以实现大范围的寻址，而层级化的 IP 地址更适合用来满足这类需求。关于这一点，我们在本书的第 4 章中还会继续进行解释说明。这两类地址的区别决定了人们会通过交换机将不同的设备连接成为一个局域网，但是在需要实现网络与网络间的通信时，人们则会使用路由器通过查询 IP 路由表的方式为往返于不同网络间的数据提供转发服务。

由上介绍可知，一个局域网往往就是一个广播域，因此路由器作为局域网连接其他网络的出口，势必起到了隔离广播域，也就是将广播域的范围限定在局域网之内的效果，如图 1-8 所示。

通过本小节并结合《网络基础》中曾经提到的内容，我们帮助读者复习了交换型以太网的概念及其与传统共享型以太网之间的区别，借助多张图片再次对冲突、冲突域、广播和广播域的概念进行了解释说明。在 1.1.4 小节中，为了详细解释交换型以太网的运行方式，我们会在图 1-3 的基础上，进一步挖掘交换机转发数据的操作方式。

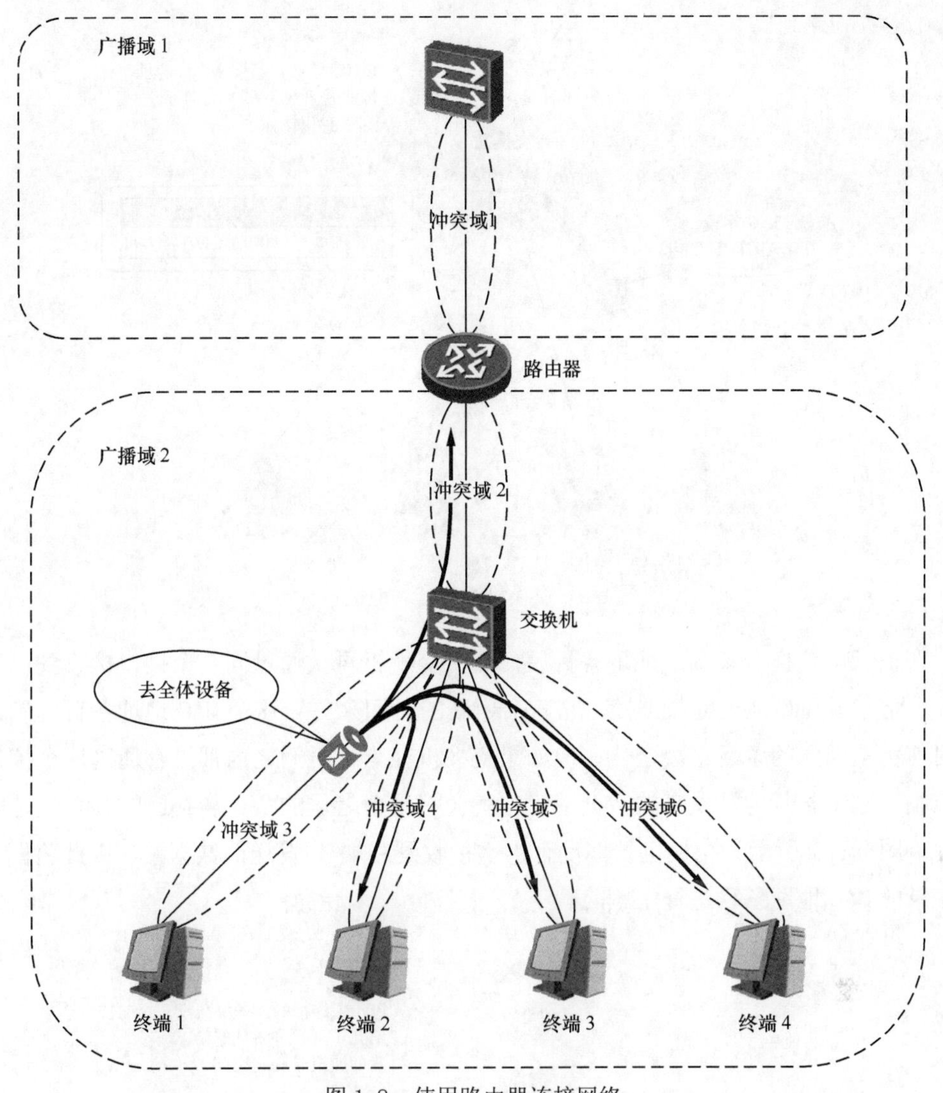

图 1-8　使用路由器连接网络

1.1.4　交换机的数据帧转发方式

在前文中，我们曾经借助图 1-3 介绍了网桥转发数据帧的方式，并且解释了这种方式是如何实现以端口隔离冲突域这一设想的。在本小节中，我们会对这部分内容进行扩充，详细解释交换机是如何对数据帧进行转发的。

交换机与网桥的工作原理基本相同。在初始状态下，它的 MAC 地址表为空，其中并不包含任何条目。每当交换机通过自己的某个接口接收到一个数据帧时，它就会将这个数据帧的源 MAC 地址、接收到这个数据帧的接口编号作为一个条目保存在自己的 MAC 地址表中，同时在接收到这个数据帧时重置老化计时器的时间。这就是交换机为自己的 MAC 地址表动态添加条目的方式。图 1-9 所示为交换机将入站数据帧的源 MAC 地址保存到了自己的 MAC 地址表中。

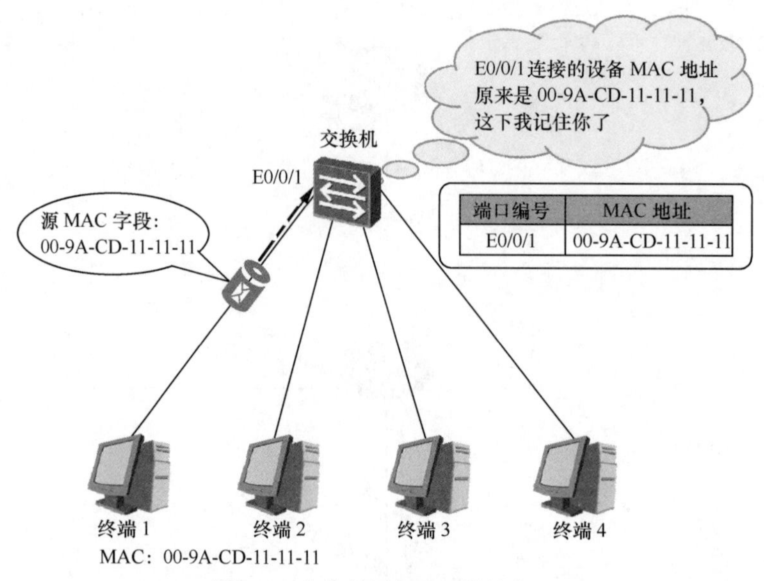

图1-9 交换机添加MAC地址条目

在记录了这样一条MAC地址条目后，如果交换机再次通过同一个接口接收到以相同MAC地址为源MAC地址的数据帧，它就会用新的时间来更新这个MAC地址条目，确保这个目前仍然活跃的条目不会老化。但如果交换机在老化时间之内都没有通过这个接口再次接收到这个MAC地址发来的数据帧，它就会将这个老化的条目从自己的MAC地址表中删除。图1-10所示为交换机长期没有再次接收到终端1发送的数据帧，因此将图1-9中记录的MAC地址条目进行了删除。

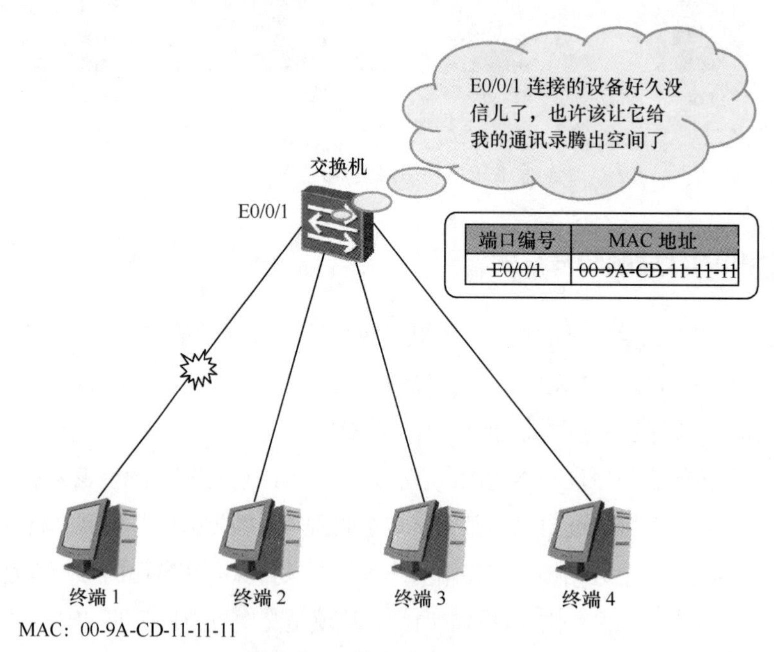

图1-10 MAC地址条目老化

管理员也可以手动在交换机的 MAC 地址表中添加条目。管理员静态添加的 MAC 地址条目不仅优先级高于交换机通过自己的接口动态学习到的条目，而且不受老化时间的影响，会一直保存在交换机的 MAC 地址表中。

在了解了交换机是如何添加、更新和删除 MAC 地址表条目之后，接下来我们来介绍交换机如何使用自己学习到的 MAC 地址表条目来指导数据帧的转发操作。

当一台交换机通过自己的某个接口接收到一个单播数据帧时，它会查看这个数据帧的二层头部信息。这样做，一方面是因为交换机需要用数据帧的源 MAC 地址与其他相关信息来填充自己的 MAC 地址表；另一方面也是为了查看数据帧的目的 MAC 地址，并且根据数据帧的目的 MAC 地址来查找自己的 MAC 地址表。在查找 MAC 地址表之后，交换机就会根据查找的结果对数据帧进行处理，这可以分为以下 3 种情形。

（1）交换机没有在自己的 MAC 地址表中找到这个数据帧的目的 MAC 地址。

由于交换机的 MAC 地址表中没有记录这个数据帧的目的 MAC 地址，因此交换机不知道以这个地址作为适配器地址的那台设备连接在自己的哪个接口上，甚至不知道自己目前是否连接了这样一台设备。这让交换机无法对以这个 MAC 地址作为目的地址的数据帧执行有针对性的转发操作。于是，交换机只能将这个数据帧从除了接收到它的那个接口之外的所有接口泛洪出去，期待这些接口当中也包含了连接有这台设备的那个接口。这个过程如图 1-11 所示。

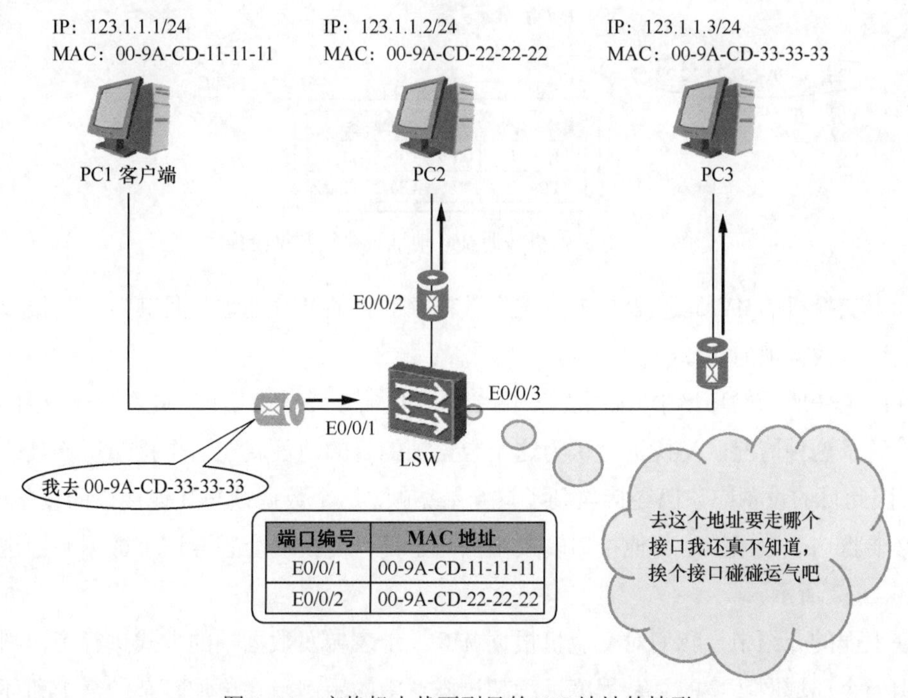

端口编号	MAC 地址
E0/0/1	00-9A-CD-11-11-11
E0/0/2	00-9A-CD-22-22-22

图 1-11　交换机上找不到目的 MAC 地址的情形

注释：

上面的描述为交换机处理未知单播数据帧的一般方式，并不排除有些交换机执行某种特殊特性，会直接丢弃未知单播。

（2）交换机的 MAC 地址表中拥有这个数据帧的目的 MAC 地址，且其对应的接口并不是接收到这个数据帧的接口。

在这种情况下，交换机确定地知道目的设备连接在自己的哪个接口上，因此交换机会根据 MAC 地址表中的条目将这个数据帧从与其目的 MAC 地址相对应的那个端口转发出去，而其他与这台交换机相连的设备则不会接收到这个数据帧。这个过程如图 1-12 所示。

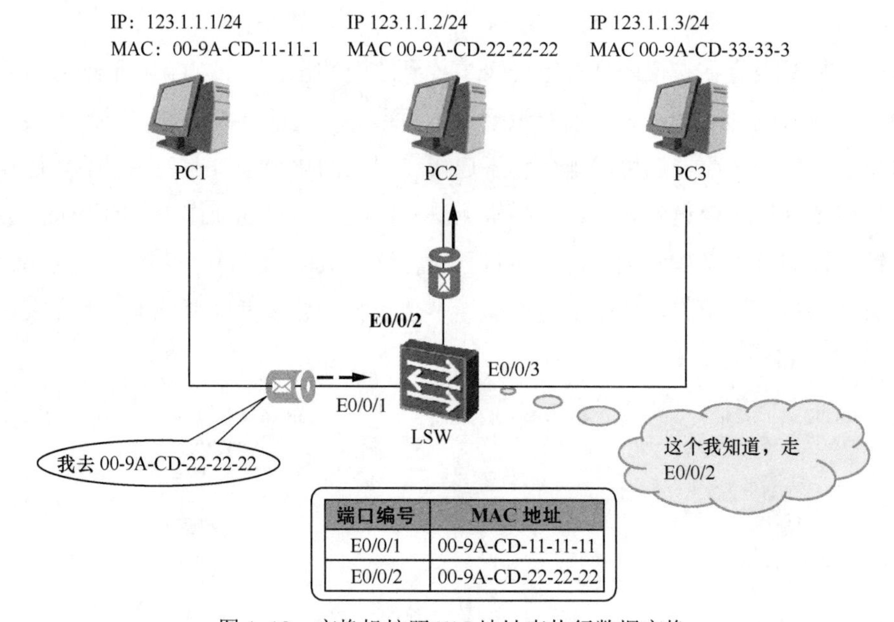

图 1-12　交换机按照 MAC 地址表执行数据交换

（3）交换机的 MAC 地址表中拥有这个数据帧的目的 MAC 地址，且其对应的接口正是接收到这个数据帧的接口

在图 1-3 所示的环境中，如果客户端 1 向客户端 3 发送数据帧，就会出现这种情形。如果出现了这种情况，交换机会认为这个数据帧的目的地址就在这个接口所连接的范围之内，因此目的设备应该已经接收到了这个数据帧。这个数据帧与其他接口的设备无关，没有必要将这个数据帧从其他接口转发出去。于是，交换机会丢弃这个数据帧。这个过程如图 1-13 所示。

在上面的介绍中，我们对交换机根据 MAC 地址表转发数据帧的方式进行了详细的介绍。但当今局域网环境的复杂程度远远超过本章中的示例，在更加复杂的需求和环境面前，我们不能仅仅依靠本章中介绍的 MAC 地址表来解决局域网中的所有问题。在后面几章关于交换的内容中，我们会介绍交换机在面对这些需求和问题时，所提供的更多基本技术与机制。

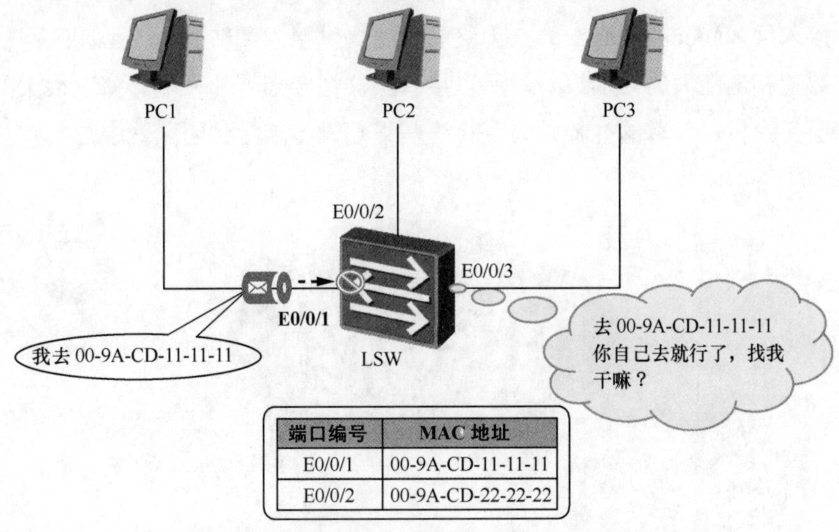

端口编号	MAC 地址
E0/0/1	00-9A-CD-11-11-11
E0/0/2	00-9A-CD-22-22-22

图 1-13　交换机按照 MAC 地址表丢弃数据帧

1.1.5　企业园区网设计示例

在设计企业网络时，对于规模相对不大的局域网，很多机构会采用图 1-14 所示的方法来扩展局域网。

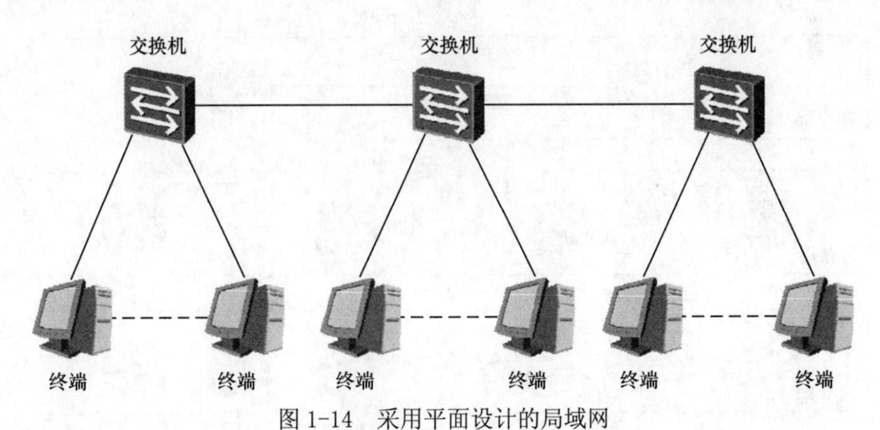

图 1-14　采用平面设计的局域网

当网络规模进一步增加时，最常用的做法是采用**分层设计**（**Hierarchical Design**），将一个企业园区网按照图 1-15 所示的方式，划分为以下 3 个层级，每个层级的交换机均采用星型连接的方式与下一层级的交换机建立连接。

- **核心层**（**Core Layer**）：使用高性能的核心层交换机提供流量快速转发。同时，为了避免单点故障，核心层常常需要部署一定程度的冗余。

- **汇聚层（Aggregation Layer）**：也称为分布层（Distribution Layer），这一层的交换机需要将接入层各个交换机发来的流量进行汇聚，并通过流量控制策略，对园区网中的流量转发进行优化。
- **接入层（Access Layer）**：为终端设备提供接入和转发。大型园区网往往拥有数量相当庞大的终端设备，所以接入层往往会部署那种端口密度很大的低端二层交换机，其目的纯粹是为了将这些终端设备连接到园区网中。

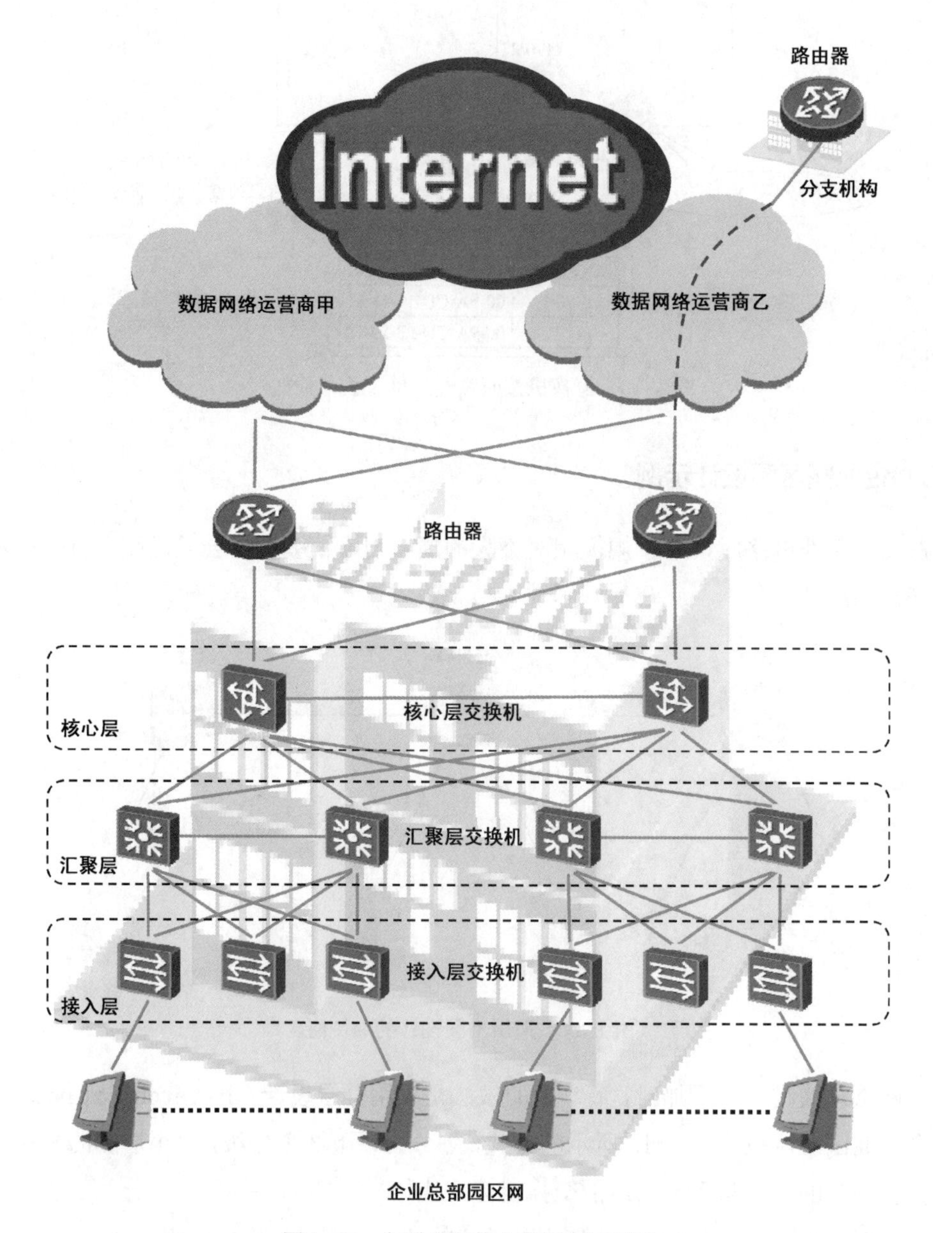

图 1-15　大型分层的企业园区网示意

使用这种三层模型部署园区交换网络，既可以为将来进一步扩展网络提供方便，同时也能够更好地对流量实施管理和控制，还可以将网络的故障隔离在一定的范围内，图 1-15 所示即为这样的一个分层大型园区局域网。

通过图 1-15 可以看到，在这种大型园区网环境中，终端设备首先与园区网中的接入层交换机相连，之后接入层交换机通过汇聚层交换机、核心层交换机层层连接到与数据网络运营商相连的路由器，这两台路由器则可以通过数据网络运营商连接到远端的分支机构和 Internet 公共网络环境中。目前园区网络，大致都可以抽象成为这样的一个网络环境。当然，也有一些中等规模网络采用的是两层设计方案，即不部署中间的汇聚层，让提供高密度端口连接的接入层交换机直接连接提供高性能流量处理的核心层交换机。关于企业网设计的具体内容，包括各层在功能上的区分，以及不同分层中的设备选型等问题，我们将在后续第 3 册教材的第 1 章中进行深入介绍，这里仅做简单概述。

1.2　交换机的基本设置

在 1.1 节中，我们对很多与交换型以太网有关的概念进行了回顾和介绍。在本节中，我们从具体操作的角度，用一台交换机介绍两个与交换机接口有关的技术概念以及它们的设置方法。接下来，我们会在这台交换机上验证 1.1 节中介绍的交换机学习 MAC 地址条目的过程，以及管理员手动在交换机 MAC 地址表中添加静态 MAC 地址的方法。最后，我们会针对这种交换机学习 MAC 地址的做法，介绍一种可以在局域网中发起网络攻击的方法。

注释：

交换机接口也可以称为端口，本章将会混用这两个术语。读者不要把它们与传输层协议（TCP/UDP）用来标识上层应用的端口混淆。

1.2.1　速率与双工

对于一个交换机的接口来说，它的转发效率在很大程度上取决于它的速率（Speed）和双工模式（Duplex）。

交换机接口的速率是指这个接口每秒能够转发的比特数，这个参数的单位是 bit/s。显然，管理员能够设置的交换机接口速率上限，是这个交换机接口的物理带宽，比如，一个百兆以太网接口能够设置的速率上限就是 100Mbit/s。此外，管理员可以将交换机接口速率设置为哪些数值与接口的类型有关。

双工模式是指接口传输数据的方向性。如果一个接口工作在全双工模式（Full-Duplex）下，表示该接口的网络适配器（即网卡或网络接口卡）可以同时在收发两个方向上传输和处理数据。而如果一个接口工作在半双工模式（Half-Duplex）下，则代表数据的接收和发送不能同时进行。显然，数据收发是一个双边的问题，因此一个传输介质所连接的所有端口必须设置为同一种双工模式。

既然提到双工模式，我们在这里必须对冲突与冲突域的话题进行一点重要的补充。在本章的图 1-6、图 1-7 和图 1-8 中，交换机的每个端口均与该端口的直连设备（网络适配器）处于同一个冲突域中。而我们在前文中就曾经明确提到，连接在同一个冲突域中的网络适配器是不能同时发送数据的，否则就会产生冲突。那么，既然在这 3 张图中，任何一个交换机的端口不能与自己的直连终端同时发送数据（即当其中一方在发送数据时另一方只能接收数据），那么读者应该能够结合双工模式的概念推断出这一点，即图 1-6、图 1-7 和图 1-8 中所描述的每个交换机端口都工作在半双工模式下。

我们在这里必须指出的是，图 1-6、图 1-7 和图 1-8 只是我们为了向读者传递冲突、冲突域和广播域的概念而刻意设计出来的环境。在当前实际的交换型以太网环境中，除非管理员手动将设备的端口设置为半双工模式，否则所有交换机端口都会自动工作在全双工模式下。所谓全双工模式，表示交换机的端口与其连接的那台终端设备可以不相干扰地同时发送数据，既然交换机端口与其直连终端的网络适配器可以同时发送数据而不会出现冲突，交换机端口与其直连设备的网络适配器也就不会如图 1-6、图 1-7 和图 1-8 所示那样处于同一个冲突域中。如果对这两个自然段的内容进行一下概括，可以说，**在交换型以太网中，只通过线缆连接了一台设备（网络适配器）的交换机端口默认工作在全双工模式下，而这种工作在全双工模式下的端口是没有冲突域的，它们也可以与对端适配器同时发送数据而不用担心线缆上因信号叠加而产生冲突，此时这个端口的载波侦听多路访问机制也不会启用；如果一个交换机端口连接的是共享型介质，那么这个交换机端口就只能工作在半双工模式下，这个共享型介质所连接的所有网络适配器（其中也包括这个交换机端口）共同构成了一个冲突域，此时这个交换机端口的载波侦听多路访问机制也会启用。**

除双工模式外，传输介质两侧端口的工作速率也要相互一致，否则无法实现通信。

如果网络中链路两端的设备都是华为交换机，则管理员通常不需要因为速率和双工的匹配问题而对交换机接口进行配置。在默认情况下，华为交换机的以太网接口会执行自动协商机制。链路两端的接口会相互协商通信可以采用的最佳速率和双工模式。

若管理员因某种原因（如华为交换机某个端口的对端设备已经设定了某种速率和双工模式，或者管理员希望修改协商的速率和双工模式结果等），希望强制为华为交换机的某个端口设置速率和双工模式，则应首先使用命令 **undo negotiation auto** 关闭该接口的自动协商功能，然后通过命令 **duplex** {**full** | **half**}将该接口的双工模式静态设置

为全双工或半双工模式，并通过命令 **speed** *speed* 静态设置接口的速率。

注释：

通过 **speed** 命令设置速率时，设置参数的单位为 Mbit/s。比如，命令 **speed 10** 的作用是将该端口的速率设置为 10 Mbit/s。

例 1-1 所示为管理员使用 **display interface** 命令查看交换机接口时，系统显示该接口当前的速率、双工模式和是否允许进行协商。

例 1-1 查看交换机接口当前的速率和双工模式

```
<Huawei>display interface g0/0/21
GigabitEthernet0/0/21 current state : UP
Line protocol current state : UP
Description:
Switch Port, PVID :    1, TPID : 8100(Hex), The Maximum Frame Length is 1600
IP Sending Frames' Format is PKTFMT_ETHNT_2, Hardware address is 5439-df1f-f5f0
Current system time: 2016-09-18 16:39:53-05:13
Port Mode: COMMON COPPER
Speed : 100,     Loopback: NONE
Duplex: FULL,Negotiation: ENABLE
Mdi    : AUTO,    Flow-control: DISABLE
                    ----------后面输出信息省略----------
```

上例的阴影部分显示，这个交换机接口的速率为 100 Mbit/s，双工模式为全双工，该接口允许自动协商。

接下来，管理员使用命令 **undo negotiation auto** 禁用了接口的自动协商功能，然后分别通过命令 **speed** 和 **duplex** 将该接口的速率和双工模式分别静态设置为了 10 Mbit/s 和半双工模式。具体配置过程见例 1-2。

例 1-2 设置交换机端口的双工模式和速率

```
[Huawei-GigabitEthernet0/0/21]undo negotiation auto
[Huawei-GigabitEthernet0/0/21]speed 10
[Huawei-GigabitEthernet0/0/21]duplex half
```

完成设置后，当管理员再次查看这个接口时可以看到，它的速率、双工模式和协商状态已经修改为了设置之后的参数，见例 1-3。

例 1-3 验证交换机接口的速率和双工模式

```
[Huawei]display interface g0/0/21
GigabitEthernet0/0/21 current state : UP
Line protocol current state : UP
Description:
Switch Port, PVID :    1, TPID : 8100(Hex), The Maximum Frame Length is 1600
```

```
IP Sending Frames' Format is PKTFMT_ETHNT_2, Hardware address is 5439-df1f-f5f0
Current system time: 2016-09-18 16:43:54-05:13
Port Mode: COMMON COPPER
Speed : 10,      Loopback: NONE
Duplex: HALF,Negotiation: DISABLE
Mdi    : AUTO,    Flow-control: DISABLE
                    ----------后面输出信息省略----------
```

设置交换机接口速率与双工模式的命令与方法相当简单，这些配置也属于交换机最基本的操作方法，每一位读者都应该熟练掌握。

下面，我们通过这台交换机，验证交换机添加MAC地址表的原理以及MAC地址条目老化的原理。

1.2.2 MAC地址表

我们在1.1.4小节（交换机的数据帧转发方式）中，曾经用图示介绍了交换机是如何填充自己的MAC地址表，并且根据MAC地址表条目来转发数据帧的。简而言之，交换机会通过自己接收到的数据帧，建立数据帧源MAC地址和端口之间的对应关系，此后，交换机就可以利用存储这个映射关系的逻辑表，有针对性地转发数据帧了，**交换机上这个存储映射关系的逻辑表叫作MAC地址表或CAM表**。在本小节中，我们会通过实验演示交换机填充MAC地址表的过程，以及管理员可以对MAC地址表进行的一些操作。

图1-16所示为一个最基本的局域网拓扑，管理员用一台交换机连接了3台PC，即PC1、PC2和PC3。这3台PC的IP地址则分别为123.1.1.1/24、123.1.1.2/24和123.1.1.3/24，它们分别连接在交换机的E0/0/1、E0/0/2和E0/0/3端口上。

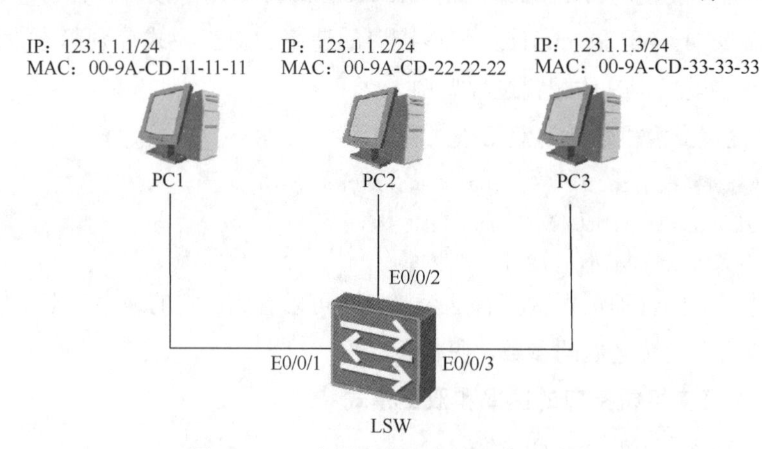

图1-16　一个基本的3终端交换局域网

注释：

为了便于读者通过MAC地址识别设备的身份，我们在这里使用了通过eNSP模拟器搭建的模拟测试环境，并将上述 3 台 PC 的 MAC 地址分别设置为了 00-9A-CD-11-11-11、00-9A-CD-22-22-22 和 00-9A-CD-33-33-33。eNSP 模拟器的使用方法已经在本系列教材《网络基础》的第 2 章中进行了详细的介绍，这里不再赘述。

交换机根据入站数据帧的源 MAC 地址填充自己 MAC 地址表的做法是自动的，这让交换机基本可以被视为一种即插即用型设备，也就是说，管理员即使将一台交换机不加任何配置地插入网络中，它也可以根据自己设定的转发逻辑来转发数据帧。因此，只要图中 3 台 PC 的 IP 地址设置无误，这 3 台 PC 完全可以直接相互通信。

在测试这些终端是否能够相互通信之前，我们可以先在交换机 LSW 上通过命令 **display mac-address** 查看交换机当前的 MAC 地址表，这条命令的输出信息见例 1-4。

例 1-4　查看交换机初始状态下的 MAC 地址表

```
<Huawei>display mac-address
<Huawei>
```

如上所示，由于目前没有终端发送数据帧，因此交换机的 MAC 地址表中没有任何表项。

下面我们通过从 PC1 向 PC2 发起 ping 测试的方式，来人工生成去往交换机的数据包，ping 测试结果如图 1-17 所示。

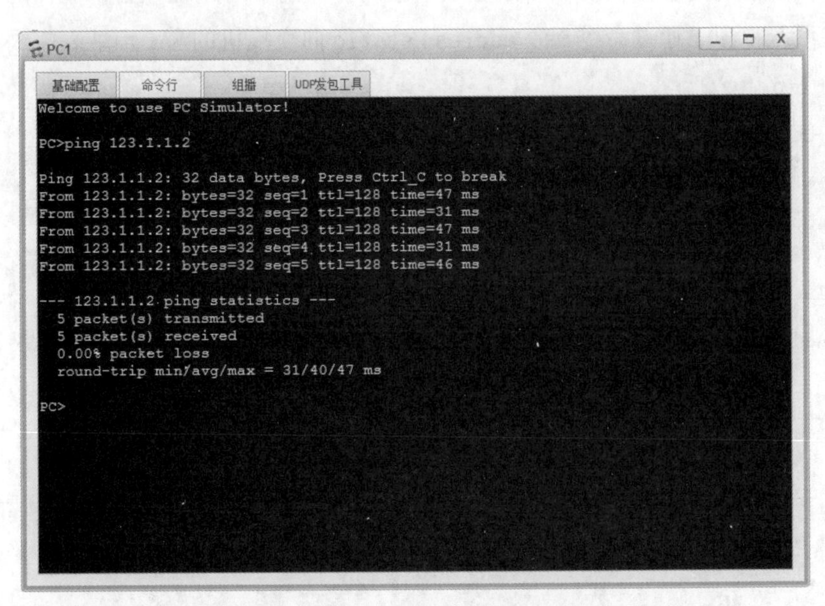

图 1-17　从 PC1 向 PC2 发起 ping 测试

图 1-17 的测试结果显示，PC1 可以与 PC2 之间实现双向通信，这也验证了前文中关于二层交换机可以即插即用的说法。下面我们再次回到交换机 LSW 上查看交换机的 MAC 地址表，见例 1-5。

例 1-5　再次查看交换机的 MAC 地址表

```
<Huawei>display mac-address
MAC address table of slot 0:
-------------------------------------------------------------------------------
MAC Address    VLAN/       PEVLAN CEVLAN Port            Type       LSP/LSR-ID
               VSI/SI                                               MAC-Tunnel
-------------------------------------------------------------------------------
009A-CD22-2222 1           -      -      Eth0/0/2        dynamic    0/-
009A-CD11-1111 1           -      -      Eth0/0/1        dynamic    0/-
-------------------------------------------------------------------------------
Total matching items on slot 0 displayed = 2
```

如上所示，由于 PC1 和 PC2 通过交换机相互发送了 ICMP 消息，因此交换机接收到了从这两台 PC 发来的数据帧。于是，交换机在 MAC 地址表中为这两台 PC 和它们对应的接口之间建立了映射关系。但由于目前交换机还没有接收过 PC3 发来的数据帧，因此交换机的 MAC 地址表中并没有记录 PC3 和交换机的 Eth0/0/3 端口之间的对应关系。

不仅如此，通过这条命令，我们也可以看到这两条项目都是交换机动态（dynamic）学习到的。

我们在 1.1.4 小节（交换机的数据帧转发方式）中也曾经提到，除了动态学习之外，管理员也可以手动向交换机的 MAC 地址表中添加静态的 MAC 地址条目。具体的做法是，管理员在系统视图下通过命令 **mac-address static** 向交换机的 MAC 地址表中添加静态条目，见例 1-6。

例 1-6　向交换机的 MAC 地址表中添加静态条目

```
[Huawei]mac-address static 009A-CD11-1111 Ethernet 0/0/1 vlan 1
[Huawei]display mac-address
MAC address table of slot 0:
-------------------------------------------------------------------------------
MAC Address    VLAN/       PEVLAN CEVLAN Port            Type       LSP/LSR-ID
               VSI/SI                                               MAC-Tunnel
-------------------------------------------------------------------------------
009A-CD11-1111 1           -      -      Eth0/0/1        static     -
-------------------------------------------------------------------------------
Total matching items on slot 0 displayed = 1

MAC address table of slot 0:
-------------------------------------------------------------------------------
MAC Address    VLAN/       PEVLAN CEVLAN Port            Type       LSP/LSR-ID
               VSI/SI                                               MAC-Tunnel
-------------------------------------------------------------------------------
```

```
009A-CD22-2222 1             -      -        Eth0/0/2        dynamic   0/-
-------------------------------------------------------------------------------
Total matching items on slot 0 displayed = 1
```

如上所示，管理员通过命令 **mac-address static** 在交换机的 MAC 地址表中建立了 PC1 和 E0/0/1 端口之间的静态映射。此后，我们也通过命令 **display mac-address** 验证了 MAC 地址表中的这条静态映射条目。

注释：

关于该命令中的 VLAN 部分，我们会在本书的第 2 章中用一章的篇幅进行详细介绍，因此这里暂且略过。

有一点需要注意：在这条命令的输出信息中，MAC 地址 009A-CD11-1111 与交换机的 E0/0/1 接口之间只有静态映射。这说明**管理员静态配置的 MAC 地址条目优先级高于交换机动态学习到的 MAC 地址条目**。当交换机上一个通过静态配置的条目和一个动态学习到的条目 MAC 地址相同时，交换机会将管理员静态配置的条目保存在 MAC 地址表中。

静态条目与动态条目之间不仅优先级不同，而且**静态配置的 MAC 地址表条目不会老化**，而动态学习的 MAC 地址条目则会因为交换机在 MAC 地址老化时间内没有再次通过同一个接口接收到以这个 MAC 地址为源的数据帧，而被交换机从 MAC 地址表中删除。关于这一点，我们在前文中已经通过图 1-10 进行了介绍。

管理员可以通过系统视图下的命令 **mac-address aging-time** 来设置交换机动态 MAC 地址条目的老化时间，并且通过命令 **display mac-address aging-time** 来查看系统当前的 MAC 地址老化时间。

注释：

MAC 地址老化时间设置命令的单位是秒（second）。

在例 1-7 中，管理员将系统的 MAC 地址老化时间由默认的 300s 修改为 500s。

例 1-7　修改 MAC 地址动态条目的老化时间

```
[Huawei]display mac-address aging-time

  Aging time: 300 seconds
[Huawei]mac-address aging-time 500
[Huawei]display mac-address aging-time

  Aging time: 500 seconds
```

注释：

如果将 MAC 地址老化时间设置为 0，则相当于禁用了交换机的 MAC 地址老化功能。

这也就意味着交换机动态学习到的 MAC 地址条目也像静态 MAC 地址条目那样永远不会因为过期而被交换机从 MAC 地址表中删除。

最后，在 1.1.2（交换机简介）小节中，我们介绍了交换机的一些基本参数。实际上，与 MAC 地址表有关的参数和特性也是很多技术人员在对交换机进行选型时考虑的因素。表 1-2 罗列了图 1-4 所示交换机（即华为 S2700-52P-EI-AC 交换机）的 MAC 地址表相关参数特性，并对它们分别进行了说明。

表 1-2　华为 S2700-52P-EI-AC 交换机的 MAC 地址表参数与特性

项　　目	说　　明
支持 8k MAC 地址表	交换机可支持的 MAC 地址表条目数量上限为 8k 条
支持删除动态 MAC 地址	管理员可以手动删除交换机动态添加到 MAC 地址表中的条目
支持 MAC 地址老化时间可配置	管理员可以配置动态 MAC 地址的老化时间
支持基于端口的 MAC 地址学习使能控制	管理员可以选择是否让交换机通过端口输入的数据帧来自动向 MAC 地址表中生成条目
支持黑洞 MAC 地址	管理员可以通过配置黑洞 MAC 地址，让交换机将以某个 MAC 地址为源 MAC 地址的数据帧全部丢弃

在表 1-2 所示的特性和参数中，除黑洞 MAC 地址之外，这个阶段的读者应该已经有能力判断出其他项目的表意。

在本节中，我们通过实验演示了交换机填充 MAC 地址表的过程。下面，我们来对这种做法存在的隐患进行简单的介绍。

*1.2.3　MAC 地址泛洪攻击概述

我们在本章中反复介绍过，交换机会自动根据入站数据帧的源 MAC 地址在自己的 MAC 地址表中建立 MAC 地址与自己端口对应关系的条目。具体来说，当交换机接收到一个数据帧时，它会用这个数据帧的源 MAC 地址与自己 MAC 地址表中当前保存的 MAC 地址进行比较。如果发现这个 MAC 地址已经保存在自己的 MAC 地址表中，则对 MAC 地址表这个已有的条目进行更新操作（即更新条目中对应的端口/重置老化计时器）；如果发现这个 MAC 地址在自己的 MAC 地址表中还没有保存，则将这个 MAC 地址与包括接收这个数据帧的端口等信息一并作为一个条目，写入自己的 MAC 地址表中，以备下次转发以这个 MAC 地址为目的地址的数据帧时使用。

上述这个让交换机得以实现即插即用的操作方式，存在着一种不大不小的隐患。这个隐患的根源在于 MAC 地址表的存储资源不可能是无限大的。

在图 1-18 中，终端 1 的攻击者用软件生成了大量以不同 MAC 地址作为源 MAC 地址的数据帧，并且一股脑儿地将这些数据帧发送给了交换机，而交换机当然也会将这些伪造的 MAC 地址与数据帧入站端口编号记录在自己的 MAC 地址表中。

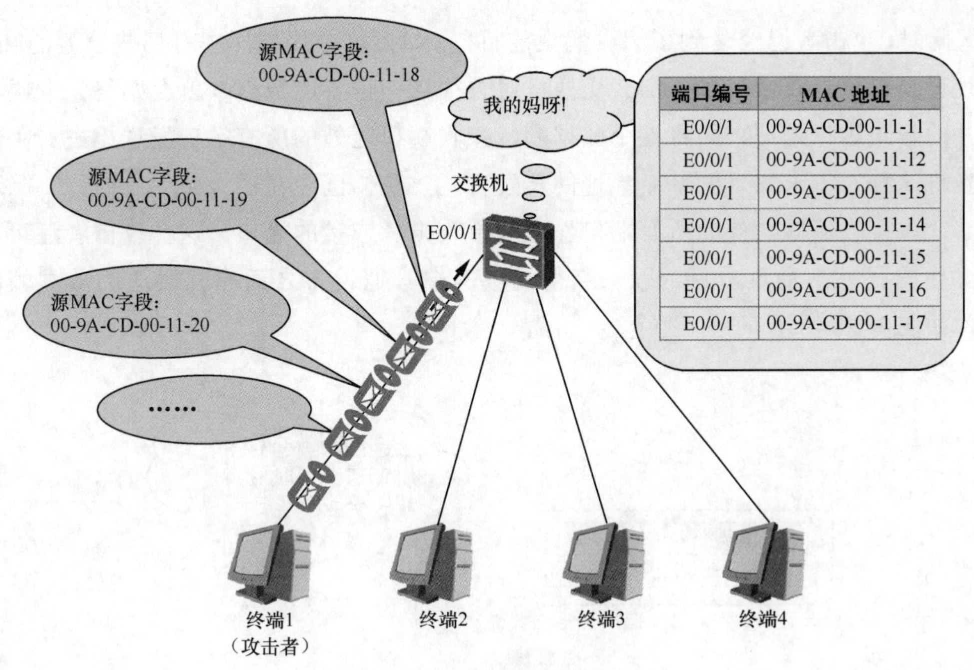

图 1-18　MAC 地址泛洪攻击

图 1-18 所示的攻击十分容易实现，而且攻击效率很高。Ian Vitek 编写的 macof 只使用了 100 行 Perl 代码，但一台普通的 PC 运行这段代码，每秒就可以生成数十万个不同的 MAC 地址。按照这种方式继续下去，这台交换机的 MAC 地址表很快就会被这些伪造的源 MAC 地址占满。这时，若交换机再接收到以未知 MAC 地址作为源地址的数据帧时，它已经无法再将这些数据帧的源 MAC 地址记录到自己的 MAC 地址表中了，即使这次数据帧的源 MAC 地址是真实的，如图 1-19 所示。

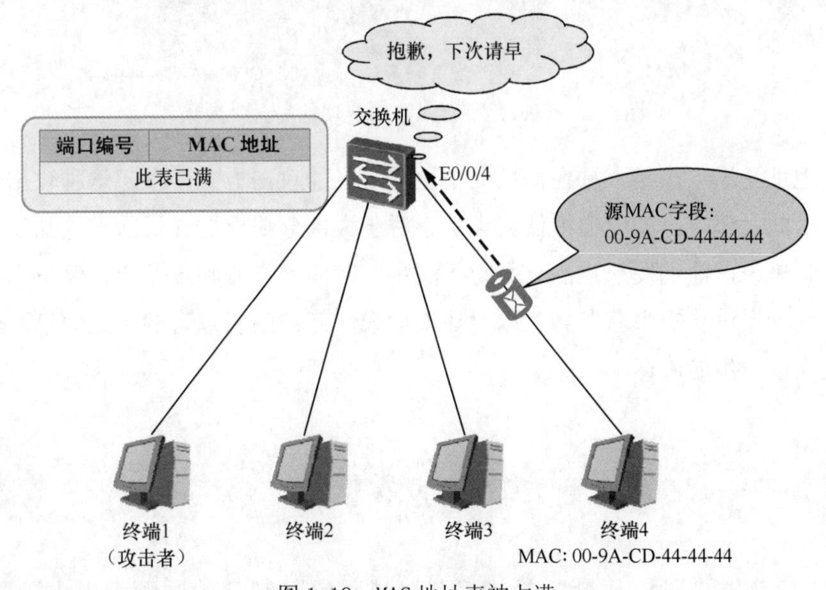

图 1-19　MAC 地址表被占满

此时，攻击者已经达到了鸠占鹊巢的目的。如果这个局域网中有哪些设备的 MAC 地址交换机还没有学习到，那么交换机对去往这些设备的数据帧就会始终采取类似广播的形式进行处理，即将这个数据帧从接收端口之外的所有端口发送出去。关于交换机这种对待未知目的 MAC 地址的转发方式，我们已经在图 1-11 中进行了介绍。显然，“接收端口之外的所有端口”也包括攻击者连接的端口，这样攻击者还可以达到他的另外一个攻击目的——获得局域网中其他设备之间相互发送的数据帧副本，如图 1-20 所示。

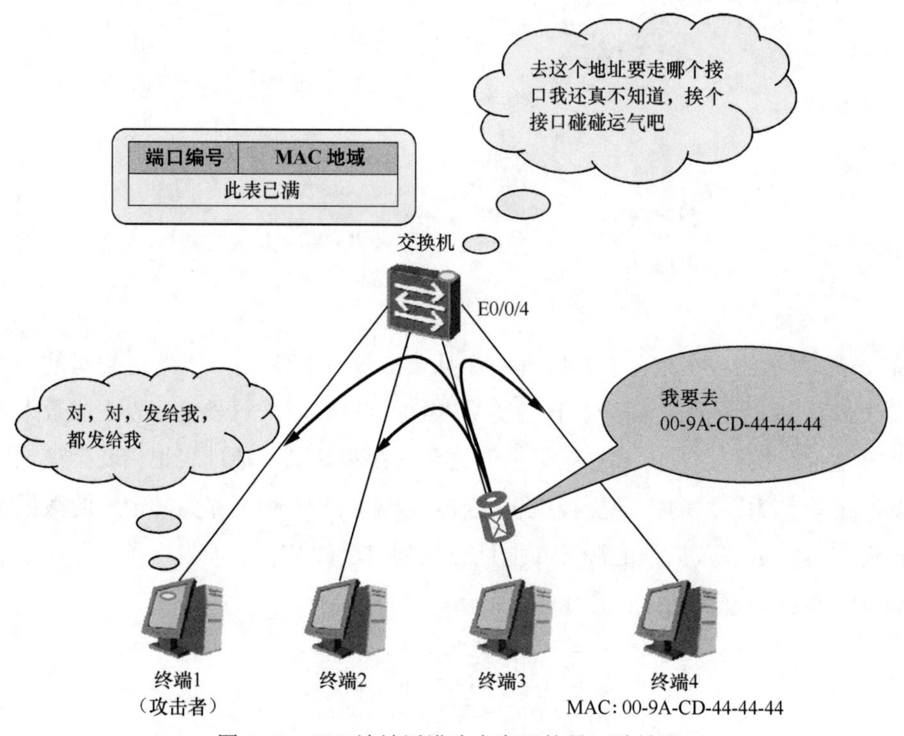

图 1-20　MAC 地址泛洪攻击实现的另一种效果

MAC 地址泛洪攻击是一种在局域网中比较常见的攻击方式，发起这种攻击的工具唾手可得，因此发起攻击的门槛很低。当然，对于大部分缺乏更深层次理论知识和技术水平的攻击者来说，他们发起攻击只是为了满足一时的好奇心和虚荣心，倒也未必有能力借助 MAC 地址泛洪攻击来获取到足以对他人构成财产和隐私危害的数据信息，或者对网络通信造成进一步的破坏。

1.3　本章总结

在 1.1 节中，我们从最初的共享型局域网的限制开始回顾，提出了隔离冲突域的需求，并由此引出了网桥和交换机的相关内容。为了说明当前的交换机类产品已经大大有别于最初的交换机，我们借助一台华为交换机对当前交换机的外观与一些基本参数进行了介绍。接下来，我们开始复习交换型以太网和广播域的概念，通过大量图示对交换机转发数据的方法进行了解释。最后，我们从交换机起到了扩展局域网范围的作用这点出发，对大型局域网的分层设计理念进行了简单的描述。

在1.2节中，为了进一步解释交换机接口的性能参数，我们首先对交换机接口速率和双工模式的概念进行了讲解，并且提供了在华为交换机上修改这两种参数的配置方法。在此后的内容中，我们通过一个实验演示了交换机从初始状态到使用接口接收到的数据帧中所包含的信息，向MAC地址表中添加条目的过程。同时，我们利用了相同的实验环境，演示了管理员通过配置命令向MAC地址表中输入条目的方法。在1.2节的最后，我们提出了攻击者利用交换机这种工作方式发起的一种针对局域网的网络攻击。

1.4 练习题

一、选择题

1. 一台拥有 24 个百兆端口和 4 个千兆端口的交换机，其整机交换容量不应小于________。（ ）

A. 6.4 Gbit/s　　B. 8.8 Gbit/s

C. 12.8 Gbit/s　　D. 17.6 Gbit/s

2. 对于一台拥有24个百兆端口和4个千兆端口的交换机，其整机包转发能力不应小于________。（ ）

A. 6.6 Gbit/s　　B. 9.6 Mpps

C. 13.1 Gbit/s　　D. 19.1 Mbit/s

3. 在初始状态下，一台交换机的MAC地址表________。（ ）

A. 为空

B. 包含交换机自身端口的MAC地址

C. 包含一些系统默认的MAC地址

D. 以上说法皆不对

4. 关于下面这条MAC地址表中的条目，说法正确的是？（多选）（ ）

```
-------------------------------------------------------------------------------
MAC Address    VLAN/        PEVLAN CEVLAN Port              Type       LSP/LSR-ID
```

```
          VSI/SI                                                          MAC-Tunnel
-------------------------------------------------------------------------------
FFCC-0810-1117 1              -         -          Eth0/0/18         dynamic    0/-
-------------------------------------------------------------------------------
```

A．这台交换机E0/0/18端口自身的MAC地址为FFCC-0810-1117

B．这台交换机E0/0/18端口连接了一台MAC地址为FFCC-0810-1117的设备

C．这个MAC地址是交换机动态学习到的

D．这个MAC地址是管理员手动添加到交换机MAC地址表中的

5．如果交换机通过接收到的数据帧，动态建立了某个 MAC 地址与自己端口之间的映射关系。此后管理员又手动在MAC地址表中添加了这个MAC地址的条目，则下列说法正确的是？（　　）

A．交换机会根据条目进入MAC地址表的先后顺序，保留更新的条目

B．交换机会同时在MAC地址表中保留这两条条目，但只根据最新的条目转发数据帧

C．交换机只会保留交换机自动添加进MAC地址表中的条目

D．交换机只会保留管理员手动添加进MAC地址表中的条目

6．在交换机的系统视图中输入命令**mac-address aging-time 0**的结果是？（　　）

A．MAC地址表中的所有条目立刻老化并被交换机删除

B．MAC地址表中的动态条目立刻老化并被交换机删除

C．MAC地址表中的静态条目将永不老化

D．MAC地址表中的动态条目将永不老化

7．如果一台交换机接收到了一个数据帧，它查找自己的 MAC 地址表后，发现这个数据帧的目的 MAC 地址所对应的端口正是接收到这个数据帧的端口，那么这台交换机会________。（　　）

A．认为这个端口出现了环路，因此丢弃该数据帧，并关闭那个端口

B．认为该帧的目的设备与这个帧的发送设备位于这个端口的同一侧，无需转发，因此丢弃该数据帧

C．认为该帧的目的 MAC 地址有误，因此将这个数据帧从除接收到这个数据帧的那个端口之外的其他所有端口转发出去

D．认为 MAC 地址表中对应的 MAC 地址条目有误，因此丢弃该数据帧，并删除对应的条目

二、判断题

1．一条链路两端的接口若双工模式不匹配，则无法正常工作。但若速率不相匹配，则只会影响链路的传输性能，并不会导致链路无法正常工作。

2．如果一台交换机接收到了一个数据帧，它在查找自己的 MAC 地址表后，发现在

其中找不到这个数据帧的目的 MAC 地址，那么交换机就会因为不知道该将这个数据帧从自己的哪个端口转发出去，而将这个数据帧丢弃。

3. 一位管理员在将一台处于初始配置的交换机插入网络中之前，关闭了这台交换机动态学习 MAC 地址的功能，但又没有给它的 MAC 地址表中静态配置任何静态 MAC 条目。那么，连接到这台交换机的终端设备之间将无法进行通信。

第2章 虚拟局域网（VLAN）技术

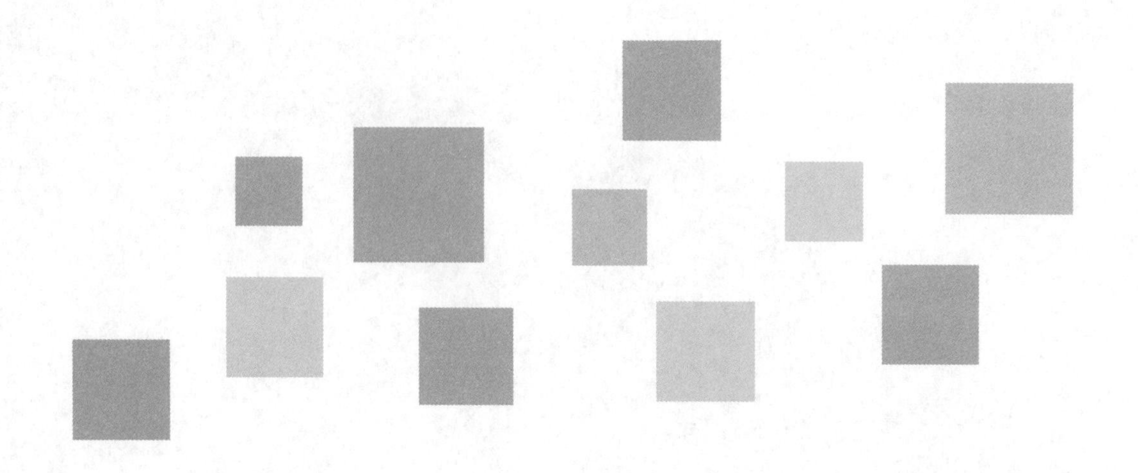

集线器不能隔离冲突域，交换机可以隔离甚至消除冲突域，而路由器则可以隔离广播域。喜欢举一反三的读者难免在此推导出一个似是而非结论，那就是交换机不能隔离广播域。为了避免读者产生这样的误会，我们特意在第一章介绍广播域时，通过注释进行了提示，即交换机并非没有能力分隔广播域。实际上，交换机分隔广播域的技术——VLAN 技术在网络中的使用极为频繁。我们可以毫不夸张地说，任何一个稍具规模的网络都一定在某种程度上配置过 VLAN，因此 VLAN 是一项每位网络技术人员都应该熟练掌握的技术，这项技术正是我们这一章的主题。

于是，一系列问题随之而来。交换机为什么要能够分隔广播域？交换机在什么情况下需要分隔广播域？交换机在不改变原先数据帧转发方式的前提下，是如何实现分隔广播域的？我们又要如何配置和验证这项交换机分隔广播域的 VLAN 技术？

为了回答这一系列的问题，我们在这一章中会从 VLAN 的基本理论谈起，其中涉及 VLAN 技术的用途、原理，及其在网络中的应用方式。接下来，我们会将 VLAN 代入到多交换机环境中进行进一步的介绍，并由此引出 GVRP 协议。在具备了理论基础后，我们在 2.3 节（VLAN 实施）中会介绍如何在华为交换机上实施 VLAN 及 VLAN 相关技术，其中包括如何添加和删除 VLAN、如何配置 Access 接口、Trunk 接口和 Hybrid 接口、如何配置 GVRP 协议，以及如何对这些配置进行验证等。

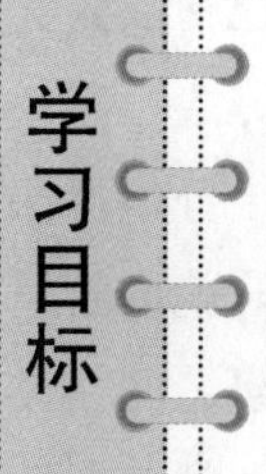

- 掌握 VLAN 的用途和工作原理；
- 掌握多交换机环境中的 VLAN 应用；
- 理解 GVRP 协议的原理；
- 理解 VLAN 的设计方法；
- 掌握 VLAN 的配置方法，其中包括 VLAN 的添加与删除、接口的配置及应用；
- 掌握 Access 接口与 Trunk 接口的配置方法；
- 理解 Hybrid 接口的原理及其在网络中的作用；
- 掌握 Hybrid 接口的配置方法；
- 掌握 GVRP 的配置方法；
- 掌握检查 VLAN 信息的配置命令。

2.1　VLAN 基本理论

由若干台交换机以及与这些交换机连接的所有终端所组成的网络称为交换网络，一个交换网络就是一个广播域。假如交换机不能分隔广播域，那么随着交换网络规模的增大，广播域也会随之扩大。广播域越大，网络安全问题也会变得越严重，同时网络中的垃圾流量也会越多，而垃圾流量的增多会直接导致更多的网络带宽资源和设备计算资源的浪费。

VLAN 技术的根本作用就是让交换机具备分隔广播域的能力。VLAN（Virtual Local Area Network，Virtual LAN）一词中，LAN 是一个转意词，用来专门指代一个广播域，而不再强调它是一个地理覆盖范围较小的局域网。谈论 VLAN 技术时，我们通常把分隔前的、规模较大的广播域称为 LAN，而把分隔后、规模较小的每一个广播域称为一个虚拟局域网（Virtual LAN）或 VLAN。例如，当我们说把一个规模较大的广播域分隔成了 4 个规模较小的广播域时，就可以说成是把一个 LAN 分隔成了 4 个 VLAN。

2.1.1　VLAN 的用途

我们在前文中介绍过，广播域是广播帧可达的区域。通过之前所学的内容，读者应该能够意识到同处于这样一个区域中的设备之间，通信是多么的便捷，同时又是多么的缺少隐私。在这样一个区域中，一台设备可以通过广播轻松让自己发送的内容抵达网络的每个角落，交换机只会扮演传话筒的角色；在这样一个区域中，交换机可以实现即插即用，任意两台设备之间的通信都不需要以任何人工管理操作作为前提；在这样一个网络中，恶意用户可以轻松地利用交换机的工作原理发起网络攻击，让自己窃取到其他用户的通信数据。

在这样的背景下，哪些人应该同处一个广播域中进行通信成了一个十分值得探讨的话题。一般的结论是，当人们对通信效率的考量重于对安全性的考量时，就会希望彼此之间同处一个广播域中，比如同一个工作组的同僚或者同一个部门的同事之间往往彼此更加了解和信任，利益与价值观更加趋同，同时也有更多信息和数据需要频繁交互，因此这些人员的设备更适合部署在一个广播域，也就是一个局域网中；反之，对于不同部门甚至不同企业之间那些彼此缺乏了解，也不需要频繁进行沟通的人员，则不适合同处于同一个广播域中。

然而，那些尽量分隔在不同广播域中的人员有时会因为彼此的工位比较接近而最终将设备连接在了同一台交换机上，如图 2-1 所示，那些最好能够在一个局域网中工作的人员又常常会因为相距较远或者同一台交换机上端口数量有限而不得不将设备连接在不同的交换设备上，如图 2-2 所示。

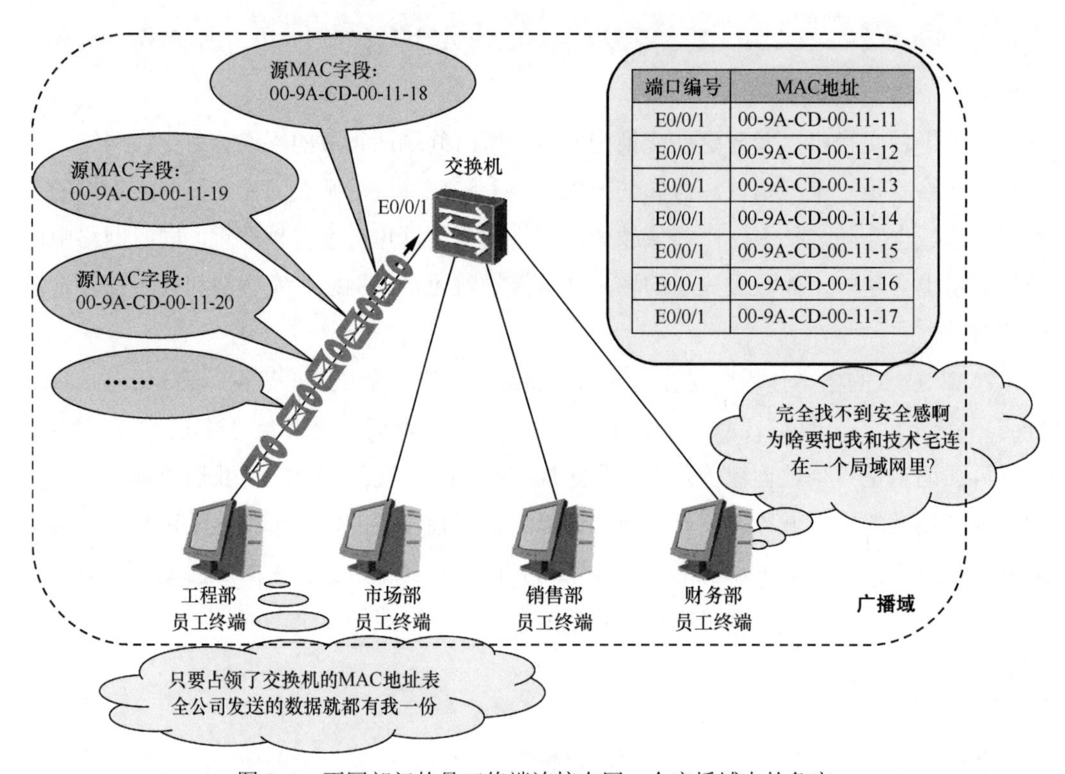

图 2-1　不同部门的员工终端连接在同一个广播域中的危害

由此可见，局域网最好能够是一个逻辑概念，让人们可以根据自己的实际需求，通过逻辑的方式，将各个交换机所连接的某些特定的设备组成一个广播域，而无需考虑这些设备连接的是不是同一台交换机。这种通过逻辑手段重新分配物理资源的虚拟化技术，就是虚拟局域网（VLAN）技术。

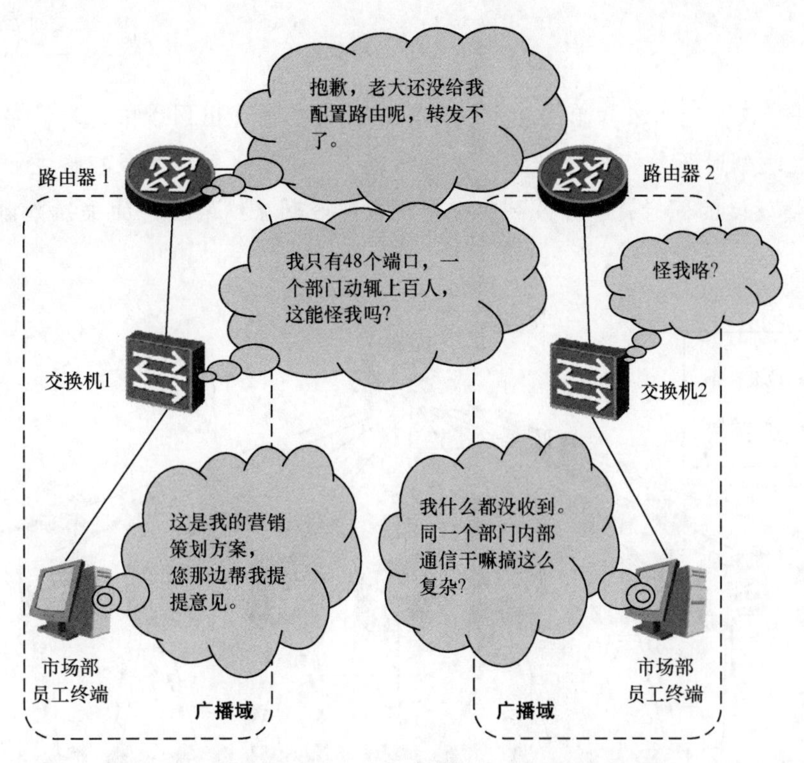

图 2-2　同一个部门的员工终端连接在不同的广播域中

除了图 2-1 所说的安全问题之外，广播域的扩大还会导致垃圾流量在整个交换网络中大量泛洪。比如说，读者现在应该已经知道当交换机接收到一个数据帧，并且发现该数据帧的目的地址在自己的 MAC 地址表中并没有对应的条目时，这台交换机就会将这个数据帧从（除了接收到它的那个端口之外的）所有端口泛洪出去。显然，这些泛洪的流量对于（除交换网络中那台真正应该接收到这个数据的终端之外的）其他终端而言，都是垃圾流量，这些流量会浪费链路的带宽资源以及设备的计算资源。在只有一台交换机的交换网络中，这类未知单播帧的泛洪并不会造成什么恶劣影响，但是在一个大量交换机连接的交换网络中，泛洪流量就会影响通信的效率。如图 2-3 所示，一个未知单播帧的发送方和接收方就连接在同一台交换机上，但由于它们所连接的交换机没有在自己的 MAC 地址表中查询到接收方的目的 MAC 地址，这台交换机只能对这个数据帧作泛洪处理，于是一次原本一对一的单播通信在这个广播域中被搞得满城风雨，大量无关链路被这个数据占用了带宽，大量无关设备为处理这个数据消耗了计算资源。如果这个交换网络只由这两台设备所直连的那台交换机，和这台交换机连接的终端所构成，那么未知单播帧造成的影响其实并不严重。随着交换网络的扩大，如果无法对随之扩大的广播域规模进行限制，那么这个交换网络中连接的交换机和终端越多，视未知单播帧这类泛洪流量为垃圾流量的设备和链路也就越多，而交换网络中产生这类流量的概率也就越大。

注释：

图 2-3 仅为说明未知单播泛洪的示意，并没有描述出网络中终端设备的真实数量，读者在理解时不妨将这个网络想象得再庞大一些，也可以想象在最左侧交换机执行未知单播泛洪的同时，还有另一些交换机也接收到了终端发送的未知单播帧，并执行了泛洪。

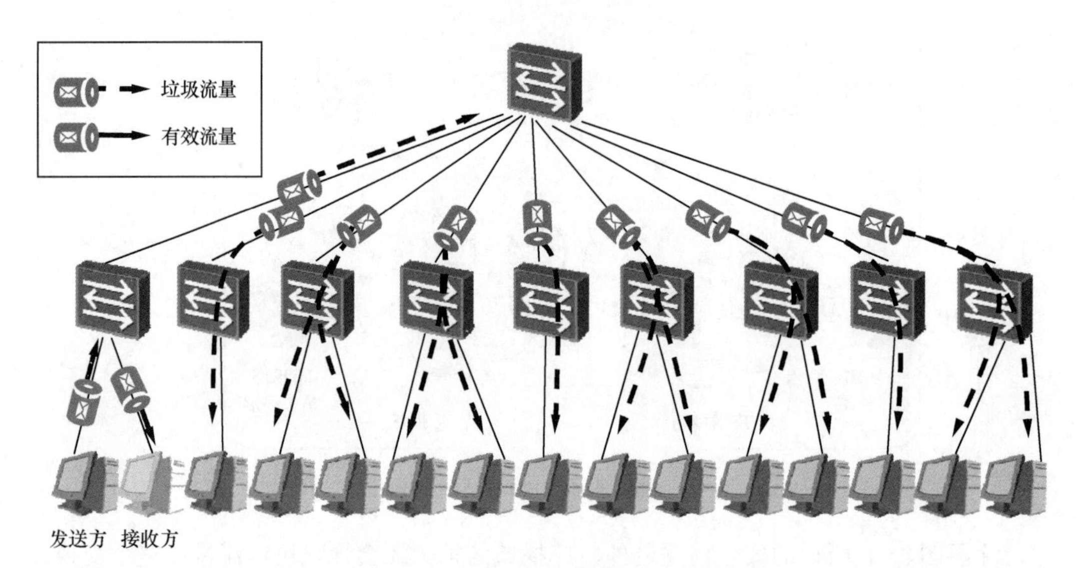

图 2-3 未知单播泛洪造成的通信效率下降

为了解决随着广播域扩大而带来的性能和安全性降低问题，为了更方便地将多个 LAN 连接在一起，VLAN 技术才应运而生。**VLAN 技术能够在逻辑上把一个物理局域网分隔为多个广播域，每个广播域称为一个“虚拟”局域网**。每台网络终端设备只能属于一个 VLAN，属于同一个 VLAN 的设备之间可以通过二层直接通信而不必借助 IP 路由功能，属于不同 VLAN 的设备之间则只能通过 IP 路由功能才能够实现通信。

说到这里，我们必须再次澄清一下“局域网”这个词的表意。现在人们在提到局域网时，描述的范围更多是对网络管理边界的界定。从这个角度上看，局域网是与 WAN（广域网）相对应的网络，指一个企业、家庭、学校等自己管理的内部网络。这一点对于那些根本不知道自己企业内部的局域网还可以根据通信需求划分成虚拟局域网来隔离广播域的普通用户来说，他们口中的局域网更是指在这个企业管理下的整个企业网络。有鉴于此，本书以后在提到局域网时，描述的也会是管理意义上的本地网络。同时，我们会专门用 VLAN 一词代指网络管理员根据实际的使用需求，而通过逻辑手段分隔出来的广播域。因此，希望读者从这里开始，把第一章中我们提到的“一个局域网往往就是一个广播域”这一模棱两可的理解方式，更新为**“一个 VLAN 就是一个广播域”**，因为从逻辑上将一个局域网隔离成多个广播域就是 VLAN 的用途。

注释：

其他局域网技术还包括 ARCNET、令牌环、FDDI、ATM 和 AppleTalk 等。

注释：

交换机上的物理接口也称为“端口”，与“物理接口”是同义表达。本章会混用“端口”和“接口”这两个术语来描述交换机上的物理接口。读者要把表示交换机接口的术语“端口”，与表示传输层协议（TCP 或 UDP）端口号的术语“端口”区分开。

在 2.1.1 小节中，我们用大量描述性文字介绍了 VLAN 技术的用途。在 2.1.2 小节中，我们会深入讲解 VLAN 技术在逻辑上实现物理局域网分隔的原理。

2.1.2 VLAN 的原理

游轮公司在组织岸上团队游时使用的方法，与 VLAN 的工作原理有异曲同工之妙：受限于船舶吨位，有时游轮只能停靠在远离旅游热点的海岸，游轮公司需要依靠大型巴士把游客运送到指定旅游景点。为了提高运送游客的效率，游轮公司会同时雇佣多辆巴士，把游客平均分配到每辆巴士中。为了游客在回程时能够找到自己的巴士，也为了巴士司机在回程时能够统计人数，游轮公司会为每位游客发放一枚印有数字的贴纸。游客按照贴纸上的数字找到相应编号的巴士，并把贴纸贴在自己身上显眼的位置。巴士司机可以根据游客身上的贴纸分辨自己应该运送的游客。**VLAN 技术也同样会通过给数据帧（游客）插入 VLAN 标签的方式，让交换机（巴士司机）能够分辨出各个数据帧所属的 VLAN（巴士）**，如图 2-4 所示。

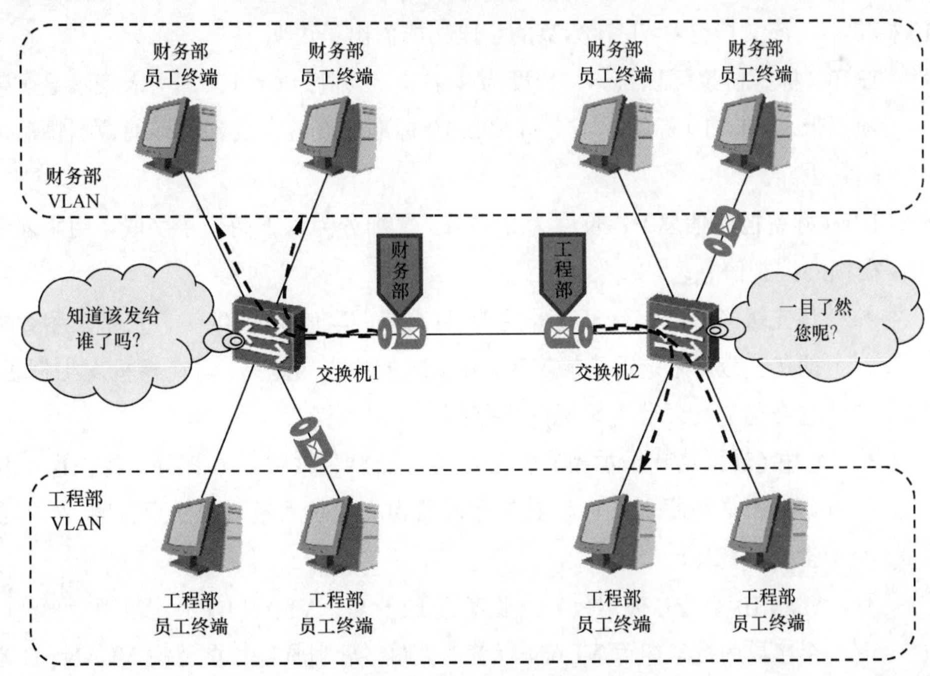

图 2-4　通过 VLAN 标签标识数据帧所在的 VLAN

VLAN 标签（VLAN Tag）是用来区分数据帧所属 VLAN 的“贴纸”，这是一个 4 字节长度的字段，它会以插入以太网数据帧头部的方式被“贴在”数据帧上。图 2-5 描绘了未携带 VLAN 标签的以太网数据帧头部结构，以及携带了 VLAN 标签的以太网数据帧头部结构。

没有携带VLAN标签（Tag）的数据帧

6字节	6字节	2字节	46～1500字节	4字节
目的MAC	源MAC	类型	数据	FCS

携带VLAN标签（Tag）的数据帧

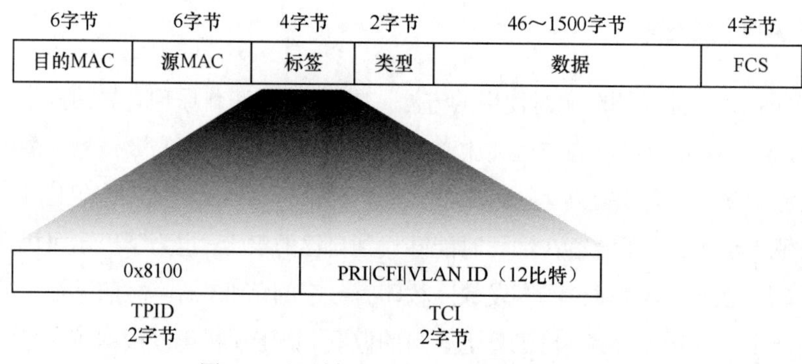

图 2-5　通过标签（Tag）区分不同 VLAN

从图 2-5 中可以看出，VLAN 标签会被插入在源 MAC 地址后面，这个格式定义在 IEEE 802.1Q 标准中。该文档也对 VLAN 标签的字段构成做出了说明。

- **TPID（标签协议标识符）**：长度为 2 字节，取值为 0x8100，用来表示这个数据帧携带了 802.1Q 标签。不支持 802.1Q 标准的设备在收到这样的数据帧后，会把它丢弃；
- **TCI（标签控制信息）**：长度为 2 字节，又细分为以下两个子字段，用来表示数据帧的控制信息：
  - **优先级（Priority）**：长度为 3 比特，取值范围 0～7，用来表示数据帧的优先级。优先级取值越大，数据帧的优先级越高。当交换机发生拥塞时，它会优先处理优先级高的数据帧；
  - **CFI（规范格式指示器）**：长度为 1 比特，取值非 0 即 1。关于这 1 比特作用的描述超出了华为 ICT 学院路由交换技术教材的知识范畴，本书在这里不作赘述；
  - **VLAN ID（VLAN 标识符）**：长度为 12 比特，VLAN ID 的作用顾名思义，这个字段的数值即为 VLAN 标签的数值。管理员能够配置的 VLAN ID 取值范围是 1～4094。

关于 VLAN 标签为交换机提供的数据封装信息，我们要介绍的内容只有这么多。但对于 VLAN 隔离广播域的具体实现方法，则需要在介绍了 VLAN 标签这一概念的基础上略作解释。

我们在第一章介绍过，交换机会将接收到的广播数据帧从除了该数据帧入站端口之外的其他端口发送出去。这句话实际上描述的是交换机上没有划分多个 VLAN 时，交换机接收到广播数据帧时的情形。**如果交换机上划分了多个 VLAN，在交换机接收到广播数据帧时，它只会将这个数据帧从除了该数据帧入站端口之外，其他同 VLAN 的所有端口发送出去**，如图 2-6 所示。

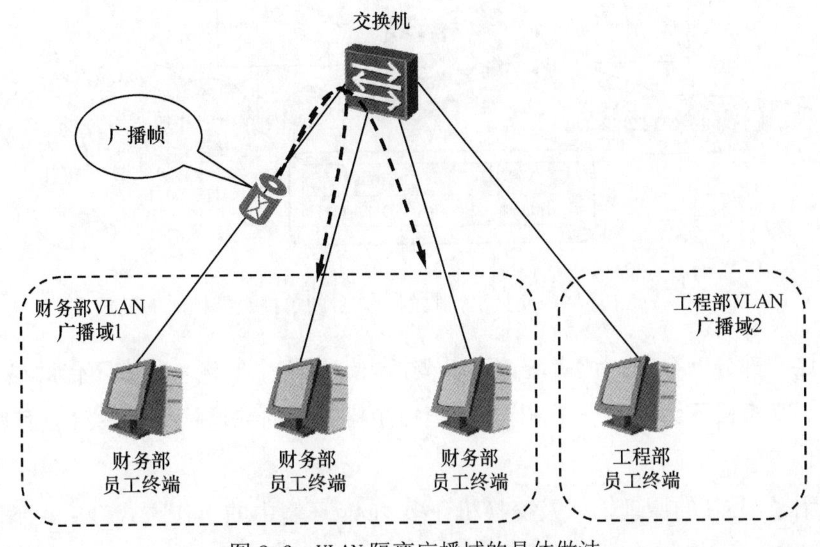

图 2-6　VLAN 隔离广播域的具体做法

此外，我们也曾经提到过，当交换机无法在自己的 MAC 地址表中找到某个单播数据帧的目的 MAC 地址时，会将这个数据帧从除了该数据帧入站端口之外的其他端口发送出去。这句话同样描述的是交换机上没有划分多个 VLAN 时的情形。**如果交换机上划分了多个 VLAN，那么当交换机接收到一个目的 MAC 地址不存在于自己 MAC 地址表中的单播数据帧时，它只会将这个数据帧从除了该数据帧入站端口之外，其他同 VLAN 的端口发送出去**，如图 2-7 所示。

由于交换机采用了图 2-7 所示的这种处理方式，所以处于不同 VLAN 的用户就无法通过 MAC 地址泛洪攻击来获取到其他 VLAN 用户发送的消息，因为即使一名用户发送的数据帧对于交换机来说是未知目的的单播数据帧，交换机也不会将它通过其他 VLAN 的端口发送出去，这就是 VLAN 隔离广播域给局域网通信安全带来的利好。

实际上，**在多 VLAN 环境中，即使交换机 MAC 地址表里保存了某数据帧目的 MAC 地址的条目，若这个目的 MAC 地址所对应的端口与数据帧的入站端口处于不同的 VLAN 中，**

交换机也显然不会通过 MAC 地址表中对应的那个端口把这个数据帧转发出去。

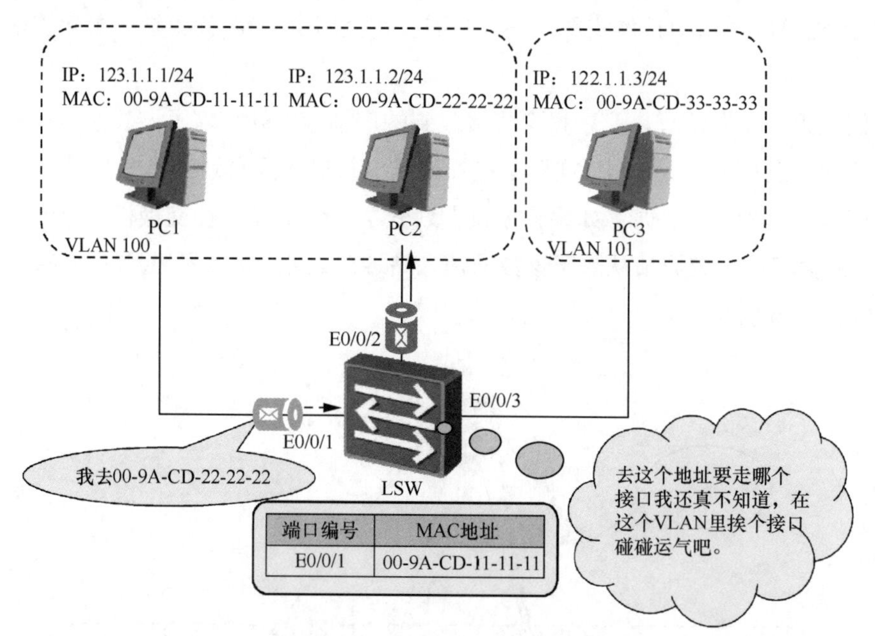

图 2-7　多 VLAN 环境中交换机接收到未知目的单播数据帧时的处理方式

通过这一部分的介绍，读者应该可以概括出这样一个结论，即**在不借助路由转发的大前提下，交换机不会将从一个 VLAN 的端口中接收到的数据帧，转发给任何其他 VLAN 中的端口。**

在介绍了 VLAN 的原理，以及交换机在多 VLAN 环境中的工作方式之后，下面我们来介绍一下 VLAN 在实际网络中是如何应用的。

2.1.3　VLAN 在实际网络中的应用

网络管理员可以使用不同方法，把交换机上的每个接口划分到某个 VLAN 中，以此在逻辑上分隔广播域。在 2.1.4 小节中，我们会分几种情况介绍 VLAN 划分的方法。而在这一小节中，我们根据前面 2.1.1 小节、2.1.2 小节的叙述，归纳一下交换机能够通过 VLAN 技术，为网络带来哪些积极的改变。

- 增加了网络中广播域的数量，同时减少了每个广播域的规模，也就是减少了每个广播域中终端设备的数量；
- 增强了网络安全性，管理员保障网络安全的手段增加了；
- 提高了网络设计的逻辑性，管理员可以规避地理、物理等因素对于网络设计的限制。

接下来，我们通过一个企业网案例，看看上述三点在实际网络中的体现。

图 2-8 所示为一个小型企业网，这家公司租用了一栋办公楼中的两层，其中一层为

销售部，二层为售后部和财务部。

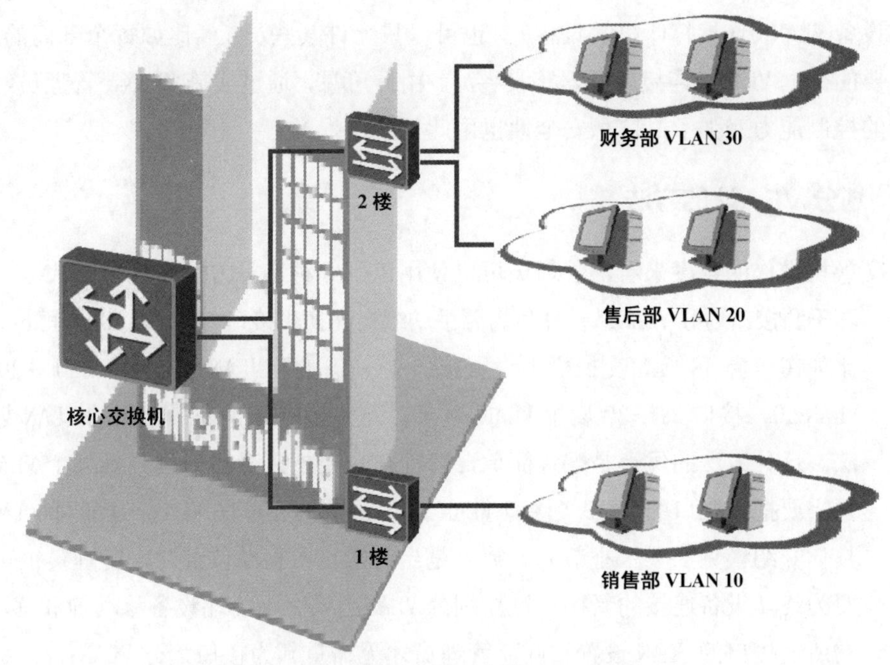

图 2-8　小型企业网中的 VLAN 应用

从图中可以看出，这个企业网络的物理连接是这样的：员工 PC 连接房间交换机，房间交换机连接楼层交换机，两台楼层交换机都连接到核心交换机。VLAN 的划分是这样的：一个部门对应一个 VLAN，其中销售部为 VLAN 10，售后部为 VLAN 20，财务部为 VLAN 30。IP 地址的规划是这样的：一个 VLAN 对应一个 IP 子网地址，比如销售部 VLAN 10 使用 10.0.10.0/24，售后部 VLAN 20 使用 10.0.20.0/24，财务部 VLAN 30 使用 10.0.30.0/24。

注释：

一般情况下，在网络设计中一个 VLAN 会对应一个 IP 子网地址。管理员也可以在一个 VLAN 中配置多个 IP 子网地址，但这种做法极罕见，也并不推荐。

在图 2-8 所示的 VLAN 设计中，公司中的一个部门为一个 VLAN，各自形成一个广播域，部门内部员工之间能够通过二层交换直接通信，不同部门的员工之间必须通过三层 IP 路由功能才可以相互通信。由此，这个小型企业网络通过 VLAN 技术被分为了 3 个 VLAN，广播域的范围缩小了。每个广播域中因广播流量引发的带宽消耗也减少了，从而带宽利用率得到了提升。

管理员可以通过多种方法，确保员工在连入企业网络时，被划分到他/她的部门所对应的 VLAN 中，具体方法我们会在 2.1.4 节中进行介绍。在默认情况下，每个部门的员工只能与本部门的其他员工进行通信、共享信息、访问本部门的服务资源。管理员可以根据企业的实际需求，按需开放部门之间的通信。譬如说，管理员可以允许所有员工访问公共设备 VLAN（连接打印机等设备），也可以只允许某些员工（比如每个部门的经理）访问重要的数据 VLAN（连接服务器等设备）。由此可见，通过实施 VLAN，管理员对于网络流量的控制能力变强了，信息安全性也由此得到了提升。

2.1.4 划分 VLAN 的方法

从交换机操作的角度来看，管理员可以使用以下 3 种常见方法来划分 VLAN。

- **基于源接口划分 VLAN**：管理员需要手动绑定交换机接口与 VLAN ID 之间的关系。比如在一台 48 接口交换机上设置接口 1～10 属于 VLAN 10，接口 11～20 属于 VLAN 20，接口 21～30 属于 VLAN 30 等。这是最基础也是最常用的 VLAN 划分方法。这种方法的优点是配置简单，管理员想要把某个接口划分到某个 VLAN 中，只需要把该接口的 PVID（接口 VLAN ID）配置为相应的 VLAN ID 即可（PVID 的具体介绍详见 2.2.1 小节）。缺点是当终端设备移动位置时，管理员很可能需要为终端设备连接的新接口重新划分 VLAN：只有当终端设备移动前和移动后，它所连接口的 VLAN 设置相同，管理员才无需重新为接口划分 VLAN；
- **基于源 MAC 地址划分 VLAN**：管理员需要手动绑定终端设备网卡 MAC 地址与 VLAN ID 之间的关系。在使用这种方法时，管理员前期工作量较大，需要建立完整的 MAC 地址与 VLAN ID 映射表，但好处在于一旦配置完成，即使终端设备移动位置，管理员也无需再次配置。当交换机从终端设备那里第一次收到数据帧时，它会根据数据帧源 MAC 地址，查找 MAC 地址与 VLAN ID 映射表，以此来确定该数据帧所属的 VLAN；这个判断过程与交换机是从哪个接口收到的数据帧并无关系；
- **基于源 IP 地址划分 VLAN**：管理员需要手动绑定 IP 子网地址与 VLAN ID 之间的关系。这种方法适用于使用静态 IP 地址的网络环境，好处与使用 MAC 地址划分 VLAN 相同，即使终端设备移动位置，管理员也无需再次配置接口的 VLAN 设置。但若网络中使用 DHCP 协议自动为终端设备分配 IP 地址，这就进入了先有鸡还是先有蛋的循环：交换机需要知道终端设备的 IP 地址才能为其分配 VLAN，但终端设备上没有配置 IP 地址，它需要通过某个 VLAN 的 DHCP 服务器来获取 IP 地址；

除了上述 3 种常见方法之外，管理员还可以使用其他很多方法来划分 VLAN，例如基于协议划分 VLAN、基于策略划分 VLAN 等。当然，无论在前文的理论叙述中，还是真实的网络应用中，基于源接口划分 VLAN 都是最为通行的做法。在本章的 2.3 节及后文与 VLAN 相关的实验中，我们也会常常涉及与此相关的配置方法。

在这一节中，我们为求表达方便，在一部分示意图中采用了单交换机环境来演示 VLAN 的工作原理，而在另一部分示意图中则采用了多交换机环境。实际上，多交换机环境中 VLAN 的通信方式与单交换机环境中大同小异。但鉴于多交换机环境中会涉及交换机与交换机之间的互联及信息共享，因此会有一些额外的术语及理论，这些内容我们会在 2.2 节中进行说明。

2.2　多交换机环境中的 VLAN

我们刚刚说过，基于源接口划分 VLAN 是最为通用的做法。在图 2-4 所示的网络中，管理员的做法就是在两台交换机上将所有上方的端口都划分到财务部的 VLAN 中，而将所有下方的端口都划分到工程部的 VLAN 中。这样一来，交换机就可以根据数据帧的入站端口，判断出可以在转发该数据帧时以哪些端口作为出站端口了。

然而，交换机与交换机之间相连的端口却是这种环境中的一个例外。无论哪个 VLAN 中的端口发来的流量，只要其接收方没有（全部）与发送方连接在同一台交换机上，都难免要借助交换机与交换机相连的端口才能把数据帧转发给另一台交换机。因此，要想实现跨交换机的 VLAN 内部通信，就必须对这类交换机与交换机相连的端口（和链路）进行介绍。

此外，在一个拥有大量交换机的大型园区网络中，每逢网络产生 VLAN 变更的需求就在每台交换机上一一创建、修改和删除 VLAN，这对于管理员来说是一个繁复而又容易出错的操作过程。所以，一个园区网中的交换机最好能够通过动态的方式实现相互间的 VLAN 同步。而这种用来实现多交换机 VLAN 信息同步的协议，是我们这一节的另一个重点。

2.2.1　跨交换机 VLAN 原理

交换机的一大主要功能是连接各种类型的终端设备，包括 PC、服务器、打印机等。这类设备大多不具备为自己生成的数据帧插入 VLAN 标签的功能，它们发出的数据帧被称为无标记帧（Untagged）；因此给这些无标记帧打上 VLAN 标签，成为它们所连交换机的任务。这里就需要用到我们在 2.1 节中提到的 PVID。所谓 PVID（Port default VLAN ID，接口默认 VLAN ID）是管理员给交换机接口配置的参数，这个参数的默认值为 1。交换机通过每个接口的 PVID，判断从这个接口收到的无标记帧应该属于哪个 VLAN，并在进一步转发时，在数据帧中插入相应的 VLAN 标签，从而将无标记帧变为标记帧（Tagged）。

当然，一台交换机未必每个接口接收到的都是无标记帧，比如在图 2-4 中，两台交换机显然会通过与对方相连的端口，接收到由对方打上了 VLAN 标签的标记帧，而交换机接收到的数据帧是标记帧还是无标记帧，与交换机接口将如何操作这个数据帧之间关系极为密切。因此，管理员需要根据交换机所连接的设备类型，预判交换机在各个接口接收到的数据帧是否打标，并根据这一点配置交换机接口的类型。

- 如果交换机某些接口连接的设备在正常情况下不会自行给数据帧打上 VLAN 标签，因而交换机通过这个接口接收到的数据帧应该为无标记帧，需要由交换机根据这些接口所在 VLAN，为终端设备发来的数据帧打上 VLAN 标签；同时交换机在向这些接口连接的设备发送数据帧时也不应该发送携带 VLAN 标签的数据帧，那么管理员就应该把这类接口配置为 Access（接入）接口，Access 接口所连接的链路则称为 Access（接入）链路。图 2-4 中所有交换机与终端设备相连的端口，就都应该配置为 Access 端口；
- 如果交换机某些接口所连接的设备会发来多个 VLAN 中的流量，为了区分这些流量，对端设备会给这些数据帧打上 VLAN 标签，所以交换机通过这个接口应该接收到的是标记帧；同时交换机也会为了让对端设备能够区分自己发出流量所在的 VLAN，因而给通过该接口发出的流量打上 VLAN 标签，那么管理员就应该把这类接口配置为 Trunk（干道）接口，相应的链路称为 Trunk（干道）链路。在图 2-4 中，交换机与交换机之间相连的端口就是 Trunk 端口。

为方便读者参考，我们用图 2-9 标识了图 2-4 中各个接口的类型。

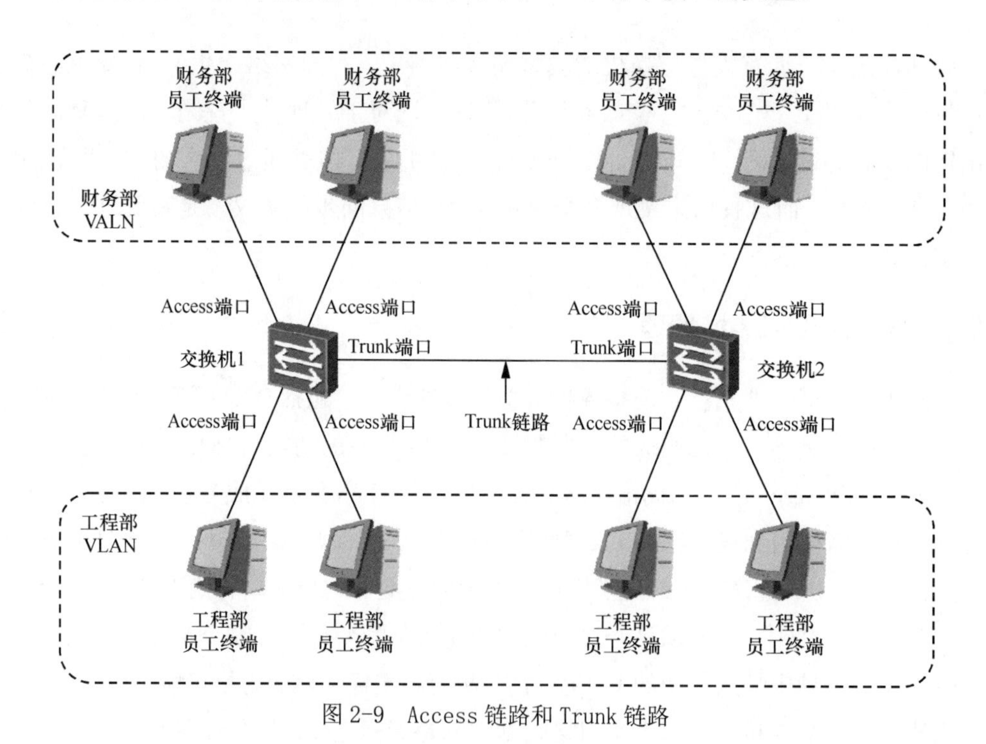

图 2-9 Access 链路和 Trunk 链路

将上面的内容综合起来，读者应该可以想象出在一个多 VLAN 环境中，同一个 VLAN

中的设备是如何实现跨交换机通信的。下面我们复用图 2-4 和图 2-9 所示的环境，通过图 2-10 叙述一下完整的通信过程。为了便于叙述，我们在图 2-10 中对前两张图中的终端和 VLAN 进行了编号。

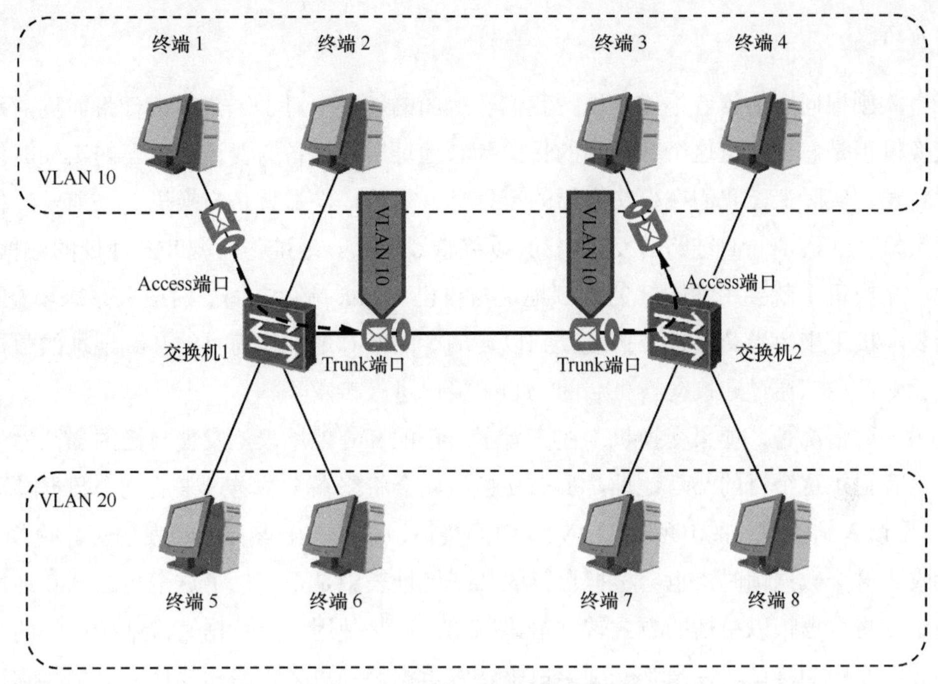

图 2-10　同一 VLAN 跨交换机的通信流程

现在，我们假设终端 1 以终端 3 的 MAC 地址作为目的 MAC 地址封装了一个数据帧，通过自己的适配器发送了出去。于是，交换机 1 在自己的 Access 接口上接收到了这个数据帧。通过查询 MAC 地址表，这台交换机发现这个数据帧的目的 MAC 地址所对应的接口为自己与交换机 2 相连的 Trunk 接口，于是交换机根据接收到该数据帧的 Access 端口上配置的 PVID，给数据帧打上了 VLAN 10 的标签，并且将这个数据帧通过 Trunk 接口转发给了交换机 2。

交换机 2 通过与交换机 1 相连的 Trunk 接口接收到了这个数据帧，在查看了自己的 MAC 地址表之后，发现这个标记为 VLAN 10 的数据帧，其目的 MAC 地址设备连接在自己 VLAN 10 中的一个 Access 端口上，于是交换机 2 摘除了交换机 1 给数据帧打上的标签，将其通过该 Access 端口转发给了终端 3。

注释：

对于通过 Access 端口接收到的无标记帧，交换机会先打标再查表（即入站时打标），还是会先查表再打标（即出站时打标），这项操作都是各个厂商分别定义的，实际上没有公共标准。

注释：

华为交换机还支持一种接口模式：Hybrid。这种接口既可以用来连接终端设备，也可以用来连接交换机。关于 Hybrid 接口的工作原理和具体配置，我们会在 2.3 节中进行具体介绍。

喜欢刨根问底的读者不难发现，我们在上面的叙事中对于一个细节一带而过，那就是交换机 1 是怎么知道这个数据帧的目的 MAC 地址所在设备需要通过自己的 Trunk 接口进行转发。实际上，我们在上文介绍的流程有一个前提，那就是交换机 1 之前曾经接收过交换机 2 通过 Trunk 链路转发过来的、以终端 3 的 MAC 地址作为源 MAC 地址的数据帧。此时，交换机 1 就会用终端 3 的 MAC 地址与自己 Trunk 端口之间的对应关系来填充 MAC 地址表。接下来，当交换机 1 再接收到以终端 3 的 MAC 地址作为目的 MAC 地址的数据帧时，就知道应该通过连接交换机 2 的 Trunk 接口进行转发了。

另一种情况是，如果交换机 1 在查看了自己的 MAC 地址表，发现自己的 MAC 地址表中并没有记录这个目的 MAC 地址，那么交换机就会将终端 1 发送过来的这个数据帧通过（除数据帧入站接口外的）所有 VLAN 10 中的接口，以及 Trunk 接口转发出去。交换机 2 在接收到这个数据帧时，也会根据自己的 MAC 地址表中是否记录了这个目的 MAC 地址，来决定是将数据帧以单播的方式转发给终端 3，还是使用（除数据帧入站接口外的）所有 VLAN 10 中的接口，以及 Trunk 接口来转发数据帧。总之，终端 3 还是会接收到这个数据帧。

在这一小节中，我们已经对跨交换机的 VLAN 内部通信进行了相对比较详细的介绍。通过这一节的内容，读者可以感受到，当局域网环境中部署了多台交换机时，多台交换机在传输标记帧时的行为必须统一，而要想实现统一的行为，管理员首先要确保所有交换机上的 VLAN 配置相同。但随着局域网中交换机数量的增加，管理员的 VLAN 配置和维护工作量也会显著增加，这时就有必要通过一些技术来保障 VLAN 信息的自动全局同步，这样做既能够实时同步网络的配置、增强网络配置的正确性，又能够减轻管理员的工作负担。这种机制就是我们要在 2.2.2 小节中介绍的 GVRP 协议。

2.2.2 GVRP 协议

我们曾经在前文中提到，如果在规模庞大的交换网络环境中，管理员也必须手动配置每台交换机上的 VLAN 命令，并在 VLAN 发生变化时手动更新所有设备中的 VLAN 信息，那么这个工作量无疑会相当庞大，而且会增加因为人为失误而造成误配置的几率。因此，让逻辑严谨的应用程序代替人类来处理这种高强度的重复性工作是更好的选择。GARP 就是在这种理念中产生的，而 GVRP 正是利用了 GARP 提供的功能。

GARP 的全称是通用属性注册协议，它的工作原理是把一个 GARP 成员（交换机等设备）上配置的属性信息，快速且准确地传播到整个交换网络中；目前这些属性通常是 VLAN 和组播地址。但 GARP 本身仅仅是一种通用的协议规范，并不是交换机中实际应用的协议。这就像 IGP 是通用的协议规范，而 RIP 和 OSPF 是具体的应用协议一样。遵循 GARP 协议的应用称为 GARP 应用，目前主要的 GARP 应用为 GVRP 和 GMRP。交换机使用 GVRP 来实现 VLAN 管理，使用 GMRP 来实现组播地址管理，GMRP 超出了本书范围，在这里不作赘述。在这一小节中，我们会详细介绍 GARP 的工作原理和 GVRP 协议的实际应用。

注释：

关于 IGP、RIP 和 OSPF 的概念，我们在《网络基础》教材的第 5 章中曾经进行过十分简要的介绍，已经忘记的读者可以复习《网络基础》教材的第 5 章。在本册教材的最后几章中，我们还会用大量篇幅对 RIP 和 OSPF 进行介绍。

GARP 定义了交换机之间交互 GARP 报文的数据帧格式。GARP 定义的数据帧格式清晰明了地展示了 GARP 是如何在数据帧中携带属性信息的，其数据帧封装格式如图 2-11 所示。

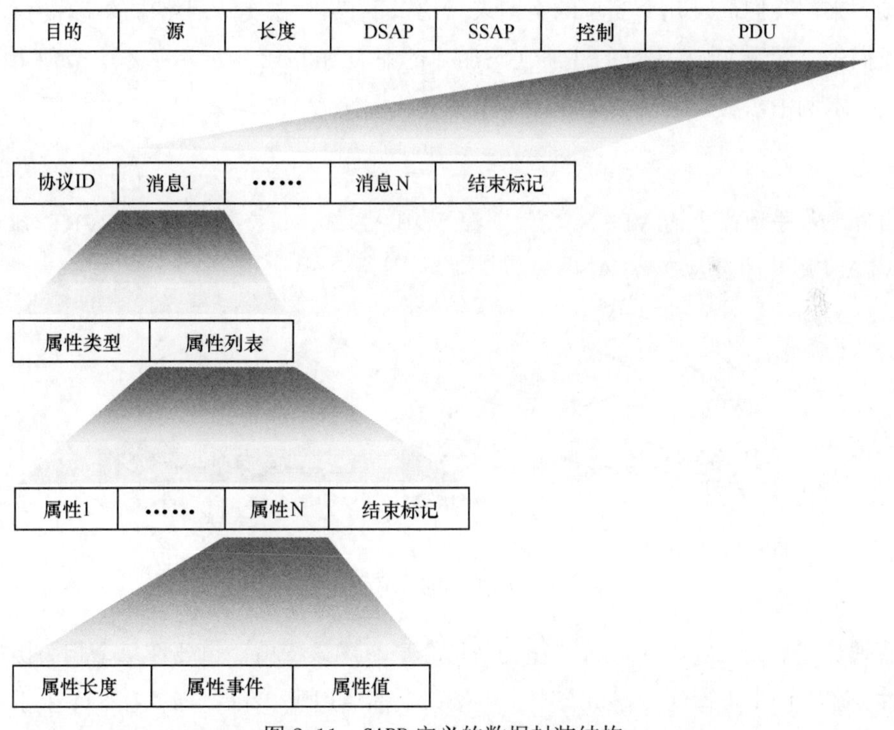

图 2-11　GARP 定义的数据封装结构

从图中可以看出，GARP 是基于 IEEE 802.3 以太网数据帧格式定义的，网络中传输数据常用的以太网数据帧格式是 IEEE 以太网 II 类型数据帧，IEEE 802.3 数据帧格式常用于网络管理目的。在这个 IEEE 802.3 数据帧中，GARP 以 01-80-C2-00-00-21 作为目的组播地址，凡是启用了 GARP 的设备都会加入这个组，并且监听发往这个组的消息。在这个组播消息中，GARP 使用 PDU 来携带需要通告的不同属性。通过上图我们也可以看出，一个数据帧中是可以携带多个属性的。GARP 通过属性类型字段和属性列表字段对每个属性分别进行标识，除此之外，每个属性中还包括以下字段。

- 属性长度：标识该属性的长度，通常为 2～255 字节；
- 属性事件：标识 GARP 支持的各种事件类型，取值范围 0～5，数值的含义如下所示。

  0：表示 LeaveAll 事件，用来注销所有属性；

  1：表示 JoinEmpty 事件，用来声明未注册的属性；

  2：表示 JoinIn 事件，用来声明已注册的属性；

  3：表示 LeaveEmpty 事件，用来注销未注册的属性；

  4：表示 LeaveIn 事件，用来注销已注册的属性；

  5：表示 Empty 事件。
- 属性值：定义了属性中具体的值。

接下来，我们通过几个简单的案例来介绍一下 GVRP 在实际网络中的工作方式。

我们先来看看 VLAN 信息的注册（添加）过程。图 2-12 中展示了本小节使用的案例拓扑，在本例中，我们需要首先在 SW1 上手动配置 VLAN 2。

注释：

由管理员手动配置的 VLAN 称为“静态 VLAN”，而交换机通过 GVRP 自动学习到的 VLAN 则称为“动态 VLAN”。

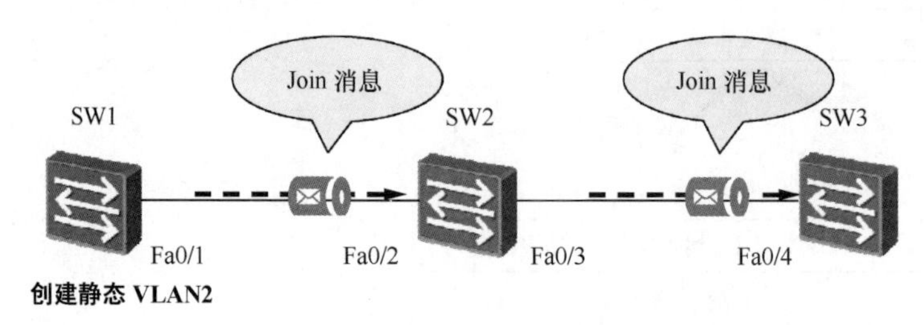

图 2-12　GVRP 注册（添加）VLAN

管理员在启用 GVRP 时，既要在交换机全局启用该特性，也要在每个相关接口启用该特性。在本例中，管理员在所有交换机接口上都启用了 GVRP，当他在 SW1 上手动创建出 VLAN 2 之后，SW1 会自动向 SW2 发送静态 VLAN 2 的 Join 消息，让 SW2 能够自动创建动态 VLAN 2；SW2 继而会向 SW3 发送动态 VLAN 2 的 Join 消息，让 SW3 也能够自动创建动态 VLAN 2。这样交换网络中的所有设备中都拥有了 VLAN 2。

需要注意的是，由于 GVRP 是以接口为对象进行注册的，因此只有接收到了 Join 消息的交换机接口才会注册（添加）该 VLAN。SW2 是从 Fa0/2 接口收到 VLAN 2 的 Join 消息的，因此 GVRP 在自动创建动态 VLAN 2 的同时，也会向 Fa0/2 接口注册 VLAN 2。同理，SW3 是从 Fa0/4 接口收到 VLAN 2 的 Join 消息的，因此 GVRP 在自动创建动态 VLAN 2 的同时，也会向 Fa0/4 接口注册 VLAN 2。GVRP 的这种注册行为称为“单向注册”，当管理员在 SW1 上手动创建静态 VLAN 2 后，通过 GVRP 的工作，这个交换网络中只有 SW2 的 Fa0/3 接口没有注册（添加）VLAN 2。因此当 SW2 通过 Fa0/3 接口收到了一个去往 VLAN 2 的数据帧时，它会将这个数据帧丢弃。要想让 VLAN 2 的数据帧能够实现双向互通，管理员还需要从 SW3 向 SW2 的方向上再次注册 VLAN 2，使 SW2 能够从 Fa0/3 接口收到 VLAN 2 的 Join 消息，从而将 VLAN 2 注册到 Fa0/3 接口。

注释：

为了让 GVRP 能够正常工作，启用 GVRP 的接口必须能够允许多个 VLAN 的流量通过，因此管理员必须将启用 GVRP 的接口配置为 Trunk 接口。

当管理员不需要 VLAN 2 时，可以使用 GVRP 来注销（删除）该 VLAN 的信息，如图 2-13 所示。

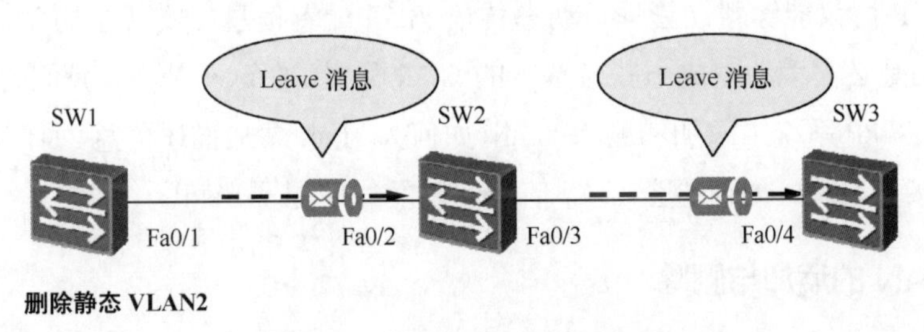

图 2-13 GVRP 注销（删除）VLAN

对于静态 VLAN 来说，管理员可以在设备上进行手动删除，因此管理员可以在 SW1 上手动删除之前配置的静态 VLAN——VLAN 2。GVRP 会把与 VLAN 2 相关的 Leave 消息沿着路径发往 SW2 和 SW3。与 Join 消息类似，Leave 消息的工作也是“单向”的，这称为“单向注销”。因此 SW2 在从 Fa0/2 接口收到 VLAN 2 的 Leave 消息后，会在 Fa0/2 中注销（删除）VLAN 2，但如果 SW2 的 Fa0/3 中仍然注册有 VLAN 2，那么 SW2 此时就不会彻底删除动态 VLAN 2。要想让 SW2 彻底删除动态 VLAN 2，管理员还需要在 SW3 上手动删除静态 VLAN 2。

我们刚才说过，管理员需要在全局和接口同时启用 GVRP，并且 GVRP 是以接口为单位注册 VLAN 信息的。在注册时，GVRP 支持以下 3 种注册模式。

- **Normal（普通）**：这是 GVRP 的默认注册模式，当 Trunk 接口为 Normal 注册模式时，表示 GVRP 能够在该接口静态或动态创建、注册和注销 VLAN，同时该接口能够发送有关静态 VLAN 和动态 VLAN 的声明消息；

- **Fixed（固定）**：当 Trunk 接口为 Fixed 注册模式时，GVRP 不能在该接口注册或注销动态 VLAN，只能发送静态 VLAN 的注册信息。也就是说，即使管理员通过配置允许所有 VLAN 的数据通过接口，该接口实际上也只会放行管理员手动配置的那些 VLAN 中的数据；
- **Forbidden（禁止）**：当 Trunk 接口为 Forbidden 注册模式时，GVRP 不能在该接口上动态注册或注销 VLAN，并且会删除接口上除 VLAN 1 之外的所有 VLAN 信息，只保留 VLAN 1 的信息。也就是说，即使管理员配置该接口允许所有 VLAN 的数据通过，该接口实际上也只放行 VLAN 1 的数据。

关于 GVRP 的相关理论，我们介绍到这里暂时告一段落，在 2.3 节中，我们还会演示 GVRP 在华为交换机上的实际配置案例。下面，我们将本章中介绍的所有理论综合在一起，简单说明一下在实际网络当中应该如何设计和规划 VLAN。

2.3 VLAN 实施

即使 GVRP 协议能够帮助管理员动态传播 VLAN 配置信息，实现全局 VLAN 配置的同步，管理员还是必需手动完成一些最基本的 VLAN 配置。在这一节中，我们会通过几个案例展示如何在 VRP 系统中添加和删除 VLAN、如何为 VLAN 添加描述信息、如何配置与 VLAN 相关的 3 种接口设置、如何检查 VLAN 信息，以及如何配置 GVRP。

2.3.1 VLAN 的添加与删除

在通过各种方法划分 VLAN 之前，管理员需要先在交换机上根据网络设计的需要，创建出相应的 VLAN。在华为交换机上，管理员可以使用下列命令之一来创建 VLAN。

- **vlan** *vlan-id*：管理员可以在系统视图下，使用这条命令创建单个 VLAN，参数 *vlan-id* 的取值范围是 1～4094；下面两条命令中的 *vlan-id* 参数取值范围也是 1～4094。VLAN 1 是默认存在的 VLAN，因此无需管理员手动添加，并且管理员也无法将其删除。举例来说，如果管理员想要创建 VLAN 9 这一个 VLAN 的话，就可以输入命令 **vlan 9**。管理员在使用这条命令创建 VLAN 后，还会直接进入这个 VLAN 的配置视图中，这是这条命令与下面两条批量创建 VLAN 的命令所不同的地方；
- **vlan batch** {*vlan-id1 vlan-id2*}：管理员可以在系统视图下，使用这条命令创建多个 VLAN。这些 VLAN 的号码不必连续，每个 VLAN 号码之间插入空格即可。举例来说，如果管理员想要创建 VLAN 8 和 VLAN 10 这两个 VLAN 的话，就可以使用命令 **vlan batch 8 10**。管理员在输入这条命令后，仍会留在系统视图中，并不会进入 VLAN 的配置视图；

- **vlan batch** {*vlan-id1* [**to** *vlan-id2*]}：管理员可以在系统视图下，使用这条命令创建出多个连续的 VLAN，在首尾 VLAN 编号之间加入关键字 **to**。举例来说，如果管理员想要创建 VLAN 11 至 VLAN 17 这 7 个 VLAN 的话，就可以使用命令 **vlan batch 11 to 17**。管理员在输入这条命令后，仍会留在系统视图中，并不会进入 VLAN 的配置视图。

如图 2-14 所示，管理员分别在两台交换机上使用两种命令创建出 VLAN 2 和 VLAN 3。

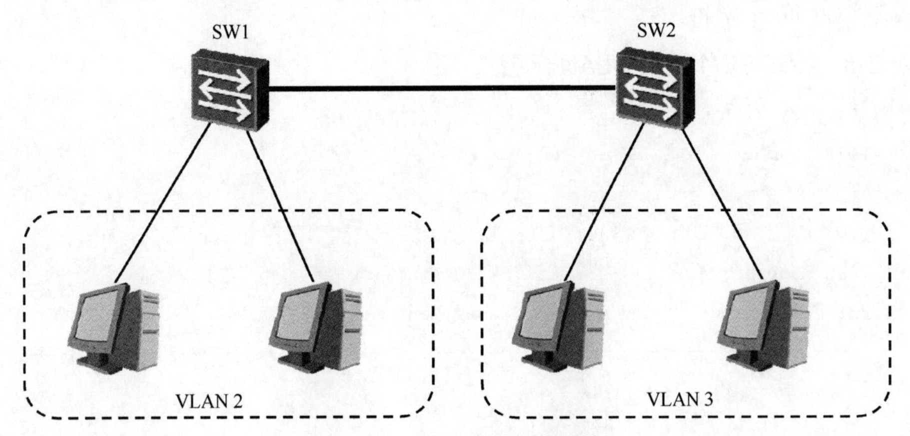

图 2-14　VLAN 的添加与删除

在图 2-14 所示网络中，SW1 上连接的是两台属于 VLAN 2 的主机，SW2 上连接的则是两台属于 VLAN 3 的主机。在这个简单的样例网络中，管理员只需要在每台交换机上配置两个 VLAN 即可，例 2-1 和例 2-2 展示了两台交换机上的配置命令，例 2-3 和例 2-4 分别确认了上述配置。

例 2-1　在 SW1 上配置 VLAN

```
[SW1]vlan 2
[SW1-vlan2]description Local-VLAN2
[SW1-vlan2]quit
[SW1]vlan 3
[SW1-vlan3]quit
```

例 2-2　在 SW2 上配置 VLAN

```
[SW2]vlan batch 2 3
Info: This operation may take a few seconds. Please wait for a moment...done.
[SW2]vlan 3
[SW2-vlan3]description Local-VLAN3
[SW2-vlan3]quit
```

管理员在 SW1 上使用创建单个 VLAN 的方法，通过两条命令 **vlan 2** 和 **vlan 3**，分别创建了 VLAN 2 和 VLAN 3。从提示符（[SW1-vlan2]和[SW1-vlan3]）的变化可以看出，在使用这两条命令后，管理员都进入了相应VLAN的配置视图中。而在SW2上，管理员使用了创建多个不必连续VLAN的方法，通过一条命令 **vlan batch 2 3**，即创建了VLAN 2和VLAN 3。并且从提示符（[SW2]）可以看出，管理员在批量创建了多个VLAN后，仍停留在系统视图中。

由于本例中的VLAN设置比较特殊，即SW1只用来连接VLAN 2的用户，SW2只用来连接VLAN 3的用户，因此管理员在SW1的VLAN 2配置视图中使用命令 **description** *TEXT* 添加了一条描述信息，指明这是拥有本地用户的VLAN；同样的，管理员也在SW2的VLAN 3中添加了一条类似的描述信息。管理员在使用 **description** *TEXT* 添加描述信息时，可以输入不超过80个字符。

例2-3　检查SW1上的VLAN配置

```
[SW1]display vlan
The total number of vlans is : 3
--------------------------------------------------------------------------------
U: Up;          D: Down;          TG: Tagged;          UT: Untagged;
MP: Vlan-mapping;                 ST: Vlan-stacking;
#: ProtocolTransparent-vlan;      *: Management-vlan;
--------------------------------------------------------------------------------

VID  Type    Ports
--------------------------------------------------------------------------------
1    common  UT:Eth0/0/1(D)      Eth0/0/2(D)      Eth0/0/3(D)      Eth0/0/4(D)
                Eth0/0/5(D)      Eth0/0/6(D)      Eth0/0/7(D)      Eth0/0/8(D)
                Eth0/0/9(D)      Eth0/0/10(D)     Eth0/0/11(D)     Eth0/0/12(D)
                Eth0/0/13(D)     Eth0/0/14(D)     Eth0/0/15(D)     Eth0/0/16(D)
                Eth0/0/17(D)     Eth0/0/18(D)     Eth0/0/19(D)     Eth0/0/20(D)
                Eth0/0/21(D)     Eth0/0/22(D)     GE0/0/1(D)       GE0/0/2(D)

2    common
3    common

VID  Status  Property      MAC-LRN Statistics Description
--------------------------------------------------------------------------------

1    enable  default       enable  disable    VLAN 0001
2    enable  default       enable  disable    Local-VLAN2
3    enable  default       enable  disable    VLAN 0003
```

例2-4　检查SW2上的VLAN配置

```
[SW2]display vlan
The total number of vlans is : 3
```

```
--------------------------------------------------------------------------------
U: Up;          D: Down;          TG: Tagged;          UT: Untagged;
MP: Vlan-mapping;                 ST: Vlan-stacking;
#: ProtocolTransparent-vlan;      *: Management-vlan;
--------------------------------------------------------------------------------

VID  Type    Ports
--------------------------------------------------------------------------------
1    common  UT:Eth0/0/1(D)      Eth0/0/2(D)      Eth0/0/3(D)      Eth0/0/4(D)
                Eth0/0/5(D)      Eth0/0/6(D)      Eth0/0/7(D)      Eth0/0/8(D)
                Eth0/0/9(D)      Eth0/0/10(D)     Eth0/0/11(D)     Eth0/0/12(D)
                Eth0/0/13(D)     Eth0/0/14(D)     Eth0/0/15(D)     Eth0/0/16(D)
                Eth0/0/17(D)     Eth0/0/18(D)     Eth0/0/19(D)     Eth0/0/20(D)
                Eth0/0/21(D)     Eth0/0/22(D)     GE0/0/1(D)       GE0/0/2(D)

2    common
3    common

VID  Status  Property      MAC-LRN Statistics Description
--------------------------------------------------------------------------------

1    enable  default       enable  disable    VLAN 0001
2    enable  default       enable  disable    VLAN 0002
3    enable  default       enable  disable    Local-VLAN3
```

在上例中，我们通过命令 **display vlan** 检查了两台交换机上的 VLAN 配置，从前两个阴影部分所示的信息，可以看出 VLAN 2 和 VLAN 3 都已创建成功。这条命令可以用来查看当前的 VLAN 配置，如果不指定其他参数的话，这条命令会让交换机显示出当前所有 VLAN 的简要信息。

要想删除已创建的 VLAN，管理员只需要在创建 VLAN 的命令前添加 **undo** 关键字即可。

读者可以对比例 2-3 和例 2-4 中最后一条用阴影标识的信息，这里体现了管理员修改的 VLAN 描述信息。

注释：

display vlan 命令中还可以指定一些关键字。有关 VLAN 的查看命令会在本章后续内容中，单独用一个小节的篇幅进行介绍。

2.3.2 Access 接口与 Trunk 接口的配置

在交换机上创建出所需 VLAN 后，管理员就可以配置接口，使其加入到 VLAN 当中。

接口的模式有 3 种：Access（接入）接口、Trunk（干道）接口和 Hybrid（混合）接口。在这一节中，我们会把重点放在 Access 接口和 Trunk 接口的配置上。

关于 Access 接口和 Trunk 接口的使用环境，我们其实已经在 2.2.1 小节进行过说明，下面我们对这两个概念简单进行一下回顾，并进一步说明交换机如何处理这些接口上的流量。

- **Access 接口**：用于连接终端设备。比如用户 PC。Access 接口只能属于一个 VLAN，也就是只能传输一个 VLAN 的数据。Access 接口在从直连设备收到入站数据帧后，会判断这个数据帧是否携带 VLAN 标签，若不携带，则为数据帧插入本接口的 PVID 并进行下一步处理；若携带则判断数据帧的 VLAN ID 是否与本接口的 PVID 相同，若相同则进行下一步处理，若不同则丢弃。Access 接口在发送出站数据帧之前，会判断这个要被转发的数据帧中携带的 VLAN ID 是否与出站接口的 PVID 相同，若相同则去掉 VLAN 标签进行转发；若不同则丢弃；
- **Trunk 接口**：用于连接交换机。Trunk 接口允许传输多个 VLAN 的数据。Trunk 接口在从直连设备收到入站数据帧后，会判断这个数据帧是否携带 VLAN 标签，若不携带，则为数据帧插入本接口的 PVID 并进行下一步处理；若携带，则判断本接口是否允许传输这个数据帧的 VLAN ID，若允许则进行下一步处理，否则丢弃。Trunk 接口在发送出站数据帧之前，会判断这个要被转发的数据帧中携带的 VLAN ID 是否与出站接口的 PVID 相同，若相同则去掉 VLAN 标签进行转发；若不同则判断本接口是否允许传输这个数据帧的 VLAN ID，若允许则转发，否则丢弃。

在下面的示例中，我们会按照图 2-15 所示的拓扑，将 SW1 和 SW2 之间相连的接口（G0/0/1）配置为 Trunk 接口，并且允许 Trunk 链路传输 VLAN 5 的数据；同时将 SW1、SW2 与 PC 相连的接口（E0/0/5）配置为 Access 接口，并且将这两个接口的 PVID 配置为 VLAN 5。

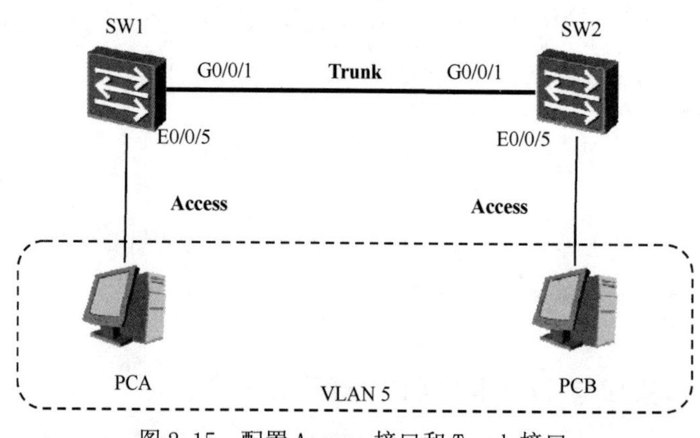

图 2-15　配置 Access 接口和 Trunk 接口

例 2-5　在 SW1 上配置 Access 接口和 Trunk 接口

```
[SW1]vlan 5
[SW1-vlan5]quit
[SW1]interface g0/0/1
[SW1-GigabitEthernet0/0/1]port link-type trunk
[SW1-GigabitEthernet0/0/1]port trunk allow-pass vlan 5
[SW1-GigabitEthernet0/0/1]quit
[SW1]interface e0/0/5
[SW1-Ethernet0/0/5]port link-type access
[SW1-Ethernet0/0/5]port default vlan 5
[SW1-Ethernet0/0/5]quit
```

在例 2-5 中，管理员先使用系统视图配置命令 **vlan 5**，创建了 VLAN 5。之后管理员进入接口 G0/0/1 的配置视图中，把交换机之间的互联接口配置为 Trunk 接口，使用的命令为 **port link-type trunk**。这条命令的作用是修改接口的链路类型(默认为 Hybrid)，将其变更为 Trunk 接口。交换机所有接口在初始状态下都可以转发 VLAN 1 的流量，管理员还需要在 Trunk 接口上放行 VLAN 5 的流量。这里使用的命令是接口配置命令 **port trunk allow-pass vlan** {{*vlan-id1* [**to** *vlan-id2*]} | **all**}，管理员通过这一条命令可以同时放行多个 VLAN 的流量，也可以使用关键字 **all** 来放行所有 VLAN 的流量。在本例中，我们仅通过命令 **port trunk allow-pass vlan 5** 放行了 VLAN 5 的流量。

接下来，管理员进入了连接 PC 的接口(E0/0/5)，使用接口配置命令 **port link-type access** 将该接口配置为 Access 接口。接着管理员直接在接口配置视图下，使用命令 **port default vlan** *vlan-id* 将该接口的 PVID 变更为 VLAN 5。除此之外，还有一种方法能够将接口加入 VLAN，那就是在 VLAN 配置视图下，使用命令 **port** *interface-type interface-number* 向 VLAN 中添加接口。

例 2-6　检查 SW1 的接口配置

```
[SW1]display vlan
The total number of vlans is : 2
--------------------------------------------------------------------------------
U: Up;         D: Down;         TG: Tagged;         UT: Untagged;
MP: Vlan-mapping;               ST: Vlan-stacking;
#: ProtocolTransparent-vlan;    *: Management-vlan;
--------------------------------------------------------------------------------

VID  Type    Ports
--------------------------------------------------------------------------------
1    common  UT:Eth0/0/1(D)     Eth0/0/2(D)      Eth0/0/3(D)      Eth0/0/4(D)
                Eth0/0/6(D)     Eth0/0/7(D)      Eth0/0/8(D)      Eth0/0/9(D)
                Eth0/0/10(D)    Eth0/0/11(D)     Eth0/0/12(D)     Eth0/0/13(D)
```

```
                Eth0/0/14(D)    Eth0/0/15(D)    Eth0/0/16(D)    Eth0/0/17(D)
                Eth0/0/18(D)    Eth0/0/19(D)    Eth0/0/20(D)    Eth0/0/21(D)
                Eth0/0/22(D)    GE0/0/1(D)      GE0/0/2(D)

5    common  UT:Eth0/0/5(U)

TG:GE0/0/1(U)


VID  Status  Property      MAC-LRN Statistics Description
--------------------------------------------------------------------------------


1    enable  default       enable  disable    VLAN 0001
5    enable  default       enable  disable    VLAN 0005
```

在上例中，管理员使用命令 **display vlan** 查看了接口加入 VLAN 的情况。例 2-6 所示的阴影标识部分当中，VLAN 5 条目下的 UT:Eth0/0/5(U)表示 E0/0/5 接口能够传输 VLAN 5 的流量，并且由 UT 可以看出，它在转发 VLAN 5 的数据时会剥离 VLAN 标签，后面的(U)表示接口状态为 Up；TG:GE0/0/1(U)则说明 G0/0/1 接口允许传输 VLAN 标签为 5 的数据，并且由 TG 可知，它在转发时会携带 VLAN 标签，后面的(U)表示接口状态为 Up。

2.3.3 Hybrid 接口的原理与配置

除了 Access 接口和 Trunk 接口外，华为交换机还有一种接口类型可供选择，即 Hybrid 接口。这 3 种接口类型各有特点。

- **Access 接口**：这种接口只能属于一个 VLAN，只能接收和发送一个 VLAN 的数据，通常用于连接终端设备，比如 PC 或服务器；
- **Trunk 接口**：这种接口能够接收和发送多个 VLAN 的数据，通常用于连接交换机之间的链路；
- **Hybrid 接口**：这种接口能够接收和发送多个 VLAN 的数据，可以用于连接交换机之间的链路，也可以用于连接交换机与终端设备。

鉴于 Hybrid 接口与 Trunk 接口在乍看之下功能类似，因此我们有必要具体说明一下这两种接口类型的区别。Trunk 接口和 Hybrid 接口在接收入站数据时，处理方法是相同的。但在发送出站数据时，Trunk 接口只会摘除 PVID 标签。也就是说，当数据所属 VLAN 为该 Trunk 接口的缺省 VLAN 时，Trunk 接口才会去掉 VLAN 标签进行转发；对于其他 VLAN 的数据，Trunk 接口在转发时不会摘除相应的 VLAN 标签。而 Hybrid 接口能够以不携带 VLAN 标签的方式发送多个 VLAN 的数据。

在 2.3.4 小节中，我们会通过一个案例来具体了解 Hybrid 接口的优势。现在，我们首先对 Hybrid 接口的配置方法进行一下说明。

- **port link-type hybrid**：管理员可以使用接口配置命令 **port link-type hybrid** 将接口的链路类型更改为 Hybrid，华为交换机接口的缺省链路类型就是 Hybrid，因此只有当管理员曾经更改过接口链路类型，将其更改为 Access 或 Trunk 后，才需要使用该命令将接口链路类型更改为缺省值 Hybrid；
- **port hybrid tagged vlan**{{*vlan-id1* [**to** *vlan-id2*]} | **all**}：确认接口的链路类型为 Hybrid 后，管理员可以使用命令 **port hybrid tagged vlan**{{*vlan-id1* [**to** *vlan-id2*]} | **all**}来设置转发哪些 VLAN 的数据时，需要携带 VLAN 标签；
- **port hybrid untagged vlan**{{*vlan-id1* [**to** *vlan-id2*]} | **all**}：确认接口的链路类型为 Hybrid 后，管理员可以使用命令 **port hybrid untagged vlan** {{*vlan-id1* [**to** *vlan-id2*]} | **all**}来设置转发哪些 VLAN 的数据时，需要摘除 VLAN 标签，以不携带 VLAN 标签的方式转发数据。

在 2.3.4 小节中，我们会对 Hybrid 接口在实际环境中的应用方式进行介绍。

2.3.4 Hybrid 接口的复杂应用实例

假设一家公司拥有自己的邮件服务器，所有员工都必须能够访问邮件服务器，但不同部门的员工之间不能直接进行访问。为了简化环境以便更清晰地说明问题，我们只建立 3 个 VLAN：部门 1 的员工属于 VLAN 2，部门 2 的员工属于 VLAN 3，邮件服务器属于 VLAN 10。而我们要通过 Hybrid 接口实现的效果是：VLAN 2 和 VLAN 3 之间不能相互通信，但 VLAN 2 和 VLAN 3 都能够与 VLAN 10 进行通信。拓扑详见图 2-16。

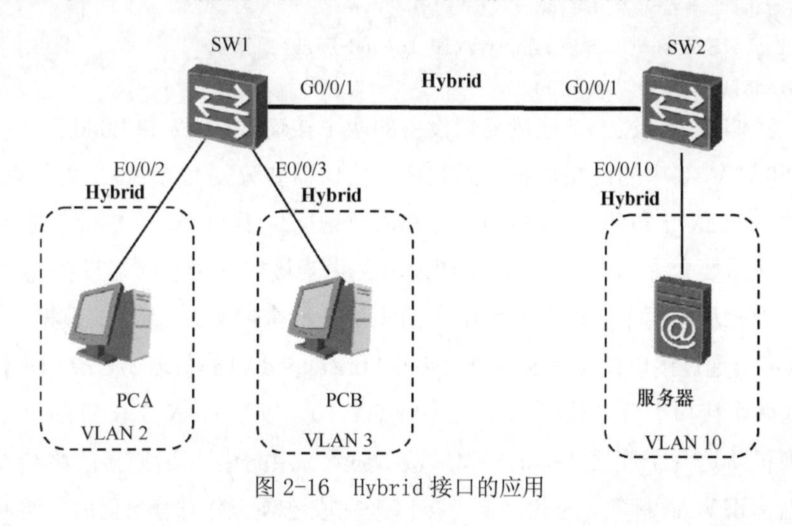

图 2-16 Hybrid 接口的应用

注释：

我们这里说的“相互通信”指的是二层通信，也就是不借助路由来实现的通信。大家都知道 VLAN 的作用是通过虚拟的手段实现逻辑隔离的效果，而 Hybrid 接口能够在一定程度上打破这种隔离，使两个不同 VLAN 中的设备能够直接实现二层通信。

在本例的配置中，为了突出 Hybrid 接口的配置，因此我们在设备上预先配置好了 VLAN 2、VLAN 3 和 VLAN 10 这 3 个 VLAN。

提示：

如果管理员在将接口划分到 VLAN 之前并没有在交换机上创建出相应 VLAN，那么交换机就会在将接口划分到 VLAN 时弹出错误消息。因此在配置接口之前，请先创建 VLAN。

例 2-7 所示为 SW1 上接口的配置方法。

例 2-7　SW1 上的接口配置

```
[SW1]interface e0/0/2
[SW1-Ethernet0/0/2]port link-type hybrid
[SW1-Ethernet0/0/2]port hybrid pvid vlan 2
[SW1-Ethernet0/0/2]port hybrid untagged vlan 2 10
[SW1-Ethernet0/0/2]quit
[SW1]interface e0/0/3
[SW1-Ethernet0/0/3]port link-type hybrid
[SW1-Ethernet0/0/3]port hybrid pvid vlan 3
[SW1-Ethernet0/0/3]port hybrid untagged vlan 3 10
[SW1-Ethernet0/0/3]quit
[SW1]interface GigabitEthernet 0/0/1
[SW1-GigabitEthernet0/0/1]port link-type hybrid
[SW1-GigabitEthernet0/0/1]port hybrid tagged vlan 2 3 10
[SW1-GigabitEthernet0/0/1]quit
```

首先，我们先来关注一下连接终端设备的两个接口 E0/0/2 和 E0/0/3：它们分别连接 VLAN 2 和 VLAN 3 中的终端设备，因此两个接口需要分别允许 VLAN 2 和 VLAN 3 的流量通过。由于 VLAN 2 和 VLAN 3 中的用户都需要访问位于 VLAN 10 的邮件服务器，因此这两个接口又需要允许 VLAN 10 的流量通过。又由于接口连接的终端设备无法识别 VLAN 标签信息，因此从这两个接口上发送出去的流量是不携带 VLAN 标签的数据。综上所述，我们在这里应该通过接口模式命令 **port hybrid untagged vlan** {{*vlan-id1* [**to** *vlan-id2*]} | **all**}，在两个接口上分别放行 VLAN 2 和 VLAN 10，以及 VLAN 3 和 VLAN 10 的流量。

当交换机从这两个连接 PC 的接口接收数据时，由于接口所连接的终端设备无法为自己的数据标识 VLAN 标签，因此需要由接口来完成这项工作，为此我们需要使用接口视图的命令 **port hybrid pvid vlan** *vlan-id* 来指名该接口的缺省 VLAN。也就是说，如果该接口接收到了不携带 VLAN 标签的数据，那么交换机就会默认认为这些数据帧属于该接口的缺省 VLAN，从而为这种流量打上相应的 VLAN 标签。在本例中通过管理员的配置，交换机会给从 E0/0/2 接口收到的数据帧打上 VLAN 2 的标签，将从 E0/0/3 接口收到的数据帧打上 VLAN 3 的标签。

接下来，我们来看一看交换机之间相连接口上的配置：G0/0/1 接口上需要同时放行 VLAN 2、VLAN 3 和 VLAN 10 的流量，并且由于 G0/0/1 所连接的对端设备是交换机，所以该接口需要能够识别 VLAN 标签。因此，在这里我们使用了接口配置视图命令 **port hybrid tagged vlan**{{*vlan-id1* [**to** *vlan-id2*]} | **all**}进行了配置，在 G0/0/1 上以携带 VLAN 标签的形式，放行了 VLAN 2、VLAN 3 和 VLAN 10 的流量。

在前文中，我们之所以没有介绍每个接口下配置的第一条命令 **port link-type hybrid**，是因为华为设备的接口默认就是 **Hybrid** 模式。只有当管理员将接口配置为 Access 或 Trunk 模式后，才需要使用这条命令恢复接口的默认设置。

SW2 上的配置与 SW1 类似，留给读者自行练习。在这里给出两点提示：第一，在配置接口的 VLAN 参数前，管理员要先在交换机上创建相应的 VLAN。第二，E0/0/10 接口上需要以不携带 VLAN 标签的方式，放行三个 VLAN 的流量：VLAN 2、VLAN 3 和 VLAN 10。这样 SW2 才能顺利把 PCA 和 PCB 发往服务器的数据帧转发给服务器，从而不通过三层路由功能，实现跨 VLAN 转发。即按照本例的配置，VLAN 2 与 VLAN 10 之间能够相互通信，VLAN 3 与 VLAN 10 之间能够相互通信，但 VLAN 2 与 VLAN 3 之间无法直接通信。

在通过前面几节的内容介绍了 VLAN 与交换机接口的配置方法之后，我们接下来来看一看如何在交换机上验证 VLAN 信息。

2.3.5 检查 VLAN 信息

在前几节中，我们其实已经展示过了一些查看 VLAN 配置的命令，比如 **display vlan**。管理员还可以在这条命令后添加一些关键字，来查看特定内容。比如，管理员可以使用命令 **display vlan** [*vlan-id* [**verbose**]]来查看特定 VLAN 的详细信息，其中包括 VLAN 类型、描述、VLAN 状态、所包含的接口，以及这些接口的状态等。此外，命令 **display vlan** *vlan-id* **statistics** 可以用来查看指定 VLAN 的流量统计信息；命令 **display vlan summary** 可以用来查看交换机中所有 VLAN 的汇总信息。在这一小节中，我们会以 2.3.4 小节的案例配置为基础，分别介绍这些命令的重点输出信息。首先，我们从命令 **display vlan** [*vlan-id* [**verbose**]]说起，如例 2-8 所示。

例 2-8　SW1 上命令 display vlan 10 的输出内容

```
[SW1]display vlan 10
--------------------------------------------------------------------------------
U: Up;          D: Down;          TG: Tagged;          UT: Untagged;
MP: Vlan-mapping;                 ST: Vlan-stacking;
```

```
#: ProtocolTransparent-vlan;     *: Management-vlan;
-------------------------------------------------------------------------------

VID  Type    Ports
-------------------------------------------------------------------------------
10   common  UT:Eth0/0/2(U)      Eth0/0/3(U)
             TG:GE0/0/1(U)

VID  Status  Property      MAC-LRN Statistics Description
-------------------------------------------------------------------------------
10   enable  default       enable  disable    VLAN 0010
```

在 2.3.4 小节中，我们已经在交换机上配置了三个 VLAN：VLAN 2、VLAN 3 和 VLAN 10，并且在相应的接口上放行了相应 VLAN 中的流量。通过命令 **display vlan 10** 的输出信息，我们可以看到允许 VLAN 10 流量通行的接口有 E0/0/2、E0/0/3 和 G0/0/1，以及这些接口在转发 VLAN 10 流量时，是否会在数据帧上携带 VLAN 标签。

在 Ports 一列中，系统显示了能够转发该 VLAN 的接口，这部分输出信息分为两类：UT 和 TG。UT 的意思是不携带 VLAN 标签，TG 的意思则是携带 VLAN 标签。也就是说，UT 后面列出的接口（在本例中就是 E0/0/2 和 E0/0/3）在发送 VLAN 10 的数据时会把 VLAN 标签摘除，而 TG 后面列出的接口（在本例中就是 G0/0/1）在发送 VLAN 10 的数据时，会在数据帧中保留 VLAN 10 的标签。接口号后面括号中的字母 U 和 D 标明该接口当前的工作状态，U 表示接口正在工作，D 表示接口未在工作，本例中的三个接口工作状态都正常。

下面我们来看一看 VLAN 10 的详细信息，如例 2-9 所示。

例 2-9　SW1 上命令 display vlan 10 verbose 的输出内容

```
[SW1]display vlan 10 verbose
* : Management-VLAN
---------------------
  VLAN ID                    : 10
  VLAN Name                  :
  VLAN Type                  : Common
  Description                : VLAN 0010
  Status                     : Enable
  Broadcast                  : Enable
  MAC Learning               : Enable
  Smart MAC Learning         : Disable
  Current MAC Learning Result : Enable
  Statistics                 : Disable
  Property                   : Default
```

```
  VLAN State                  : Up
  ----------------
  Untagged      Port: Ethernet0/0/2               Ethernet0/0/3

  ----------------
  Active Untag  Port: Ethernet0/0/2               Ethernet0/0/3

  ----------------
  Tagged        Port: GigabitEthernet0/0/1
  ----------------
  Active  Tag   Port: GigabitEthernet0/0/1
-------------------
Interface                   Physical
Ethernet0/0/2               UP
Ethernet0/0/3               UP
GigabitEthernet0/0/1        UP
```

从这个案例中可以看出，命令 **display vlan 10 verbose** 能够显示出 VLAN 10 的详细信息。其中包括：VLAN 编号（10）、VLAN 名称（本例未配置）、VLAN 类型（common）、VLAN 描述（保持默认）等。在输出信息的最后，系统还列出了与该 VLAN 相关联的接口的物理状态，状态分为 UP 和 DOWN，这两种状态分别表示启用和禁用。

在命令 **display vlan 10 verbose** 命令输出内容的中间部分，阴影部分所示的 Statistics:Disable 表示 VLAN 的流量统计功能是禁用的，如果管理员希望通过命令 **display vlan 10 statistics** 来查看 VLAN 10 的流量统计信息，则需要首先在相应 VLAN 的配置视图下使用命令 **statistic enable** 来启用该 VLAN 的流量统计功能。例 2-10 中展示出管理员先启用了 VLAN 10 的流量统计功能，再使用命令查看相关信息。

例 2-10　在 SW1 上启用 VLAN 10 的流量统计功能并查看流量统计信息

```
[SW1]vlan 10
[SW1-vlan10]statistic enable
[SW1-vlan10]quit
[SW1]display vlan 10 statistics
 Board: 0
 VLAN:  10
 -----------------------------------------------------------------
 Item                                                  Packets
 -----------------------------------------------------------------
 Inbound:                                                    0
 Outbound:                                                   0
 Inbound unkown-unicast:                                     0
```

```
Inbound multicast:                                        0
Inbound broadcast:                                        0
Inbound drop:                                             0
Inbound drop-percentage:                                  0%
--------------------------------------------------------------
```

从例 2-10 的命令输出内容中我们可以看到，VLAN 统计信息中囊括了各种流量：单播、未知单播、组播和广播，包括进出双方向以及丢包数量和丢包率。

最后介绍一条短小但非常实用的命令，详见例 2-11。

例 2-11　SW1 上命令 display vlan summary 的输出内容

```
[SW1]display vlan summary
static vlan:
Total 4 static vlan.
  1 to 3 10

dynamic vlan:
Total 0 dynamic vlan.


reserved vlan:
Total 0 reserved vlan.
```

从命令 **display vlan summary** 的输出内容中，我们可以清晰地看到静态 VLAN 和动态 VLAN 的总数和具体 VLAN 编号。

注释：

系统之所以在输出信息中显示交换机上一共有 4 个静态 VLAN（Total 4 static vlan）是因为 VLAN 1 是交换机在默认情况下自动创建的 VLAN。同时，交换机还会将自己所有端口的 PVID 值都设置为 1。于是，尽管我们在前面仅仅创建了 3 个新建 VLAN，系统会显示设备上一共有 4 个静态 VLAN。

在 2.3.6 小节中，我们来演示一下如何在华为交换机上配置第 2.2.2 小节介绍的 GVRP 协议。

2.3.6　GVRP 的配置

在 2.2.2 小节（GVRP 协议）中，我们已经介绍过 GVRP 的工作原理，并且对 GVRP 的配置规则进行了说明，即在全局和接口下都要启用 GVRP 特性。

下面，我们会沿用 2.2 节使用过的拓扑来对 GVRP 的配置命令进行说明。GVRP 配置的拓扑如图 2-17 所示。

例 2-12 所示为我们在图 2-17 所示的环境中，在 3 台交换机上所做的 GVRP 配置。

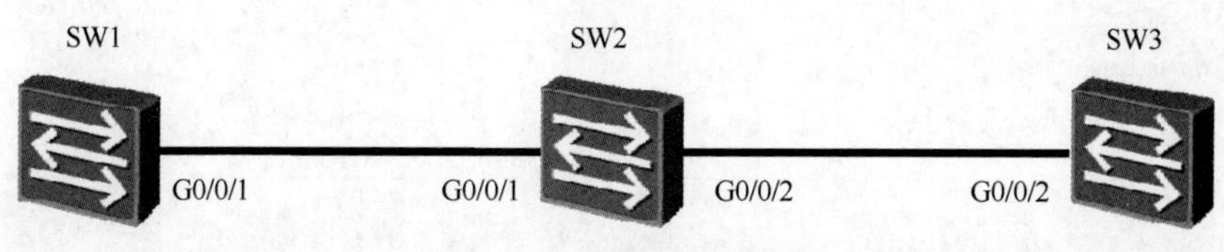

图 2-17　GVRP 配置案例

例 2-12　GVRP 配置案例

```
[SW1]gvrp
[SW1]interface g0/0/1
[SW1-GigabitEthernet0/0/1]port link-type trunk
[SW1-GigabitEthernet0/0/1]port trunk allow-pass vlan all
[SW1-GigabitEthernet0/0/1]gvrp
```

```
[SW2]gvrp
[SW2]interface g0/0/1
[SW2-GigabitEthernet0/0/1]port link-type trunk
[SW2-GigabitEthernet0/0/1]port trunk allow-pass vlan all
[SW2-GigabitEthernet0/0/1]gvrp
[SW2-GigabitEthernet0/0/1]interface g0/0/2
[SW2-GigabitEthernet0/0/2]port link-type trunk
[SW2-GigabitEthernet0/0/2]port trunk allow-pass vlan all
[SW2-GigabitEthernet0/0/2]gvrp
```

```
[SW3]gvrp
[SW3]interface g0/0/2
[SW3-GigabitEthernet0/0/2]port link-type trunk
[SW3-GigabitEthernet0/0/2]port trunk allow-pass vlan all
[SW3-GigabitEthernet0/0/2]gvrp
```

如上例所示，管理员首先在系统视图下使用命令 **gvrp** 启用了 GVRP，接着进入相应接口进行配置。在接口上启用 GVRP 前，我们需要先把接口链路类型更改为 Trunk 模式。鉴于华为交换机接口链路类型默认为 Hybrid 模式，因此管理员需要先使用接口配置命令 **port link-type trunk** 将接口链路类型更改为 Trunk 模式。接下来，我们使用接口配置命令 **port turnk allow-pass vlan all** 放行了所有 VLAN 的流量。在完成上述这些配置之后，我们才在接口启用了 GVRP。

注释：

启用了 GVRP 特性的接口默认使用 Normal 注册模式，管理员可以根据设计需要，将其修改为 Fixed 注册模式或 Forbidden 注册模式。

接着，让我们在 SW1 上配置几个 VLAN 来测试一下效果，如例 2-13 所示。

例 2-13　在 SW1 上创建 VLAN 5 并在 SW2 上查看 VLAN 信息

```
[SW1]vlan 5
```

```
[SW2]display vlan
The total number of vlans is : 2
--------------------------------------------------------------------------------
U: Up;         D: Down;         TG: Tagged;         UT: Untagged;
MP: Vlan-mapping;               ST: Vlan-stacking;
#: ProtocolTransparent-vlan;    *: Management-vlan;
--------------------------------------------------------------------------------

VID  Type    Ports
--------------------------------------------------------------------------------
1    common  UT:Eth0/0/1(D)     Eth0/0/2(D)     Eth0/0/3(D)     Eth0/0/4(D)
                Eth0/0/5(D)     Eth0/0/6(D)     Eth0/0/7(D)     Eth0/0/8(D)
                Eth0/0/9(D)     Eth0/0/10(D)    Eth0/0/11(D)    Eth0/0/12(D)
                Eth0/0/13(D)    Eth0/0/14(D)    Eth0/0/15(D)    Eth0/0/16(D)
                Eth0/0/17(D)    Eth0/0/18(D)    Eth0/0/19(D)    Eth0/0/20(D)
                Eth0/0/21(D)    Eth0/0/22(D)    GE0/0/1(U)      GE0/0/2(U)

5    dynamic TG:GE0/0/1(U)

VID  Status  Property      MAC-LRN Statistics Description
--------------------------------------------------------------------------------

1    enable  default       enable  disable    VLAN 0001
5    enable  default       enable  disable    VLAN 0005
```

在本例中，管理员在 SW2 上输入命令 **display vlan** 后可以看到，SW2 已经学习到了 VLAN 5，而且 VLAN 5 在 SW2 上的类型是 Dynamic（动态 VLAN）。此外，我们还可以看到 SW2 的 G0/0/1 接口能够传输 VLAN 5 的流量。在介绍 GVRP 的理论时，我们曾经说过 GVRP 的注册和删除过程都是单向的，只有接收到 VLAN 信息的接口会加入到这个 VLAN 中，因此本例的 SW2 自动把 G0/0/1 加入到 VLAN 5 中了，而 SW3 则会自动把 G0/0/2 接口加入到 VLAN 5 中，如例 2-14 所示。

例 2-14　SW3 上查看 VLAN5 信息

```
[SW3]display vlan 5
--------------------------------------------------------------------------------
U: Up;         D: Down;         TG: Tagged;         UT: Untagged;
MP: Vlan-mapping;               ST: Vlan-stacking;
#: ProtocolTransparent-vlan;    *: Management-vlan;
--------------------------------------------------------------------------------
```

```
VID  Type     Ports
-------------------------------------------------------------------------------
5    dynamic  TG:GE0/0/2(U)

VID  Status  Property      MAC-LRN Statistics Description
-------------------------------------------------------------------------------
5    enable  default       enable  disable    VLAN 0005
```

从例 2-14 的输出信息中，我们也可以看出 SW3 上的 VLAN 5 类型（dynamic），以及都有哪些接口放行了 VLAN 5 的流量。

为了让 VLAN 5 中的流量能够在案例拓扑中顺利传输，我们还需要在 SW2 的 G0/0/2 接口上也放行 VLAN 5 的流量。在例 2-15 中，我们通过在 SW3 上创建 VLAN 5 的方法，让 SW2 的 G0/0/2 接口自动放行了 VLAN 5。

例 2-15　SW3 上创建 VLAN 5

```
[SW3]vlan 5
```

```
[SW2]display vlan 5
-------------------------------------------------------------------------------
U: Up;          D: Down;          TG: Tagged;          UT: Untagged;
MP: Vlan-mapping;                 ST: Vlan-stacking;
#: ProtocolTransparent-vlan;      *: Management-vlan;
-------------------------------------------------------------------------------

VID  Type     Ports
-------------------------------------------------------------------------------
5    dynamic  TG:GE0/0/1(U)       GE0/0/2(U)

VID  Status  Property      MAC-LRN Statistics Description
-------------------------------------------------------------------------------
5    enable  default       enable  disable    VLAN 0005
```

```
[SW3]display vlan 5
-------------------------------------------------------------------------------
U: Up;          D: Down;          TG: Tagged;          UT: Untagged;
MP: Vlan-mapping;                 ST: Vlan-stacking;
#: ProtocolTransparent-vlan;      *: Management-vlan;
-------------------------------------------------------------------------------

VID  Type     Ports
-------------------------------------------------------------------------------
5    common   TG:GE0/0/2(U)
```

```
VID  Status  Property      MAC-LRN Statistics Description
--------------------------------------------------------------------------------
5    enable  default       enable  disable    VLAN 0005
```

当管理员在 SW3 上创建了 VLAN 5 后，我们可以在 SW2 上通过命令 **display vlan 5** 看出 G0/0/2 接口已经加入了 VLAN 5，并且 VLAN 5 的类型仍为 dynamic。在 SW3 上通过命令 **display vlan 5** 可以看出该 VLAN 中的接口虽然没有任何变化，但 VLAN 5 的类型已经变为了 common。

2.4 本章总结

本章介绍了大量与 VLAN 相关的知识。在 2.1 节中，我们从 VLAN 的用途和基本原理入手，分析了 VLAN 的优势与应用方法，以及 VLAN 技术是如何让交换机达到隔离广播域这一效果的。

在 2.2 节中，我们介绍了同一个 VLAN 中的设备是如何跨越交换机实现通信的。接下来我们提到，在拥有大量交换机的中大型网络中，为了避免手动同步 VLAN 信息带来的误操作风险，也同时减轻管理员的工作负担，管理员可以使用 GVRP 协议实现自动同步 VLAN 信息。

在学习了上述与 VLAN 相关的理论知识后，我们通过 2.3 节详细介绍了在华为交换机上配置 VLAN 的方法。其中包括 VLAN 的添加与删除、三种接口模式的配置及应用场景，并在最后介绍了各类验证 VLAN 信息的命令以及 GVRP 的配置方法。

2.5 练习题

一、选择题

1. VLAN 能够实现以下哪些功能？（多选）(　　)

A. 隔离冲突域　　B. 隔离广播域

C. 划分局域网和广域网　　D. 提高网络安全性

E. 建立分层式网络

2. VLAN 标签中包含下列哪些字段？（多选）(　　)

A. TPID　　B. 目的 MAC 地址

C. 类型　　D. VLAN ID

E. 优先级

3. 以下有关 GVRP 协议的说法中，错误的是？(　　)

A．GVRP 协议是 GARP 的一项应用

B．GVRP 协议能够自动传播 VLAN 配置信息

C．GVRP 协议在传播 VLAN 配置信息时是单向操作的

D．GVRP 协议在传播 VLAN 配置信息时是双向操作的

4．交换机之间通常配置为________，交换机与终端设备之间通常配置为________。（　）

A．Access 链路，Access 链路　　B．Access 链路，Trunk 链路

C．Trunk 链路，Access 链路　　D．Trunk 链路，Trunk 链路

5．以下关于 VLAN 配置的说法中，正确的是？（多选）（　）

A．一个 VLAN 中可以配置多个接口

B．VLAN 描述信息只在交换机本地有意义

C．VLAN 编号只在交换机本地有意义

D．必须先创建 VLAN，才能将接口配置到该 VLAN 中

6．在初始状态下，要想把华为交换机接口配置为 Hybrid 模式，需要使用以下哪条命令？（　）

A．[SW1]**port link-type hybrid**

B．[SW1-Ethernet0/0/1]**port hybrid link-type**

C．[SW1-Ethernet0/0/1]**port link-type hybrid**

D．无需配置

7．管理员在交换机上输入命令 **display vlan 10 statistics** 后看到了报错信息（Error: The VLAN statistics has already been disable.），可能的原因是什么？（　）

A．交换机上没有创建 VLAN 10

B．命令输入不完整

C．命令输入错误

D．没有输入命令[SW1-vlan10]**statistic enable**

二、判断题

1．在一个局域网中，VLAN 与 IP 地址网段必须是一一对应的关系。

2．Hybrid 链路既可以用来连接两台交换机，也可以用来连接交换机与终端设备。

3．命令 **display vlan** 并不会显示 VLAN 的描述信息。

第3章 生成树协议

高效而又稳定的网络应该具有一定程度的“自愈”能力。比如当某个端口或某条链路出现故障时，网络能够自动把流量切换到另一条备份链路上；甚至当一台设备宕机时，网络能够自动绕开那台设备，把流量引向其他设备。理想情况下，所有这些行为对用户而言是感知不到的，但管理员能够收到告警信息，并据此来排查解决故障，将网络恢复到正常工作状态。

网络的“自愈”能力离不开冗余的部署，也就是说在一个位置上部署多台设备、多条线路。这种部署方式能够为网络带来保障，但同时也给网络增加了一些潜在的风险。要想最大限度利用冗余的优势并且摒除冗余带来的风险，就需要借助我们在这一章中要介绍的机制。

在这一章中，我们首先会介绍网络中对于冗余链路的客观需求，并分析部署冗余链路有可能给网络带来的隐患。接下来，我们会提出用来消除冗余链路隐患，让管理员可以在网络中安心部署冗余链路的技术，即本章的重点—生成树协议（Spanning Tree Protocol，STP），并且详细介绍生成树协议的操作方式及大量围绕着生成树协议原理的术语和概念。

虽然生成树协议能够防止交换网络中出现环路，但这项年头相对比较久远的协议也存在一些限制。在最后两节中，我们会分别介绍能够提高传统生成树协议收敛速度的快速生成树协议（Rapid Spanning Tree Protocol，RSTP），以及能够针对不同 VLAN 计算生成树网络的多生成树协议（Multiple Spanning Tree Protocol，MSTP）。

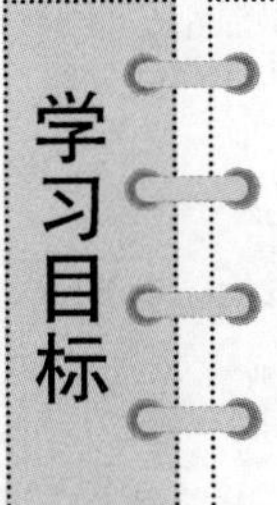

- 理解冗余链路的隐患与生成树协议在网络中的作用；
- 理解 STP 的工作流程；
- 掌握 STP 的端口角色；
- 掌握 STP 端口状态机；
- 了解 STP 的配置，包括基本配置和计时器配置；
- 理解 STP 和 RSTP 之间的区别，即 STP 的缺点和 RSTP 对此所做的改进；
- 理解 RSTP 的 P/A 机制及其他有助于实现快速收敛的特性；
- 了解 RSTP 端口状态机及其适用的场合；
- 理解 MSTP 的原理和优势；
- 掌握 RSTP 与 MSTP 的基本配置与验证方法。

3.1　冗余性与 STP

在任何一个领域，有一类问题是各行各业都应该着意予以避免的，这类问题可以统一归类为单点故障（Single Point Failure）。正因为如此，很多企业对于一些如果间断工作就会造成严重损失的岗位，都会准备所谓的“A 角”与“B 角”。

同样的道理，如果用户希望自己的网络能够 7×24 小时提供不间断服务，那就需要在网络中提前部署冗余。当然，我们在这里说的冗余并不限于设备层面，链路层面和板卡等组件层面的冗余也十分重要。

不过，冗余的引入固然可以增加网络的可用性，但是却有可能形成一个封闭的信息环路，最终给通信系统带来毁灭性的影响。在这一节中，我们就来说一说冗余可能会给网络带来的问题和这类问题的解决方案。

3.1.1　冗余链路

我们刚才提到，单点故障的问题对于一个网络来说是一个比较严重的隐患，因为在这样的网络中，通信的实现在很大程度上是以某一条链路能够正常工作为前提的。比如在第 2 章图 2-15 所示的环境中，如果 SW1 与 SW2 之间的那条 Trunk 链路断开的话，那么两台 PC 之间的通信也就无从谈起了。

为了规避单点故障的风险，合理的思路当然是在网络当中增添冗余设备和冗余链路。基于这样的考量，我们对图 2-15 所示的环境进行了扩展，用一台核心交换机分别连接 SW1 和 SW2，如图 3-1 所示。读者应该不难看出，在这个简单冗余网络环境中，任意一条链路发生故障断开，数据都仍然有其他链路可以用来继续转发数据，这就让用户数据的传输摆脱了易受某一条链路故障影响的风险。

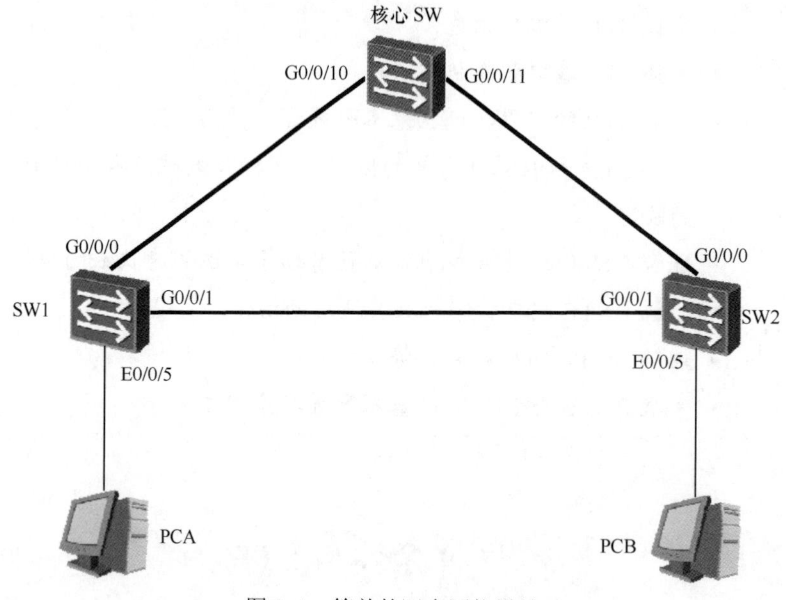

图 3-1 简单的冗余网络设计

图 3-1 所示的网络成功解决了单点故障的隐患，但它同时也给网络带来了另外一种潜在的隐患。下面我们来简单解释一下新的隐患从何而来。

我们假设这个网络刚刚搭建完成，交换机上还没有任何配置，管理员刚刚手动配置了两台 PC 的 IP 地址。现在，PCA 想要与 PCB 进行通信（如 PCA 想要向 PCB 发起 ping 测试），由于它目前只知道 PCB 的 IP 地址（IP 地址是执行 ping 测试时管理员手动输入的），但并不知道 PCB 的 MAC 地址，因此 PCA 需要借助 ARP 协议来解析 PCB 的 MAC 地址。此时网络中的数据交换过程是这样的：

（1）PCA 会首先向自己连接的交换机（SW1）发送 ARP 广播数据帧，来解析 PCB 的 MAC 地址；

（2）根据交换机的工作原理，SW1 在接收到广播帧后，会向除接收端口外的所有其他端口泛洪这个广播帧。在本例中就是向 G0/0/0 和 G0/0/1 泛洪广播帧；

（3）核心 SW 和 SW2 会分别通过相应的端口接收到这个查询 PCB MAC 地址的 ARP 广播帧，它们当然也会根据相同的原则，将这个数据帧分别从除接收端口外的其他端口把这个广播帧继续泛洪出去；

（4）PCB 这时会从 SW2 那里收到从 SW1 泛洪过来的 ARP 查询消息，在判断出这是在查询自己的 MAC 地址后，PCB 会以单播帧的方式向 PCA 返回自己的 MAC 地址信息；

（5）这个过程看似完美，ARP 广播帧顺利到达 PCB，PCB 也对其进行了响应，但网络中的数据帧传输到这里还远没有结束。因为在第 3 步中，核心 SW 也把 ARP 广播帧从

G0/0/11 端口泛洪到了连接 SW2 的链路上，因此 SW2 会在接收到第一个广播帧后马上接收到从核心 SW 泛洪过来的第二个广播帧，并继续把这个广播帧泛洪出去。因此，PCB 会在间隔非常短的时间内收到两个相同的查询自己 MAC 地址的 ARP 广播帧，如图 3-2 所示。上述这种现象称为重复帧，说明网络中存在不合理的冗余链路；

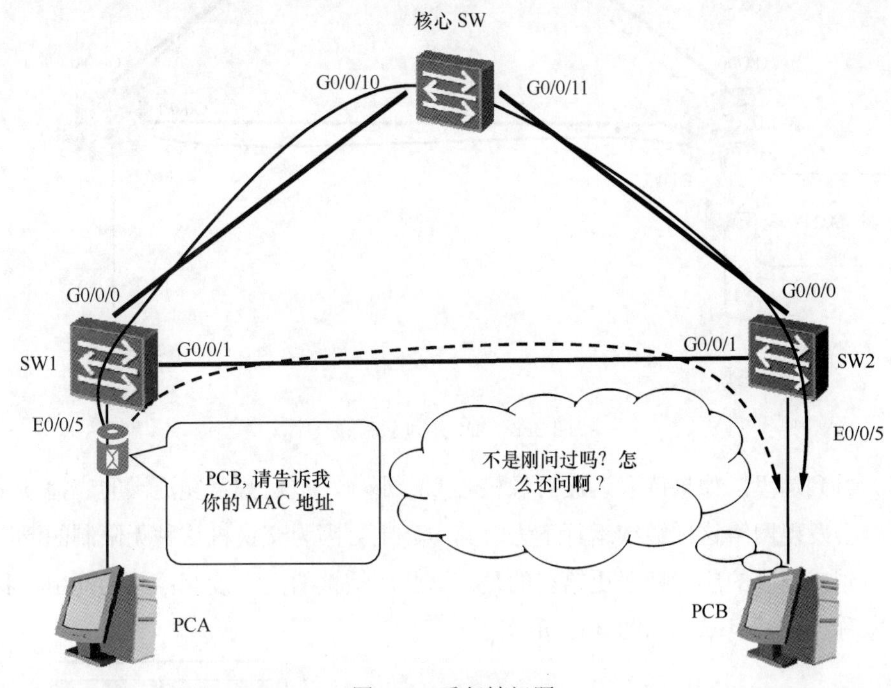

图 3-2　重复帧问题

（6）要理解更严重的问题，读者需要同时回顾第 3 步中核心 SW 和 SW2 的泛洪行为。核心 SW 向端口 G0/0/11 泛洪，SW2 则会同时向端口 G0/0/0 和 E0/0/5 泛洪；我们这次重点关注核心 SW。

假设核心 SW 左右两条链路的传输速率高于下面这条链路（SW1 与 SW2 之间链路）的传输速率，那么核心 SW 会先从 SW1 接收到广播帧后，马上从 SW2 接收到相同的广播帧。我们在之前介绍过，交换机在收到数据帧后，除了根据目的 MAC 地址进行传输或泛洪外，还会根据源 MAC 地址填充自己的 MAC 地址表。因此在这一步中，核心 SW 除了泛洪这个广播帧外，还会根据源 MAC 地址填充一条 MAC 地址表条目，即记录 PCA MAC 地址与端口 G0/0/10 之间的映射关系。但我们知道，SW2 也会同时向核心 SW 泛洪这个广播帧，核心 SW 在接收到从 SW2 泛洪过来的广播帧后，在继续泛洪这个广播帧的同时，也会记录 PCA MAC 地址与端口 G0/0/11 的映射关系，如图 3-3 所示。从不同端口收到源 MAC 地址相同的数据帧，导致 MAC 地址表条目发生变动的现象，这称为 MAC 地址表震荡或 MAC 地址表翻动，这种现象往往说明网络中存在环路。这样一来，核心 SW 会被两个端口先后收到的 PCA 源地址搞得晕头转向，根本无法确定 PCA 到底位于自己的哪个端口。

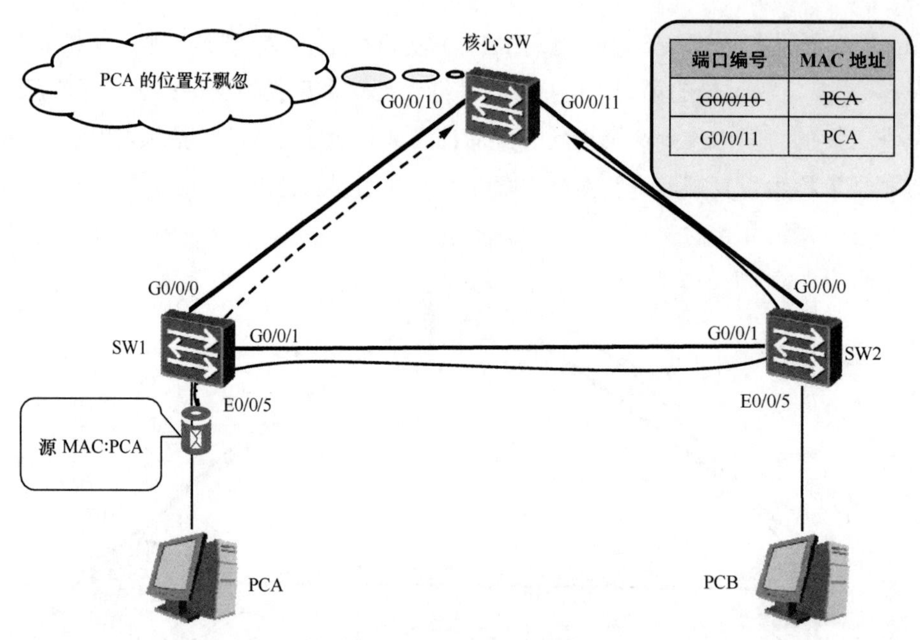

图 3-3　MAC 地址表震荡

（7）看到这里，如果读者还没有像核心 SW 那样，被这些重复泛洪的广播帧搞晕的话，一定会发现网络这样继续运行下去，其中一定会因为交换机这种无限制的泛洪行为而充斥着越来越多的广播帧。更糟糕的是，这些广播帧的泛洪没有停止的理由，我们将这种现象称为广播风暴，如图 3-4 所示。

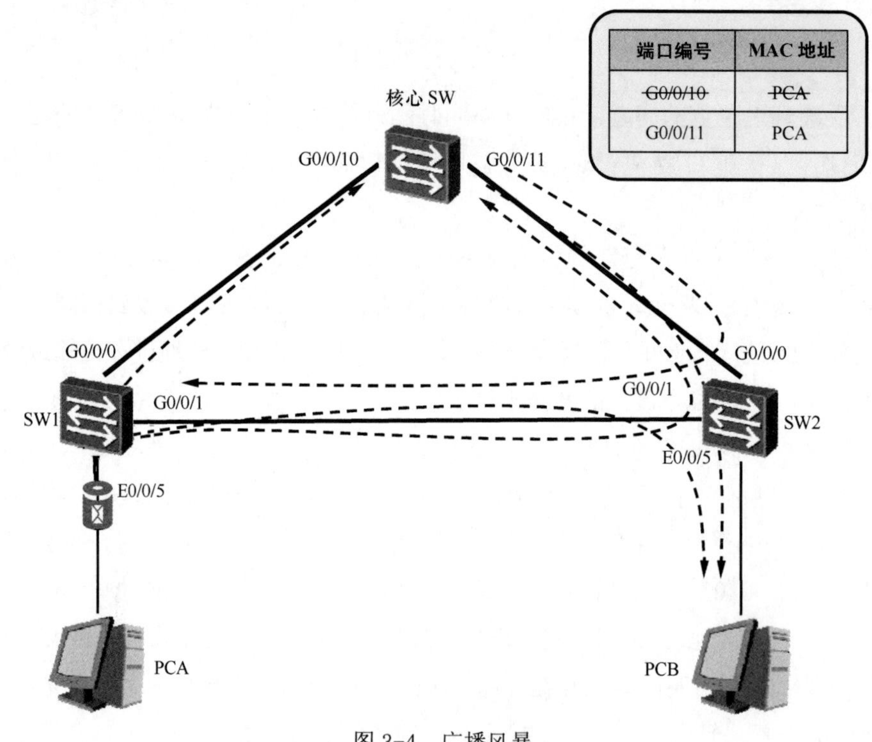

图 3-4　广播风暴

通过上述这个简单的网络环境，我们解释了冗余链路带来的风险。重复帧、MAC地址表震荡和广播风暴，所有这些恶果都是由一个广播帧引发的，而网络中是不可避免会产生广播帧的。广播帧不可避免，也不能因为上述几种隐患而甘冒单点故障的风险，因此在广播域中，最好有一种机制能够在物理上保留环路的前提下，通过逻辑的形式中断其中一些连接，留待网络出现故障时再开启使用。这种机制，就是我们这一章要介绍的重点。

3.1.2 STP的由来

通过3.1.1小节的案例中可以看出，在拥有冗余链路的网络中，如果没有一种机制能够通过逻辑打破环路，那么网络就很容易会面临着崩溃的风险。例如，一个广播数据帧就可以在很短的时间内让网络中的带宽和交换机的处理资源消耗殆尽。因此，要想避免因环路而给网络带来的危害，最直观的做法就是从逻辑上“切断”环路，并且确保在切断环路的同时，所有节点的可达性依旧可以得到保障。生成树协议（Spanning-Tree Protocol）的作用就是在拥有冗余链路的交换环境中，既保证每个节点可达，又能打破网路中的逻辑环路。

第一代STP协议是由DEC公司的Radia Perlman开发的，称为DEC STP。IEEE协会在1990年，根据Perlman设计的算法，发布了第一个公共STP标准，该标准定义在IEEE 802.1D中。

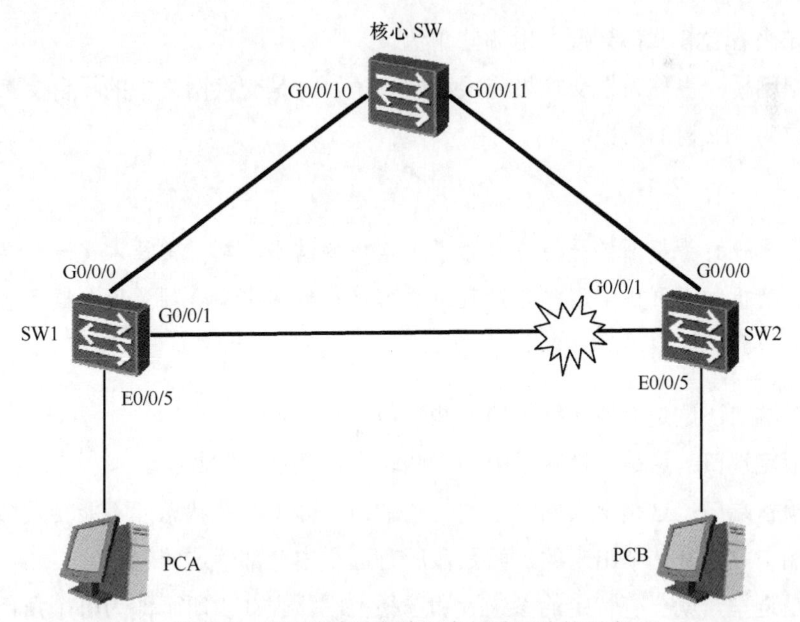

图3-5 STP通过阻塞端口来打破环路的示意

交换环境是由设备和线缆构成的，更具体地说，是由端口和链路构成的。STP为了在物理的有环交换环境中创建出一个逻辑的无环环境，会根据一些规则判断出哪些端口能够转发数据，哪些端口不能转发数据（否则就会构成环路），从而暂时禁用这些有可能造成环路的端口。比如，3.1.1 小节中的几台交换机就可以通过运行 STP 协议，最终临时阻塞该网络环境中的一个端口。在图 3-5 中，STP 阻塞了 SW2 的 G0/0/1 端口，打断了原本存在的环路，在逻辑上实现了拓扑的无环化，避免了重复帧、MAC 地址表震荡和广播风暴的发生。因此，交换机上都会默认运行生成树协议，这就是人们可以放心在交换网络中部署冗余的原因。

当然，STP 并不会在打破环路后就停止工作，它会实时监控各个端口和链路的状态，当正在转发的端口和链路出现故障时，STP 会启用一些被禁用的端口，以此实现网络的自我恢复。用户感知不到数据实际的交换路径发生了任何变化，一切都是 STP 自行运作的结果。

在进一步学习 STP 的工作原理之前，我们先来熟悉 STP 技术中会使用到的专业术语。

3.1.3 STP 的术语

在 3.1.4 小节中，我们会开始详细说明 STP 的工作原理。在此之前，我们先来看看有哪些专业术语需要先行解释。

3.1.2 小节提到过 STP 会阻塞冗余端口，在对冗余端口进行阻塞之前，它需要首先识别出这些端口。STP 的做法是执行选举，赢得选举的端口成为转发端口，剩下的端口自然就成为阻塞端口。

我们先来看看 STP 都会选举出哪些角色。

- **根网桥**：也称为根交换机或根（网）桥。这是交换网络中的一台交换机，它将成为 STP 树的树根。

注释：

根交换机也称为根网桥是历史术语沿用至今的结果。在日常技术交流和各类技术作品中，根交换机和根网桥常用作替换表达。本书在后文中不会刻意区分这两种说法，两种说法都会用到。

- **根端口**：这是交换网络中的一些端口，负责转发数据。
- **指定端口**：这是交换网络中的一些端口，负责转发数据。
- **预备端口**：这是交换网络中的一些端口，处于阻塞状态，不能转发数据。预备端口并不是选举出来的，而是在所有选举中全部落选的端口。

既然是选举，就会有特定的参选者和选举范围。表 3-1 所示即为每个角色的参选者和选举范围。

表 3-1　　选举角色和选举范围

选举角色	参选者	选举范围
根网桥	交换机	整个交换网络
根端口	端口	每台交换机
指定端口	端口	每个网段

下面，我们对选举范围的概念进行一个说明：

- **整个交换网络**：在第 2 章中，我们介绍了 VLAN 的概念，VLAN 技术在逻辑上把一个 LAN 分隔为多个虚拟 LAN。在 STP 基础知识的学习中，如非特别说明，我们都不考虑网络中划分了多个 VLAN 的情况。换言之，“整个交换网络”指的就是一个二层广播域。这个范围可以称为一个 STP 网络，在这个范围内有且只有一个根网桥；
- **每台交换机**：这个范围很好理解，每台交换机上都有多个端口，每台交换机以自身为单位，在自己的所有端口中进行选举；
- **每个网段**：这里的网段（Segment）是一个物理层的概念，它是指以两个或两个以上的网卡为边界的一段物理链路。

综上所述，图 3-1 中的整个交换网络、交换机和网段即为图 3-6 所示的范围。

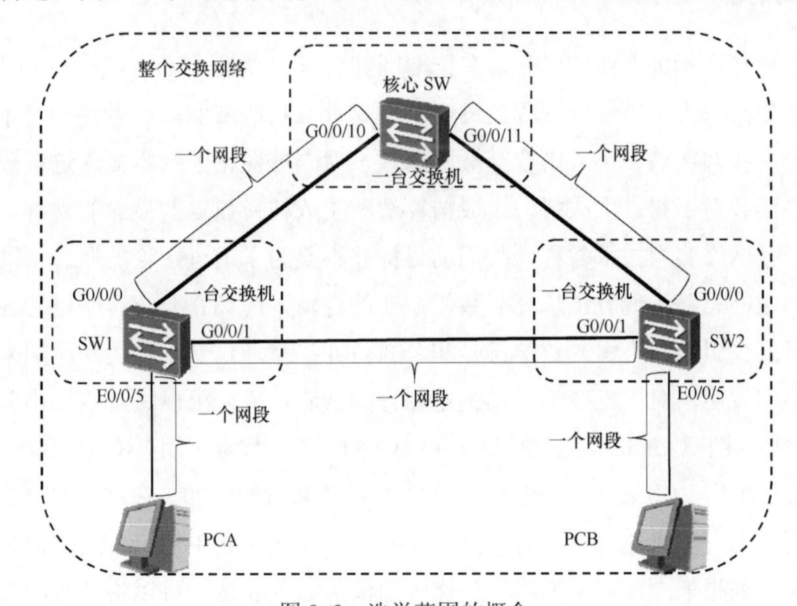

图 3-6　选举范围的概念

在了解了选举范围、参选者和选举角色之后，下面我们来简单说明一下选举方法。

简单来说，**STP 是通过比较 BPDU 中携带的信息进行选举的。BPDU 的全称是桥协议数据单元**，一个 STP 域中的交换机需要各自决定根网桥以及自身端口的角色（根端口、指定端口或阻塞端口），为了确保这些交换机能够做出正确的决定，就需要它们之间能够以某种方式交互相关信息。出于这种目的交换的特殊数据帧就称为 BPDU，其中携带着桥 ID、根桥 ID、根路径开销等信息。BPDU 分为下面两种类型。

- **配置 BPDU**：在初始形成 STP 树的过程中，各 STP 交换机都会周期性地（缺省为 2 秒）主动产生并发送 Configuration BPDU（配置 BPDU）。在 STP 树形成后的稳定期，只有根桥才会周期性地（缺省为 2 秒）主动产生并发送 Configuration BPDU；相应地，非根交换机会从自己的根端口周期性地接收到 Configuration BPDU，并立即被触发而产生自己的 Configuration BPDU，且从自己的指定端口发送出去。这一过程看起来就像是根桥发出的 Configuration BPDU 逐跳地“经过”了其他的交换机；
- **拓扑变化通知 BPDU**：拓扑变化通知 BPDU（或简称 TCN BPDU）是非根交换机通过根端口向根网桥方向发送的。当非根交换机检测到拓扑变化后，就会生成一个描述拓扑变化的 TCN BPDU，并将其从自己的根端口发送出去。

本章第一节的内容是为第二节做铺垫，在对 STP 的必要性和相关术语进行了说明之后，我们会在 3.2 节开始详细介绍 STP 的工作流程和端口状态机。在 3.1.4 小节中，我们对于树的理论进行一下简单的说明。

*3.1.4 树的基本理论

大多数计算机相关专业的学生，在校期间都会学习图论（Graph Theory）这门课程。考虑到许多参与华为 ICT 学院课程的读者并不是计算机类专业，或者在学习本书时还没有修习图论，我们在这一小节中会穿插网络技术对一些图论的基本概念进行概述，目的是为了增进读者对于树、生成树、生成树算法和生成树协议这些概念的理解。鉴于本系列教材为一套网络实用技术教程，我们的目标并不是为了通过图论的概念帮助读者建立解决数学问题的思路，或者锤炼证明数学命题的逻辑，因此在介绍这些概念的过程中，我们会尽可能少引入或不引入数学符号和公式，并尽量通过文字描述和配图来对这些概念进行简单的说明。对于已经学习过图论课程的读者，完全可以跳过这一小节。

在图论中，图（Graph）是由顶点（Vertex）的集合（数学中用 V(G)表示）、边（Edge）的集合（数学中用 E(G)表示）和它们之间的相互关系所构成的。在这个概念中，十分值得说明的两点是，顶点也可以称为节点（Node），而边集合中的每个元素都是顶点集中的二元子集。如果把上述定义换成一种比较通俗的方式表达，可以将每张图理解为是由数量有限的节点和一些连接其中某两个节点的边所构成的，而图就是为了描述这些点和边的相互关系。由此，读者应该可以意识到，图论中的图如果应用到网络技术领域，就是网络的拓扑，其中顶点就是网络节点，而边则相当于设备与设备之间的链路。同理，如果忽略网络拓扑中设备所执行的各项操作，仅从设备间的物理或逻辑连接来观察数据的转发路径，那么每个网络拓扑也都可以抽象成一张由顶点和边所组成的图。

树（Tree）是图的一种，指的是无环连通图。在树的定义中，有两个关键要素，一是无环，二是连通。仅无环不连通的图叫作森林（Forest），图 3-7 中的图 G 就是一个森林。

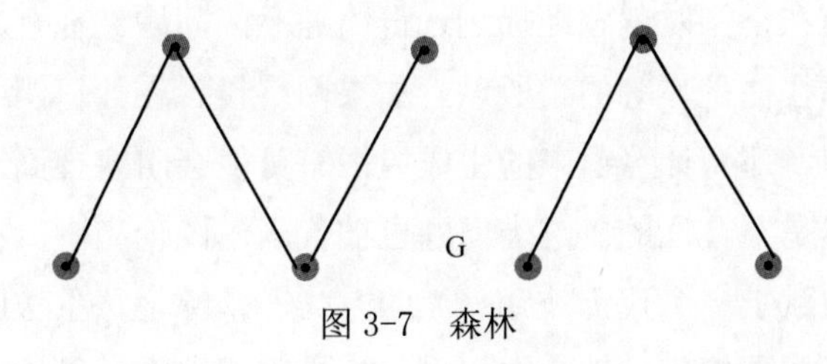

图 3-7　森林

在本节前面几小节中我们曾经介绍过，生成树协议的目的就是建立一个无环且连通的交换网络，无环可以防止网络因环路而产生的各类问题，而互联是保证整个网络原本可以实现的通信不会因为生成树协议的使用而中断。因此，交换机运行生成树协议的结果，就是计算出一个以交换机为节点、以交换机之间那些未因端口阻塞而暂停通信的链路为边的树。

关于生成树协议，除树（Tree）之外，生成（Spanning）同样是图论中的概念。当图 Gn 是图 G 的一个子图时，这就是说，图 Gn 中的每个顶点集合中的元素都是图 G 顶点集合中的元素，同时图 Gn 中的每个边集合中的元素都是图 G 边集合中的元素。在这种前提下，如果图 Gn 和图 G 的顶点集合相同，那么图 Gn 就叫作图 G 的生成子图。如果生成子图 Gn 是树，那么就称图 Gn 为图 G 的生成树（Spanning Tree）。

我们在前面介绍过，顶点可以理解为网络节点，边可以理解为链路。那么，一个网络拓扑的生成树，就是一个包含该拓扑中所有网络节点的无环连通拓扑。然而，通过前面几小节的学习，读者应该能够发现，除非该图本身就是树，否则图的生成树往往是不唯一的，比如图 3-1 所示的网络拓扑，就有不只一种生成树，如图 3-8 所示。

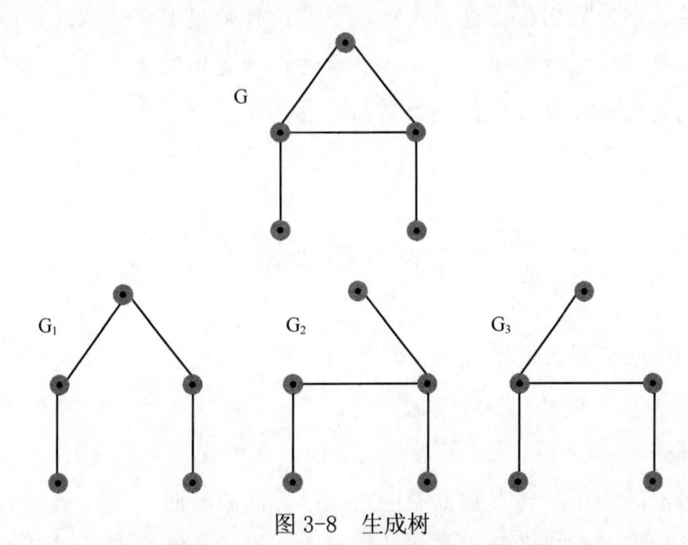

图 3-8　生成树

在图 3-8 中，图 G 显然就是图 2-1 所示网络的简化图，而图 G_1、图 G_2 和图 G_3 都是图

G 的生成树。实际上，在任何一个稍大或者结构稍显复杂的图中，生成树的数量就有可能极为庞大。

然而，我们之前在举例时就曾经提到过链路速率的问题。在真实网络环境中，一个网络所有的链路速率往往是不等的。所以，如果网络设备在计算网络的生成树时，不把线路的效率考虑在内，那么计算出来的生成树很有可能会阻塞掉高速链路，而用低速链路转发数据，这显然是不合理的。这类问题也被代入了图论当中。在图论中，人们采用了给连通图的每条边赋予一个代价（Cost）的方式，来标记每条边的效率。代价可以近似理解为路程的长度，因此代价越高的边也就相当于网络中转发能力越差的链路。图论中，称权值最小的生成树为最小生成树或最优生成树。一个网络拓扑转发效率最高的生成树显然就是这个网络的最小或最优生成树。在本章的后面几节中，读者就会看到交换机具体是如何计算出最小或最优生成树的，以及管理员可以对此进行什么样的操作。

最后一个与生成树有关的图论概念是根（Root）。在讨论、计算和证明与树有关的问题时，为了方便或者合理起见，有时需要在树中选择一个节点作为根。对于这类树，图论称之为有根树（Rooted Tree）。在 3.1.3 小节中，我们在介绍生成树选举时曾经提到了根端口的概念，读者也许由此可以猜想出运行生成树协议的交换机在计算生成树时，一定会选择生成树的根，事实也的确如此。

在这一节中，我们用大量术语和理论为 3.2 节中介绍生成树协议的原理进行了铺垫。从 3.2 节开始，我们会充分借助这些概念，来对生成树协议进行介绍。

注释：

如果读者发现自己的专业基础课里面不包含图论，而自己又希望未来从事与网络算法有关的开发工作，务请选修图论。对于其他专业课程里不含图论的读者，我们也建议在行有余力的条件下选修图论。这不仅可以帮助读者毫无困难地掌握本册图书中要介绍的生成树协议、贝尔曼福特算法及 Dijkstra 算法，而且可以让人的思维方式更加严谨。哪怕在规划假期的旅游线路方面，也能更加多快好省。

3.2 STP 原理

综合 3.1 节中我们对 STP 的介绍，我们可以把生成树协议为交换网络带来的好处总结为下面两点：

- **消除环路：**STP 可以通过阻塞冗余端口，保证交换网络无环且连通；
- **链路备份：**当正在转发数据的链路因故障而断开时，STP 会马上检测到这一情况，并根据需要自动开启某些处于阻塞状态的冗余端口，以迅速恢复交换网络的连通性。

然而，在3.1.4小节中我们也曾经提到，除非图本身就是树，否则图的生成树是不唯一的。更重要的是，在实际网络中，网络设备与链路的转发性能各有千秋。因此，当STP被部署到一个冗余交换网络中时，它应当能够（或自动地、或在经过管理员设置后）从众多该网络的生成树中计算出一个相对合理的树状拓扑。

那么，STP的机制会如何找出那些需要阻塞的冗余端口并最终达到消除环路的目的，管理员如何利用这种机制让STP计算出来的无环连通网络拥有最理想的转发性能，STP如何检测网络状况并适时恢复被阻塞的端口保障网络连通，这些内容是我们本节的重点。

3.2.1 STP的工作流程

STP在网络中的工作是为了使网络中任意两点之间只存在一条活跃路径，为了实现这一目的，STP需要把冗余端口阻塞。为了确定应该阻塞其中的哪个交换机端口，STP会按照以下顺序进行操作。

步骤1 **选举根网桥**：我们在3.1.4小节曾经提到，计算和证明与树有关的问题时，为了方便或者合理起见，有时需要在树中选择一个节点作为根，这也是STP协议的做法。**每个STP网络中都有且只有一台根网桥（或曰根交换机），作为根网桥的这台交换机就是STP所构建的生成树的根**。因此，STP协议构建的生成树就是典型的有根树。

步骤2 **选举根端口**：**非根交换机会在自己的所有端口之间，选择出距离根网桥最近的端口，这个端口就是根端口**。

步骤3 **选举指定端口**：**位于同一网段中的所有端口之间选择出一个距离根网桥最近的端口**，由于现在大多环境中“一个网段”的范围与两个直连端口的范围等同，因此在我们接下来的实验环境中，可以理解为在直连的两个端口之间选择出一个距离根网桥最近的端口为指定端口。

步骤4 **阻塞剩余端口**：在选出了根端口和指定端口后，**STP会把那些既不是根端口，也不是指定端口的其他所有端口置于阻塞状态**。

在本节中，我们突出介绍了STP的工作步骤，接下来我们将上述每一步分别作为一小节，详细介绍交换机所进行的具体操作。

3.2.2 根网桥的选举

我们在3.2.1小节提到过，STP选举的第一步就是选举根网桥（Root Bridge），下面我们来对交换机选举根网桥的方式进行一下说明。

- 参选者：在3.1.3小节（STP的术语）中，我们曾经提到，根网桥的选举范围是整个交换网络，而参选者是交换机。这就是说，**在一个STP网络中，默认所**

有交换机都会参与根网桥的选举；

- 选举原则：**在选举根网桥时，交换机之间相互对比的参数是“桥 ID”，桥 ID 是由 16 比特优先级加上 48 比特 MAC 地址构成的。其中，桥 ID 数值最小的当选。**

注释：

关于选举范围为整个交换网络的含义，读者可以对照前文中的图 3-6 进行理解。

在交换网络中选举出根网桥之后，根网桥往往就会承担这个交换网络中最繁重的转发工作，因此一般我们会希望网络中当选根网桥的交换机是所有交换机中性能最高的交换机之一，其连接的链路也能够在交换网络中提供最卓越的转发效率。如果当选根网桥的交换机在部署位置和性能上存在不合理的因素，很有可能会在网络中造成原本可以避免的流量拥塞。然而，根据当选标准我们可以看出，STP 在选举根网桥时显然不会把交换机的性能列入考量。为了在现有硬件平台的基础上让网络达到合理的转发效率，管理员一般都应该通过配置交换机来影响根网桥的选举，这就是当选标准中 16 比特优先级的作用。

既然优先级的长度为 16 比特，因此优先级值的十进制取值范围就是 0～65535，这个参数的默认值为 32768。在配置网络时，管理员要在他/她希望被 STP 选举为根网桥的那台设备上，配置一个最小的优先级值，剩下的工作 STP 就可以自动完成了。如图 3-9 所示，管理员把 SWA 的优先级改为了 4096，确保它能够成为这个网络中的根网桥。

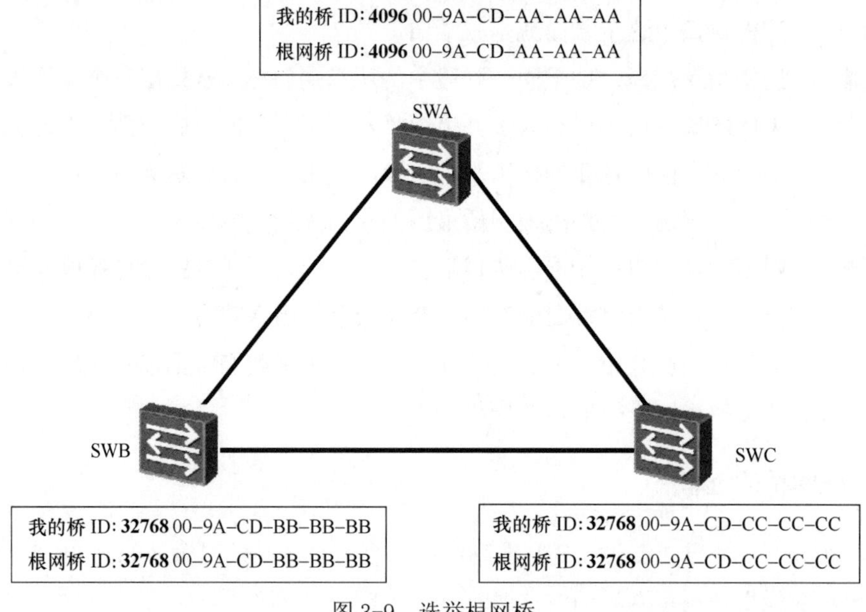

图 3-9　选举根网桥

在交换机刚连接到网络中时，每台交换机都会以自己为根网桥，从所有启用的端口

向外发送 BPDU，接收到 BPDU 的交换机则会用对方 BPDU 中的根网桥 ID 与自己的根网桥 ID 进行对比。如图 3-9 所示的网络中，SWA 和 SWB、SWA 和 SWC 以及 SWB 和 SWC 之间都会进行 BPDU 对比。**如果对端 BPDU 中的根网桥 ID 数值小，交换机就会按照对方的根网桥 ID 修改自己 BPDU 中的根网桥 ID，这也就表示这台交换机承认了对端认可的根网桥。**图 3-10 中展示了根网桥的选举结果。

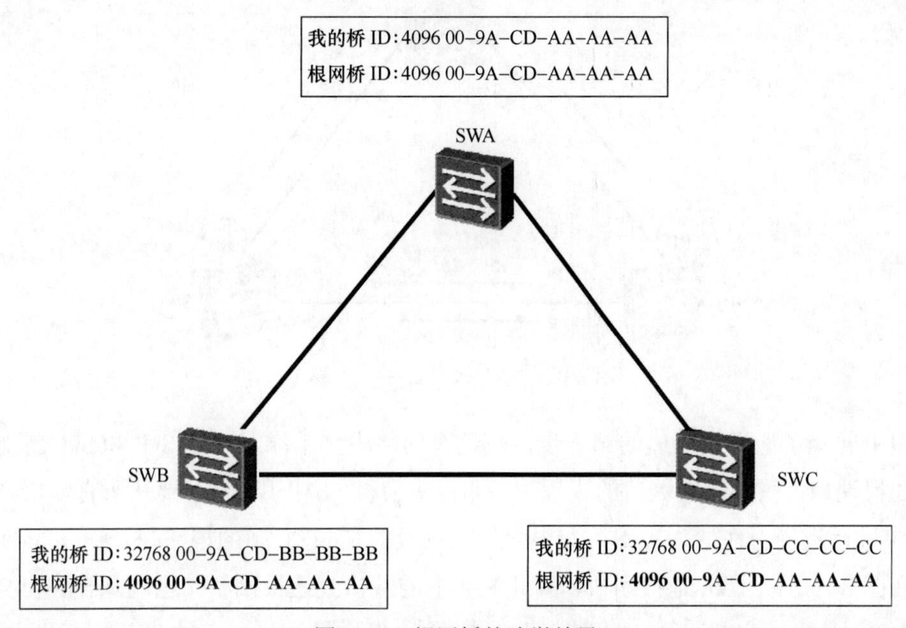

图 3-10　根网桥的选举结果

如图 3-10 所示，网络中的三台交换机对于根网桥的身份达成了一致：由于管理员把 SWA 的优先级值修改为了 4096，使 SWA 的桥 ID 数值最小，所以 SWA 也就成为这个网络中的根网桥。

3.2.3　根端口的角色

根网桥选举出来后，STP 接下来的操作是选举根端口。根据表 3-1 可知，根端口选举的范围是每台非根交换机，参选者的是这台非根交换机上所有启用的端口。这也就是说，此时 STP 网络中的**所有非根交换机要从自己所有启用的端口中选举一个根端口（Root Port，RP）**。根端口的选择原则是按照下面 3 个步骤的判断来决定每台非根交换机上的哪个端口成为根端口：

步骤 1　选择根路径开销（Root Path Cost，RPC）最低的端口；

步骤 2　若有多个端口的 RPC 相等，选择对端桥 ID 最低的端口；

步骤 3　若有多个端口的对端桥 ID 相等，选择对端端口 **ID** 最低的端口。

注释：

关于选举范围为一台交换机的含义，读者可以对照前文中的图 3-6 进行理解。

接下来我们分别以三个案例来详细讨论这三个步骤。让我们延续 3.2.2 小节的案例，详见图 3-11。

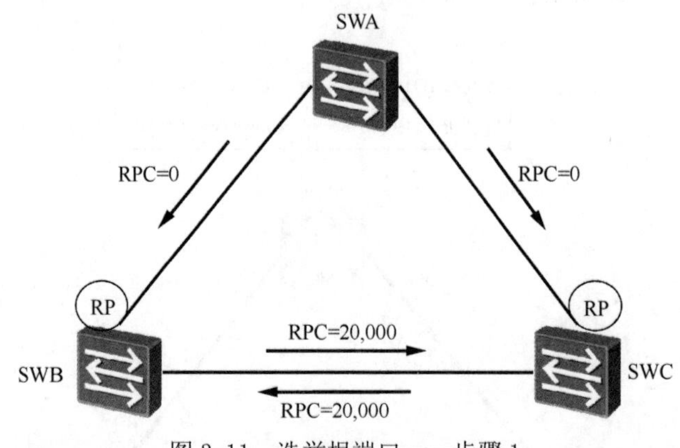

图 3-11 选举根端口——步骤 1

图中展示了选举根端口的第一步，在这个网络中，单靠这一步 SWB 和 SWC 就能选出自己的根端口。在选举根端口的过程中，非根交换机（SWB 和 SWC）要从所有端口收到的 BPDU 中进行选择。在这一步中，非根交换机比较的是 BPDU 中的根路径开销（RPC）。

在图 3-11 中，SWA 是根网桥，因此 SWA 上的端口到达根网桥（也就是 SWA 自身）的 RPC 是 0，从图中可以看出，SWA 的每个端口在 BPDU 中都通告自己的 RPC=0。因为 0 是最小的 RPC 值，因此 SWB 和 SWC 能够轻松选出自己的根端口—连接根网桥 SWA 的那个端口。

交换机的每个端口都对应一个开销值，这个值表示通过这个端口发送数据时的开销，这个值与端口带宽相关，带宽越高，开销值越小。对于端口开销值的定义有不同标准，华为设备默认使用 IEEE 802.1t 中定义的开销值，同时还支持 IEEE 802.1D-1998 标准和华为私有标准，以便能够兼容不同厂商的设备。

非根网桥去往根网桥可能有多条路径，每条路径都有一个总开销值，也就是 RPC（根路径开销），这个值是通过这条路径上所有出端口的开销值累加而来的。需要注意的是，STP 不会计算入端口的开销，只是在通过端口向外发出 BPDU 时，把该端口的开销（出端口开销）计算进去。

当然，在大多数更加复杂的交换网络中，交换机仅凭步骤 1 无法选出根端口，此时 STP 就需要通过步骤 2 来决定根端口，详见图 3-12。

在这个案例环境中，SWD 从自己的两个端口分别接收到了一个 BPDU。它发现两个 BPDU 中的 RPC 值都是 20000，此时步骤 1 无法判断谁成为根端口，因此它会继续比较下一个参数 BID。关于 BID，我们在根网桥的选举中就已经介绍过，这个参数是由优先级和 MAC 地址构成的。非根交换机在对比 BID 时，是从自己接收到的 BPDU 中，选择接收到 BID 最小的那个端口作为根端口。换句话说，当 RPC 相同时，哪个端口所连接的交换机 BID 最小，那个端口就会成为根端口，这与本地这台非根交换机自己的 BID 没有任何关系。

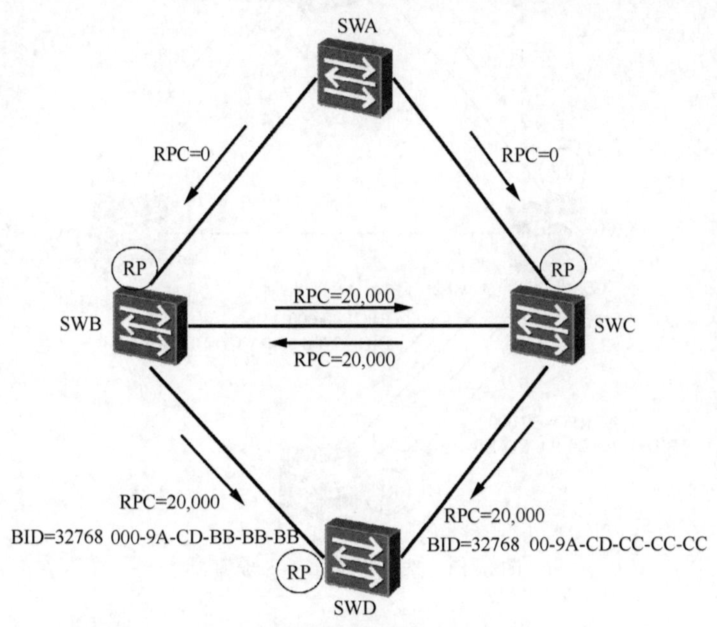

图 3-12 选举根端口——步骤 2

在本例中，SWD 收到的这两个 BPDU 分别来自两台不同的交换机，因此步骤 2 能够选出根端口，即连接 SWB 的端口成为 SWD 的根端口。

若非根交换机收到的多个 BPDU 来自同一台交换机，则需要进行步骤 3 的比较，详见图 3-13。

如图 3-13 所示，我们改变了 SWD 的连接方式：SWD 通过两条链路与 SWB 相连，并且连接的都是 SWB 上的千兆以太网端口。这时 SWD 两个端口收到的 BPDU 中，RPC 和 BID 都是相同的，于是 STP 会继续进行步骤 3 的比较—比较这两个 BPDU 中的 PID。PID 就是端口 ID，由优先级和端口号构成。优先级的取值范围是 0～240，华为设备的默认值为 128，管理员可以修改这个优先级，但是新的优先级值必须是 16 的倍数。

由于本例中管理员没有修改 SWB 端口的默认优先级，因此 SWD 通过端口编号选择了连接 G0/0/1 的端口为自己的根端口，因为步骤 3 的判断标准也是数值最小的当选。

综上所述，选举根端口的初衷是（根据路径开销）在每台交换机上选举出距离根交换机最近的那个端口。如果“近”这个字眼在技术领域中语义过于含混，也可以说**选举根端口的初衷是选举出 STP 网络中每台交换机上与根交换机通信效率最高的端口**。鉴于 RPC 相同的情况在交换网络中时有发生，STP 网络也不能因此而容忍冗余，因此在多个端口 RPC 相等时，STP 还会继续依次比较 BID 和 PID 的大小，直至选举出每台交换机上的根端口为止。

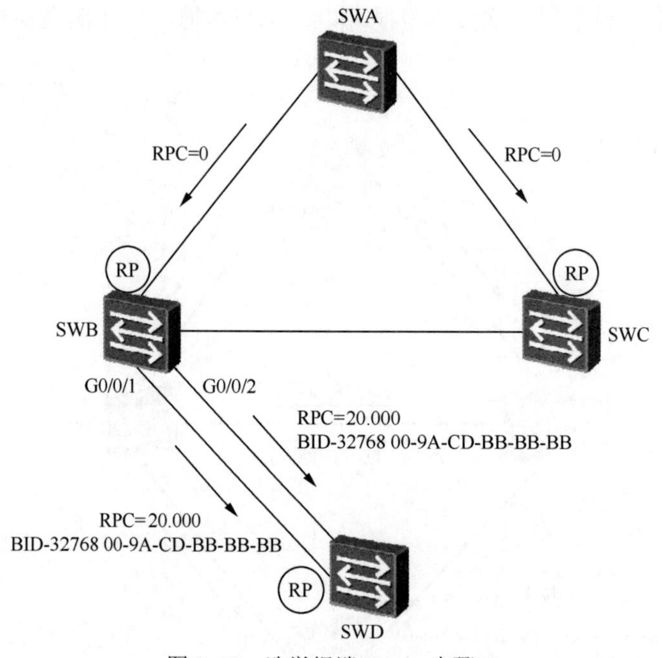

图 3-13　选举根端口——步骤 3

3.2.4　指定端口的角色

选举指定端口是 STP 选举中的第三步，见表 3-1，**指定端口（Designated Port，或简写为 DP）的选举范围是同一个网段，参选者是同处于这个网段中的所有端口（不包括已经被选举为根端口的端口）**。尽管选举指定端口的范围与选举根端口不同，但选举的原则与根端口选举一致。具体来说，指定端口的选举同样会按照以下过程进行：

步骤 1　选择根路径开销（Root Path Cost，RPC）最低的端口；

步骤 2　若有多个端口的 RPC 相等，选择桥 ID 最低的端口；

步骤 3　若有多个端口的桥 ID 相等，选择端口 ID 最低的端口。

注释：

关于选举范围为一个网段的含义，读者可以对照前文中的图 3-6 进行理解。

提示：

虽然选举原则相同，但不同的范围内产生相同前提条件的情形完全不同。读者在此可以思考这一点：在选举指定端口时，何种情况下会出现“多个端口的桥 ID 相等”的情形？STP 的这种设计是为了避免什么样的情形？这个问题的答案是，桥 ID 相同表示同一台交换机有多个端口参选，对应到指定端口的选举范围，这就表示同一台交换机有多个端口连接到了同一个网段中。例如，当有人错误地将同一台交换机上的两个端口连接在了一起时，若没有 STP 的帮助，网络中就会产生环路。因此第 3 步的设计是为了能够预防因这种错误连接而造成环路的情况。当出现这种连接时，STP 会继续以端口 ID 较小的端口作为指定端口，从而打破环路。

让我们还是以最初的三台交换机网络深入考虑一下指定端口的选举，如图 3-14 所示。

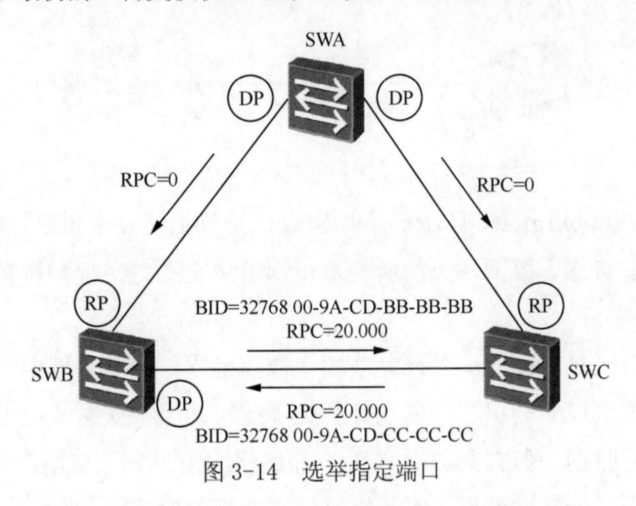

图 3-14　选举指定端口

在图中所示的网络环境中，一共有 3 个网段需要选出指定端口：SWA 与 SWB 之间、SWA 与 SWC 之间、SWB 与 SWC 之间。SWA 与 SWB 之间以及 SWA 与 SWC 之间都只需执行步骤 1 就可以选出 DP，这两个网段都可以通过对比 RPC 让到达根网桥距离最近的端口当选，这是因为 SWA 自身端口的 RPC 为 0，因此 SWA 上的端口就会成为 DP。SWB 与 SWC 之间无法通过 RPC 选出 DP，因此在这个网段选举指定端口需要执行步骤 2，即比较双方在 BPDU 中通告的 BID。在本例中，两台交换机的优先级相同，则由 MAC 地址来决定谁是 DP。

通过指定端口选举的原则以及上文中的介绍，读者想必可以自己推断出这样一个结论：即只要不是根交换机自身存在物理环路，否则**根交换机的所有端口皆会被选举为其所在网段的指定端口**。

3.2.5　阻塞剩余端口

通过图 3-14 我们可以看出，在这个拥有物理环路的网络中，有一个端口既不是根端口，也不是指定端口，这个落选的端口就是打破环路的关键，这类端口称为预备端口（Alternate Port，AP），如图 3-15 所示。

在所有端口各自的角色都决定好之后，我们来简单归纳一下上面这几种角色各自意味着什么：

- **根端口（Root Port）**：根端口是非根交换机上距离根网桥最近的端口，处于转发状态；

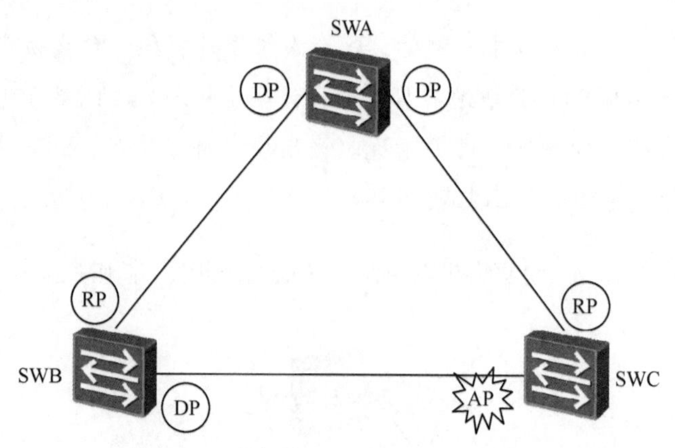

图 3-15 预备端口（Alternate Port）

- **指定端口（Designated Port）**：指定端口是每个网段中距离根网桥最近的端口，处于转发状态。根网桥上的所有端口都是指定端口，根网桥自身存在物理环路的情况例外；
- **预备端口（Alternate Port）**：预备端口是指一个 STP 域中既不是根端口，也不是指定端口的端口。预备端口会处于逻辑的阻塞状态，这类端口不会接收或发送任何数据，但它会监听 BPDU。在网络因为一些端口出现故障时，STP 会让预备端口开始转发数据，以此恢复网络的正常通信。

下面我们通过表 3-2 对比三种端口角色的异同。

表 3-2 对比三种端口角色

	根端口	指定端口	预备端口
发送 BPDU	是	是	否
接收 BPDU	是	是	是
发送数据	是	是	否
接收数据	是	是	否

以上，我们介绍了 STP 网络选举根交换机和各种角色端口的原则和流程。如果用一句在技术层面来看并不严谨的文字来进行概括，可以说：STP 会阻塞非根交换机上既不是距离根交换机最近的端口，同时也不是其所在网段距离根交换机最近的端口，以此避免网络中出现冗余，实现网络的逻辑无环化，同时又不影响各个交换机之间的连通。

我们在上文中说过，预备端口虽然不转发数据，也不主动发送 BPDU，但它需要监听 BPDU，时刻做好转换角色的准备。为了充分解释这个问题，3.2.6 小节我们会详细讲述 STP 的端口状态机。

3.2.6 STP 端口状态机

以上，我们介绍了 STP 端口角色的选举过程。在本小节，我们来介绍端口上与 STP 相关的另一项重要内容，即 STP 的状态。

在运行了 STP 的环境中，端口有以下五种状态，每个参与 STP 的端口一定处于这五种状态之一：

- **阻塞状态（Discarding）**：这是一种稳定状态，阻塞状态表示如果这个端口进入转发状态的话，STP 域中就会出现交换环路。这时端口接收并处理 BPDU，不发送 BPDU，不学习 MAC 地址表，不转发数据；
- **侦听状态（Listening）**：这是一种过渡状态，这时端口接收并发送 BPDU，参与 STP 计算，不学习 MAC 地址表，不转发数据；
- **学习状态（Learning）**：这是一种过渡状态，这时端口接收并发送 BPDU，参与 STP 计算，学习 MAC 地址表，不转发数据；
- **转发状态（Forwarding）**：这是一种稳定状态，也是根端口和指定端口的最终状态。这时端口接收并发送 BPDU，参与 STP 计算，学习 MAC 地址表，转发数据；
- **未启用（Disabled）**：这其实并不能严格算是 STP 端口状态，这种状态表示端口还未启用，因此并不参与 STP。这时端口不接收和发送 BPDU，不参与 STP 计算，不学习 MAC 地址表，不转发数据。

图 3-16 为 STP 端口的状态机，即 STP 协议定义的端口状态过渡方式。

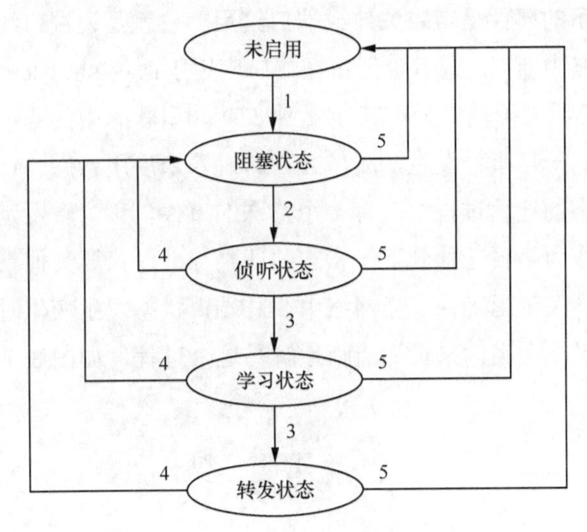

图 3-16　STP 端口状态机

图片中的数字表示的是“事件”，也就是端口状态变更的触发条件。下面我们来解释一下图中的这些编号分别代表了什么事件：

- **编号 1 表示端口初始化事件**。前文提到过，未启用状态从严格意义上来说并不是 STP 端口状态，因为这时端口还未启用：也就是未连接线缆，使端口处于“未连接”状态；或者管理员在端口应用了 **shutdown** 命令，使端口处于“管理关闭”状态。当管理员为端口连接上了线缆且应用了 **undo shutdown** 命令之后，端口会立即进入第一个真正意义上的 STP 状态：阻塞状态；

- **编号 2 表示的事件是：端口被选为根端口或指定端口**。换句话说，如果端口因落选而成为预备端口的话，它就会稳定在阻塞状态，而不会继续进行 STP 状态的迁移。只有当端口被选为根端口或指定端口，它才有资格最终进入转发状态，但在此之前它还需要经历两个过渡状态：侦听和学习。一旦端口被选为根端口或指定端口，它就会立即进入侦听状态；
- **编号 3 表示的事件是转发延迟（Forward Delay）计时器超时**。这种状态在图中出现了 2 次，即从侦听过渡到学习，以及从学习过渡到转发。转发延迟计时器默认为 15 秒，端口一旦进入到侦听状态（或学习状态），必须等待 15 秒才能过渡到学习状态（或转发状态）；
- **编号 4 表示的事件是：端口不再是根端口或指定端口**。也就是说，端口失去了转发资格，应该被阻塞。一旦出现这种情况，端口的 STP 状态会立即迁移到阻塞状态。编号 4 在状态机中出现了 3 次，表示当端口处于侦听、学习或转发状态时，都有可能因为网络环境的变化使端口的 STP 角色从根端口或指定端口变为预备端口，并立即进入阻塞状态；
- **编号 5 表示的事件是链路失效或端口禁用**。也就是说端口线缆被移除（或出现故障使链路中断），或者管理员在端口应用了命令 **shutdown**。这个编号出现了 4 次，这说明无论端口处于其他 4 种 STP 端口状态中的哪一种，都有可能遇到这一事件。一旦事件发生，端口会立即进入未启用状态。

在 STP 端口状态的迁移过程中，有一个特殊的事件，称为转发延迟超时事件，只有这个事件是以时间作为是否迁移到下一状态的评判标准，只要其他事件发生，端口会立即切换 STP 状态。转发延迟确保了当网络中 STP 端口状态发生变化时，不会产生临时环路。下面，我们通过一个案例来更加清晰地解释这个过程，如图 3-17 所示。

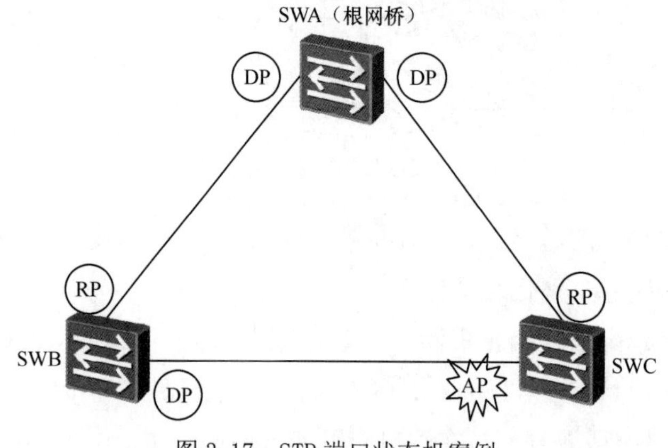

图 3-17 STP 端口状态机案例

如图 3-17 所示，在这个网络中假设 SWA 是根网桥，为了打破物理环路，SWC 上与

SWB 相连的端口为预备端口并进入了阻塞状态。假设现在管理员通过调整 SWC 的 BID 优先级，使 SWC 成为根网桥。于是，SWC 上原本处于阻塞状态的预备端口会被选举为指定端口，继而再经历 30 秒后进入转发状态。在此之前，SWA 或 SWB 上本处于转发状态的某个端口会经过 STP 重新计算后，直接进入阻塞状态。因此，转发延迟避免了 STP 网络因原处于阻塞状态的端口过渡到转发状态而产生临时环路。

虽然 STP 机制是先确立根网桥，继而选出根端口和指定端口，最终决定哪些是预备端口。但它所使用的计时器会先使预备端口进入阻塞状态，再使根端口和指定端口进入转发状态。这种计时器和端口状态机的设置，消除了网络中产生环路的可能。

3.2.7 STP 的配置

在解释了 STP 的原理之后，我们会在本节介绍在华为交换机上启用 STP 的具体命令，以及调整交换机优先级、端口优先级和计时器的配置命令。此外，我们还会介绍与 STP 有关的验证命令。

在本节，我们会以图 3-18 所示网络为例，介绍华为交换机上的 STP 配置命令。

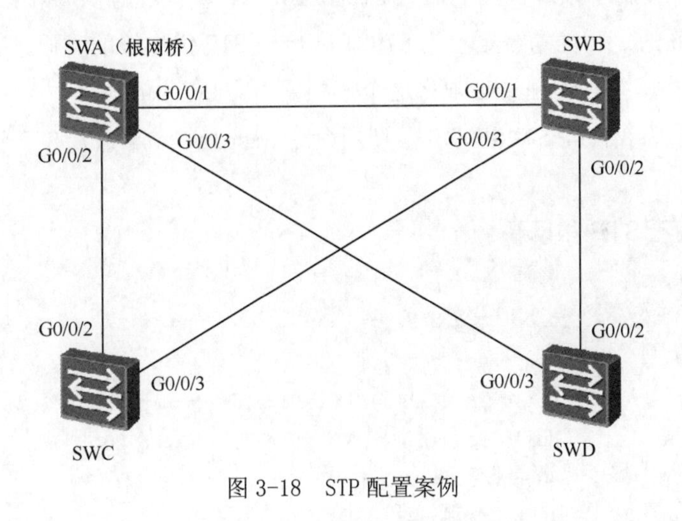

图 3-18　STP 配置案例

管理员要在图 3-18 所示网络中配置 STP，要求将 SWA 指定为根网桥，例 3-1 中展示了交换机上的配置命令。

例 3-1　启用 STP 并修改优先级值

```
<SWA>system-view
[SWA]stp enable
[SWA]stp mode stp
[SWA]stp priority 4096
```

```
<SWB>system-view
```

```
[SWB]stp enable
[SWB]stp mode stp
[SWB]stp priority 8192
```

```
<SWC>system-view
[SWC]stp enable
[SWC]stp mode stp
```

```
<SWD>system-view
[SWD]stp enable
[SWD]stp mode stp
```

要想配置华为交换机，管理员需要先使用命令 **system-view** 进入系统试图中，本书后文案例的配置中可能会省略这条命令，直接从系统视图开始展示命令的配置，读者要学会从提示符来判断当前的视图状态。例 3-1 中使用的第一条系统视图命令 **stp enable** 的功能是启用 STP。在大多数华为交换机上，STP 功能默认就是启用的，因此管理员可以忽略这条命令，直接配置 STP 的运行模式。华为交换机默认的 STP 模式是 MSTP。因此，我们在本例中使用了命令 **stp mode stp** 来将 STP 模式修改为 STP。在这个案例网络中，管理员要确保 SWA 成为根网桥，同时确保在 SWA 失效时 SWB 会接替它成为根网桥。因此管理员在配置中使用了系统视图的命令 **stp priority** *value*，把 SWA 的 STP 优先级更改为 4096，把 SWB 的 STP 优先级更改为 8192。在修改 STP 优先级的时候，这个参数的配置范围是 0～61440，并且管理员必须将这个值配置为 4096 的倍数。

例 3-2 所示为我们在 SWA 和 SWB 上使用命令 **display stp** 查看 STP 状态时，系统输出的信息。

例 3-2　查看 STP 根网桥

```
[SWA]display stp
-------[CIST Global Info][Mode STP]-------
CIST Bridge          :4096 .4c1f-cc20-4921
Config Times         :Hello 2s MaxAge 20s FwDly 15s MaxHop 20
Active Times         :Hello 2s MaxAge 20s FwDly 15s MaxHop 20
CIST Root/ERPC       :4096 .4c1f-cc20-4921 / 0
CIST RegRoot/IRPC    :4096 .4c1f-cc20-4921 / 0
CIST RootPortId      :0.0
BPDU-Protection      :Disabled
TC or TCN received   :7
TC count per hello   :0
STP Converge Mode    :Normal
Time since last TC   :0 days 0h:0m:26s
Number of TC         :8
Last TC occurred     :GigabitEthernet0/0/3
```

```
[SWB]display stp
```

```
-------[CIST Global Info][Mode STP]-------
CIST Bridge          :8192 .4c1f-cc60-5b12
Config Times         :Hello 2s MaxAge 20s FwDly 15s MaxHop 20
Active Times         :Hello 2s MaxAge 20s FwDly 15s MaxHop 20
CIST Root/ERPC       :4096 .4c1f-cc20-4921 / 20000
CIST RegRoot/IRPC    :8192 .4c1f-cc60-5b12 / 0
CIST RootPortId      :128.1
BPDU-Protection      :Disabled
TC or TCN received   :27
TC count per hello   :0
STP Converge Mode    :Normal
Time since last TC   :0 days 0h:1m:47s
Number of TC         :9
Last TC occurred     :GigabitEthernet0/0/1
```

从本例展示的SWA命令输出内容中，我们从阴影部分可以看出全局STP的模式（本例中是STP），以及根网桥的BID（4096 .4c1f-cc20-4921）。如果根网桥BID与本地交换机BID相同，说明本地交换机就是这个STP域中的根网桥。因此，在本例中，SWA就是这个交换网络的根网桥。从SWB使用相同命令输出的内容中，我们也可以看到SWB的BID是8192 .4c1f-cc60-5b12。

下面，我们使用命令**display stp brief**查看一下几台交换机上的STP端口角色，如例3-3所示。

例3-3　查看STP端口角色

```
[SWA]display stp brief
 MSTID  Port                        Role  STP State     Protection
   0    GigabitEthernet0/0/1        DESI  FORWARDING      NONE
   0    GigabitEthernet0/0/2        DESI  FORWARDING      NONE
   0    GigabitEthernet0/0/3        DESI  FORWARDING      NONE
[SWB]display stp brief
 MSTID  Port                        Role  STP State     Protection
   0    GigabitEthernet0/0/1        ROOT  FORWARDING      NONE
   0    GigabitEthernet0/0/2        DESI  FORWARDING      NONE
   0    GigabitEthernet0/0/3        DESI  FORWARDING      NONE
[SWC]display stp brief
 MSTID  Port                        Role  STP State     Protection
   0    GigabitEthernet0/0/2        ROOT  FORWARDING      NONE
   0    GigabitEthernet0/0/3        ALTE  DISCARDING      NONE
[SWD]display stp brief
 MSTID  Port                        Role  STP State     Protection
   0    GigabitEthernet0/0/2        ALTE  DISCARDING      NONE
   0    GigabitEthernet0/0/3        ROOT  FORWARDING      NONE
```

如例 3-3 所示，管理员可以使用命令 **display stp brief** 查看端口的角色。在 SWA 上，我们可以看到三个端口都是指定端口（DESI），状态都是转发（FORWARDING）。在 SWB 上，我们则可以看到 G0/0/1 是 SWB 的根端口（ROOT），状态也是转发（FORWARDING）；G0/0/2 和 G0/03 是指定端口，状态都是转发（FROWARDING）。在 SWC 和 SWD 上，我们可以看到连接 SWA 的端口为根端口（ROOT），状态是转发（FORWARDING）；而与 SWB 相连的端口是预备端口（ALTE），状态是阻塞（DISCARDING）。

除了端口角色之外，用户也可以在 **display stp** 命令中使用 **interface** 关键字来查看端口的开销值，如例 3-4 所示。

例 3-4　查看端口开销

```
[SWA]display stp interface GigabitEthernet 0/0/1
-------[CIST Global Info][Mode STP]-------
CIST Bridge             :4096 .4c1f-cc20-4921
Config Times            :Hello 2s MaxAge 20s FwDly 15s MaxHop 20
Active Times            :Hello 2s MaxAge 20s FwDly 15s MaxHop 20
CIST Root/ERPC          :4096 .4c1f-cc20-4921 / 0
CIST RegRoot/IRPC       :4096 .4c1f-cc20-4921 / 0
CIST RootPortId         :0.0
BPDU-Protection         :Disabled
TC or TCN received      :8
TC count per hello      :0
STP Converge Mode       :Normal
Time since last TC      :0 days 0h:7m:21s
Number of TC            :9
Last TC occurred        :GigabitEthernet0/0/1
----[Port1(GigabitEthernet0/0/1)][FORWARDING]----
 Port Protocol           :Enabled
 Port Role               :Designated Port
 Port Priority           :128
 Port Cost(Dot1T )       :Config=auto / Active=20000
 Designated Bridge/Port    :4096.4c1f-cc20-4921 / 128.1
 Port Edged              :Config=default / Active=disabled
 Point-to-point          :Config=auto / Active=true
 Transit Limit           :147 packets/hello-time
 Protection Type         :None
 Port STP Mode           :STP
 Port Protocol Type      :Config=auto / Active=dot1s
 BPDU Encapsulation      :Config=stp / Active=stp
 PortTimes               :Hello 2s MaxAge 20s FwDly 15s RemHop 20
 TC or TCN send          :18
```

```
TC or TCN received   :2
BPDU Sent            :242
          TCN: 0, Config: 242, RST: 0, MST: 0
BPDU Received        :3
          TCN: 2, Config: 1, RST: 0, MST: 0
```

从命令 **display stp interface g0/0/1** 的输出内容中我们可以看出，第一个阴影行表示系统会从这里开始展示 G0/0/1 的 STP 相关信息，第二个阴影行展示出该端口使用的开销标准是 Dot1T，也就是 802.1t 标准，开销值为 20000。管理员可以使用命令 **stp pathcost-standard legacy**，将 STP 使用的端口开销标准更改为华为的私有标准。当然，如果修改开销标准，管理员应当在这个局域网的所有交换机上都进行修改，让局域网中的所有交换机使用相同的开销标准。

3.2.8 调节 STP 计时器参数

在 3.2.6（STP 端口状态机）小节中，我们介绍过的转发延迟可以使用命令 **stp timer forward-delay** 进行配置，这条命令的参数单位为厘秒（百分之一秒），取值范围是 400～3000，默认为 1500，也就是 15 秒。例 3-5 中展示了转发延迟的配置方法。

例 3-5 在 SWA 上配置转发延迟

```
[SWA]stp timer forward-delay 2000
```

这里有一点需要读者注意，由于在本例的网络中，SWA 是根网桥，因此管理员可以在 SWA 上更改 STP 计时器的配置。根网桥会在 BPDU 中发送计时器值，这样 STP 域中的所有交换机都会使用相同的计时器值。

除了转发延迟外，管理员还可以指定 Hello 计时器和 MaxAge 计时器。

管理员可以使用命令 **stp timer hello** 来修改默认的 Hello 时间，Hello 时间的配置同样以厘秒为单位，取值范围是 100～1000，默认为 200，也就是 2 秒。根网桥会根据这个时间设置来生成并发送 CBPDU（配置 BPDU）。

管理员还可以使用命令 **stp timer max-age** 来修改默认的保存 BPDU 时间，以厘秒为单位，取值范围是 600～4000，默认为 2000，也就是 20 秒。当 STP 环境中发生故障时，若处于阻塞状态的端口（预备端口）无法从对端的指定端口收到 BPDU，那么在 MaxAge 计时器超时后，这台交换机就会重新开始计算 STP。

例 3-6 中展示了 Hello 时间和 MaxAge 时间的配置方法。

例 3-6 在 SWA 上配置 STP 计时器值

```
[SWA]stp timer hello 300
[SWA]stp timer max-age 3000
```

配置完成后，我们在 SWD 上使用命令 **display stp** 来查看 STP 信息，可以看出当前使用的计时器值已经同步为管理员在 SWA 上配置的数值，详见例 3-7。

例 3-7　在 SWD 上查看 STP 信息

```
[SWD]display stp
-------[CIST Global Info][Mode STP]-------
CIST Bridge         :32768.4c1f-cc24-68ee
Config Times        :Hello 2s MaxAge 20s FwDly 15s MaxHop 20
Active Times        :Hello 3s MaxAge 30s FwDly 20s MaxHop 20
CIST Root/ERPC      :4096 .4c1f-ccbd-4994 / 200000
CIST RegRoot/IRPC   :32768.4c1f-cc24-68ee / 0
CIST RootPortId     :128.3
BPDU-Protection     :Disabled
TC or TCN received  :35
TC count per hello  :0
STP Converge Mode   :Normal
Time since last TC  :0 days 0h:14m:38s
Number of TC        :2
Last TC occurred    :Ethernet0/0/3
                    ----------后面输出信息省略----------
```

在上例的阴影部分中，上一行是 SWD 本地的计时器设置，下一行是当前使用的计时器值。华为交换机通常会按照默认的 STP 计时器配置正常工作，管理员无需修改默认值。如果有特殊需求，在修改时一定注意这些计时器值需要全网统一，否则会造成链路状态不稳定的情况。同时这三个计时器值的设置要满足以下条件：

2×（转发延迟- 1 秒）≥MaxAge≥2×（Hello 时间+1 秒）

满足以上条件，才能保证 STP 域的生成树算法正常工作，否则会引发网络频繁震荡。

管理员可以使用系统视图的命令 **stp bridge-diameter** 来指定 STP 的网络直径，让 STP 根据管理员定义的网络环境自动计算出适用于这个网络的计时器值，例 3-8 在 SWA 上配置了这条命令。

例 3-8　在 SWA 上指定 STP 网络直径

```
[SWA]stp bridge-diameter 2
```

管理员将 STP 的网络直径设置为 2，交换机会自动计算出合适的计时器值，例 3-9 再次使用命令 **dislay stp** 展示了 SWA 上的 STP 信息。

例 3-9　在 SWA 上查看 STP 信息

```
[SWA]display stp
-------[CIST Global Info][Mode STP]-------
CIST Bridge         :4096 .4c1f-ccbd-4994
Config Times        :Hello 2s MaxAge 10s FwDly 7s MaxHop 20
Active Times        :Hello 2s MaxAge 10s FwDly 7s MaxHop 20
CIST Root/ERPC      :4096 .4c1f-ccbd-4994 / 0
CIST RegRoot/IRPC   :4096 .4c1f-ccbd-4994 / 0
```

```
CIST RootPortId      :0.0
BPDU-Protection      :Disabled
TC or TCN received   :5
TC count per hello   :0
STP Converge Mode    :Normal
Time since last TC   :0 days 0h:22m:50s
Number of TC         :8
Last TC occurred     :Ethernet0/0/1
                 ----------后面输出信息省略----------
```

从例 3-9 中可以看出，交换机根据网络直径 2 自动计算出了计时器值：Hello 计时器为 2s，MaxAge 计时器为 10s，转发延迟计时器为 7s。例 3-10 验证了 SWD 上的活跃计时器。

例 3-10 在 SWD 上查看 STP 信息

```
[SWD]display stp
-------[CIST Global Info][Mode STP]-------
CIST Bridge          :32768.4c1f-cc24-68ee
Config Times         :Hello 2s MaxAge 20s FwDly 15s MaxHop 20
Active Times         :Hello 2s MaxAge 10s FwDly 7s MaxHop 20
CIST Root/ERPC       :4096 .4c1f-ccbd-4994 / 200000
CIST RegRoot/IRPC    :32768.4c1f-cc24-68ee / 0
CIST RootPortId      :128.3
BPDU-Protection      :Disabled
TC or TCN received   :35
TC count per hello   :0
STP Converge Mode    :Normal
Time since last TC   :0 days 0h:27m:11s
Number of TC         :2
Last TC occurred     :Ethernet0/0/3
                 ----------后面输出信息省略----------
```

从例 3-10 中的阴影行展示出 SWD 上当前使用的计时器值已经同步为 SWA 上配置的值。

通过前文的描述，读者已经看到了 STP 在网络中的作用。然而，这种传统的 STP 协议也存在着一些不尽如人意之处。在 STP 的各种不足当中，因为端口状态过渡时间长而导致的网络收敛速度慢最为人所诟病。在 3.3 节中，我们会介绍 STP 针对网络收敛速度慢所作的改进，以及由此诞生的其他 STP 标准。

3.3 RSTP

在之前两节的内容中，我们对生成树协议（STP）防止交换网络中出现环路的原理进行了详细的介绍。通过本章之前内容的学习，读者应该已经理解了生成树协议在建立无环连通交换网络方面发挥的重要作用。然而，收敛速度慢是STP的一大短板。为了提高网络的收敛速度，IEEE定义了新的标准—快速生成树协议（RSTP），RSTP对STP的操作方式进行了升级，在STP协议的基础上，大大提高了收敛速度。在这一节中，我们会对RSTP的工作方式进行介绍，同时还会介绍在华为交换机上配置RSTP的方法。

注释：

“收敛”一词在网络技术中指的是网络进入稳定状态。比如在STP环境中，所有端口都依照自己的角色，进入“转发”或“阻塞”状态。“收敛时间”指的就是网络从发生变化到再次进入稳定状态，之间所经历的时间。

3.3.1 RSTP的特点

通过3.2.6小节（STP端口状态机）的描述，读者应该可以看出，一个交换机端口从阻塞状态过渡到转发状态，仅转发延迟就会消耗30秒的时间。此外，我们在第3.2.8节（调节STP计时器参数）中也曾经提到，STP环境中发生故障时，若处于阻塞状态的端口（预备端口）无法收到BPDU，它默认会等待20秒，也就是等待MaxAge计时器超时，才会触发交换机重新计算STP。换言之，从一个处于阻塞状态的端口所在的交换机由于网络故障，没有再接收到任何BPDU而触发交换机重新计算STP，到STP重新计算后，相应端口（多为网络故障前处于阻塞状态的端口）进入转发状态，需要花费50秒的时间。这在网络规模有限的环境中，对于用户造成的影响或许尚在用户可以接受的范畴之内。但随着网络规模的增大，不仅网络中出现链路或端口故障的几率随之增加，而且全网重新执行STP收敛的时间也会变得更长，改进STP收敛机制的需求随之产生。

显然，改善STP收敛时间要从造成STP收敛时间过长的因素入手，比如：

- 一个端口在从阻塞状态进入转发状态的过程中，需要经历学习、侦听两个状态，并在这两个状态中各引入15秒的转发延迟，这些过渡状态都是必要的吗？
- 所有端口都必须在其他状态中进行等待才能过渡到转发状态，包括那些所连设备根本不是交换机的端口（如连接终端PC的交换机端口），这种方式合理吗？
- 交换机将等待根交换机发送CBPDU的时间（默认为20秒）默认规定为根交换机发送CBPDU间隔（默认为2秒）的10倍，这个等待时间是否过长？

2001年，IEEE发布了快速生成树协议（RSTP）协议，这个协议对应的标准为IEEE 802.1w。该协议定义的标准能够在网络出现变化时，用比传统STP快得多的效率实现拓扑的收敛。为了达到加速收敛目的，RSTP必须对上面提出的3个疑问给出回答。因此，在RSTP中：

- 取消和修改了STP标准中定义的某些端口状态；

- 定义了几个新的端口角色和一些可以让端口直接由阻塞状态过渡到转发状态的情形；
- 减少了交换机等待根交换机发送 CBPDU 的时间；

关于 RSTP 的具体举措，我们会在 3.3.2 小节中进行详细的介绍。

3.3.2 RSTP 的快速收敛

STP 收敛速度过慢是 RSTP 着意希望解决的问题。为了改善收敛速度，RSTP 通过一系列的方式对 STP 进行了改良，下面我们从 RSTP 作出的最简单的改良说起。

RSTP 中的端口角色

RSTP 定义了四种端口角色，这四种角色分别为根端口（RP）、指定端口（DP）、预备端口（AP）和备份端口（Backup Port，BP）。根端口和指定端口与传统 STP 中所作的定义相同，选举过程也别无二致，但是对于传统 STP 中的非根非指定端口，RSTP 将其分为了两种情况。其中比较常见的一种仍然叫作预备端口（AP），另一种端口角色就是备份端口。

预备端口（AP）和备份端口（BP）在拓扑完成收敛后都会被 RSTP 阻塞。其中，如果这个端口接收到的更优 BPDU 是由其他网桥转发过来的，代表这个端口为预备端口，这类端口可以在根端口及其链路出现故障时，接任根端口的角色，为交换机与根网桥之间提供另一条转发通道；如果这个端口接收到的更优 BPDU 是由本网桥发送的，代表这个端口为备份端口，这类端口可以在连接到那个物理网段的指定端口出现故障时，接任指定端口的角色，为根网桥与那个物理网段之间提供另一条转发通道。

图 3-19 通过一个拓扑显示了预备端口和备份端口的概念。

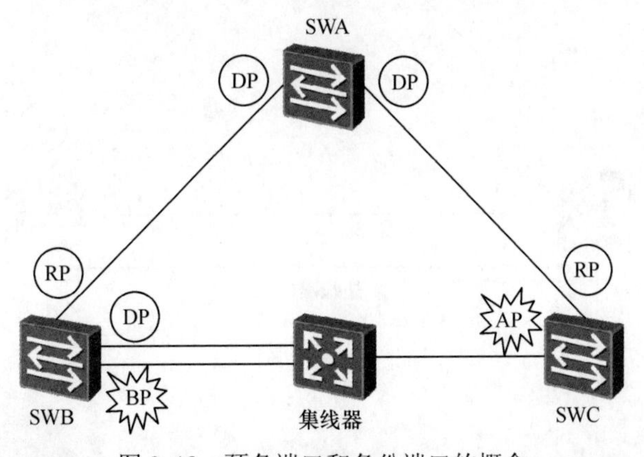

图 3-19　预备端口和备份端口的概念

在 RSTP 网络中，如果一台交换机的根端口进入丢弃（Discarding）状态，且这台交换机上有预备端口，那么这个根端口的所有预备端口中，优先级最高的那个预备端口会立刻接任根端口的角色。若对端设备处于转发状态的话，则预备端口会立刻进入到转发状态当中，既不需要等待任何计时器，也不需要经历 RSTP 中的过渡状态。

同理，如果一台交换机的指定端口出现故障，且这个指定端口有对应的备份端口，则对应的备份端口会接替指定端口的角色。不过，备份端口进入转发状态虽然也不需要等待计时器，但是有可能需要经历中间的 RSTP 过渡状态。

RSTP 区分预备端口和备份端口这两种角色，是为了区分 STP 中的哪些预备端口可以直接接替根端口，哪些可以接替指定端口。这样一来，当交换机上某个处于转发状态的端口或链路出现故障时，RSTP 才能够判断出这台交换机上是否拥有能够立刻接替其转发工作的端口，以及应该让哪个端口接替原来的端口才能恢复网络畅通，又不至于产生环路。

通过上面的叙述不难看出，扮演备份端口（BP）角色的交换机端口，通常是那些通过集线器与同一台交换机上的某个指定端口连接到同一个物理网段的端口。由于集线器和共享型网络目前基本已经退出了历史舞台，因此备份端口现在在网络中也同样非常罕见。

1. RSTP 中特殊类型的端口——边缘端口

如果交换机的端口连接的是终端设备而不是其他交换机的端口，那么这类端口进入转发状态不可能造成环路。因此，让连接终端设备的端口直接过渡到转发状态只会提高网络的效率，并不会引入任何风险。这时管理员可以使用边缘端口特性，边缘端口的概念如图 3-20 所示。

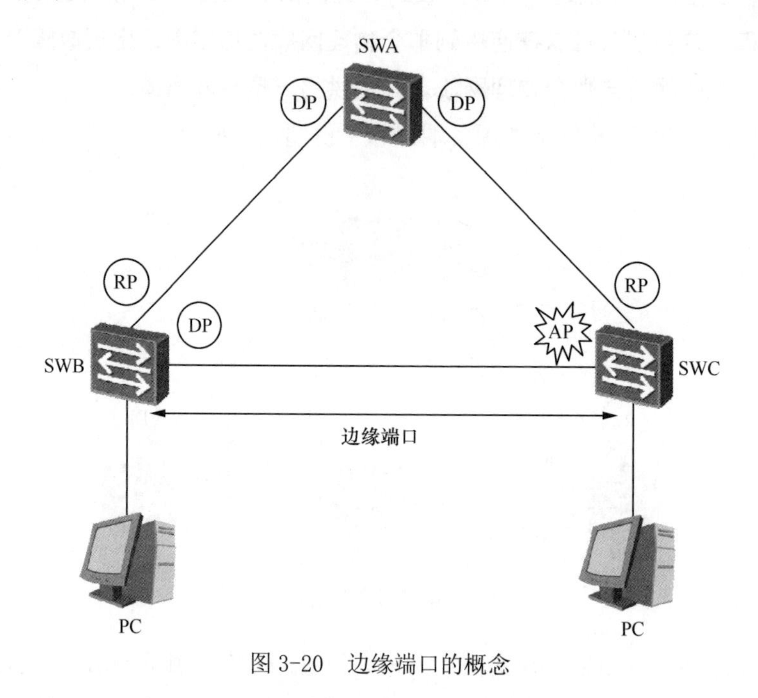

图 3-20　边缘端口的概念

当然，交换机自身并不知道自己的哪些端口连接的是终端设备。所以，如果希望这

些边缘端口实现快速收敛，需要管理员通过手动配置来为交换机指定边缘端口。在将端口配置为边缘端口之后，RSTP 会认为这些端口不会在下游产生环路，因此在计算拓扑时就不会考虑这些端口。

不过，如果这些端口接收到了 BPDU 消息，就代表这些端口连接了交换机，因此存在产生环路的风险。所以，从接收到 BPDU 开始，这个端口也就不再具有边缘端口的属性，RSTP 也会在计算拓扑时考虑这个端口。于是，RSTP 会重新计算生成树拓扑。有鉴于此，**管理员切勿将有可能连接交换机的端口配置为边缘端口。**

2. RSTP 中的 P/A 机制

上面介绍的 RSTP 边缘端口，既不是端口角色，也不是端口状态，而是端口的类型。**RSTP 将端口定义为了两种类型：点到点类型和共享类型。上面介绍的 RSTP 边缘端口，即为点到点端口中的一种特殊类型。**

对于非边缘的点到点指定端口，RSTP 之所以能够显著提高网络收敛的效率，是因为 **RSTP 针对点到点链路的指定端口引入了一种 P/A（Proposal/Agreement）机制。**P/A 机制是 RSTP 标准的最大特点，下面，我们首先会解释这种 P/A 机制为什么能够让点到点指定端口实现状态的快速切换，然后再简要说明一下 P/A 机制的工作方式。

如果交换机运行传统的 STP 协议，那么当一个端口经过 STP 计算成为指定端口之后，这个端口还需要在侦听状态和学习状态各自经历一个转发延迟（15s）的漫长等待，30 秒之后才能进入转发状态。STP 这样设计并不是无的放矢，而是为了避免网络中出现临时环路（当网络出现问题时，经过 STP 重新计算，若某些端口从阻塞状态变为转发状态的速度，快于另一些接口从转发状态进入阻塞状态的速度，就有可能因此产生临时环路），而付出了收敛慢的代价。而 RSTP 针对点到点链路的指定端口所引入的 P/A 机制，则选择让指定端口与链路对端进行握手，并逐级传递的方式来避免环路，这个过程中不引入任何计时器。也就是说，完成握手的 RSTP 指定端口即可直接过渡到转发状态，而不需要经历任何涉及计时器的过渡状态。在下文中，我们会通过图 3-21 所示的示例拓扑来解释 P/A 机制的工作原理。

图 3-21 是一个十分典型的（简化版）园区网环境，SWA 为网络的核心层交换机，SWB 和 SWC 为网络的分布层交换机，而 SWD 和 SWE 为网络的接入层交换机。

这张图有两点值得特别注意：

- 管理员通过修改 BID，手动将身为核心层交换机的 SWA 指定为了这个网络中的根网桥（图中标出了各交换机的 BID 值）；
- 在这个环境中，我们假设所有核心层交换机连接分布层交换机的链路开销，低于分布层交换机连接接入层交换机的链路开销（因此我们在图中选择用比较粗的线条连接核心层交换机和分布层交换机，而用比较细的线条连接分布层交换机和接入层交换机）。

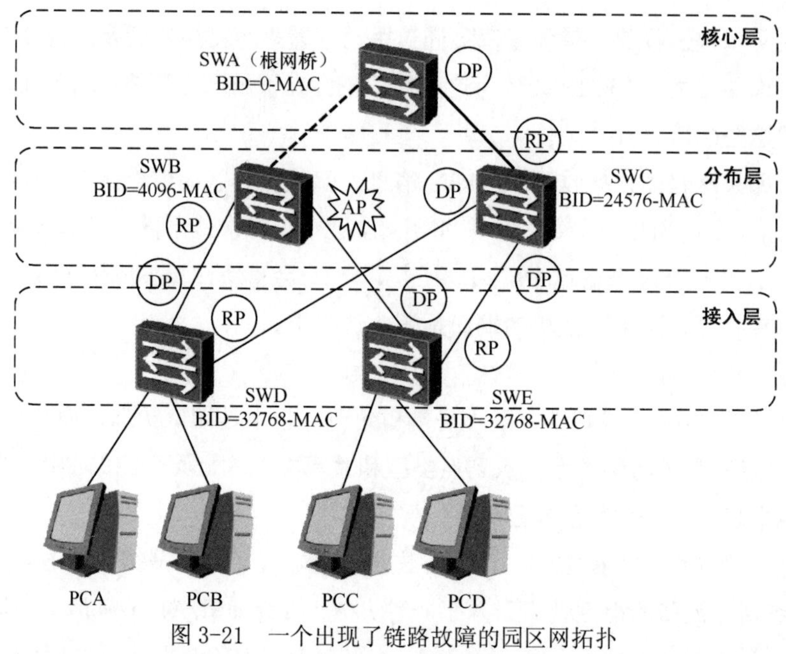

图 3-21　一个出现了链路故障的园区网拓扑

注释：

上面两点符合绝大多数同类园区网的实际部署方案。实际上，图 3-21 这类园区网设计方案在实际工作中极为常见，本书在 1.1.5 小节（企业园区网设计示例）中曾经对这种设计方案和背后的理念进行过介绍，本系列教程还会在后文中从不同角度反复重复这种设计方案。读者此时可以复习本书 1.1.5 小节中对应的内容。

在这个拓扑中，由于 SWA 和 SWB 之间的链路出现了故障（见图中虚线所示连接），因此 RSTP 重新按照图 3-21 所示进行了计算。为了避免网络中出现环路，RSTP 阻塞了 SWB 连接 SWE 的端口。在 SWA 和 SWB 之间的链路恢复之后，网络需要重新收敛。作为根网桥，SWA 连接 SWB 的端口也就变成了指定端口，而 SWB 连接 SWA 的端口则取代 SWB 连接 SWD 的端口变成了根端口，这是因为 SWB 到达根网桥距离最近的端口，显然是 SWB 与 SWA 直连的端口。

在传统 STP 网络中，此时 SWA 连接 SWB 的端口需要等待 30 秒的时间才可以进入转发状态。但是由于这个网络使用的是 RSTP，因此这个端口会在 RSTP 重新计算并成为指定端口之后，SWA 会通过这个端口直接向 SWB 发送一个 Proposal 消息，希望自己能够立刻进入转发状态。而 SWB 在收到 Proposal 消息之后，会首先判断接收到 Proposal 消息的端口是不是根端口。在确定自己接收到 Proposal 的端口是根端口之后，SWB 会为了避免出现环路，而阻塞自己所有非边缘的指定端口，使这些端口都进入 Discarding 状态，这个操作称为 P/A 同步过程。在完成同步之后，SWB 会向 SWA 发送一个 Agreement 消息，同意 SWA 将该端口快速切换到 Forwarding（转发）状态。当 SWA 接收到 SWB 发来的

Agreement 消息之后，SWA 的这个指定端口就可以立刻进入到转发状态，这个过程没有任何计时器参与，如图 3-22 所示。

注释：

无论 Proposal 消息还是 Agreement 消息皆为 BPDU。交换机会通过 BPDU 封装中的标记（Flag）字段来标识 BPDU 的不同类型，包括 Proposal BPDU 和 Agreement BPDU。与 STP BPDU 和 RSTP BPDU 格式有关的内容，建议读者在充份掌握了 STP 和 RSTP 工作机制之后，自行查阅同类技术文献并结合生成树的工作原理进行学习，本书不作深入介绍。

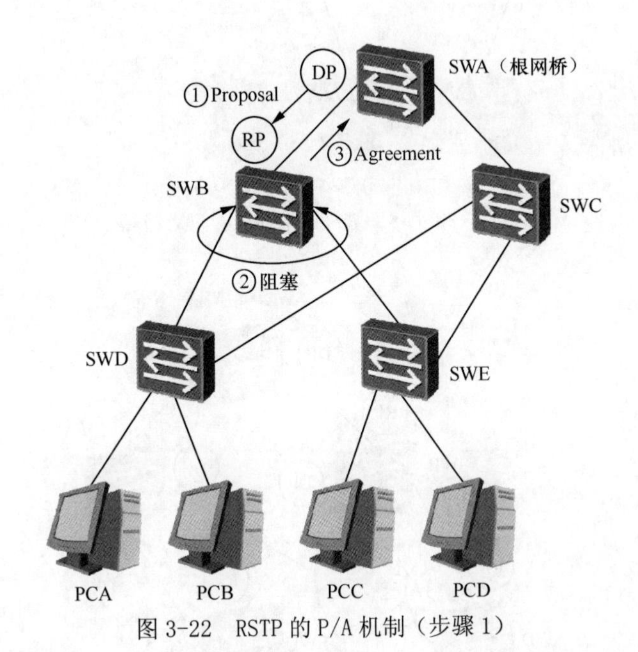

图 3-22　RSTP 的 P/A 机制（步骤 1）

在完成上述步骤之后，SWB 会继续执行这个过程。SWB 会继续通过自己去连接 SWD 和 SWE 的指定端口发送 Proposal 消息，要求对方允许自己的这两个指定端口也进入转发状态。SWD 和 SWE 在接收到 Proposal 消息之后，它们也会判断这个消息是不是通过自己的根端口接收到的，于是这两台交换机就会开始执行 P/A 同步，即阻塞自己与 SWC 交换机之间的端口。然后，它们会分别向 SWB 发回 Agreement 消息，同意 SWB 将它与自己相连的端口快速切换到转发状态。而当 SWB 接收到 SWD 和 SWE 发来的 Agreement 消息之后，SWB 连接这两台交换机的两个指定端口都可以立刻进入到转发状态，如图 3-23 所示。

由于 SWC 连接 SWA 的端口为根端口，而连接 SWD 和 SWE 的端口为指定端口，因此在 SWC 与 SWD 之间的链路两端，和 SWC 与 SWE 之间的链路两端，需要分别选出一个指定端口和一个预备端口。经过比较，SWD 上连接 SWC 的端口，和 SWE 上连接 SWC 的端口成为预备端口，保持丢弃状态，其他端口则全部进入转发状态，如图 3-24 所示。

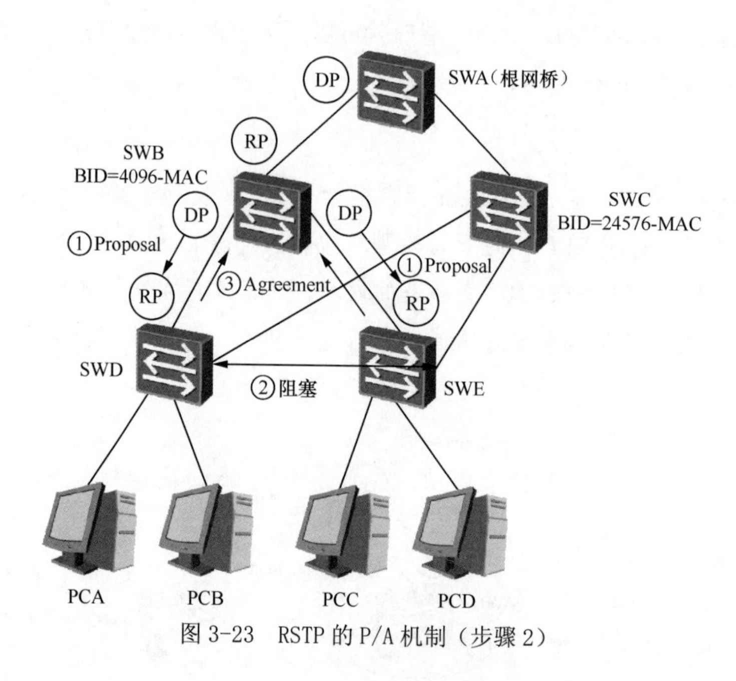

图 3-23　RSTP 的 P/A 机制（步骤 2）

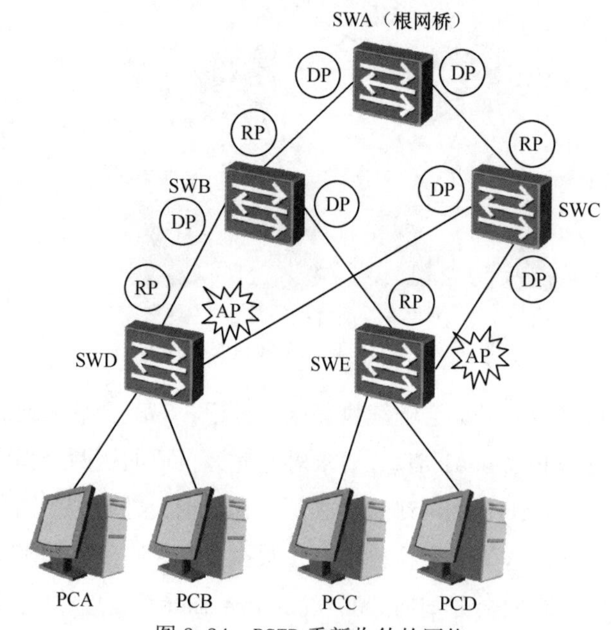

图 3-24　RSTP 重新收敛的网络

在上面的过程中，RSTP 通过 P/A 机制逐次请求快速切换指定端口的做法，加快了指定端口进入转发状态的速度。在这里必须再次强调，只有点到点链路中的指定端口才会通过 P/A 机制实现状态的快速转换。因为如果某个指定端口连接到了一个共享链路，那么这个指定端口很可能通过集线器连接了很多台交换机，无论这个指定端口接收到了多少台交换机响应的 Agreement 消息，都不代表这个端口连接的共享网络中没有其他未响应 Agreement 的交换机，因此也就不能保证它将这个指定端口快速过渡到转发状态不会出现环路。

综上所述，**如果一台交换机通过自己的指定端口发送了 Proposal，但没有接收到对方（比如终端设备）响应的 Agreement，或者这台交换机的指定端口类型的是共享型，那么这个端口就会回归传统 STP 状态转换的方式，也就是在等待 30 秒后进入转发状态。**

3.3.3 RSTP 端口状态

在上一节中，我们曾经介绍了 STP 的端口状态。相比 STP 的 5 种状态，RSTP 对端口状态进行了简化，它将区别不大的 Blocking（阻塞状态）、Disabled（禁用状态）和 Listening（侦听状态）合并为了 Discarding（丢弃状态），因为处于这三类状态的端口都不发送 BPDU、不学习 MAC 地址表，也不转发数据，这正是处于 Discarding 状态端口的处理方式。于是，RSTP 也就只剩下了三种状态，即 Discarding（丢弃状态）、Learning（学习状态）和 Forwarding（转发状态）。其中，学习状态和转发状态保留了它们在 STP 中的定义。表 3-3 所示为 RSTP 与 STP 端口状态的对比。

表 3-3　RSTP 与 STP 的端口状态对比

RSTP 状态	传统 STP 状态	功能
Discarding（丢弃状态）	Disabled（禁用状态）	这种状态表示此端口未启用
	Blocking（阻塞状态）	这种状态表示此端口会忽略入站数据帧，同时也不会转发数据帧
	Listening（侦听状态）	这种状态表示此端口既不会学习 MAC 地址，也不会转发数据帧
Learning（学习状态）	Learning（学习状态）	这种状态表示此端口会学习 MAC 地址，但不会转发数据帧
Forwarding（转发状态）	Forwarding（转发状态）	这种状态表示此端口既会学习 MAC 地址，也会转发数据帧

在 3.3.4 节中，我们会介绍在华为交换机上配置 RSTP 的方法。

3.3.4 RSTP 的基本配置与验证

通过 RSTP 的理论讲解以及与 STP 的对比，读者应该已经了解了 RSTP 相较于 STP 的优势。在这一节中，我们会首先展示 RSTP 的基本配置和参数配置，然后再介绍 RSTP 中两项特性的配置方法。

本小节会首先使用图 3-25 所示拓扑来展示 RSTP 的基本配置。在图中，三台交换机 SWA、SWB 和 SWC 两两相连，其中 SWB 通过两条链路连接 SWC。在这一小节里，我们会将三台交换机中的 SWA 指定为根网桥，并且确保当 SWA 失效时，SWB 会接替 SWA 成为根网桥。图 3-25 中展示了本例使用的拓扑，例 3-11 中展示了交换机上的配置。

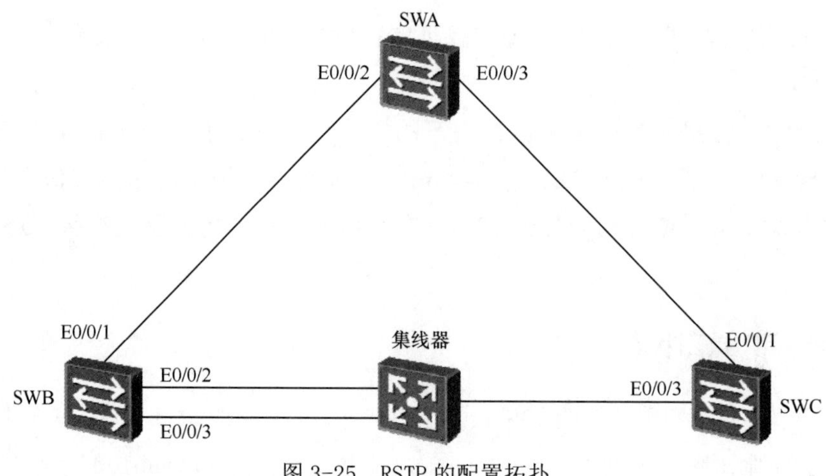

图 3-25　RSTP 的配置拓扑

例 3-11　交换机上的 RSTP 配置

```
[SWA]stp mode rstp
Info: This operation may take a few seconds. Please wait for a moment...done.
[SWA]stp root primary
```

```
[SWB]stp mode rstp
Info: This operation may take a few seconds. Please wait for a moment...done.
[SWB]stp root secondary
```

```
[SWC]stp mode rstp
Info: This operation may take a few seconds. Please wait for a moment...done.
```

从例 3-11 所示配置可以看出，管理员使用系统视图的配置命令 **stp mode rstp**，将交换机的 STP 模式从默认的 MSTP 更改为 RSTP。

为了保证 SWA 成为根网桥，管理员在 SWA 上配置了命令 **stp root primary**，这条命令的作用是指定这台本地交换机为根网桥，并且这条命令会自动将这台交换机的优先级固定为 0。为了保证当 SWA 失效时，SWB 成为根网桥，管理员在 SWB 上配置了命令 **stp root secondary**，这条命令可以将本地交换机指定为次选的根网桥，并且自动将这台交换机的优先级固定为 4096。

读者应该注意，在交换机上配置了这两条命令之一后，管理员就无法再通过我们在上一节中介绍的命令 **stp priority** *value* 来修改交换机的优先级值了。例 3-12 展示了管理员强行在 SWA 上再次设置 STP 优先级时，交换机弹出的错误信息。

例 3-12　无法指定 STP 优先级的错误提示

```
[SWA]stp priority 4096
Error: Failed to modify priority because the switch is configured as a primary
root or secondary root.
```

接下来我们通过命令 **display stp interface** *interface-id* 检查一下网络中 RSTP 根网桥的选择是否跟管理员的设计相同，例 3-13 中展示了相关命令的输出内容。

例 3-13　在 SWA 上查看 E0/0/2 的 STP 状态

```
[SWA]display stp interface e0/0/2
-------[CIST Global Info][Mode RSTP]-------
CIST Bridge          :0    .4c1f-cc4a-4806
Config Times         :Hello 2s MaxAge 20s FwDly 15s MaxHop 20
Active Times         :Hello 2s MaxAge 20s FwDly 15s MaxHop 20
CIST Root/ERPC       :0    .4c1f-cc4a-4806 / 0
CIST RegRoot/IRPC    :0    .4c1f-cc4a-4806 / 0
CIST RootPortId      :0.0
BPDU-Protection      :Disabled
CIST Root Type       :Primary root
TC or TCN received   :97
TC count per hello   :0
STP Converge Mode    :Normal
Time since last TC   :0 days 0h:7m:7s
Number of TC         :24
Last TC occurred     :Ethernet0/0/2
----[Port2(Ethernet0/0/2)][FORWARDING]----
 Port Protocol        :Enabled
 Port Role            :Designated Port
 Port Priority        :128
 Port Cost(Dot1T )    :Config=auto / Active=200000
 Designated Bridge/Port    :0.4c1f-cc4a-4806 / 128.2
 Port Edged           :Config=default / Active=disabled
 Point-to-point       :Config=auto / Active=true
 Transit Limit        :147 packets/hello-time
 Protection Type      :None
 Port STP Mode        :RSTP
 Port Protocol Type   :Config=auto / Active=dot1s
 BPDU Encapsulation   :Config=stp / Active=stp
 PortTimes            :Hello 2s MaxAge 20s FwDly 15s RemHop 20
 TC or TCN send       :52
 TC or TCN received   :13
 BPDU Sent            :4762
          TCN: 0, Config: 54, RST: 4708, MST: 0
 BPDU Received        :16
          TCN: 0, Config: 0, RST: 16, MST: 0
```

从例 3-13 命令输出信息的第一部分（全局信息，已用阴影标出）中，我们可以看出当前 STP 的模式是 RSTP。通过下一个阴影行，我们可以看出 SWA 是主用的根网桥。

接下来的第二部分展示了 SWA 上 E0/0/2 的 STP 相关信息。如果想要查看所有端口的 STP 状态汇总信息，管理员可以使用命令 **display stp brief**，例 3-14 中展示了这三台路由器上的命令输出内容。

例 3-14 查看所有端口的 STP 状态汇总信息

```
[SWA]display stp brief
 MSTID  Port                        Role  STP State     Protection
   0    Ethernet0/0/2               DESI  FORWARDING      NONE
   0    Ethernet0/0/3               DESI  FORWARDING      NONE
```
```
[SWB]display stp brief
 MSTID  Port                        Role  STP State     Protection
   0    Ethernet0/0/1               ROOT  FORWARDING      NONE
   0    Ethernet0/0/2               DESI  DISCARDING      NONE
   0    Ethernet0/0/3               BACK  DISCARDING      NONE
```
```
[SWC]display stp brief
 MSTID  Port                        Role  STP State     Protection
   0    Ethernet0/0/1               ROOT  FORWARDING      NONE
   0    Ethernet0/0/3               ALTE  DISCARDING      NONE
```

从例 3-14 的命令输出信息中，我们可以看出这个案例网络中所有端口的状态：在 SWA 上，由于它是这个 RSTP 环境中的根网桥，因此它连接 SWB 和 SWC 的两个端口都是指定端口（DESI），STP 状态都是转发（FORWARDING）。

在 SWB 上，因为 E0/0/1 是直接去往根网桥开销最低的端口，所以它是根端口（ROOT），STP 状态为转发（FORWARDING）；SWB 的 E0/0/2 和 E0/0/3 与 SWC 的 E0/0/3 通过集线器连接在一起，因此这三个端口中需要选举出一个指定端口。在前文中我们曾经介绍过指定端口的选举规则，也就是在同一个网段中的端口首先比较根路径开销，其次比较桥 ID，最后比较端口 ID。在本例的环境中，这 3 个端口的根路径开销相同，因此它们需要进行第 2 步的比较。在这一步中，因为 SWB 的桥 ID 低于 SWC 的桥 ID（因为 SWB 的优先级为 4096），所以 SWC 的 E0/0/3 落选。最后，RSTP 会比较 SWB 上两个端口的端口 ID。因此从命令的输出中我们也可以看出，E0/0/2 是指定端口（DESI），STP 状态为转发（FORWARDING）。E0/0/3 作为这个指定端口的备份端口（BACK），STP 状态为丢弃（DISCARDING）。

在 SWC 上，由于 E0/0/1 是直接去往根网桥开销最低的端口，因此它是这台交换机的根端口（ROOT），STP 状态为转发（FORWARDING）；由于 E0/0/3 在本物理网段中的指定端口选举中落败，因此 STP 角色为预备端口（ALTE），STP 状态为丢弃（DISCARDING）。

在上文中，我们对 RSTP 的基本配置进行了介绍。下面，我们在图 3-25 的基础上添加一台主机，用这个环境介绍边缘端口和 BPDU 保护功能，修改后的拓扑如图 3-26 所示。

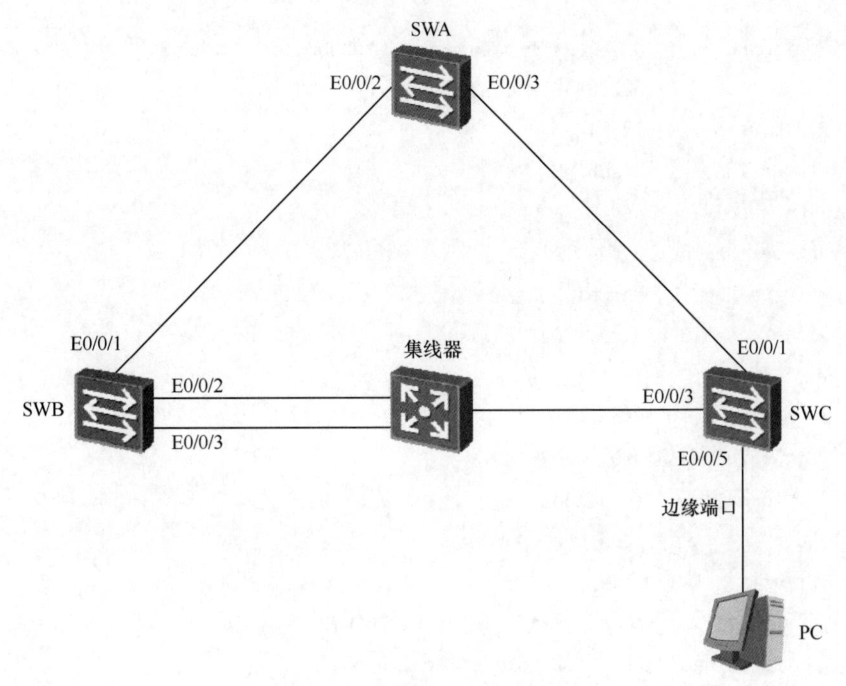

图 3-26　边缘端口的配置拓扑

在之前的 3.3.2 小节（RSTP 的快速收敛）中，我们曾经对边缘端口进行过简单的描述，同时提到过边缘端口需要由管理员指定。在华为交换机上，管理员有两种方式可以将端口配置为边缘端口：

- 系统视图：使用命令 **stp edged-port default**，管理员可以将交换机的所有端口默认设置为边缘端口；
- 端口视图：使用命令 **stp edged-port enable**，管理员可以将交换机上的指定端口设置为边缘端口。

在本例中，我们会使用第二种配置方式，将 SWC 的 E0/0/5 端口设置为边缘端口，详见例 3-15。

例 3-15　将 SWC 的 E0/0/5 端口设置为边缘端口

```
[SWC]interface e0/0/5
[SWC-Ethernet0/0/5]stp edged-port enable
```

完成后，我们使用命令 **display stp interface** *interface-id* 来查看一下该端口的 STP 相关参数，例 3-16 中展示了相关命令的输出内容。

例 3-16　查看 E0/0/5 的 STP 相关信息

```
[SWC]display stp interface e0/0/5
-------[CIST Global Info][Mode RSTP]-------
CIST Bridge          :32768.4c1f-cc22-5ab5
Config Times         :Hello 2s MaxAge 20s FwDly 15s MaxHop 20
Active Times         :Hello 2s MaxAge 20s FwDly 15s MaxHop 20
```

```
CIST Root/ERPC          :0    .4c1f-cc4a-4806 / 200000
CIST RegRoot/IRPC       :32768.4c1f-cc22-5ab5 / 0
CIST RootPortId         :128.1
BPDU-Protection         :Disabled
TC or TCN received      :8
TC count per hello      :0
STP Converge Mode       :Normal
Time since last TC      :0 days 0h:21m:4s
Number of TC            :7
Last TC occurred        :Ethernet0/0/1
----[Port5(Ethernet0/0/5)][FORWARDING]----
 Port Protocol          :Enabled
 Port Role              :Designated Port
 Port Priority          :128
 Port Cost(Dot1T )      :Config=auto / Active=200000
 Designated Bridge/Port    :32768.4c1f-cc22-5ab5 / 128.5
 Port Edged             :Config=enabled / Active=enabled
 Point-to-point         :Config=auto / Active=true
 Transit Limit          :147 packets/hello-time
 Protection Type        :None
 Port STP Mode          :RSTP
 Port Protocol Type     :Config=auto / Active=dot1s
 BPDU Encapsulation     :Config=stp / Active=stp
 PortTimes              :Hello 2s MaxAge 20s FwDly 15s RemHop 20
 TC or TCN send         :0
 TC or TCN received     :0
 BPDU Sent              :5
          TCN: 0, Config: 0, RST: 5, MST: 0
 BPDU Received          :0
          TCN: 0, Config: 0, RST: 0, MST: 0
```

在例 3-16 所示命令的输出信息内容中，我们用阴影标出了 4 行信息，其中第 1 行表示以下信息为 E0/0/5 相关的 STP 信息，并且 E0/0/5 的 STP 状态为转发；第 2 行表示 E0/0/5 的端口角色是指定端口；第 3 行显示出边缘端口特性是否启用，从本例的输出内容中，我们可以判断出该特性已启用；第 4 行显示了端口的 STP 模式为 RSTP。

那么此时，如果有人把一台交换机连接到 SWC 的 E0/0/5 端口会发生什么呢？E0/0/5 会失去边缘端口属性，也就是说，它会重新参与 STP 的计算。在例 3-17 中，我们将 E0/0/5 关闭并连接到 SWA，再次启用 E0/0/5 后马上通过命令 **display stp brief** 查看 SWC 的端口 STP 状态。

例 3-17 将 SWC 的 E0/0/5 连接到 SWA

```
[SWC]interface e0/0/5
[SWC-Ethernet0/0/5]undo shutdown
[SWC-Ethernet0/0/5]display stp brief
 MSTID  Port                        Role  STP State     Protection
   0    Ethernet0/0/1               ROOT  FORWARDING      NONE
Oct 28 2016 03:10:39-08:00 SWC %%01PHY/1/PHY(1)[12]:    Ethernet0/0/5: change status to up
[SWC-Ethernet0/0/5]display stp brief
 MSTID  Port                        Role  STP State     Protection
   0    Ethernet0/0/1               ROOT  FORWARDING      NONE
   0    Ethernet0/0/5               DESI  FORWARDING      NONE
[SWC-Ethernet0/0/5]display stp brief
 MSTID  Port                        Role  STP State     Protection
   0    Ethernet0/0/1               ALTE  DISCARDING      NONE
   0    Ethernet0/0/5               ROOT  FORWARDING      NONE
```

从例 3-17 所示命令的输出内容中，我们可以看到网络中产生了环路。由于现在 SWC 上的 E0/0/1 和 E0/0/5 都连接到 SWA，因此这两条链路不能同时为转发状态（形成环路）。从第 1 条 **display stp brief** 命令中我们可以看到这时只有 E0/0/1 为 UP 状态，并且它为根端口，处于转发状态。在这条命令后，阴影部分标出了 E0/0/5 已启用的系统提示消息。第 2 条 **display stp brief** 命令中显示出 E0/0/5 在启用后直接转换为指定端口，并且进入转发状态，同时由于交换机还没来得及重新选举端口角色，因此出现了 E0/0/1 和 E0/0/5 同时为转发状态的情况。从第 3 条 **display stp brief** 命令可以看出，交换机完成了端口角色的重新选举，E0/0/1 端口成为预备端口，进入丢弃状态，E0/0/5 端口成为根端口。

从这个端口案例可以看出，当管理员把一个端口配置为边缘端口后，它会在启用后直接进入转发状态，并按需重新确定端口角色。如果管理员在交换机系统视图中使用命令 **stp edged-port default**，将所有端口都默认配置为边缘端口，很容易会在网络拓扑重新计算过程中生成环路，因此这条命令要慎用。

要想让 E0/0/5 端口在收到 BPDU 时，也不受其影响，管理员可以使用 BPDU 保护功能。**BPDU 保护功能的作用是让边缘端口在接收到 BPDU 消息时被交换机直接禁用**，而不会参与 STP 的计算。启用 BPDU 保护功能的方法是在交换机的系统视图中配置命令 **stp bpdu-protection**，例 3-18 中所示即为这条命令的配置。

例 3-18 在 SWC 上配置 BPDU 保护功能

```
[SWC]stp bpdu-protection
```

如上所述，在配置了这条命令后，当 E0/0/5 端口再收到 BPDU 时，端口就会被该特性禁用。接下来管理员重新将 PC 连接到 E0/0/5 端口，并通过例 3-19 展示了该端口的

STP 状态。

例 3-19　在 E0/0/5 端口上连接 PC

```
[SWC]display stp brief
 MSTID  Port                        Role  STP State     Protection
   0    Ethernet0/0/1               ROOT  FORWARDING      NONE
   0    Ethernet0/0/5               DESI  FORWARDING      BPDU
```

从例 3-19 中的阴影部分我们可以看出，E0/0/5 上实施了 BPDU 保护。这时我们再次将 E0/0/5 与 SWA 相连，详见例 3-20。

例 3-20　启用 BPDU 保护功能的端口连接交换机

```
[SWC]display stp interface e0/0/5
-------[CIST Global Info][Mode RSTP]-------
CIST Bridge          :32768.4c1f-cc22-5ab5
Config Times         :Hello 2s MaxAge 20s FwDly 15s MaxHop 20
Active Times         :Hello 2s MaxAge 20s FwDly 15s MaxHop 20
CIST Root/ERPC       :0    .4c1f-cc4a-4806 / 200000
CIST RegRoot/IRPC    :32768.4c1f-cc22-5ab5 / 0
CIST RootPortId      :128.1
BPDU-Protection      :Enabled
TC or TCN received   :24
TC count per hello   :0
STP Converge Mode    :Normal
Time since last TC   :0 days 0h:14m:20s
Number of TC         :19
Last TC occurred     :Ethernet0/0/1
----[Port5(Ethernet0/0/5)][DOWN]----
 Port Protocol       :Enabled
 Port Role           :Disabled Port
 Port Priority       :128
 Port Cost(Dot1T )   :Config=auto / Active=200000000
 Designated Bridge/Port   :32768.4c1f-cc22-5ab5 / 128.5
 Port Edged          :Config=enabled / Active=enabled
 BPDU-Protection     :Enabled
 Point-to-point      :Config=auto / Active=false
 Transit Limit       :147 packets/hello-time
 Protection Type     :None
 Port STP Mode       :RSTP
 Port Protocol Type  :Config=auto / Active=dot1s
 BPDU Encapsulation  :Config=stp / Active=stp
 PortTimes           :Hello 2s MaxAge 20s FwDly 15s RemHop 20
```

```
TC or TCN send       :0
TC or TCN received   :0
BPDU Sent            :0
         TCN: 0, Config: 0, RST: 0, MST: 0
BPDU Received        :0
         TCN: 0, Config: 0, RST: 0, MST: 0
```

在例 3-20 的命令输出中，第 1 个阴影行表明 E0/0/5 状态为 DOWN，第 2 行显示其为禁用端口，后面两行展示出边缘端口和 BPDU 保护功能均已开启。在配置了 BPDU 保护功能后，如果边缘端口收到了 BPDU，它就会成为禁用端口，并且进入 DOWN 状态。BPDU 保护功能有效防止了边缘端口因收到 BPDU 而开始参与 RSTP 计算所带来的恶果。

这里需要注意的是，由于 BPDU 保护功能而进入 DOWN 状态的端口默认不会自动恢复，即使管理员将其重新连接到 PC，该端口也会维持在 DOWN 状态。这时只能由管理员先在端口使用 **shutdown** 命令，再使用 **undo shutdown** 命令手动进行恢复；或者也可以在端口配置视图下使用 **restart** 命令重启端口。

还有一种方法能够让端口在一段时间后自动恢复，管理员需要在系统视图下配置命令 **error-down auto-recovery cause bpdu-protection interval** *interval-value*。时间间隔取值为 30～86400 秒。

这里有一点需要额外说明，那就是边缘端口和 BPDU 保护功能虽然是通过 RSTP 引入到交换网络当中的。但目前，即使交换网络中采用的是传统的 STP 协议，也不妨碍管理员在交换机上启用边缘端口和 BPDU 保护功能。我们将边缘端口和 BPDU 保护功能的配置方法放在 RSTP 部分进行介绍，是因为关于边缘端口的概念我们也是在 RSTP 协议中进行介绍的。

3.4　MSTP

在本章前文中，我们没有考虑交换网络中划分了多个 VLAN 的情形，而是将关于 STP 的讨论限定在了所有参与交换机上都只有一个 VLAN 的前提下。然而，我们在引入 STP 理论之初就曾经提到过，环路造成的危害大都是通过广播体现出来的，因此合理的防环机制应该是能够以广播域为单位进行实施和部署的。VLAN 可以从逻辑上隔离广播域，因此如果可以让交换网络中的交换机针对不同的 VLAN 分别计算生成树网络，得到的网络应该会更加优化。

华为交换机默认的 STP 模式—MSTP 就是一种可以让管理员根据实际需求来配置交换机，使交换机能够根据管理员设计的 VLAN 组合来计算网络生成树的 STP 模式。在这一小节中，我们会对 MSTP 的优势、原理，以及配置方法进行简单的介绍。

3.4.1 MSTP 的基本原理

由于生成树技术诞生的年代早于 VLAN 技术，因此，无论传统的 STP，还是 RSTP，都是以交换机为单位执行计算的。然而，随着 VLAN 技术的出现，管理员可以根据需要将端口划分到不同的虚拟局域网中，而连接在不同虚拟局域网中的设备（若不通过三层技术进行路由）就会相互隔离，形同连接在了不同的交换机（局域网）上一样的效果。从这个角度上也可以说，VLAN 提供了将一台交换机划分为多台逻辑交换机的途径。因此，再以物理交换机为单位计算生成树，计算的结果有时就不那么尽如人意了（具体缺陷可以参考图 3-27 所示网络环境及下文描述）。

VLAN 是一项虚拟化技术，它通过逻辑手段打乱了物理资源原有的调用方式，因此要想单纯通过文字描述让初学者理解“STP 最好能够让交换机针对每个 VLAN 单独计算生成树”的原因，往往比较困难。为了向读者清晰地展示这种需求，我们设计了一个简单的网络环境。在这个环境中，3 台通过 Trunk 链路相连的交换机共计连接了 3 个 VLAN，每个 VLAN 中分别有两台与不同交换机直连的 PC，如图 3-27 所示。下面我们来解释传统 STP 的运算结果为何在这种环境中无法让数据转发达到最优的效率。

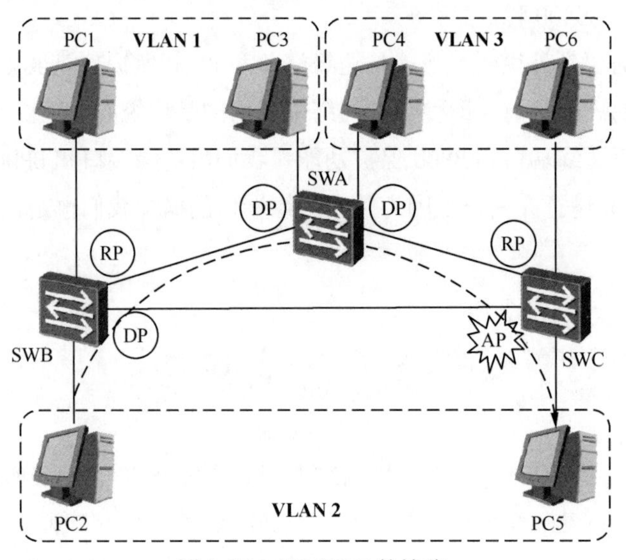

图 3-27 STP/RSTP 的缺陷

在上图中我们可以看到，这个局域网中的 3 台交换机经过 STP/RSTP 计算，阻塞了 SWC 上连接 SWB 的端口。这导致的结果是，当 VLAN2 中连接 SWB 的终端设备 PC2，需要向连接 SWC 的同 VLAN 终端设备 PC5 发送数据帧时，由于生成树阻塞了 SWC 上连接 SWB 的端口，因此所有数据帧都必须绕行 SWA。如果图中所示 3 条链路的开销相等，那么这样的转发路径对于 PC2 和 PC5 来说无疑就是不合理的：这不仅给 PC2 和 PC5 之间的数据帧传输引入了不必要的延迟，而且这些本该通过捷径转发的数据帧，占用了 2 条（绕行）链路的带宽，高峰时段这有可能会影响 VLAN 1 和 VLAN 3 的数据传输，而更适合转发 PC2 和 PC5 之间流量的链路带宽则被白白闲置了。

在上面这个拓扑中，无论 STP/RSTP 阻塞哪个端口，都会有某个 VLAN 中的设备出现类似的问题。所以，要想最大化利用所有链路，唯一的解决方案就是让生成树以 VLAN 为单位进行计算，让管理员通过参数来控制 VLAN 生成树的选举结果，这样才能确保 VLAN 1 的生成树，在 SWA 和 SWB 之间的链路上不会出现阻塞端口；VLAN 2 的生成树在 SWB 和 SWC 之间的链路上不会出现阻塞端口；而 VLAN 3 的生成树，则在 SWA 和 SWC 之间的链路上不会出现阻塞端口。这样一来，不仅每个 VLAN 中的两台交换机在相互传输数据帧时可以使用最短的路径，而且每条链路也都会用于传输某个 VLAN 的数据，传输路径可以得到优化，链路利用率可以获得提升。这就是多生成树需求的来源。

多生成树协议（Multiple Spanning-Tree Protocol，MSTP）最初定义在 IEEE 802.1s 中，后来被融合进了 IEEE 802.1Q-2005 标准。这项技术可以让管理员根据自己的需求，将一个或多个 VLAN 划分到一个多生成树实例中（MST Instance，MSTI）。此后，交换机可以以实例（后文称 MSTI）为单位进行收敛，为每个 MSTI 收敛出一个独立的生成树，来达到上一个自然段所讨论的效果。

比如在图 3-27 所示的环境中，工程师可以创建 2 个 MSTI，即 Instance 1 和 Instance 2，然后将 VLAN 1 和 VLAN 3 划分到 Instance 1 当中，将 VLAN 2 划分到 Instance 2 当中，然后将 SWA 设置为 Instance 1 的根网桥，将 SWB 设置为 Instance 2 的根网桥，即建立下面的映射关系：

Instance1：VLAN1、VLAN3

Instance2：VLAN2

这样就可以达到优化转发路径和链路利用率的效果。

注释：

当然，我们也可以在图 3-27 所示的这种环境中创建 3 个 MSTI，即 Instance 1、Instance 2 和 Instance 3，然后将 VLAN 1 划分到 Instance1 当中，将 VLAN 2 划分到 Instance 2 当中，将 VLAN 3 划分到 Instance 3 当中，然后将 SWA 设置为 Instance 1 的根网桥，将 SWB 设置为 Instance 2 的根网桥，将 SWC 设置为 Instance 3 的根网桥。但每台交换机上需要独立计算的生成树数量越多，这台交换机计算资源的消耗自然也就越大，网络工程师需要面对的实施和管理工作必然也就越发艰巨。交换机在技术上固然可以支持针对每个 VLAN 创建一个实例的做法，但在拥有大量 VLAN 的网络环境中，这种做法会让交换机和工程师都承担不必要的压力。因此，如何在大型网络中高明地规划 MSTI，也在一定程度上体现了工程师的经验和智慧。

注释：

一个 Instance 中可以包含多个 VLAN，但一个 VLAN 只能属于某一个 Instance。

MSTP 在计算生成树方面，基本沿用了 RSTP 的做法。除了需要为每个实例独立计算出一个生成树之外，它可以支持所有 RSTP 对 STP 所作的改进，包括端口状态、端口状态机的简化和端口的快速切换等，只是在部分细节（如 P/A 机制中，Proposal 消息某字段的置位）有细微的区别。因此，MSTP 也可以实现快速收敛。

目前华为交换机默认的 STP 模式即为 MSTP。MSTP 可以兼容 RSTP 和 STP。

要想让局域网中的交换机能够为每个实例计算出一个生成树，每台交换机上的实例与 VLAN 之间的对应关系就必须完全相同。但是在一些更大规模的网络中，经常存在这样一种情况或需求，即实例与 VLAN 之间的对应关系仅在一部分交换机上相同。也就是说，在这个网络中，一部分的交换机拥有相同的实例-VLAN 映射关系，另一部分交换机拥有另一种实例-VLAN 映射关系。为此，MSTP 还提出了 MST 域的概念。管理员可以将拥有相同实例-VLAN 映射关系的交换机划分到一个 MST 域中，让实例只在域内有效，于是：

- 在域内，域内各台交换机的 MSTP 会以每个实例为单位，计算出实例在域内的生成树；
- 在全网，所有交换机的 MSTP 会以交换机为单位，计算出一个全网的总生成树。这个生成树称为公共和内部生成树（Common and Internal Spanning-Tree，CIST），CIST 的根网桥为整个网络中优先级最高的交换机，这个根称为总根；
- 在域间，所有交换机上的 MSTP 会以每个域为单位，计算出一个域生成树。这个生成树称为公共生成树（Common Spanning-Tree，CST），CST 的根就是总根所在的域。

如果对 MST 域的相关概念展开进行介绍，至少需要整整一章的篇幅，因为这会涉及到多个以不同实体为单位的生成树在整个网络、和网络的不同区域分步骤进行收敛的过程，本书在此不再继续深入介绍。在目前的阶段，读者只需了解 MSTP 支持管理员将拥有不同“实例-VLAN 映射”需求的交换机划分到不同的 MST 域中这一点即可。

3.4.2 MSTP 的基本配置与验证

在前文的案例中，我们都没有在交换机上设置任何 VLAN，网络环境中的所有设备都只使用 VLAN 1。在本小节中，我们在一个三台交换机相互连接构成的小环境中添加两个 VLAN，即 VLAN 10 和 VLAN 20，并以此演示如何能够通过 MSTP 的设置，提高这个小交换环境中的链路利用率。

在本小节中，我们将使用图 3-28 所示的拓扑。

在图中 SWA、SWB 和 SWC 相连的三台交换机换环境中，如果运行 STP 或 RSTP，必然有一条链路会被阻塞，因为这个环境中存在交换环路。举例来说，如果SWA被选为根网桥，那么SWB与SWC之间的链路将被阻塞而无法传输数据。假设SWB上的VLAN 10用户需要与SWC上的VLAN 10用户进行通信，它们之间的流量只能经过SWA进行转发。关于这一点，我们刚刚在3.4.1小节中进行了说明。

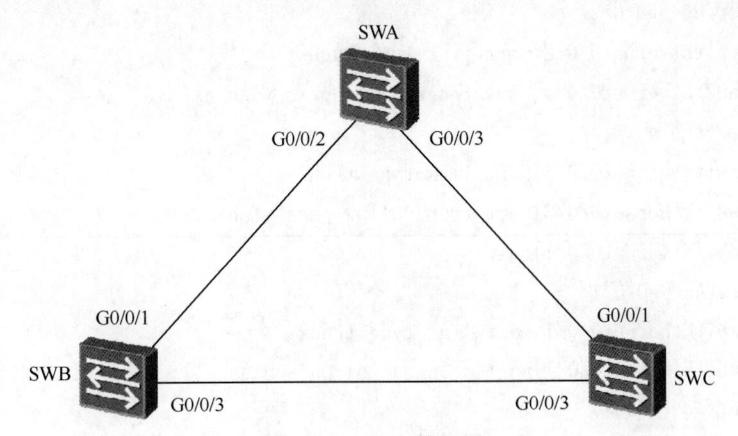

图3-28　MSTP的配置

根据3.4.1小节的介绍，读者应该已经理解：如果想要提高链路的利用率，不让交换网络中出现完全空闲的链路，管理员需要以实例（Instance）为单位来让交换机计算生成树。放在这个简单的案例环境中，我们可以让交换机为VLAN 10和VLAN 20分别计算生成树，让两个生成树实例分别选择不同的链路（端口）进行阻塞，这样流量就可以分担的到所有链路上了。比如对于VLAN 10来说，被阻塞的链路是SWA与SWB之间的链路，而对于VLAN 20来说，被阻塞的链路是SWB与SWC之间的链路。图3-29中展示了两个MSTP实例的阻塞端口。

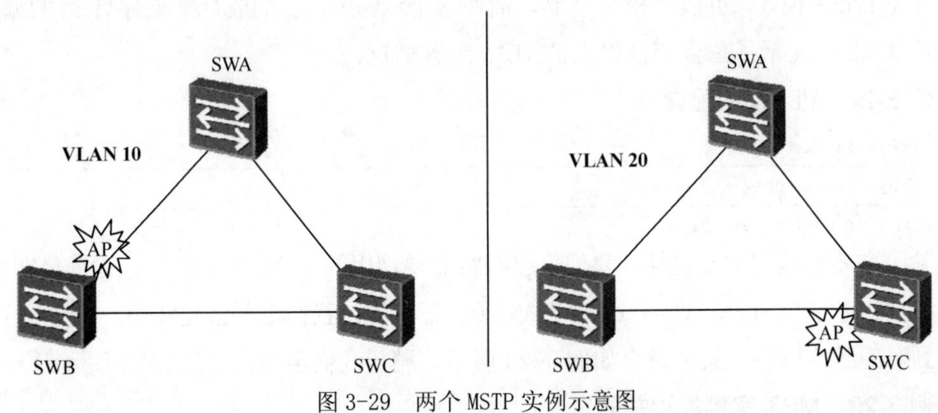

图3-29　两个MSTP实例示意图

从图3-29中可以看出，在某种程度上，现在网络阻塞的端口由一个变成了两个。但换个角度来说，我们也可以说这两个阻塞端口在另一个实例中不是被阻塞状态，因此并没有哪条链路会被完全阻塞，每一条链路都是有条件地阻塞。这样一来链路利用率得到了提高，交换机的转发工作负载也得到了分担。接下来，我们会通过例 3-21 以及后续案例，陆续展示在华为交换机上配置 MSTP 的相关命令。

例 3-21　交换机端口的配置

```
[SWA-GigabitEthernet0/0/2]quit
[SWA]interface g0/0/2
[SWA-GigabitEthernet0/0/2]port link-type trunk
[SWA-GigabitEthernet0/0/2]port trunk allow-pass vlan all
[SWA]interface g0/0/3
[SWA-GigabitEthernet0/0/3]port link-type trunk
[SWA-GigabitEthernet0/0/3]port trunk allow-pass vlan all
```

```
[SWB-GigabitEthernet0/0/1]quit
[SWB]interface g0/0/1
[SWB-GigabitEthernet0/0/1]port link-type trunk
[SWB-GigabitEthernet0/0/1]port trunk allow-pass vlan all
[SWB]interface g0/0/3
[SWB-GigabitEthernet0/0/3]port link-type trunk
[SWB-GigabitEthernet0/0/3]port trunk allow-pass vlan all
```

```
[SWC-GigabitEthernet0/0/1]quit
[SWC]interface g0/0/1
[SWC-GigabitEthernet0/0/1]port link-type trunk
[SWC-GigabitEthernet0/0/1]port trunk allow-pass vlan all
[SWC]interface g0/0/3
[SWC-GigabitEthernet0/0/3]port link-type trunk
[SWC-GigabitEthernet0/0/3]port trunk allow-pass vlan all
```

如上所示，在配置 MSTP 之前，我们首先需要做一些前期准备工作，其中包括将有关端口设置为 Trunk 模式，并放行相关 VLAN。而在这个示例中，我们放行了所有 VLAN 的流量。

例 3-22 中展示了三台交换机上的 VLAN 配置情况。

例 3-22　VLAN 的配置

```
[SWA]vlan batch 10 20
```

```
[SWB]vlan batch 10 20
```

```
[SWC]vlan batch 10 20
```

除了准备好端口的设置外，我们也已经将需要使用的 VLAN 创建好了。管理员在一条命令中创建了两个 VLAN：VLAN 10 和 VLAN 20。下一步，我们需要创建实例，并且把 VLAN 划分到对应的实例中，具体命令如例 3-23 所示，稍后我们会对命令进行进一步解释。

例 3-23　MST 实例的相关配置

```
[SWA]stp region-configuration
[SWA-mst-region]region-name mst-region
[SWA-mst-region]instance 10 vlan 10
[SWA-mst-region]instance 20 vlan 20
```

```
[SWA-mst-region]active region-configuration
```

```
[SWB]stp region-configuration
[SWB-mst-region]region-name mst-region
[SWB-mst-region]instance 10 vlan 10
[SWB-mst-region]instance 20 vlan 20
[SWB-mst-region]active region-configuration
```

```
[SWC]stp region-configuration
[SWC-mst-region]region-name mst-region
[SWC-mst-region]instance 10 vlan 10
[SWC-mst-region]instance 20 vlan 20
[SWC-mst-region]active region-configuration
```

在上例中，管理员首先使用系统视图的命令 **stp region-configuration** 进入了 MST 域视图。接下来，管理员通过命令 **region-name** 指定了这个 MST 域使用的名称（本例中名称为 mst-region）。需要指出的是，同一个 MST 域中的交换机上都要配置相同的域名。然后，管理员使用命令 **instance** *instance-id* **vlan** {*vlan-id1* [**to** *vlan-id2*]}创建了实例与 VLAN 的映射关系。在本例中，管理员在实例 10 中添加了 VLAN 10，而在实例 20 中添加了 VLAN 20。

当管理员配置 MST 域中的相关参数，特别是配置实例与 VLAN 之间的映射关系时，如果交换机在管理员输入命令的同时就立刻应用管理员所作的配置，这么做就会很容易引起网络拓扑的震荡。为了减少网络拓扑的震荡，管理员配置的每个 MST 域新参数是不会立即生效的，需要管理员使用命令 **active region-configuration** 进行激活。

管理员在例 3-24 中按照图 3-29 的设计目标，分别为每个实例指定了根网桥。

例 3-24　为每个实例指定根网桥

```
[SWA]stp instance 10 root secondary
[SWA]stp instance 20 root primary
```

```
[SWC]stp instance 10 root primary
[SWC]stp instance 20 root secondary
```

在本例中，管理员将 SWA 设置为了实例 10 的备用根网桥和实例 20 的根网桥；将 SWC 设置为实例 10 的根网桥和实例 20 的备用根网桥。这样就满足了图 3-29 中的设计目标。在影响根网桥的选举方式上，MSTP 与 STP 和 RSTP 没有什么两样，只不过这次要在配置命令中指明修改交换机在哪个实例中的优先级。管理员需要使用命令 **stp** [**instance** *instance-id*] **priority** *priority*。当然，优先级仍然需要设置为 4096 的倍数。

例 3-25 所示为管理员查看 MSTP 区域的配置时，系统提供的输出信息。

例 3-25　在 SWA 上查看 MSTP 区域

```
[SWA]stp region-configuration
[SWA-mst-region]check region-configuration
```

```
Admin configuration
  Format selector     :0
  Region name         :mst-region
  Revision level      :0

  Instance   VLANs Mapped
     0       1 to 9, 11 to 19, 21 to 4094
    10       10
    20       20
```

读者如果认真观察例 3-25 所示命令的视图，就会发现 **check region-configuration** 是一条MST区域视图中的命令。通过这条命令，管理员可以查看区域名称以及实例和VLAN的映射关系。

例 3-26 所示为管理员使用命令 **display stp brief** 查看 STP 汇总信息时系统提供的输出信息。

例 3-26　在 SWB 上查看 STP 汇总信息

```
[SWB]display stp brief
 MSTID  Port                        Role  STP State     Protection
   0    GigabitEthernet0/0/1        ROOT  FORWARDING      NONE
   0    GigabitEthernet0/0/3        DESI  FORWARDING      NONE
  10    GigabitEthernet0/0/1        ALTE  DISCARDING      NONE
  10    GigabitEthernet0/0/3        ROOT  FORWARDING      NONE
  20    GigabitEthernet0/0/1        ROOT  FORWARDING      NONE
  20    GigabitEthernet0/0/3        ALTE  DISCARDING      NONE
```

从例 3-26 所示命令的输出内容中，我们可以确认处于丢弃状态的端口有哪些。在MSTID 一栏中标注出了 MST 实例的 ID，在实例 10 中阻塞的端口是 G0/0/1，而在实例 20 中阻塞的端口是 G0/0/3。从这里验证了案例中的配置已实现图 3-29 的设计目标。

3.5　本章总结

本章通过展示冗余链路的作用及其带来的危害，解释了 STP 的由来与重要性，并介绍了大量与 STP 相关的术语，包括 BPDU、根网桥、根端口、指定端口、预备端口、树、生成树等。

在了解了 STP 的作用和术语后，我们在 3.2 节中用大量篇幅分步骤详细解释了 STP 的操作方式，包括根网桥、根端口、指定端口和预备端口的选举过程以及 STP 端口状态机。同时，我们也在这一节中演示了 STP 的基本配置以及 STP 各种计时器的修改方式。在这一节的最后，我们提出了 STP 收敛速度慢的缺陷，为 3.3 节的内容埋下了伏笔。

在接下来的3.3节里，我们首先通过对比STP与RSTP的异同，阐明了RSTP的优势，继而介绍了RSTP实现快速收敛的工作原理，以及RSTP中加速收敛的特性。在这一节的最后，我们演示了RSTP的基本配置与验证方法，同时介绍了如何配置边缘端口和BPDU保护特性。

在本章的3.4节中，我们通过针对不同VLAN分别计算生成树的需求，引出了MSTP技术，并且介绍了MSTP的原理与配置方法。

3.6　练习题

一、选择题

1．STP的工作流程是：选举______，选举______，选举______，阻塞______。（多选）（　　）

A．根网桥　　B．转发端口

C．根端口　　D．指定端口

E．阻塞端口　　F．预备端口

2．STP在选举根网桥时，比较的参数是？（　　）

A．交换机STP优先级　　B．交换机MAC地址

C．交换机网桥ID　　D．交换机上行链路带宽

3．下列有关指定端口的说法中，正确的是？（多选）（　　）

A．指定端口处于转发状态

B．指定端口是在同一个广播域中选举出来的

C．指定端口是每台交换机上距离根网桥最近的端口

D．根网桥上的端口一般都是指定端口

4．RSTP中定义了哪些端口角色？（多选）（　　）

A．根端口　　B．指定端口

C．预备端口　　D．备份端口

E．丢弃端口

5．以下有关RSTP的说法中，错误的是？（　　）

A．RSTP会在交换网络中构建出一棵无环的树

B．RSTP会通过阻塞端口的方式切断环路

C．RSTP使用P/A机制

D．RSTP中不使用转发延迟

6．在RSTP中，预备端口是______的候选，备份端口是______的候选。（多选）（　　）

A．根网桥　　B．转发端口

C．根端口　　D．指定端口

7．RSTP 中被配置为边缘端口的端口角色是什么？（　　）

A．根端口　　B．指定端口

C．转发端口　　D．边缘端口

8．下列有关备份端口的说法中，错误的是？（多选）（　　）

A．既不是根端口也不是指定端口的都是备份端口

B．备份端口处于阻塞状态

C．备份端口会接收并转发 BPDU

D．备份端口不接收并转发 BPDU

二、判断题

1．根网桥上的端口都是根端口，因为到达根网桥的距离最短为 0。

2．在 STP 中，根端口需要经过侦听状态和学习状态后，才会进入转发状态。

3．RSTP 使用 P/A 机制实现了快速收敛。

4．在 RSTP 中，根端口需要经过丢弃状态和学习状态后，才会进入转发状态。

5．在配置了 MSTP 中的实例和 VLAN 映射关系后，配置即刻生效。

第4章 静态路由

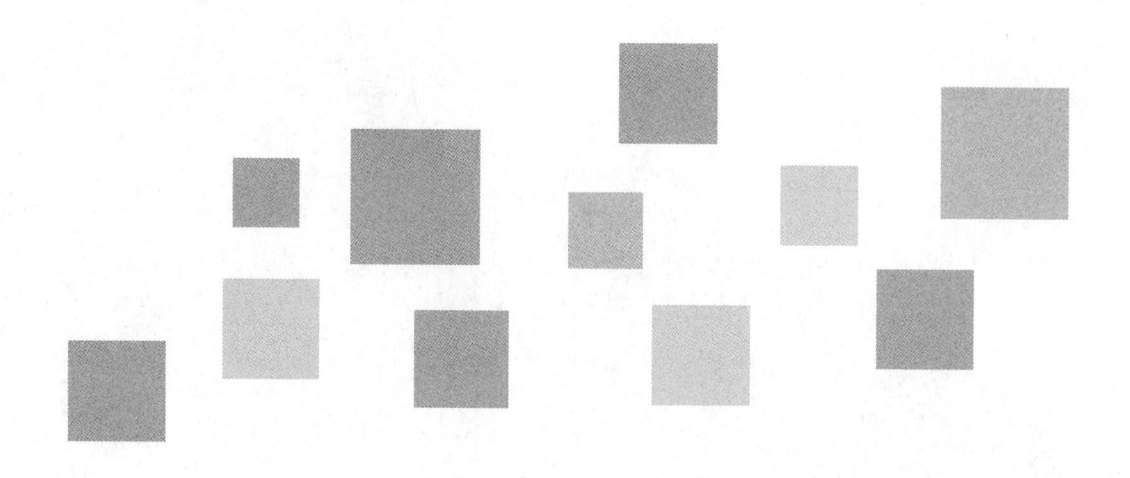

路由器的核心作用，是尽最大可能将入站数据包按照数据包头部的目的 IP 地址，转发到其所在的网络。然而，路由器厂商不可能在路由器出厂之前，就预见到这台路由器在售出后都会被部署到哪些网络环境中，更无法预知这台路由器需要转发去往哪些目的 IP 网络的数据包。所以，路由器在出厂时，并不“先天”拥有向不同网络转发数据包的“知识”储备，具体向哪里转发去往不同网络的入站数据包，是需要路由器“后天”学习的内容。在这一点上，路由器与交换机存在一定的相似之处。

然而，在学习地址信息的方法上，路由器和交换机存在着明显的区别。本书在第 1 章中就曾经介绍过，交换机是通过入站数据帧的源 MAC 地址来学习如何向不同目的 MAC 地址转发数据帧的。这种方法虽然适用于交换机连接的局域网环境，但不适合路由器连接的不同网络。这一点我们在《网络基础》中就已经提到过，在本章开篇的 4.1.1 小节（路由器的基本概念回顾）中，我们还会通过比喻的方式再次对这一点进行说明。

从逻辑上看，既然路由器不适合像交换机那样自动通过入站数据来学习如何转发数据包，那么路由器“后天”学习数据包转发的行为，就很有可能需要管理员通过更多配置进行引导。比如说，管理员可以根据自己对网络环境的掌握，手动向路由器的路由表中添加路由条目，以直接告诉路由器如何转发去往某个或某些网络的数据包。**这种路由器从管理员处学习到的数据转发路径，就称为静态路由**。在这一章中，我们会对各类与静态路由相关的技术一一进行说明。

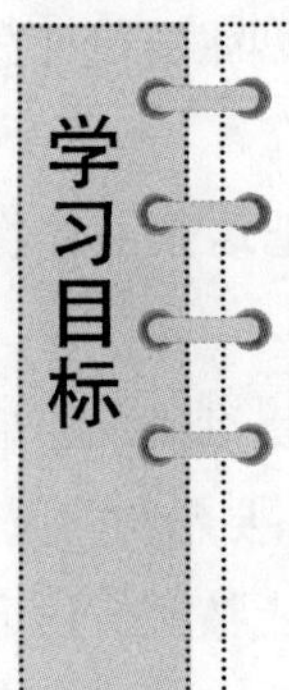

- 掌握 IP 地址与 MAC 地址在应用方面的区别；
- 理解路由器获得路由条目的三种方式；
- 掌握路由优先级和度量值的概念；
- 掌握配置静态路由和默认路由的方法；
- 理解默认路由的常见使用环境；
- 理解汇总路由的计算方法；
- 掌握浮动静态路由的概念与配置方式；
- 理解静态路由环境中的排错思路。

4.1 路由基础

关于路由的概念，我们曾经在《网络基础》中进行过简单说明。“路由”的概念并不深奥。在英文中，“route”原本就不是专有名词，其语义主要为“路径、线路”，由于这个词用来描述网络层设备的核心工作方式相当贴切，因此才被借用到了网络技术领域。所以，“路由”在中文/汉语中完全可以理解为“网络路径”或者“数据包转发线路”，是名词词性。

除此之外，路由一词还可以作为动词。作为动词时，路由（routing）指的是中间设备（比如路由器）对数据包进行转发的处理方式。在这个操作过程中，中间设备会通过查找路由表找到正确的转发路径，然后再对数据包进行转发。

路由的表意虽然不难理解，但路由以及与路由相关的知识却是任何一位网络技术工作者的知识构成中不可或缺的一环，这些内容需要初学者投入大量的时间才能熟练掌握。

4.1.1 路由的基本概念回顾

在本章开篇的知识引入环节中，有一个遗留问题——路由器为什么不适合像交换机那样自动通过入站数据中的源地址来学习如何转发数据包。

为了解释这个问题，首先需要解释 MAC 地址和 IP 地址的区别。也就是说，既然这两类地址都可以用来定位设备，为什么要在数据链路层和网络层使用不同的地址来完成寻址？物理地址和逻辑地址在使用层面上到底存在什么样的不同？

要想理解这种差异，请读者进行一个思维实验：如果您现在手中拿着其他人的公民身份证，正要把它还给物主，那么您会通过证件上印制的照片还是地址来归还这张身份证呢？请就下面两种情景分别进行思考。

- **场景一**：您是一位正在检查软卧包厢乘客身份证件的乘务员，刚刚从软卧包厢的 4 位乘客手中收集到身份证并且查验无误，现在您需要将这四张身份证分别正确地归还给包厢中的四位乘客。

- **场景二：**您在大街上捡到了别人遗失的身份证，现在您需要把这张证件物归原主。

显然，乘务员查验过身份证之后，只需要参考身份证上的照片就可以准确无误地将 4 张身份证还给持证人。然而，如果一个人在大街上捡到了一张身份证，要想物归原主，就应该按照身份证上所载的地址信息将身份证寄还给失主，而不能在街上按照身份证上的照片一一对照行人的相貌。这说明了一个问题，尽管相貌和邮政地址都可以作为寻人的匹配条件，但它们的使用场合不同。

相貌属于自然属性，这一属性决定了相貌是随载体移动的（没有人能把自己的相貌留下独自行动），也决定了相貌是无法为寻址进行有效归类的（人的居住地不是根据相貌特征归类的）。所以，凭借相貌寻人的做法只适合用于范围有限的区域内，比如一节车厢、一间教室等。在范围稍大的区域（比如一架飞机、一个办公区）中，这种做法的效率就会降低，到范围更大的区域则根本不会有人尝试。

反之，邮政地址是后天的，是大致不会随载体移动的（没有人能带着自己的家庭住址出行），是专为寻址而进行归类的。比如，任何有行动力的人都可以按照“中华人民共和国深圳市龙岗区五和大道”这个地址中从大到小列出的范围顺利找到华为基地。由此可见，这类包含层次的（分为网络地址和主机地址）、可归类的逻辑地址恰好适合实现大范围的寻址。

在寻址方面，MAC 地址与人的相貌存在不少相似之处，而 IP 地址则可以类比为邮政地址。由于 MAC 地址是烧录在网卡上的地址，因此它也是随时移动、无法归类的物理（自然）属性地址。这就是为什么使用 MAC 地址这样的二层地址寻址，只能在局域网范围内实现。在更大的范围内，设备只能使用层次化的三层逻辑属性地址，也就是 IP 地址来进行寻址。这就是物理地址和逻辑地址在使用上的区别，也是它们不能相互替代的原因。

注释：

在华为技术有限公司主编的《HCNA 网络技术学习指南》6.1 节的开篇，江永红博士写道：“实质上，MAC 地址并不是真正意义上的‘地址’，而是某个设备接口（或网卡）的身份识别号：MAC 地址表示的是‘我是谁’，而不是‘我在哪里’……MAC 地址本身并不带有任何位置信息。”[①]这是江博士对 MAC 地址作用的注解。上述注解同样适用于将 MAC 地址与人类相貌进行类比，读者可以参照理解。

有了这一点作为铺垫，根据 IP 地址来转发数据包的网络层设备，为何不应像根据 MAC 地址转发数据帧的数据链路层设备那样，自动通过入站数据的源地址来构建转发表。

[①] 华为技术有限公司，HCNA 网络技术学习指南，北京：人民邮电出版社，p130。

同样，由于数据转发的范围显著扩大，二层设备那种在小范围内依靠学习数据源地址来构建转发表的方法显然难以为继。如果路由器采用记录入站数据包源 IP 地址的方式建立数据库来转发去往不同网络的数据包，那么无异于快递公司根据快递包裹的寄件人地址建立数据库，并且按照这个数据库来转发快递。不知道这样的快递公司什么时候才能在自己的数据库中找到第一个匹配包裹目的地址的项目。

要想在网际网这种很大的范围内转发数据，网络层设备需要采用其他的方式来建立转发数据库，比如以下几种方式。

- 网络层设备把自己各个接口所在的子网录入至转发数据库；
- 网络管理员直接向设备的转发数据库中输入向某些子网转发数据的路径；
- 网络层设备间相互学习彼此转发数据库中数据的转发路径。

联系我们在《网络基础》中已经介绍的内容，读者应该已经猜到：上文中的“转发数据库”，指的是路由器的路由表（Routing Table）；而转发数据的“路径”，其实就是路由表中的“路由条目”。而上面提到的 3 种方式，则依次对应了路由条目的 3 种来源。

在 4.1.2 小节中，我们会对路由表和路由条目进行进一步的说明。而路由条目的 3 种来源，将在 4.1.3 小节中进行介绍。

4.1.2　路由表与路由条目

路由表是路由器转发数据包的数据库，当路由器接收到一个数据包时，它会用数据包的目的 IP 地址去匹配路由表中的路由条目，然后根据匹配条目的路由参数决定如何转发这个数据包。

然而，我们在 4.1.1 小节也曾经反复提到，路由表中的路由条目并不会由路由器根据入站数据包的信息自动填充。除直连路由之外，路由表中的绝大多数路由不会在路由器未经配置的情况下自动生成。因此，由路由器相互连接而成的三层网络，只要规模稍大，便无法凭借路由器自带的默认配置自动实现通信。换句话说，对于大部分路由网络而言，要想正常工作，管理员的配置工作是必不可少的。由此可以知道，管理员在对三层网络进行配置、验证和排错时，一定需要经常查看路由器的路由表。这很可能比管理员维护二层网络时查看 MAC 地址表的操作更加频繁。

查看路由器的路由表十分简单，管理员只需在系统视图下输入命令 **display ip routing-table** 就可以让华为路由器显示出自己的路由表。例 4-1 所示为一台路由器上的路由表。

注释：

为了便于读者回忆，下面示例展示的路由表与本系列教程第 1 册教材《网络基础》

例 5-1 中展示的路由表完全相同。

例 4-1　查看路由表

```
[AR3]display ip routing-table
Route Flags: R - relay, D - download to fib
------------------------------------------------------------------------------
Routing Tables: Public
Destinations : 12       Routes : 12

Destination/Mask    Proto   Pre  Cost      Flags NextHop         Interface

        1.1.1.1/32  RIP     100  2           D   23.0.0.2        GigabitEthernet0/0/1
        2.2.2.2/32  RIP     100  1           D   23.0.0.2        GigabitEthernet0/0/1
        3.3.3.3/32  Direct  0    0           D   127.0.0.1       LoopBack0
       10.0.0.0/8   Static  60   0           D   23.0.0.3        GigabitEthernet0/0/1
       12.0.0.0/24  RIP     100  1           D   23.0.0.2        GigabitEthernet0/0/1
       23.0.0.0/24  Direct  0    0           D   23.0.0.3        GigabitEthernet0/0/1
       23.0.0.3/32  Direct  0    0           D   127.0.0.1       GigabitEthernet0/0/1
     23.0.0.255/32  Direct  0    0           D   127.0.0.1       GigabitEthernet0/0/1
      127.0.0.0/8   Direct  0    0           D   127.0.0.1       InLoopBack0
      127.0.0.1/32  Direct  0    0           D   127.0.0.1       InLoopBack0
127.255.255.255/32  Direct  0    0           D   127.0.0.1       InLoopBack0
255.255.255.255/32  Direct  0    0           D   127.0.0.1       InLoopBack0
```

关于上例所示的路由表以及表中各列所代表的含义，我们都已经在《网络基础》中进行了展示和说明，为了方便读者的学习，在这里重新解释一下路由表中各个项目的表意。

- **Proto**：Proto 是协议（Protocol）的简写，这一列展示的是路由器获得这条路由的方式。在例 4-1 所示的路由表中，“Direct”表示这条路由为直连路由；“Static”表示这条路由是管理员手动添加的静态路由，而“RIP”则表示这条路由是通过名为 RIP（Routing Information Protocol，路由信息协议）的动态路由协议从其他路由器那里学习过来的。关于这一列，我们会在 4.1.3 小节“路由信息的三种来源”中进行详细说明。
- **Pre**：Pre 是优先级（Preference）的简写，如果路由器通过多种方式获取了去往同一个子网的路由，路由器就需要通过这个参数来判断通过哪种方式获得的路由更加可靠。路由优先级标识了不同路由获取方式的可信度。关于这一列，我们会在 4.1.4 小节“路由优先级”中进行详细说明。
- **Cost**：即开销值或度量值，这个概念与本书第 3 章中介绍的 STP 开销值在作用上是相同的。如果路由器通过同一种方式学习到了多条去往某个网络的路由，那么这种方式一定会给路由器提供比较不同路由“长短”的参数，开销值就是标识不同路由优劣的参数。关于这一列，我们会在 4.1.5 小节“路由度量值”中进行详细说明。

- **Flags**：即路由标记，这一列显示的值可能为 R 和 D。如果路由标记为 D，表示这条路由已经下载到了 FIB（华为设备的硬件转发数据库）中。对于下载到 FIB 中的路由，路由器可以执行硬件转发，而硬件转发可以提高数据的转发效率。R 则表示迭代路由，也就是说这条路由中记录的出站接口信息，是路由器根据这条路由的下一跳 IP 地址迭代查找出来的。
- **NextHop/Interface**：为了指示路由器如何转发去往这条路由的数据包，每个路由条目都会标识出应该将这些数据包转发到哪台下一跳设备，以及应该将这些数据包从路由器的哪个接口转发出去。路由器会根据这一列所标识的下一跳地址和接口，对与该路由条目相匹配的数据包执行转发。

综上所述，路由表中提供的信息其实并不复杂，但为了帮助读者更好地理解后面几章中比较复杂的三层环境，我们会在接下来的几小节中分别对协议、优先级和开销值这 3 项参数进行一些补充说明。

4.1.3　路由信息的 3 种来源

从路由器向路由表中填充路由条目的方式上看，路由信息的来源可以分为 3 种。这 3 种来源就是我们在 4.1.1 小节“路由的基本概念回顾”中最后介绍的，网络层设备建立转发数据库的 3 种方式。

- **直连路由**：只要连接该网络的接口状态正常，那么管理员就不需要进行任何配置，直连路由就会出现在路由表中；
- **静态路由**：静态路由需要管理员通过命令手动添加到路由表中；
- **动态路由**：动态路由是路由器从邻居路由器那里学习过来的路由。

下面我们分别对这 3 种路由获取方式进行简单的介绍。

1. 路由来源之直连路由

直连路由是唯一一种不需要管理员执行（除接口相关配置外的）配置工作，路由器自己就可以添加到路由表中的路由。在前文中我们强调过，路由器并不会像交换机那样通过入站数据包的头部信息来填充自己的转发表，并根据这种转发表来转发数据包。因此，在管理员没有对路由器进行路由配置的情况下，路由器只知道如何转发那些去往本地接口直连网络的数据包。

注释：

显然，上文中所说的“路由配置”，不包括配置接口的 IP 地址。如果路由器接口没有配置 IP 地址，也就没有“路由器接口所在网络”这一概念了。

关于直连路由的内容，我们会在 4.1.6 小节“直连路由”中继续进行介绍。

2. 路由来源之静态路由

由于路由器只会自动将接口直连的网络放入路由表中，因此要想让路由器了解如何将数据包转发给远端网络，其中一种方法是管理员通过配置命令来告诉路由器以某个网络为目的地的数据包应该转发给哪台设备，或者通过哪个接口转发出去。这种**工程技术人员凭借自己对网络的了解，通过手动配置的方式，告知路由器如何转发去往一个网络的数据包，从而在路由表中创建出来的路由条目就是静态路由**。

在简单的网络中，管理员手动配置静态路由是一种非常方便的做法。在复杂的网络中，搭建纯静态路由环境虽不可取，但静态路由仍然可以作为这种网络的有效补充。

3. 路由来源之动态路由

除了管理员手动逐条向路由器的路由表中添加路由之外，路由器还有一种可以获得远端网络路由的方式，即每台路由器将自己路由表中的路由信息与其他路由器进行分享，从而使各个路由器获得了其他路由器路由表中的信息。这种**路由器通过其他路由器分享的路由信息来获取远端网络路由条目的方式称为动态路由学习，为实现路由器相互分享路由信息而定义的标准则称为动态路由协议**。

根据上一自然段的定义可知，路由器之间要想共享路由信息，需要采用相同的路由协议。在默认情况下，路由器并不会运行任何动态路由协议，它们既不会按照任何动态路由协议的标准自动对外分享自己路由表中的路由信息，也不会学习相邻路由设备按照任何动态路由协议的标准对外分享的路由信息。因此，要想让路由器通过动态路由协议获取路由信息，也需要管理员对路由器进行配置。

不过，根据两种路由获取方式机制的不同，管理员配置静态路由和动态路由的逻辑也完全不同。如果说**配置静态路由的逻辑是告诉路由器应该向哪里转发去往某个未知网络的数据包**，那么**配置动态路由的逻辑就是首先告诉路由器应该开始运行哪项动态路由协议，然后告诉路由器可以将自己哪些已知网络的路由信息通过这种路由协议通告给其他运行这项动态路由协议的路由设备**。当然，这里我们谈到的只是配置动态路由协议的大致逻辑。管理员在配置不同的动态路由协议时，也会有很多其他的必备参数或可选配置。

动态路由协议不仅是本书的要点之一，也很有可能会成为很多读者日后学习、考试和工作中的重点，本书的最后 4 章都会围绕着有关动态路由协议的内容展开。

4.1.4 路由优先级

有一种情况在日常生活中很常见，那就是人们经常会通过不同渠道，得到关于同一事物的不同评价或结论。遇到这种情况，人们会根据各个渠道的公信力，来选择取信其中的某个渠道。以导航为例，如果一名驾驶员准备驱车前往 A 地，但汽车自带的导航系统、手机中安装的导航软件、车中携带的城市地图分别指向了不同的方向，驾驶员就需要在几种导航方式中选择最可靠的一种，按照它指示的方向前进。当然，每个人对于不同渠道的可靠性都有自己的认识，因此每个人在遇到这类情况时选择的信息渠道也各不相同。

路由器如驾驶员，它也有可能通过（包括手动静态配置、各类协议动态学习在内的）多种方式获得去往某个目的网络的路由，而这些路由也有可能分别指向不同的下一跳设备或者不同的出站接口。为了从这些路由条目中选取一条放入路由表中，**路由器给每种路由信息渠道赋予了一个权重，这个权重值称作路由优先级（亦称为协议优先级），这个数值的大小描述的是这种路由获取方式的可靠性**。

华为给路由设备统一规定了各类路由信息来源的默认优先级。也就是说，如果管理员不加修改，那么路由器就会根据这些默认值来判断各种路由获取方式的优劣。几种常见路由条目获取方式对应的默认路由优先级值见表 4-1。

表 4-1　各类常见路由获取方式对应的路由优先级值

路由类型	路由表中标识	默认路由优先级
直连路由	Direct	0
OSPF 路由	OSPF	10
静态路由	Static	60
RIP 路由	RIP	100

在表 4-1 中，**路由优先级值越小，代表这种类型的路由可信度越高**。如图 4-1 所示，路由器 A 同时通过动态路由协议 OSPF 和 RIP 学习到了去往路由器 C 的路由，同时管理员也手动在这台路由器上配置了去往路由器 C 的路由。默认情况下，最后会被放入路由表的路由是路由器通过 OSPF 协议学习到的路由。通过上表我们就可以看到路由器做出这种选择的依据：OSPF 路由的默认优先级值为 10，小于静态路由的优先级值 60，更小于 RIP 路由的默认优先级值 100。

做出选择后，路由器在转发去往该网络的数据包时，就会根据这条 OSPF 路由所指向的下一跳和出站接口来发送数据包了。

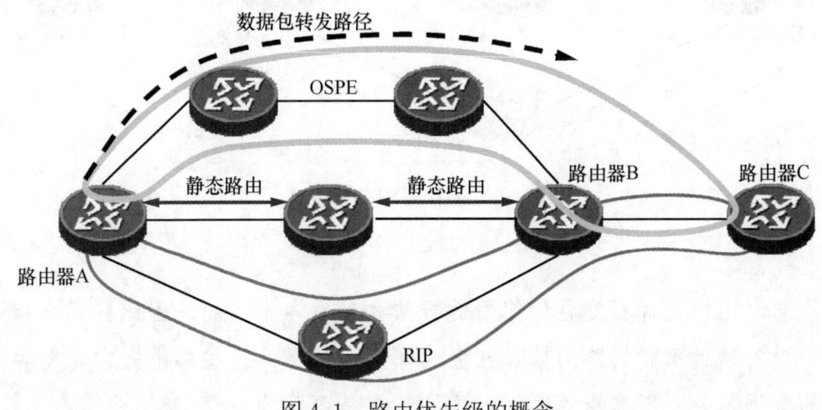

图 4-1　路由优先级的概念

注释：

对于 OSPF 和 RIP，本书后文会有专门的章节分别介绍。

4.1.5 路由度量值

对于同一个动态路由协议，去往某个目的网络的路径也往往不止一条。这时，路由协议就需要在多条可以到达目的网络的路径中进行比较，选出该路由协议认为的最优路径。

不同的导航系统在选择去往某个目的地的路径时，会根据自己的标准选出各自不同的最优路径。比如，有的导航只会比较哪条道路的距离最短、有的导航会在免费路段中选择最短的路径、有的导航则会选择此前网友平均用时最短的路径等。标准不同，选择出来的最佳路径很可能也会有所不同。鉴于每种路由协议都需要解决当网络中拥有多条可行路径时路由器如何选优的问题，因此**每项路由协议都定义了自己计算度量值时使用的参数和算式**，最终让路由设备根据度量值的大小来决定将哪条路由添加到路由表中。**一条路由的度量值越小，代表这种路由协议认为按照这条路由指引的方向，从这里去往目的网络的路径成本越低，因此（在去往同一个目的网络的路由中）度量值最小的路由会被路由设备放入自己的路由表中**。路由设备此后也会根据这条路由来转发数据包。

在图 4-2 中，整个网络都是通过 OSPF 协议来共享路由信息的，对于路由器来说，由于上面的路径去往路由器 B 和路由器 C 之间的网络开销值最小，因此路由器 A 会把上面那条路径添加到路由表中，并参照这条路由判断如何向该网络转发数据包。

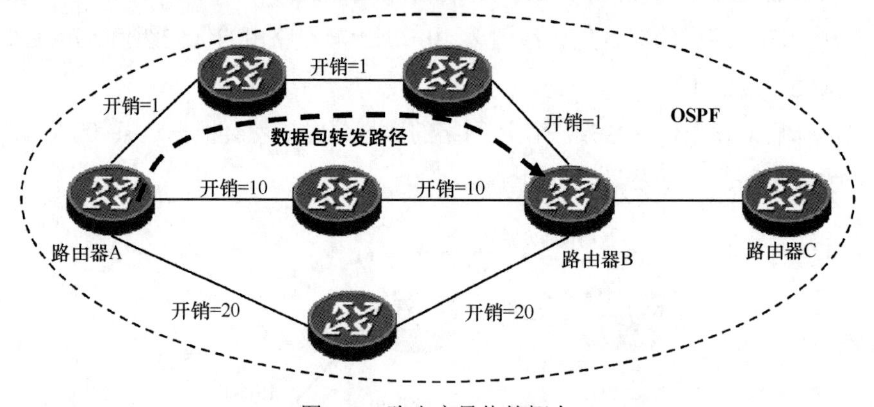

图 4-2 路由度量值的概念

注释：

由于不同路由协议计算度量值使用的方法和参数各不相同，因此在完全相同的网络中，让路由设备通过不同的路由协议相互分享路由信息，这些路由器在转发去往同一个目的网络的数据包时，所选择的路径也很有可能是不同的。

路由协议在计算度量值时，常用的参数包括跳数、带宽、延迟等。例如，RIP 协议是以跳数作为唯一的参数来判断路由优劣的。所谓**跳数**，**是指源网络和目的网络之间间隔的路由设备数量**。当目的网络与这台路由器直连时，由于两者之间没有间隔路由设备，因此跳数为 0；若与目的网络相隔一台路由设备，则跳数为 1，以此类推。在例 4-1 所示的路由表中我们可以看到，显示路由表的这台设备距离 2.2.2.2/32 和 12.0.0.0/24 间隔 1 台路由设备，距离 1.1.1.1/32 则间隔了 2 台路由设备。

有一点需要在这里进行说明，**由于不同路由协议计算度量值采用的算式和参数完全不同，因此在不同路由协议之间比较度量值，就像是在比较两个不同单位的数值，这样做是毫无意义的。如果路由设备通过不同路由协议学习到了同一个网络的路由，那么这台路由设备会比较路由优先级，来选择将通过哪个路由协议学习到的路由放入路由表中。**

4.1.6　直连路由

在本章的前面几小节中，直连路由的概念已经多次出现。直连路由是唯一一种路由器会自动向自己的路由表中添加的路由。这种路由条目指向的目的网络是路由器接口直连的网络，而这台路由器也是数据包在到达该目的网络之前经历的最后一跳路由器。因此，**直连路由的路由优先级和度量值皆为 0**。可以想见，将直连路由的优先级和度量值修改为其他数值极容易导致次优路由甚至路由环路问题，所以**直连路由的路由优先级和度量值都是不可修改的**。

鉴于直连路由既代表这台路由器是数据包在到达目的网络之前的最后一跳，同时也拥有最优的路由优先级，因此路由器就必须保障直连路由的有效性，确保路由器不会把以直连路由网络为目的地址的数据包通过一条实际上无法通信的接口转发出去。这就决定了**路由器只会把状态正常的接口所连接的网络，作为直连路由放入自己的路由表中**。

在本小节中，我们会以图 4-3 所示简单的网络环境，来展示直连路由和相关的路由表。

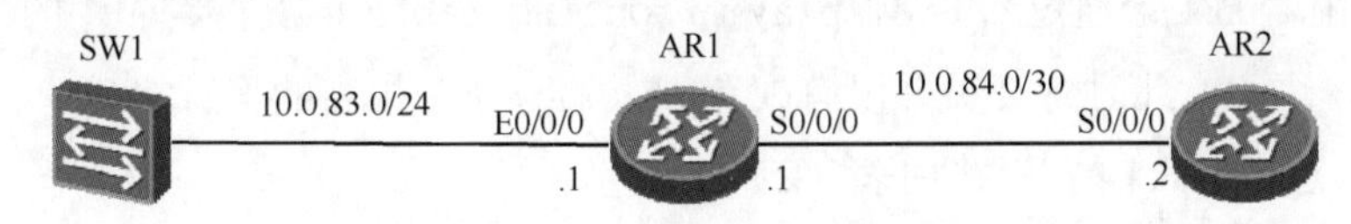

图 4-3　直连路由配置案例

如图 4-3 所示，路由器 AR1 连接了两台设备：通过以太网接口 E0/0/0 连接交换机 SW1，通过串行链路接口 S0/0/0 连接路由器 AR2，整个网络的 IP 地址详见图中所示。我们在这里假设所有设备都刚启动，管理员还没有配置任何信息。

在例 4-2 中，管理员在路由器 AR1 的 E0/0/0 接口上配置了 IP 地址 10.0.83.1/24。

例 4-2　在 AR1 的 Ethernet0/0/0 接口上配置 IP 地址

```
[AR1]interface ethernet 0/0/0
[AR1-Ethernet0/0/0]ip address 10.0.83.1 24
```

接着，管理员在路由器 AR1 上通过命令 **display ip routing-table** 查看了 AR1 的 IP 路由表，详见例 4-3。注意，这时管理员没有配置交换机 SW1 上与 AR1 相连的接口。

例 4-3　查看 AR1 的 IP 路由表（1）

```
[AR1]display ip routing-table
Route Flags: R - relay, D - download to fib
------------------------------------------------------------------------------
Routing Tables: Public
         Destinations : 4        Routes : 4

Destination/Mask    Proto   Pre  Cost      Flags NextHop         Interface

  10.0.83.0/24  Direct  0    0           D   10.0.83.1       Ethernet0/0/0
  10.0.83.1/32  Direct  0    0           D   127.0.0.1       Ethernet0/0/0
  127.0.0.0/8   Direct  0    0           D   127.0.0.1       InLoopBack0
  127.0.0.1/32  Direct  0    0           D   127.0.0.1       InLoopBack0
```

从例 4-3 所示的 IP 路由表可以看出，当管理员为 E0/0/0 接口配置了 IP 地址后，AR1 就将该接口所属的 IP 子网地址以及该接口的 IP 地址都放入了 IP 路由表中。在表示本地接口 IP 地址（/32 位掩码）的路由中，下一跳 IP 地址为 127.0.0.1，这表示该 IP 地址是路由器本地接口上配置的 IP 地址。

接下来管理员为 AR1 的 S0/0/0 接口配置了 IP 地址 10.0.84.1/30，详见例 4-4。

例 4-4　在 AR1 的 Serial0/0/0 接口上配置 IP 地址

```
[AR1]interface serial 0/0/0
[AR1-Serial0/0/0]ip address 10.0.84.1 30
```

AR1 通过串行链路接口与 AR2 相连，华为设备的串行链路接口默认使用 PPP 协议。管理员在路由器 AR1 上通过命令 **display ip routing-table** 再次查看 AR1 的 IP 路由表，详见例 4-5。注意，此时管理员并没有配置 AR2 上与 AR1 相连的串行接口。

例 4-5　查看 AR1 的 IP 路由表（2）

```
[AR1]display ip routing-table
Route Flags: R - relay, D - download to fib
------------------------------------------------------------------------------
Routing Tables: Public
         Destinations : 4        Routes : 4

Destination/Mask    Proto   Pre  Cost      Flags NextHop         Interface

  10.0.83.0/24  Direct  0    0           D   10.0.83.1       Ethernet0/0/0
```

```
  10.0.83.1/32  Direct  0    0          D   127.0.0.1       Ethernet0/0/0
  127.0.0.0/8   Direct  0    0          D   127.0.0.1       InLoopBack0
  127.0.0.1/32  Direct  0    0          D   127.0.0.1       InLoopBack0
```

从例 4-5 所示的 IP 路由表可以看出，AR1 并没有将这条直连路由（10.0.84.0/30）放入路由表中。路由器对于串行链路接口与以太网接口的这种区别对待，是由这些接口各自的工作原理决定的，与此相关的内容超出了本册书的范畴。本节只通过配置案例展示出两者的区别，让读者对于这两种链路类型有大概的认识。

要想让 AR1 将 S0/0/0 接口的直连路由（10.0.84.0/30）放入 IP 路由表中，管理员需要在 AR2 的相应接口上配置 IP 地址，详见例 4-6。

例 4-6　在 AR2 的 Serial0/0/0 接口上配置 IP 地址

```
[AR2]interface s0/0/0
[AR2-Serial0/0/0]ip address 10.0.84.2 30
```

接下来，例 4-7 展示再次查看了 AR1 的 IP 路由表。

例 4-7　查看 AR1 的 IP 路由表（3）

```
[AR1]display ip routing-table
Route Flags: R - relay, D - download to fib
------------------------------------------------------------------------------
Routing Tables: Public
         Destinations : 7        Routes : 7

Destination/Mask    Proto   Pre  Cost      Flags NextHop         Interface


  10.0.83.0/24  Direct  0    0          D   10.0.83.1       Ethernet0/0/0
  10.0.83.1/32  Direct  0    0          D   127.0.0.1       Ethernet0/0/0
  10.0.84.0/30  Direct  0    0          D   10.0.84.1       Serial0/0/0
  10.0.84.1/32  Direct  0    0          D   127.0.0.1       Serial0/0/0
  10.0.84.2/32  Direct  0    0          D   10.0.84.2       Serial0/0/0
  127.0.0.0/8   Direct  0    0          D   127.0.0.1       InLoopBack0
  127.0.0.1/32  Direct  0    0          D   127.0.0.1       InLoopBack0
```

在例 4-7 中，我们用阴影突出标识了 3 条路由，分别为 S0/0/0 接口 IP 地址所属的子网地址、AR1 本地 S0/0/0 接口的 IP 地址，以及 S0/0/0 接口链路对端接口的 IP 地址。从中也可以看到掩码为/32 的本地接口（10.0.84.1/32）路由，其下一跳 IP 地址也表示本地的 127.0.0.1。

注释：

第一位十进制数为 127 的 IPv4 地址为保留地址，这种以 127 开头的 IPv4 称为自环地址，标识的是本地的这台设备。

上述内容证明路由器接口状态正常，是路由器将该接口所连接的网络作为直连路由添加到路由表的前提条件。至于判断接口状态是否正常的标准，则与接口的类型（如以太网接口或串行链路接口）直接相关。

4.2 静态路由

在 4.1 节中我们刚刚介绍过，配置静态路由是路由器获得路由条目的 3 种方式之一。而静态路由是由管理员手动配置在路由器路由表中的路由条目。在这一节中，我们会首先再对静态路由的概念进行简单的回顾，然后介绍静态路由的优点与缺点，最后对静态路由的配置方法进行演示。

4.2.1 静态路由概述

路由器在接收到数据包时，会根据数据包的目的 IP 地址来查询自己的路由表。如有匹配，路由器则会根据最长匹配的路由条目来转发数据包。

然而，路由器与交换机的工作方式存在显著的差异，路由器不会将入站数据包所封装的头部源地址与入站接口之间的映射关系保存到转发表中，作为此后赖以转发数据的表项。在默认情况下，路由器只会将自己（状态正常的）接口所连接的网络作为直连路由填充到路由表中。而对于非直连网络，路由器则默认处于完全无知的状态，因此它们也就不知道如何转发那些去往非直连远端网络的数据包。在这种情况下，如果要让路由器有能力转发去往非直连网络的数据包，就必须由网络管理员或者由其他运行相同路由协议的路由器，来“告诉”这台路由器如何操作。而静态路由就是网络管理员为了指示路由器如何转发去往某个网络的数据包，而手动添加到路由表中的路由条目。

在 4.1 节中我们曾经介绍过，在华为路由器上通过命令 **display ip routing-table** 查看路由器的路由表时，Proto 一列中标记为 Static 的条目即为静态路由条目，**静态路由的默认路由优先级为 60**。与直连路由不同的是，**管理员可以手动调整静态路由的优先级值**。

此外，通过 4.1 节中展示的路由表可以看出，**静态路由的开销值为 0**。如果管理员**配置了两条去往同一网络的静态路由条目，且这两条路由使用了不同的下一跳或者出站接口，那么路由器在默认情况下会同时使用这两条静态路由条目来转发数据包，这也就实现了数据流量的负载分担。管理员可以通过给不同静态路由条目配置不同路由优先级值的方法，使路由器在默认情况下只使用某一条路由来转发数据包。只有当该路由出现故障时，路由器才会使用另一条路由优先级值比较大（也就是次选）的路由来转发流量。所以，我们通过静态路由同样可以实现路由备份的效果。**

在4.5节“浮动静态路由”中，我们会通过实验演示为去往同一目的子网配置多条静态路由的做法。

4.2.2 静态路由的优缺点

一台运行某种路由协议的路由器可以从其他运行相同路由协议的邻居路由器那里学习到远端网络的信息。与这种动态学习路由条目的方式相比，由网络工程师手动配置的静态路由拥有天然的优势和劣势。下面我们分别分析一下使用静态路由相对于部署动态路由协议的优缺点。

1. 静态路由的优点

在一个方面，静态路由与静态MAC地址表条目有相似之处，那就是设备不会自动删除管理员手动添加的条目。反之，路由器通过路由协议动态学习到的条目则会在满足某些条件的情况下被路由器自动删除。因此，**管理员手动配置至路由表中的条目相对于路由器动态学习的条目而言要更加稳定**。

另外，通过动态路由协议学习路由信息是一个被动的过程。换句话说，一台路由器能否通过动态路由协议学习到去往某个网络的路由，并不由这台路由器单方面决定，还取决于这台路由器是否能够与使用相同路由协议的直连设备交互路由信息，以及对方是否会将该路由通告给它。但路由器的路由表中是否有去往某个网络的静态路由则不受制于其他条件，只要管理员手动添加，路由器的路由表中就会出现对应的静态路由，而路由器也会按照这条路由来转发以该网络作为目的地址的数据包。因此，**静态路由比动态路由更加可控**。

除了稳定性和可控性之外，**静态路由也比动态路由更容易部署**。配置去往某个网络的静态路由只需要工程师在华为路由器中添加一条简单的命令就可以实现，并不需要大量额外的配置，也基本不需要调试许多复杂的参数。

2. 静态路由的缺点

在规模越大的网络中，配置静态路由条目越比配置动态路由协议复杂，这是由配置静态路由条目和动态路由协议的不同方式所决定的。如果以实现整个网络全互联为目的，那么配置静态路由要求工程师在所有路由设备上都配置去往全部非直连网络的路由。如果使用动态路由协议，那么工程师需要做的工作则是在每台路由器上通过配置来宣告它们各自直连的子网。显然，在越大型的网络中，各个路由器所直连的子网相比于非直连的子网就会更少，配置和维护动态路由协议对于工程师来说工作量越轻，出错的概率越小，这是静态路由协议不适用于复杂网络环境的主因。总之，在大型网络中，静态路由只能作为动态路由的一种补充，因为**静态路由的扩展性很差**。

此外，静态路由的稳定性在某些环境中也可能是一种缺陷。在绝大部分情况下，路由器自动删除某些动态路由条目有一定的依据，它们会这样做常常代表该路由条目已经失效，路由器已经不应该按照过去的方式向那个网络转发数据包。所以，路由器自动删除动态路由条目常常避免了路由器盲目向已经失效的链路转发数据包并最终导致丢包。而**静态路由无法反映拓扑的变化**。如果工程师不进行手动干预，那么即使静态路由所指的下一跳设备已经无法与这台路由器通信，路由器仍然会按照工程师之前所配置的静态路由，将去往相应网络的数据包转发出去。

4.2.3 静态路由的配置

静态路由的配置虽然简单，但却可以满足比较复杂的需求，比如前文中提到的负载分担及路由备份等，因此学习和掌握静态路由的配置非常重要。下面，我们就从几个案例中分别介绍静态路由的几种应用方法。

前文提到过，静态路由的配置非常简单，向路由器的路由表中添加一条静态路由条目只需要在系统视图下添加一条命令即可，这条命令的句法如下所示。

ip route-static *dest-address* {*mask* | *mask-length*} {*gateway-address* | *interface-type interface-number*} [**preference** *preference-value*]

本小节会以图 4-4 所示拓扑为例来展示静态路由的配置。在图中，路由器 AR1 连接了两个网络，它通过以太网接口 E0/0/0 连接到广播型网络（以太网）192.168.123.0/24，通过串行链路点到点接口连接到链路 10.0.14.0/29。这个案例最终要实现的效果是 AR4 能够与 AR2/AR3 进行通信。

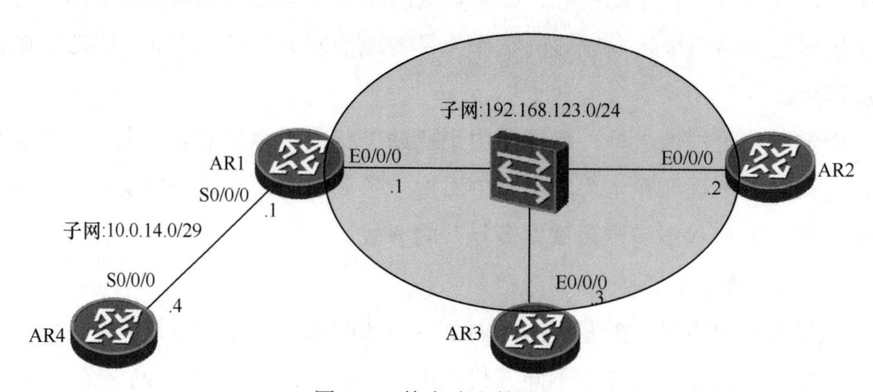

图 4-4　静态路由的配置

例 4-8　AR1 的接口配置

```
[AR1]interface e0/0/0
[AR1-Ethernet0/0/0]ip address 192.168.123.1 255.255.255.0
[AR1-Ethernet0/0/0]quit
[AR1]interface s0/0/0
[AR1-Serial0/0/0]ip address 10.0.14.1 29
```

例 4-8 以 AR1 为例展示了接口 IP 地址的配置。注意，在这个案例中，我们同时使用了子网掩码的两种配置方式，即直接配置点分十进制格式的掩码（255.255.255.0）和配置掩码长度（29）。

例 4-9 集中演示了其他三台路由器的接口配置，即在 AR2 上配置 E0/0/0 接口（192.168.123.2/24），在 AR3 上配置 E0/0/0 接口（192.168.123.3/24），以及在 AR4 上配置 S0/0/0 接口（10.0.14.4/29）。

例 4-9　AR2、AR3 和 AR4 上的接口配置

```
[AR2]interface e0/0/0
[AR2-Ethernet0/0/0]ip address 192.168.123.2 24
```

```
[AR3]interface e0/0/0
[AR3-Ethernet0/0/0]ip address 192.168.123.3 24
```

```
[AR4]interface s0/0/0
[AR4-Serial0/0/0]ip address 10.0.14.4 29
```

在例 4-9 的配置中，管理员在 3 台路由器上分别配置了 3 个 IP 地址，这 3 个 IP 地址都是使用掩码长度的方式进行配置的。AR2 和 AR3 上都只有一个以太网接口连接到子网 192.168.123.0/24 中，AR4 则通过串行链路接口与 AR1 相连。

在讨论静态 IP 路由之前，再对案例中 IP 地址/掩码的规划进行简要说明：为了清晰，案例中所有 IP 地址的最后一位都与路由器编号相同，因此在 AR1 与 AR4 之间的串行链路上，子网掩码最多设置为 29 位。这是因为将 AR1 和 AR4 接口 IP 地址的最后一位十进制数值 1 和 4 转换为二进制分别如下。

- 十进制数值 1：二进制数值 001；
- 十进制数值 4：二进制数值 100。

要想在一个子网中同时包含这两个 IP 地址，主机位至少留出 3 比特，32-3=29。因此这个子网的具体信息如下。

- 网络地址：10.0.14.0；
- 主机地址：10.0.14.1～10.0.14.6；
- 广播地址：10.0.14.7。

之所以在静态路由的章节中再次复习 IP 地址/掩码的计算方式，是因为对于静态路由的配置来说，选择精确的掩码是至关重要的工作，在 4.6 节（静态路由的排错）中，我们还会再次介绍掩码的作用。

提示：

本案例为了方便理解，路由器 AR1 接口 IP 地址的主机位取值为.1，AR4 接口 IP 地址的主机位取值为.4。但就一般的点对点链路而言，最优的地址设计应该使用.1 和.2，这样通过掩码/30 就可以实现主机位预留，从而进一步节省了地址空间。本例的地址方案设计在这条链路上浪费了 4 个主机地址。

回到静态路由的配置案例，通过例 4-8 和例 4-9 的配置，管理员在拓扑中的所有路由器上都完成了接口 IP 地址的配置。现在我们在 AR1 上查看当前的 IP 路由表，如例 4-10 所示。

例 4-10 在 AR1 上查看路由表

```
[AR1]display ip routing-table
Route Flags: R - relay, D - download to fib
------------------------------------------------------------------------------
Routing Tables: Public
         Destinations : 7        Routes : 7

Destination/Mask    Proto   Pre  Cost      Flags NextHop         Interface

  127.0.0.0/8       Direct  0    0           D   127.0.0.1       InLoopBack0
  127.0.0.1/32      Direct  0    0           D   127.0.0.1       InLoopBack0
  10.0.14.0/29      Direct  0    0           D   10.0.14.1       Serial0/0/0
  10.0.14.1/32      Direct  0    0           D   127.0.0.1       Serial0/0/0
  10.0.14.4/32      Direct  0    0           D   10.0.14.4       Serial0/0/0
  192.168.123.0/24  Direct  0    0           D   192.168.123.1   Ethernet0/0/0
  192.168.123.1/32  Direct  0    0           D   127.0.0.1       Ethernet0/0/0
```

在 AR1 上查看 IP 路由表，可以看到当前所有路由条目来源（Proto）都是直连（Direct）。在完成接口配置后，AR1 自动把直连路由放入了路由表中。通过 AR1 的路由表，我们可以对比以太网接口（E0/0/0）和串行接口（S0/0/0）的异同。除了子网路由（用阴影标出的两条掩码分别为/29 和/24 的路由）外，同时被放入路由表的还有本地接口自己的路由条目，也就是各一条子网掩码为/32 的路由：10.0.14.1/32 和 192.168.123.1/32。另外，对于串行接口（本例中为使用 PPP 协议的点到点接口，这也是华为设备上串行接口的默认封装格式），链路对端的 IP 地址也会作为一条直连路由被放入 IP 路由表中，即本例中的 10.0.14.4/32 这条路由。这是因为设备可以通过 PPP 协议自动获得链路对端的 IP 地址，有关 PPP 的具体内容将在本系列教程后续内容中进行介绍。

由于拥有了直连路由，AR1 和 AR4 之间能够通过 10.0.14.0/29 进行通信，AR1、AR2 和 AR3 之间能够通过 192.168.123.0/24 进行通信。但要想让 AR4 能够与 AR2/AR3 进行通信，我们首先需要在 AR4 上配置静态路由，使其知道如何去往子网 192.168.123.0/24，例 4-11 中展示了 AR4 上的静态路由配置。

例 4-11 在 AR4 上配置静态路由

```
[AR4]ip route-static 192.168.123.0 24 Serial 0/0/0
```

本章的前文中曾经介绍过：在配置静态路由的子网掩码时，可以配置点分十进制格式的掩码，也可以配置掩码长度。在例 4-11 中，我们使用了掩码长度（24）进行配置。

此外，在配置静态路由的下一跳时，对于点到点串行链路，我们既可以使用下一跳 IP 地址，也可以使用出站接口，还可以同时配置下一跳 IP 地址和出站接口。本例中使用了配置出站接口（S0/0/0）的方法。综上所述，除了例 4-11 中使用的命令参数组合外，管理员还可以使用以下 3 种命令参数组合来配置这条静态路由。

- ip route-static 192.168.123.0 **255.255.255.0** Serial 0/0/0；
- ip route-static 192.168.123.0 24 **10.0.14.1**；
- ip route-static 192.168.123.0 24 **Serial 0/0/0 10.0.14.1**。

管理员对于掩码的配置方式可以根据喜好任意选择，选择哪种配置方法都不会对路由器的后续转发行为构成影响。但下一跳参数的选择在有些情况中会为路由器的转发行为带来问题，在此我们仅做一点提示，具体内容后文中会进行详细介绍。

在 AR4 上配置好去往子网 192.168.123.0/24 的静态路由后，AR4 上的 IP 路由表如例 4-12 所示。

例 4-12 在 AR4 上查看 IP 路由表

```
[AR4]display ip routing-table
Route Flags: R - relay, D - download to fib
------------------------------------------------------------------------------
Routing Tables: Public
         Destinations : 6        Routes : 6

Destination/Mask    Proto   Pre  Cost      Flags NextHop         Interface


127.0.0.0/8    Direct       0    0          D    127.0.0.1       InLoopBack0
127.0.0.1/32   Direct       0    0          D    127.0.0.1       InLoopBack0
10.0.14.0/29   Direct       0    0          D    10.0.14.4       Serial0/0/0
10.0.14.1/32   Direct       0    0          D    10.0.14.1       Serial0/0/0
10.0.14.4/32   Direct       0    0          D    127.0.0.1       Serial0/0/0
192.168.123.0/24  Static    60   0          D    10.0.14.4       Serial0/0/0
```

从 AR4 的 IP 路由表中我们可以看到，阴影部分显示的新增路由（192.168.123.0/24）是通过静态配置的方式添加到路由表中的，因为这条路由在 Proto 一列显示的是 Static（静态），这表示这是一条静态路由。该路由条目的 Pre（路由优先级）为 60，这也是静态路由的默认优先级。关于优先级在静态路由中的作用，我们会在 4.5 节“浮动静态路由”中进行详细说明。

在例 4-12 所示的静态路由配置命令中，管理员使用了出站接口（S0/0/0）作为下一跳参数，因此这条静态路由中 Interface（出站接口）为管理员手动配置的 S0/0/0 接口，NextHop（下一跳）为出站接口 S0/0/0 的 IP 地址。若管理员在配置静态路由时选择使用下一跳 IP 地址作为下一跳参数，那么这条静态路由在路由表中的显示会与现在有所不同，具体区别将通过后文的案例详细展示。

至此我们完成了路由器 AR4 上的全部配置，AR4 上有了直连路由，也有了去往远端子网（192.168.123.0/24）的静态路由，现在我们来看从 AR4 上 ping 这个远端子网的效果，详见例 4-13。

例 4-13　在 AR4 上向子网 192.168.123.0/24（AR2）发起 ping 测试

```
[AR4]ping 192.168.123.2
  PING 192.168.123.2: 56  data bytes, press CTRL_C to break
    Request time out
    Request time out
    Request time out
    Request time out
    Request time out

  --- 192.168.123.2 ping statistics ---
    5 packet(s) transmitted
    0 packet(s) received
    100.00% packet loss
```

当 AR4 的 IP 路由表获得了去往子网 192.168.123.0/24 的路由后，是否意味着 AR4 已经能够与这个子网中的设备进行通信呢？答案是不一定。从例 4-13 的测试结果也可以看出，AR4 仍然无法 ping 通 AR2，原因是 AR2 上还没有返回子网 10.0.14.0/29 的路由。这就是说，虽然 AR2 能够接收到 AR4 发来的 ping 消息，但因为 AR2 上没有对应的返程路由条目，因此 AR2 还是无法发送响应数据包。不过，如果此时我们在 AR4 上 ping 192.168.123.1（AR1 的接口），结果是能够 ping 通的，这是因为 10.0.14.0/29 子网对 AR1 来说是直连子网，所以 AR1 的 IP 路由表中有直连路由可以支持 AR1 发回数据包。例 4-14 中展示了 AR4 向 AR1 和 AR3 以太网接口 IP 地址发起 ping 测试的结果。

例 4-14　在 AR4 上向子网 192.168.123.0/24（AR1 和 AR3）发起 ping 测试

```
[AR4]ping 192.168.123.1
  PING 192.168.123.1: 56  data bytes, press CTRL_C to break
    Reply from 192.168.123.1: bytes=56 Sequence=1 ttl=254 time=70 ms
    Reply from 192.168.123.1: bytes=56 Sequence=2 ttl=254 time=80 ms
    Reply from 192.168.123.1: bytes=56 Sequence=3 ttl=254 time=110 ms
    Reply from 192.168.123.1: bytes=56 Sequence=4 ttl=254 time=90 ms
    Reply from 192.168.123.1: bytes=56 Sequence=5 ttl=254 time=60 ms

  --- 192.168.123.1 ping statistics ---
    5 packet(s) transmitted
    5 packet(s) received
    0.00% packet loss
```

```
    round-trip min/avg/max = 60/82/110 ms

[AR4]ping 192.168.123.3
  PING 192.168.123.3: 56  data bytes, press CTRL_C to break
    Request time out
    Request time out
    Request time out
    Request time out
    Request time out

  --- 192.168.123.3 ping statistics ---
    5 packet(s) transmitted
    0 packet(s) received
    100.00% packet loss
```

从例 4-14 的测试结果中我们可以看出，AR4 上配置的静态路由在一定程度上实现了其与子网 192.168.123.0/24 之间的通信：AR4 现在能够 ping 通 AR1 的 E0/0/0 接口。为了实现 AR4 与 AR2/AR3 之间的通信，管理员还需要在 AR2/AR3 上配置去往子网 10.0.14.0/29 的路由。AR2 和 AR3 都是通过以太网接口连接入子网 192.168.123.0/24 的，我们接下来分别在 AR2 和 AR3 上使用不同的静态路由参数，来展示静态路由的配置，并对比两种配置方法生成的路由有什么区别。

路由器 AR2 和 AR3 上的静态路由配置详见例 4-15。

例 4-15　在 AR2 和 AR3 上配置静态路由

```
[AR2]ip route-static 10.0.14.0 29 192.168.123.1
```

```
[AR3]ip route-static 10.0.14.0 29 ethernet 0/0/0 192.168.123.1
```

在 AR2 的配置中，我们使用了 IP 地址作为下一跳参数。在 AR3 的配置中，我们则同时使用了出站接口和 IP 地址作为下一跳参数。读者在这里要注意区分在配置下一跳参数时，使用下一跳 IP 地址和使用出站接口在取值方面的区别。

- 使用 IP 地址参数时要配置的是**对端设备**的接口 IP 地址（正如本例的两条命令中使用的都是 AR1 接口 E0/0/0 的 IP 地址 192.168.123.1）；
- 使用出站接口参数时则要配置**本地设备**的接口（比如本例在 AR3 上配置静态路由时，使用了 AR3 的本地接口 E0/0/0）。

对于 AR2/AR3 连接的这种广播型以太网链路，华为要求在配置静态路由时，下一跳参数中必须包含 IP 地址信息，而不能只使用出站接口作为下一跳参数。这是因为在广播型网络中，仅仅指定出接口是没有意义的，路由设备需要知道确切的下一跳接收设备，才会做出有效的路由转发。所以，在这种环境中，指定下一跳 IP 地址就成了唯一合理的做法。

在 AR2/AR3 上用不同参数配置了静态路由后，我们来通过例 4-16 观察 AR2/AR3 的 IP 路由表。

例 4-16　在 AR2/AR3 上查看 IP 路由表

```
[AR2]display ip routing-table
Route Flags: R - relay, D - download to fib
------------------------------------------------------------------------------
Routing Tables: Public
         Destinations : 5        Routes : 5

Destination/Mask    Proto   Pre  Cost      Flags NextHop         Interface

      127.0.0.0/8   Direct  0    0           D   127.0.0.1       InLoopBack0
      127.0.0.1/32  Direct  0    0           D   127.0.0.1       InLoopBack0
      10.0.14.0/29  Static  60   0           RD  192.168.123.1   Ethernet0/0/0
  192.168.123.0/24  Direct  0    0           D   192.168.123.2   Ethernet0/0/0
  192.168.123.2/32  Direct  0    0           D   127.0.0.1       Ethernet0/0/0
```

```
[AR3]display ip routing-table
Route Flags: R - relay, D - download to fib
------------------------------------------------------------------------------
Routing Tables: Public
         Destinations : 5        Routes : 5

Destination/Mask    Proto   Pre  Cost      Flags NextHop         Interface

      127.0.0.0/8   Direct  0    0           D   127.0.0.1       InLoopBack0
      127.0.0.1/32  Direct  0    0           D   127.0.0.1       InLoopBack0
      10.0.14.0/29  Static  60   0           D   192.168.123.1   Ethernet0/0/0
  192.168.123.0/24  Direct  0    0           D   192.168.123.3   Ethernet0/0/0
  192.168.123.3/32  Direct  0    0           D   127.0.0.1       Ethernet0/0/0
```

例 4-16 所示的 IP 路由表中阴影部分所示的静态路由条目对比如下。

- AR2：10.0.14.0/29　Static　60　0　RD　192.168.123.1　Ethernet0/0/0；
- AR3：10.0.14.0/29　Static　60　0　D　192.168.123.1　Ethernet0/0/0。

回想在静态路由的配置命令中，AR2 使用了下一跳 IP 地址，AR3 则同时使用了下一跳 IP 地址和出站接口。可以看出作为静态路由的这两条路由优先级默认都是 60，而其路由标记（Flags）不同。除了表示路由已被放入路由转发表的 D 标记外，在 R2 上只使用 IP 地址作为下一跳参数配置的静态路由中，多了一个路由标记 R，这表示该路由是一条迭代路由。也就是说，路由器在将路由放入 IP 路由表前，会先根据管理员在静态路由命令中配置的下一跳 IP 地址，自动判断出转发数据包的出站接口（本例中 AR2 判断出站接口应为 E0/0/0），然后再为这条路由添加出站接口信息。而 AR3 上由于管理员直接在静态路由的配置命令中指定了出站接口，因此当路由器将这条路由放入路由表中时，会直接使用管理员指定的出站接口，无需进行迭代计算。例 4-17 介绍了再次从 AR4 向 AR2 发起 ping 测试的过程。

例 4-17 再次在 AR4 上向子网 192.168.123.0/24（AR2）发起 ping 测试

```
[AR4]ping 192.168.123.2
  PING 192.168.123.2: 56  data bytes, press CTRL_C to break
    Reply from 192.168.123.2: bytes=56 Sequence=1 ttl=254 time=80 ms
    Reply from 192.168.123.2: bytes=56 Sequence=2 ttl=254 time=80 ms
    Reply from 192.168.123.2: bytes=56 Sequence=3 ttl=254 time=110 ms
    Reply from 192.168.123.2: bytes=56 Sequence=4 ttl=254 time=80 ms
    Reply from 192.168.123.2: bytes=56 Sequence=5 ttl=254 time=60 ms


  --- 192.168.123.2 ping statistics ---
    5 packet(s) transmitted
    5 packet(s) received
    0.00% packet loss
    round-trip min/avg/max = 60/82/110 ms
```

通过例 4-17 中的命令输出信息可以看出，现在 AR4 已经能够 ping 通 AR2 了。这是因为通过例 4-15 中的配置，AR2 上当前已经拥有了能够正常向 AR4 发回数据包的静态路由条目。

至此静态路由的基本配置也就完成了。在这一节的最后，我们需要强调两个配置要点。

- **配置静态路由时不要忘记回程路由的配置；**
- **在以太网链路上配置静态路由时，下一跳参数中必须包含 IP 地址。而在点到点串行链路上配置静态路由时，可以只使用 IP 地址，也可以只使用出接口作为下一跳参数。**

本节通过一个较为复杂的案例展示了以太网接口和串行链路接口的静态路由配置方法和建议。在 4.3 节中，我们会介绍一种比较特殊的静态路由。

4.3 默认路由

前文介绍过，当路由器尝试转发数据包时，会在 IP 路由表中查询数据包的目的 IP 地址，如果 IP 路由表中没有与之匹配的条目，路由器就会丢弃这个数据包。然而，如果按照这种逻辑进行推演，似乎可以得出这样一个结论：路由器只能转发目的网络已知（保存在自己路由表中）的数据包，至于目的网络未知的数据包，路由器只能选择丢弃。

如果这样的结论成立，那么当企业中的用户有上网需求（比如需要访问华为首页查看设备信息），而企业路由器又不知道这些服务器的 IP 地址（比如华为公司网页服务器的 IP 地址），那么它们就只能丢弃数据包，而这显然会导致企业用户无法访问重要的资源。

在本节中，我们需要讨论的就是一种可以解决这类问题的特殊路由。

4.3.1 默认路由概述

在本系列教程《网络基础》第 5 章中，我们曾经提到了路由器在依据数据包目的 IP 地址转发数据包时，会采用**“最长匹配”原则，即当多条路由均匹配数据包的目的 IP 地址时，路由器会按照掩码最长的、也就是最精确的那条路由来转发这个数据包**。

显然，一台路由器极难在自己的路由表中罗列去往所有网络的路由。我们在这一节的开篇就曾经提到，如果路由器会因为路由表中没有数据包目的地址的匹配项就丢弃数据包，那么大量去往路由器未知网络的数据包都会在转发过程中遭到丢弃，这会对网络用户的正常访问操作造成严重的影响。为了避免这种情况，管理员常常会配置一条掩码长度为 0 的全 0 位静态路由。这样一来，依据 IP 地址/掩码的最长匹配原则，一条全 0 路由可以匹配以任何 IP 地址作为目的地址的数据包，这就可以保证任何数据包都不会因为找不到匹配的路由条目而被丢弃；同时，鉴于这是一条掩码长度为 0 的最不精确路由，因此只要路由器上还有任何一条其他的路由也可以匹配这个数据包的目的 IP 地址，那么那条路由就一定比这条全 0 路由更加精确，于是路由器也就会用更加精确的路由条目来转发数据包。这种给那些将路由器未知网络作为目的地的数据包“保底”的全 0 静态路由称为静态默认路由。

静态默认路由也是静态路由的一种，因此配置静态默认路由的命令和配置其他静态路由的方式别无二致。此外，静态默认路由在路由表中也会显示为“Static”。

4.3.2 默认路由的应用环境与配置

根据 4.3.1 小节的叙述，读者应该可以想到，静态默认路由在网络中的使用是极为广泛的。其中比较常见的一种应用方法是，在企业网络的网关路由器上，管理员用一条默认路由指向运营商网络，以这种方式让网关路由器将所有从企业网去往互联网的流量都路由给运营商路由器，如图 4-5 所示。

在这一小节中，我们会以图 4-5 所示环境为例，对静态默认路由的配置方法进行介绍。

图 4-5 所示环境中，企业路由器作为连接运营商的设备，管理员需要在这台设备上配置默认路由，将下一跳指向运营商路由器，例 4-18 中展示了企业路由器上的静态默认路由配置。

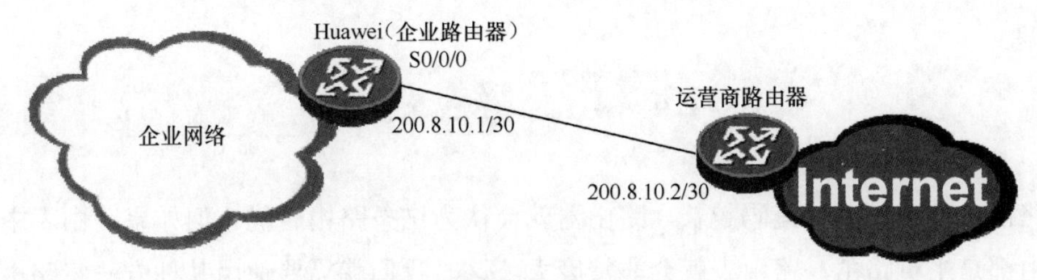

图 4-5　静态默认路由配置案例

例 4-18　在企业路由器上配置静态默认路由

```
[Huawei]interface s0/0/0
[Huawei-Serial0/0/0]ip address 200.8.10.1 30
[Huawei-Serial0/0/0]quit
[Huawei]ip route-static 0.0.0.0 0.0.0.0 200.8.10.2
```

配置静态默认路由使用的命令与配置一般的静态路由相同，目的 IP 地址和掩码同样有两种配置方式：0.0.0.0 0.0.0.0 和 0.0.0.0 0。目的 IP 地址为全零，掩码也为全零，这样的组合表示匹配所有 IP 地址。这一点我们已经在 4.3.1 小节中提前进行了说明。

例 4-19 所示为企业路由器（Huawei）上的 IP 路由表。

例 4-19　查看企业路由器（Huawei）的 IP 路由表

```
[Huawei]display ip routing-table
Route Flags: R - relay, D - download to fib
------------------------------------------------------------------------------
Routing Tables: Public
        Destinations : 6          Routes : 6

Destination/Mask    Proto   Pre  Cost      Flags NextHop         Interface


      0.0.0.0/0   Static  60   0           RD   200.8.10.2      Serial0/0/0
    127.0.0.0/8   Direct  0    0            D   127.0.0.1       InLoopBack0
    127.0.0.1/32  Direct  0    0            D   127.0.0.1       InLoopBack0
  200.8.10.0/30 Direct  0    0            D   200.8.10.1      Serial0/0/0
  200.8.10.1/32 Direct  0    0            D   127.0.0.1       Serial0/0/0
  200.8.10.2/32 Direct  0    0            D   200.8.10.2      Serial0/0/0
```

从例 4-19 的命令输出内容中，我们可以看到这条用阴影标识的默认路由来源为静态（Static），优先级为默认的 60，下一跳是我们刚刚手动配置的对端设备 IP 地址（200.8.10.2），通过迭代查找，本地出站接口是 S0/0/0。

我们在 4.2 节的最后曾经强调过，在配置路由时，要在需要通信的双方间进行配置，不要忘记配置回程路由。但在配置默认路由时，管理员不能让相邻的两端路由器向对端互指默认路由，否则这条链路上就会形成环路。

4.4 汇总静态路由

路由条目越精确、掩码越长，路由器就会认为这条路由越优。但如果路由表中记录的路由都是主机路由，路由表就会非常庞大。这时我们就需要使用某种方法将路由进行一定的汇总，这样做既能够缩小路由表的大小，又能够提高路由器的查询效率。

在这一节中，我们会介绍有关路由汇总的知识，包括如何计算汇总路由，以及哪些情况不宜使用汇总路由。

4.4.1 VLSM 与 CIDR 的复习

在介绍汇总路由之前，我们有必要首先回顾一下《网络基础》第 6 章中介绍过的 VLSM（6.2.2 可变长子网掩码）和 CIDR（6.2.3 无类域间路由）两种技术。我们会在这一小节中将 IP 地址的历史分为以下 3 个阶段进行对比介绍。

- **阶段一**：固定网络位和主机位阶段。
- **阶段二**：有类编址方式阶段。
- **阶段三**：无类编址方式阶段。

阶段一　固定网络位和主机位阶段

在 IP 协议设计之初，IP 地址也和其他同类网络层协议定义（如 IPX 和 AppleTalk）的地址一样，采用了固定网络位和主机位位数的做法。在最原始的 32 位 IP 地址定义中，前 8 位固定为网络位、后 24 位固定为主机位。即在 1981 年之前，所有 IP 地址都是 8 位掩码的。

阶段二　有类编址方式阶段

所有 IP 地址都以前 8 位作为网络位，这意味着 32 位的 IP 地址只能用来编址 256 个网络，而这 256 个网络每个都能部署超过 1600 万台主机，这种编址方式无疑对 IP 地址资源造成了极大的浪费。为了调和大规模网络中需要部署大量主机的需求，以及适应网络在全球范围内部署越来越广泛的趋势，有类编址方案在 1981 年被设计使用。如果不考虑特殊地址区间和组播地址区间，那么这种有类编址方案可以概括为以下 3 类。

- 0.0.0.0～127.255.255.255 之间的地址为 A 类地址。A 类地址前 8 位为网络位，后 24 位为主机位；
- 128.0.0.0～191.255.255.255 之间的地址为 B 类地址。B 类地址前 16 位为网络位，后 16 位为主机位；
- 192.0.0.0～223.255.255.255 之间的地址为 C 类地址。C 类地址前 24 位为网络位，后 8 位为主机位。

阶段三　无类编址方式阶段

随着网络在世界范围内的广泛部署，有类编址方式也同样无法满足地址扩展的需求。于是，一种在一个有类网络中通过子网掩码划分多个子网的技术首先被定义，这种技术称为可变长子网掩码（VLSM）。

通过 VLSM，A、B、C 类地址都可以在原有基础上进一步划分子网。例如，某所高校申请到一个 B 类网段 183.0.0.0。这所高校有教职员工 60000 人，其中计算机学院、机电学院和建筑学院的教职工数量皆为 15000 人～16000 人，而数理学院、人文学院、经管学院和外语学院的教职工数量皆为 3500 人～4000 人。那么，我们就可以给计算机学院、机电学院和建筑学院各分配一个 18 位掩码的地址，因为 14 位主机位的网络可以分配的地址有 2^{14}-2=16382 个；同时给数理学院、人文学院、经管学院和外语学院各分配一个 20 位掩码的地址，因为 12 位主机位的网络可以分配的地址有 2^{12}-2=4094 个，具体分配方式请读者参照《网络基础》中可变长子网掩码一小节（6.2.2）中高校子网地址分配的案例进行规划。

到了 1993 年，人们在 VLSM 的基础上开发出了一种彻底打破地址分类方式的无类编址方法，这种技术称为无类域间路由（CIDR）。**CIDR 支持使用任意长度的前缀地址来分配地址，以及对数据包进行路由**。这也就是说，由于 CIDR 打破了类的限制，因此地址分配机构也可以根据实际地址需求，摒弃给用户分配多个小地址块的做法，而代之以分配掩码长度更短的超网地址。例如，对于某个需要 1000 个 IP 地址的用户，地址分配机构过去会为其分配 4 个 C 类地址（如 198.48.8.0、198.48.9.0、198.48.10.0 和 198.48.11.0）。由于 CIDR 的出现，地址分配机构现在可以直接为其分配一个超网地址（192.48.8.0/22）来满足用户的地址需求。另外， CIDR 问世后，路由设备也有机会按照任意长度掩码的路由条目来匹配和转发数据包。由此，地址机构分配的超网也有机会以一条超网路由条目，而不是多条有类路由条目的形式出现在路由设备的路由表中。由此，网络汇总减小了路由条目的数量，降低了路由设备资源的消耗，提高了网络基础设施的转发效率，突出了 IP 地址作为逻辑地址的可汇总优势。

在这一小节中，我们回顾了 VLSM 和 CIDR 这两项技术。从下一小节开始，我们会对静态路由的汇总方法进行介绍。而在本书第 6 章与动态路由汇总有关的小节（6.4.2 和 6.4.3）中，我们还会进一步解释 CIDR、路由协议与路由汇总三者之间的关系。

4.4.2　子网与汇总

在 4.4.1 小节的最后，我们强调过网络汇总的优势。在这一小节中，我们将通过与现实生活中寻址的例子进行简单的类比，帮助读者理解汇总给网络带来的好处。

目前，如果不考虑乘坐飞机旅行，人们往返欧洲和北美大陆可选择的交通工具很少，（如果不考虑航次不定的货轮和邮轮，）只有玛丽女王贰号（Queen Mary II）还在英国的南安普顿港和美国的纽约港之间定期执行客运航次。

于是，当人们希望（以不乘坐飞机的出行方式）从欧洲前往北美，或许可以参考图 4-6 所示的“伪路由表”来了解去往北美大陆各个城市的路线。

Destination/Mask	Proto	Pre	Cost	Flags	NextHop	Interface
波士顿	Static	60	0	D	纽约	南安普顿
多伦多	Static	60	0	D	纽约	南安普顿
费城	Static	60	0	D	纽约	南安普顿
华盛顿	Static	60	0	D	纽约	南安普顿
旧金山	Static	60	0	D	纽约	南安普顿
洛杉矶	Static	60	0	D	纽约	南安普顿
迈阿密	Static	60	0	D	纽约	南安普顿
纽约	Direct	0	0	D	纽约	南安普顿
墨西哥城	Static	60	0	D	纽约	南安普顿
温哥华	Static	60	0	D	纽约	南安普顿
……						
芝加哥	Static	60	0	D	纽约	南安普顿

图 4-6 从欧洲前往北美大陆各城市的方式（模仿华为路由表展示方式）

按照上面这样的“伪路由表”来查询从欧洲前往北美的路线，查询者必须根据自己准备前往的城市，一一查看路由表中数不胜数的条目，才能最终判断出自己应该如何前往该地。可是实际上，有一种更简单的方式如图 4-7 所示。

Destination/Mask	Proto	Pre	Cost	Flags	NextHop	Interface
北美大陆	Static	60	0	D	纽约	南安普顿

图 4-7 从欧洲前往北美大陆各城市的汇总方式（模仿华为路由表展示方式）

将上述两种方式相比较，我们可以明显看到通过汇总，“伪路由表”中的条目得以大幅减少。同时，由于“伪路由表”中的条目数量比明细路由少得多，因此大家每次查表的时间也可以显著缩短。由此可以看出，一个数据表中拥有太多条目，会对效率构成影响。因此也证明了本章一开始提到的概念：可汇总是逻辑地址有能力提供大范围寻址的基础。

路由汇总是本节的重点。在 4.4.3 和 4.4.4 两小节中，我们会分别演示汇总静态路由的实现方法及如何计算汇总路由。

4.4.3 静态路由汇总的配置

在 4.4.2 小节中，我们对路由汇总的概念和优势进行了概述。这一小节，我们会以图 4-8 所示环境为例，介绍在华为路由器上配置汇总静态路由的方法。

本例要在 AR1 上实施一条静态路由，使 AR1 能够与右侧的 4 个子网进行通信。为了介绍静态路由汇总的配置方法，我们首先简单介绍一下这 4 个子网地址如何汇总，本节的最后一个小节 4.4.4“汇总静态路由的计算与设计”中将再次进行具体说明。

- 10.8.80.0：10.8.01010000.0
- 10.8.81.0：10.8.01010001.0
- 10.8.82.0：10.8.01010010.0
- 10.8.83.0：10.8.01010011.0

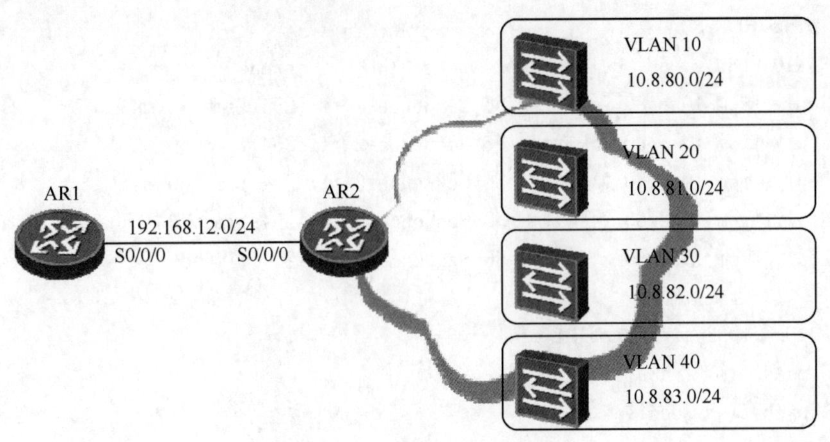

图 4-8　静态路由汇总的案例

在将这 4 个子网地址的第 3 个十进制位（也就是有区别的十进制位）转换成二进制之后我们就会发现，它们只有最后两位二进制数值有区别，因此这 4 个子网地址可以汇总为一个子网：10.8.80.0/22。计算出汇总子网后，静态汇总路由的配置与静态路由相同，详见例 4-20。

例 4-20　在 AR1 上配置静态汇总路由

```
[AR1]ip route-static 10.8.80.0 22 192.168.12.2
```

在配置了汇总路由后，我们通过例 4-21 查看 AR1 的 IP 路由表。

例 4-21　在 AR1 上查看 IP 路由表

```
[AR1]display ip routing-table
Route Flags: R - relay, D - download to fib
------------------------------------------------------------------------------
Routing Tables: Public
         Destinations : 6        Routes : 6

Destination/Mask    Proto   Pre  Cost      Flags NextHop         Interface

      10.8.80.0/22  Static  60   0           RD   192.168.12.2    Serial0/0/0
      127.0.0.0/8   Direct  0    0           D    127.0.0.1       InLoopBack0
      127.0.0.1/32  Direct  0    0           D    127.0.0.1       InLoopBack0
   192.168.12.0/24  Direct  0    0           D    192.168.12.1    Serial0/0/0
   192.168.12.1/32  Direct  0    0           D    127.0.0.1       Serial0/0/0
   192.168.12.2/32  Direct  0    0           D    192.168.12.2    Serial0/0/0
```

AR1 的 IP 路由表中已放入这条静态汇总路由，掩码为/22，路由优先级为默认的 60，由于管理员在配置时只使用了下一跳 IP 地址，因此路由器经过迭代查找，将出站接口定为 S0/0/0 接口。例 4-22 所示为汇总路由的配置效果测试。

例 4-22 测试汇总路由的配置效果

```
[AR1]ping 10.8.80.2
  PING 10.8.80.2: 56  data bytes, press CTRL_C to break
    Reply from 10.8.80.2: bytes=56 Sequence=1 ttl=254 time=80 ms
    Reply from 10.8.80.2: bytes=56 Sequence=2 ttl=254 time=60 ms
    Reply from 10.8.80.2: bytes=56 Sequence=3 ttl=254 time=60 ms
    Reply from 10.8.80.2: bytes=56 Sequence=4 ttl=254 time=220 ms
    Reply from 10.8.80.2: bytes=56 Sequence=5 ttl=254 time=60 ms

  --- 10.8.80.2 ping statistics ---
    5 packet(s) transmitted
    5 packet(s) received
    0.00% packet loss
    round-trip min/avg/max = 60/96/220 ms

[AR1]ping 10.8.83.2
  PING 10.8.83.2: 56  data bytes, press CTRL_C to break
    Reply from 10.8.83.2: bytes=56 Sequence=1 ttl=254 time=140 ms
    Reply from 10.8.83.2: bytes=56 Sequence=2 ttl=254 time=60 ms
    Reply from 10.8.83.2: bytes=56 Sequence=3 ttl=254 time=70 ms
    Reply from 10.8.83.2: bytes=56 Sequence=4 ttl=254 time=60 ms
    Reply from 10.8.83.2: bytes=56 Sequence=5 ttl=254 time=30 ms

  --- 10.8.83.2 ping statistics ---
    5 packet(s) transmitted
    5 packet(s) received
    0.00% packet loss
    round-trip min/avg/max = 30/72/140 ms
```

在上面的案例中，我们尝试了从 AR1 向 VLAN 10 和 VLAN 40 发起 ping 测试，所有测试的结果全部成功。

在实施静态汇总路由时，要注意汇总的范围，不宜大也不宜小。这要求管理员在进行网络地址规划时就考虑周全。关于这一点，我们会在下文中分情况讨论。

4.4.4 汇总静态路由的计算与设计

在 4.4.3 小节中，我们已经演示了汇总路由的计算方式。在这一小节中，我们会对计算汇总路由的方式进行归纳、总结和推演。

1. 计算汇总路由的类比

我们仍以实际案例进行类比。表 4-2 是从俄罗斯首都莫斯科始发的（部分）国际列车。在表中，我们列出了去往不同城市的列车分别是从莫斯科的哪个火车站出发的。

注释：

表 4-2 中的信息由笔者于 2016 年 8 月自俄罗斯铁路公司（英文）官网总结所得，俄罗斯铁路公司英文网址为：http://pass.rzd.ru/main-pass/public/en。

表 4-2　莫斯科部分国际列车的始发站

目的地		始发站
国家	城市	
乌克兰	基辅市	莫斯科基辅火车站（Kiyevsky Railway Station）
乌克兰	文尼察市	莫斯科基辅火车站（Kiyevsky Railway Station）
乌克兰	敖德萨市	莫斯科基辅火车站（Kiyevsky Railway Station）
白俄罗斯	明斯克市	莫斯科白俄罗斯火车站（Belorussky Station）
白俄罗斯	巴拉诺维奇市	莫斯科白俄罗斯火车站（Belorussky Station）
白俄罗斯	布列斯特市	莫斯科白俄罗斯火车站（Belorussky Station）
拉脱维亚	济卢佩市	莫斯科里加火车站（Rizhskaya Station）
拉脱维亚	克鲁斯特皮尔斯市	莫斯科里加火车站（Rizhskaya Station）
拉脱维亚	里加市	莫斯科里加火车站（Rizhskaya Station）
中国	满洲里市	莫斯科雅罗斯拉夫尔火车站（Yaroslavskiy Railway Station）
中国	沈阳市	莫斯科雅罗斯拉夫尔火车站（Yaroslavskiy Railway Station）
中国	北京市	莫斯科雅罗斯拉夫尔火车站（Yaroslavskiy Railway Station）

如果我们把目的地国家看作是目的网络，把列车出发的莫斯科火车站看作出站接口，把上面这张表格视为路由表，那么大多数人都可以非常轻松地将表 4-2 汇总为表 4-3。

表 4-3　莫斯科部分国际列车的始发站（汇总）

目的地	始发站
乌克兰	莫斯科基辅火车站（Kiyevsky Railway Station）
白俄罗斯	莫斯科白俄罗斯火车站（Belorussky Station）
拉脱维亚	莫斯科里加火车站（Rizhskaya Station）
中国	莫斯科雅罗斯拉夫尔火车站（Yaroslavskiy Railway Station）

通过上面的例子可以看出，**汇总的本质是提炼同类项的操作**，而路由汇总，就是把多条目的地近似（比如都是去往某个国家的列车），转发路径相同（都是从某个火车站发车）的路由，按照从概括到具体（从国家到城市）的地址层级，提炼出共同之处，将这些共同之处保留下来，并忽略后面的不同之处。

对比现实生活中的案例和 4.4.3 小节中我们对网络 10.8.80.0 计算汇总路由的过程不难发现，正是按照上面的逻辑，我们才能把从莫斯科雅罗斯拉夫尔火车站发车，去往中国满洲里市、中国沈阳市和中国北京市的火车，提炼成去往中国的火车皆发自雅罗斯拉夫尔火车站发车这一条路由。也正是按照上面的逻辑，我们才能在 4.4.3 小节中把以 192.168.12.2 作为下一跳路由器，目的地址为 10.8.80.0/24、10.8.81.0/24、10.8.82.0/24、10.8.83.0/24 的路由，提炼为去往 10.8.80.0/22、下一跳为 192.168.12.2 的这一条路由。

为了便于读者操作，下面我们来对汇总路由的计算方法进行详细说明。

2. 计算汇总路由的流程

既然汇总是提炼同类项的操作，在汇总 IP 路由时，我们也应该采用汇总国际列车目的地的逻辑。具体的方法如下。

第 1 步 从左至右观察所有要汇总的 IPv4 地址，把第 1 个不同的十进制数转化为二进制数；

第 2 步 从左至右观察转化后的二进制数，从第 1 个出现不同的二进制数开始，将后面所有二进制数修改为 0（包括第 1 个不同的二进制数）；

第 3 步 将修改后的二进制数转换回十进制数；

第 4 步 该十进制数之前的一个或几个点分十进制数保留不变（所有要汇总的 IPv4 地址，这些十进制数都是相同的）；

第 5 步 该十进制数之后的一个或几个点分十进制数（如有）皆取 0；

第 6 步 保留不变的二进制位数，即为汇总后地址的网络位。

下面，我们来尝试计算出 198.48.**8**.0/24、198.48.**9**.0/24、198.48.**10**.0/24、198.48.**11**.0/24 这 4 个 C 类网络汇总后的超网网络地址。

第 1 步 通过观察发现，这 4 个点分十进制法表示的 IPv4 地址，第 1 个不同的十进制数为第 3 位，因为这 4 个地址的第 3 位分别为 8、9、10 和 11（如上一自然段粗体所示）。于是，我们把这 4 个 IP 地址的第 3 位分别转换为二进制数，得到以下结果。

- 8：00001000；
- 9：00001001；
- 10：00001010；
- 11：00001011。

第 2 步 通过观察发现，这 4 个二进制数是从第 7 位（总第 21 位）开始出现区别。这一点把上面清单中所示的 4 个二进制数放到表 4-4 中即可一目了然。

表 4-4　寻找第 1 个不同的二进制地址位

第 3 位十进制数	相同二进制位						不同二进制位	
	第 1 位	第 2 位	第 3 位	第 4 位	第 5 位	第 6 位	第 7 位	第 8 位
8	0	0	0	0	1	0	0	0
9							0	1
10							1	0
11							1	1

因此，我们把第7位（IPv4地址的总第21位）二进制数和第8位（IPv4地址的总第22位）二进制数都修改为0，得到00001000。

第3步　我们将前一步中得到的二进制数00001000转换为十进制数，得到**8**;

第4步　IP网络地址的第1个十进制数**198**和第2个十进制数**48**保留；

第5步　IP网络地址的第4个十进制数取**0**;

第6步　在32位地址中，共保留了22位（其中198是8位、48是8位、8是6位），因此**22**就是这个地址的掩码。

由此可知，汇总后的网络地址为198.48.8.0/22。

上述流程虽然看似复杂，但方法和逻辑均与本小节刚开始分析的汇总国际列车线路完全相同。只要熟悉十进制和二进制的转换，完全可以在几秒内心算出结果。

3. 汇总路由与设计

现在请读者思考一种很常见的情况，那就是如果汇总之后的网络，包含了被汇总网络之外的网络，是否还应该进行汇总？比如，我们是否应该将198.48.8.0/24、198.48.9.0/24、198.48.10.0/24这3个网络，汇总为198.48.8.0/22。即使198.48.8.0/22这个网络中还包含了198.48.11.0/24这个网络。

下面，我们沿用198.48.8.0/22这个网络的示例，分几种情形来讨论这个问题。

情形一：本地路由器上有一条关于198.48.11.0/24的明细路由

这种情况不会出现问题，我们在《网络基础》的第5章中曾经明确介绍过：路由器在转发时会根据路由表中匹配掩码最长，也就是最精确的路由条目来转发数据包，这种称为最长匹配的原则我们在本章中也反复提到。因此，无论路由器上是否有这条22位掩码的汇总路由，路由器都会按照198.48.11.0/24这条明细路由转发去往该网络的数据包，同时按照汇总路由转发去往另外3个C类网络的数据包，如图4-9所示。

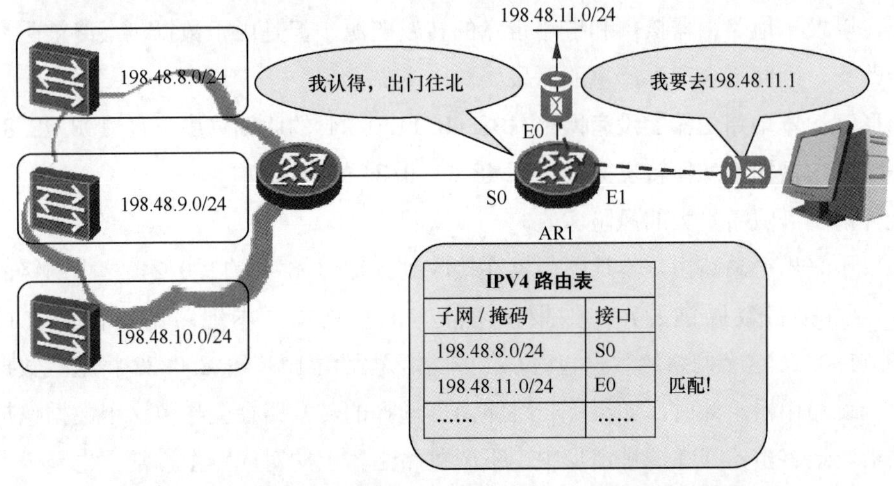

图4-9　本地路由器上有198.48.11.0/24明细路由的情形

情形二：本地路由器上没有网络 198.48.11.0/24 的明细路由，且 198.48.8.0/22 的下一跳路由器不知道如何转发去往 198.48.11.0/24 的数据包

这种情况没有明显问题。如果不采用汇总路由，那么路由器的路由表中既没有关于 198.48.11.0/24 网络的汇总路由，也没有该网络的明细路由，于是本地路由器在接收到去往 198.48.11.0/24 这个网络的数据包时，就会因路由表中没有路由条目可以匹配数据包的目的 IP 地址而直接将数据包丢弃。如果使用静态汇总路由，那么本地路由在接收到去往 198.48.11.0/24 这个网络的数据包时，就会按照汇总路由 198.48.8.0/22 将这些数据包转发给下一跳路由器。鉴于下一跳路由器的路由表中没有去往该网络的路由，因此下一跳路由器最终还是会将该数据包丢弃，如图 4-10 所示。

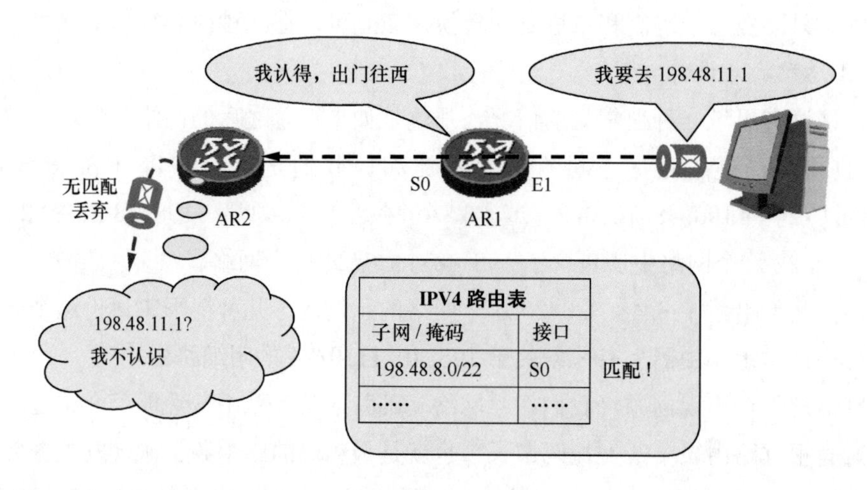

图 4-10　本地路由器上没有 198.48.11.0/24 明细路由，且下一跳路由器丢包的情形

两种情况相较，汇总路由的做法会导致这些本该在本地路由器（AR1）就被丢弃的数据包直至被转发到下一跳路由器（AR2）时才被丢弃，因此无端占用下一跳路由器的处理资源，以及本地路由器接口和链路带宽的转发资源。但是由于数据包最终被丢弃的结果不会改变，因此不会产生严重的后果。

情形三：本地路由器上没有网络 198.48.11.0/24 的明细路由，且 198.48.8.0/22 的下一跳路由器知道如何转发去往 198.48.11.0/24 的数据包

这种情况潜藏着重大的风险。

如果不采用汇总路由，本地路由器在接收到去往 198.48.11.0/24 这个网络的数据包时，会直接将数据包丢弃；如果使用静态汇总路由，本地路由器在接收到去往 198.48.11.0/24 这个网络的数据包时，会按照汇总路由 198.48.8.0/22 将这些数据包转发给下一跳路由器。此时，如果下一跳路由器选择的转发路径会导致这个数据包最终又被发回给本地路由器（在这种情形中，下一跳路由器上的对应路由，常常也是一条汇总路由），网络中就会产生路由环路。去往 198.48.11.0/24 这个网络的数据包只要进入这个环路，就会在其中循环往复地不断发送，大量占用甚至耗竭网络的计算资源和转发资源，如图 4-11 所示。

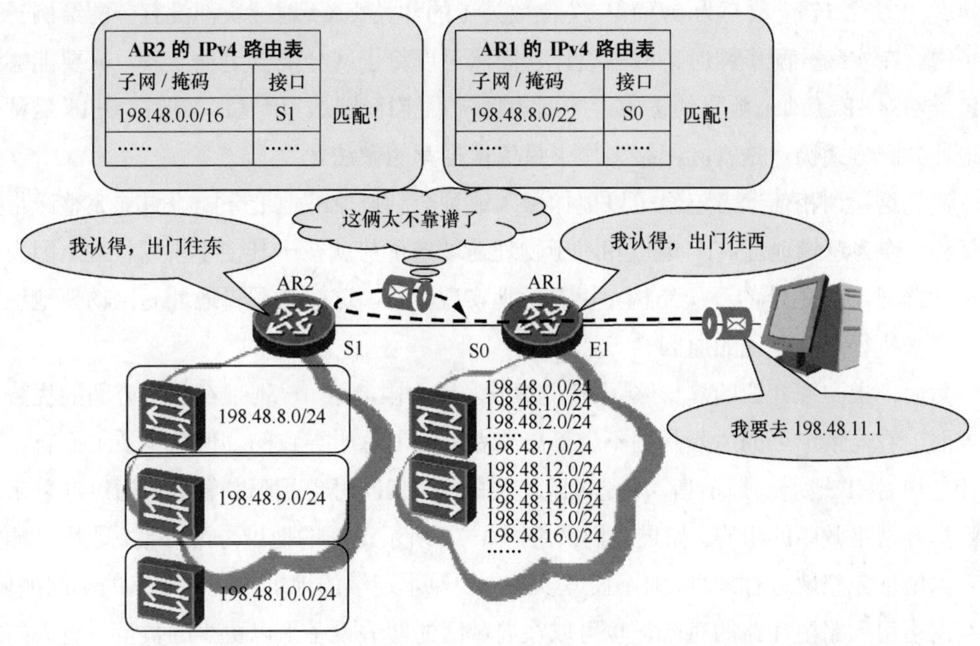

图 4-11　路由器 AR1 上没有 198.48.11.0/24 明细路由，且下一跳路由器转发的情形

综上所述，如果汇总之后的网络，包含了被汇总网络之外的网络，那么这样的汇总存在一定的风险。说到这里，我们希望读者能够回忆起本系列教材第 1 册《网络基础》的图 6-11。为了方便读者参考，我们把这张图展示在这里，即本书的图 4-12。

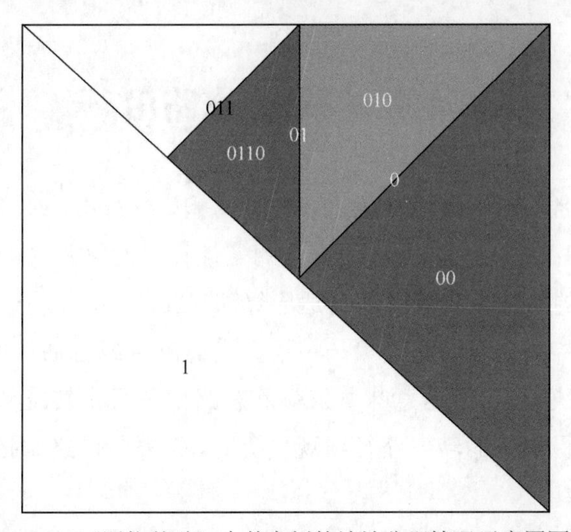

图 4-12　《网络基础》中某案例的地址分配情况示意图回顾

有些读者或许还能记得，在《网络基础》中，我们通过这个七巧板式图形，向读者传达了在划分 IP 子网时应合理规划 IP 地址分配的思想。在《网络基础》图 6-11 下面的

文字中，我们曾经写道“通过上面这个七巧板式的B类地址分配情况示意图可以看出，本例中划分出去的子网都集中在图形的右上侧。也就是说，本例中分配给各个子网的IPv4地址块第17位数都为0，而第17位数为1的B类IPv4地址块都没有分配给例子中的子网。在实际分配子网时，网络设计者固然可以将子网分配得更加零散，只要能够满足该子网对IPv4地址数量的需求，子网规划就不能算错误。但是，按照图6-11这种子网地址分配方式仍然是实际网络工作中最值得推荐的做法。”

读到这里，相信读者已经可以更加深入地领会到把IP地址分配得更加完整所带来的优势。作为逻辑地址，IP地址相对于物理地址的优势就在于其便于规划管理。因为如果规划合理，IP地址的分层结构可以有效地实现汇总。这就是逻辑地址远比物理地址更适合用来执行全局寻址的原因。

然而，上文中介绍的这3类环境，却或多或少限制了IP地址在效率方面的优势。从表面上看，情形三的风险是由不当汇总或者过度汇总所导致的。但从本质上而言，在设计之初对IP地址规划不当，才是风险产生的根源，同时也是限制管理员通过汇总来进一步提升网络效率的阻碍。如果我们采用图4-12所示这样的地址分配方案，即尽可能将连续的地址完整地进行规划，则不仅可以避免因原本连续的地址出现在网络的不同区域，而给网络引入路由环路的风险，也可以在局域网的网关设备上以更少的数量、更大的地址块实现路由汇总，提升网络的效率。

总之，希望读者在完成这一小节的学习之后，不仅能够意识到汇总路由所潜藏的风险，更能体会到为了避免这种风险的出现，而在网络设计阶段就按照高扩展性和易汇总的原则来规划IP地址分配的重要性。

4.5 浮动静态路由

在全世界最知名的网络技术教材之一，特南鲍姆（Andrew S. Tanenbaum）教授和韦瑟罗尔（David J. Wetherall）教授合著的《计算机网络》（Computer Networks）中，静态路由采用的算法被称为“非自适应算法（NonadaptiveAlgorithm）”。所谓非自适应算法，是指路由设备不会“……根据当前测量或者估计的流量和拓扑结构，来调整它们的路由决策”[②]。这意味着依赖静态路由条目来转发数据包的路由设备更容易在这些路由条目指示的转发路径出现变更时，失去向该路由指明的网络转发数据包的能力。

如果工程技术人员希望避免类似情况的发生，可以未雨绸缪，提前让路由器为一些重要的路由条目指定备份路径，这就是我们在这一节需要重点介绍的内容。

[②]（美）特南鲍姆，韦瑟罗尔，《计算机网络（第5版）》，清华大学出版社，第280页。

4.5.1　浮动静态路由概述

在本节的引入部分中，我们介绍了静态路由的一大缺陷：缺乏适应性。比如，如果管理员为路由器配置的静态路由已经无法用来转发去往那个网络的数据包，那么即使这台路由器还有其他路径可以去往那个网络，路由器还是无法自动利用新的路径来转发这些数据包。

在图 4-13 所示的网络中，AR1 和 AR2 之间有两条路径相连。但如果管理员在 AR1 上仅仅指明了一条以 192.168.12.2/30（也就是 AR2 S0/0/0 接口 IP 地址）作为下一跳地址的静态路由，那么只要上面这条路径出现了故障，就会出现如图 4-13 所示的情况：即使 AR1 完全可以通过下面这条链路将去往 10.0.84.0/24 的数据包转发给 AR2，它还是会因为路由表中没有相应的路由条目而将该数据包丢弃。

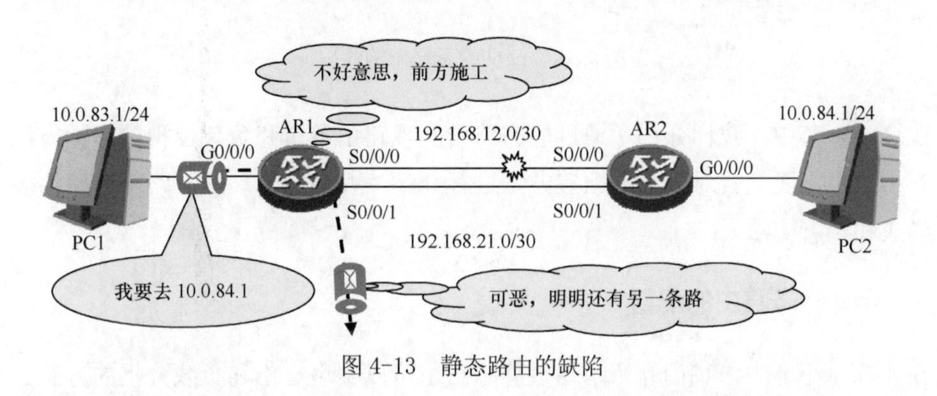

图 4-13　静态路由的缺陷

为了在上面那条链路失效的情况下，让 AR1 知道如何利用下面那条链路向 AR2 发送去往 10.0.84.0/24 的数据包，管理员需要在路由器 AR1 上指明一条去往 10.0.84.0/24，且以 192.168.21.2（也就是 AR2 S0/0/1 接口 IP 地址）作为下一跳地址的静态路由，并且将它的优先级设置为一个大于（主用）静态路由默认优先级值（60）的数值。

在完成了上述设置之后，路由器 AR1 会在上面这条链路可用的情况下，一律通过上面的链路来转发去往网络 10.0.84.0/24 的数据包。如果上面这条链路出现问题，那么 AR1 就会立刻使用下面这条链路来转发去往该网络的数据包，如图 4-14 所示。这就是我们在“4.2.1 小节静态路由概述”中曾经介绍过的，通过静态路由实现路由备份的方式。因为通过下面这条链路转发数据包的路由条目只有在主用路由失效的情况下才可用，因此我们称**通过修改静态路由优先级，使一条路由成为某条主用路由备份条目的路由为浮动静态路由**。

在 4.2.1 小节“静态路由概述”中，我们还曾经提到过，静态路由同样可以实现负载分担。管理员只需要在配置以 AR2 S0/0/1 接口 IP 地址作为下一跳地址的静态路由时，不修改这条静态路由的默认优先级，让以 AR2 两个串行接口 IP 地址作为下一跳地址的静态路由拥有相同的优先级值，AR1 在转发去往 10.0.84.0/24 网络的数据包时，就会同时使用上下两条链路进行负载分担。也就是说，**当一台路由器上有两条以不同路径去往同一个网络的等优先级静态路由时，路由器就会同时利用这两条链路来转发流量。**

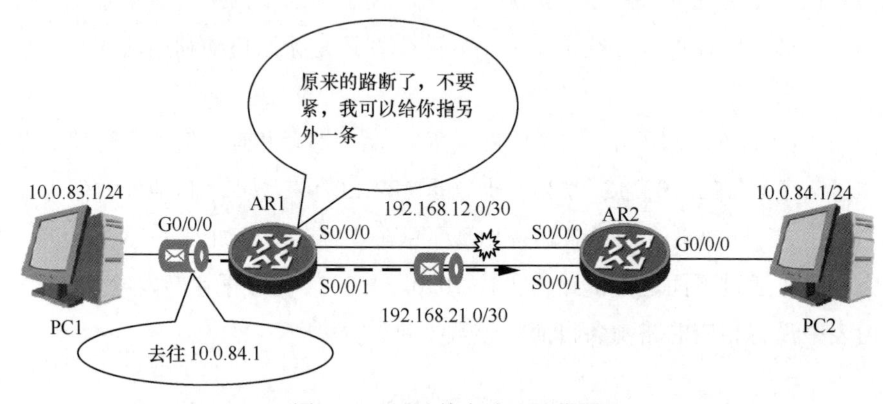

图 4-14　浮动静态路由的作用

在这一小节中，我们介绍了通过静态路由实现路由备份和负载分担的理论方法。在 4.5.2 小节中，我们会对具体的配置方法进行介绍，并演示浮动静态路由在路由表中的存在形式和查看方法。

4.5.2　浮动静态路由的配置

在 4.5.1 小节中，我们介绍了通过静态路由可以实现备份和负载分担的方式。在本小节中，我们会大致沿用图 4-13 所示的拓扑，来演示如何配置和查看浮动静态路由与静态路由负载分担。

本小节的拓扑如图 4-15 所示，AR1 和 AR2 各自连接着一个 LAN 子网，分别为 10.0.83.0/24 和 10.0.84.0/24。两台路由器之间通过串行链路连接了两条线缆，IP 子网分别为 192.168.12.0/30 和 192.168.21.0/30。本例要求管理员在 AR1 和 AR2 上配置静态路由，实现子网 10.0.83.0/24 和 10.0.84.0/24 之间的通信。

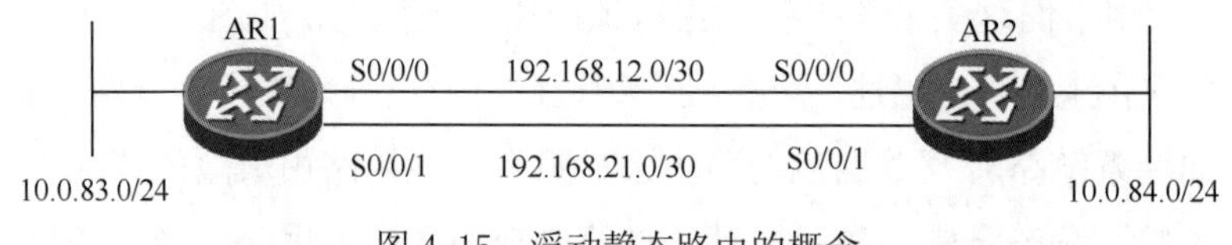

图 4-15　浮动静态路由的概念

在本小节的实验中，我们要实现的最终需求是当 AR1 和 AR2 之间的两条链路都正常时，路由器会以 192.168.12.0/30 链路作为主链路发送数据包，当主链路断开时，路由器才会使用 192.168.21.0/30 这条备用链路转发流量。

例 4-23　在 AR1 上配置静态浮动路由

```
[AR1]ip route-static 10.0.84.0 24 serial 0/0/0 192.168.12.2
[AR1]ip route-static 10.0.84.0 24 serial 0/0/1 192.168.21.2 preference 70
```

从例 4-23 所示配置中我们可以看出，管理员在第二条静态路由的配置命令中使用了关键字 **preference**。这是用来为静态路由设置路由优先级的参数。这个参数的取值范围是 1～255，默认值为 60。在本章中我们曾经介绍过，路由优先级的取值越小，优先级就越高。而本例的需求是，当 S0/0/0 接口连接的链路（192.168.12.0/30）失效时，路由器才会启用 S0/0/1 接口连接的链路（192.168.21.0/30），因此前者优先级高，后者优先级低。所以，我们在示例中调大了下面这条链路的优先级数值，使这条链路对应的路由成为浮动路由。

例 4-24 展示了 AR1 上浮动静态路由的配置结果。

例 4-24　查看 AR1 上的静态路由

```
[AR1]display ip routing-table
Route Flags: R - relay, D - download to fib
------------------------------------------------------------------------------
Routing Tables: Public
         Destinations : 11        Routes : 11

Destination/Mask    Proto   Pre  Cost      Flags NextHop         Interface

      10.0.83.0/24  Direct  0    0           D   10.0.83.1       GigabitEthernet0/0/0
      10.0.83.1/32  Direct  0    0           D   127.0.0.1       GigabitEthernet0/0/0
      10.0.84.0/24  Static  60   0           D   192.168.12.2    Serial0/0/0
      127.0.0.0/8   Direct  0    0           D   127.0.0.1       InLoopBack0
      127.0.0.1/32  Direct  0    0           D   127.0.0.1       InLoopBack0
   192.168.12.0/30  Direct  0    0           D   192.168.12.1    Serial0/0/0
   192.168.12.1/32  Direct  0    0           D   127.0.0.1       Serial0/0/0
   192.168.12.2/32  Direct  0    0           D   192.168.12.2    Serial0/0/0
   192.168.21.0/30  Direct  0    0           D   192.168.21.1    Serial0/0/1
   192.168.21.1/32  Direct  0    0           D   127.0.0.1       Serial0/0/1
   192.168.21.2/32  Direct  0    0           D   192.168.21.2    Serial0/0/1

[AR1]display ip routing-table protocol static
Route Flags: R - relay, D - download to fib
------------------------------------------------------------------------------
Public routing table : Static
```

```
        Destinations : 1        Routes : 2        Configured Routes : 2

Static routing table status : <Active>
        Destinations : 1        Routes : 1

Destination/Mask    Proto   Pre  Cost      Flags NextHop         Interface

      10.0.84.0/24  Static  60   0           D   192.168.12.2    Serial0/0/0

Static routing table status : <Inactive>
        Destinations : 1        Routes : 1

Destination/Mask    Proto   Pre  Cost      Flags NextHop         Interface

      10.0.84.0/24  Static  70   0               192.168.21.2    Serial0/0/1
```

在例 4-24 中，管理员使用了两条命令来查看 AR1 的 IP 路由表。其中第一条命令（**display ip routing-table**）的作用是查看 IP 路由表中当前正在使用的所有路由。从中我们可以看到，静态路由只有一条，那就是去往目的子网 10.0.84.0/24、优先级为 60、下一跳 IP 地址为 192.168.12.2、出站接口为 S0/0/0 的路由，这也是案例中我们要使用的主用路由。

接着，管理员在路由器上使用了命令 **display ip routing-table protocol static**，这条命令的目的是只查看路由表中的静态路由条目。在这条命令的输出信息中，AR1 的路由表分成了两个部分：<Active>和<Inactive>。<Active>部分显示的路由是路由器当前正在使用的路由，也就是这个案例中的主用路由，因此这条路由与命令 **display ip routing-table** 中看到的路由相同，即管理员配置的第一条路由。这条路由的优先级为默认值 60，下一跳是 192.168.12.2，出站接口是 S0/0/0。在<Inactive>部分为管理员配置的第二条路由，其优先级是 70，下一跳是 192.168.21.2，出站接口是 S0/0/1。注意这条非活跃路由的路由标记中没有 D，说明这条路由没有启用，也就是没有装入 FIB 表。

接下来，我们测试一下浮动静态路由的工作是否正常：我们手动断开 AR1 的 S0/0/0 接口所连链路，通过在 AR2 的 S0/0/0 接口上使用接口视图的命令 **shutdown**，关闭 AR2 的 S0/0/0 接口。例 4-25 展示了关闭 AR2 S0/0/0 接口后，AR1 的路由表。

例 4-25　在 AR2 上关闭 S0/0/0 接口后，在 AR1 上查看 IP 路由表

```
[AR1]display ip routing-table
Route Flags: R - relay, D - download to fib
------------------------------------------------------------------------------
Routing Tables: Public
        Destinations : 8        Routes : 8
```

```
Destination/Mask    Proto   Pre  Cost      Flags NextHop         Interface

      10.0.83.0/24  Direct  0    0           D   10.0.83.1       GigabitEthernet0/0/0
      10.0.83.1/32  Direct  0    0           D   127.0.0.1       GigabitEthernet0/0/0
      10.0.84.0/24  Static  70   0           D   192.168.21.2    Serial0/0/1
       127.0.0.0/8  Direct  0    0           D   127.0.0.1       InLoopBack0
       127.0.0.1/32 Direct  0    0           D   127.0.0.1       InLoopBack0
   192.168.21.0/30  Direct  0    0           D   192.168.21.1    Serial0/0/1
   192.168.21.1/32  Direct  0    0           D   127.0.0.1       Serial0/0/1
   192.168.21.2/32  Direct  0    0           D   192.168.21.2    Serial0/0/1

[AR1]display ip routing-table protocol static
Route Flags: R - relay, D - download to fib
------------------------------------------------------------------------------
Public routing table : Static
         Destinations : 1         Routes : 1        Configured Routes : 2

Static routing table status : <Active>
         Destinations : 1         Routes : 1

Destination/Mask    Proto   Pre  Cost      Flags NextHop         Interface

      10.0.84.0/24  Static  70   0           D   192.168.21.2    Serial0/0/1

Static routing table status : <Inactive>
         Destinations : 0         Routes : 0
```

从第一条命令展示的IP路由表中我们可以看出，AR1接口S0/0/0所连网络的3条直连路由都已经被移除，并且此时的静态路由已自动变更为案例中的备用路由。从第二条命令的<Active>部分可以看出，现在活跃的路由是经过S0/0/1，路由优先级为70的那条备用路由，之前的主用路由也已被移除。

注释：

本例中使用了点到点串行链路来演示浮动路由的应用，由于串行链路使用了PPP协议，路由器能够随时掌握链路的工作状态，因此无论本地接口还是对端接口被关闭后，路由器都能够察觉链路的中断，因此也都能够顺利启用备用路由。如果**在广播型以太网环境中配置浮动静态路由，路由器无法感知以太网环境中的“对端”接口状态，因此只有当本地接口出现问题时，路由器才能够顺利启用备用路由**。总而言之，管理员要想让静态浮动路由生效，所使用的出站接口必须有能力监测这条主用路由的变化，这样当链路出现问题时，路由器才能够及时发现并切换备用路由。因为问题很有可能不是发生在本地，而是发生在链路对端的设备上。

例 4-26 中管理员再次启用 AR2 的接口 S0/0/0，其目的在于测试当主用路由再次变得可用后，路由表会发生什么变化。

例 4-26　启用 AR2 的 S0/0/0 接口

```
[AR2]interface s0/0/0
[AR2-Serial0/0/0]undo shutdown
```

例 4-26 中管理员通过接口视图的命令 **undo shutdown** 再次启用了 AR2 的 S0/0/0 接口，例 4-27 展示了接口启用后，AR1 的 IP 路由表中所包含的路由信息。

例 4-27　再次查看 AR1 的 IP 路由表

```
[AR1]display ip routing-table
Route Flags: R - relay, D - download to fib
------------------------------------------------------------------------------
Routing Tables: Public
         Destinations : 11       Routes : 11

Destination/Mask    Proto   Pre  Cost       Flags NextHop         Interface

      10.0.83.0/24  Direct  0    0          D    10.0.83.1       GigabitEthernet0/0/0
      10.0.83.1/32  Direct  0    0          D    127.0.0.1       GigabitEthernet0/0/0
      10.0.84.0/24  Static  60   0          D    192.168.12.2    Serial0/0/0
      127.0.0.0/8   Direct  0    0          D    127.0.0.1       InLoopBack0
      127.0.0.1/32  Direct  0    0          D    127.0.0.1       InLoopBack0
   192.168.12.0/30  Direct  0    0          D    192.168.12.1    Serial0/0/0
   192.168.12.1/32  Direct  0    0          D    127.0.0.1       Serial0/0/0
   192.168.12.2/32  Direct  0    0          D    192.168.12.2    Serial0/0/0
   192.168.21.0/30  Direct  0    0          D    192.168.21.1    Serial0/0/1
   192.168.21.1/32  Direct  0    0          D    127.0.0.1       Serial0/0/1
   192.168.21.2/32  Direct  0    0          D    192.168.21.2    Serial0/0/1

[AR1]display ip routing-table protocol static
Route Flags: R - relay, D - download to fib
------------------------------------------------------------------------------
Public routing table : Static
         Destinations : 1        Routes : 2          Configured Routes : 2

Static routing table status : <Active>
         Destinations : 1        Routes : 1
```

```
Destination/Mask    Proto   Pre  Cost      Flags NextHop         Interface

      10.0.84.0/24  Static  60   0           D   192.168.12.2    Serial0/0/0

Static routing table status : <Inactive>
         Destinations : 1        Routes : 1

Destination/Mask    Proto   Pre  Cost      Flags NextHop         Interface

      10.0.84.0/24  Static  70   0               192.168.21.2    Serial0/0/1
```

从案例中可以看出，S0/0/0 接口的相关路由以及案例中的主用路由再次出现在路由表中，网络恢复为初始状态。这也是“浮动静态路由”之所以得名的原因。

浮动静态路由的介绍到此可以告一段落。下面，我们来展示两条去往同一网络的静态路由均使用默认优先级的情况。我们在例 4-28 中配置了这样的两条路由。

例 4-28　在 AR2 上配置两条目的地相同、优先级也相同的路由

```
[AR2]ip route-static 10.0.83.0 24 serial 0/0/0 192.168.12.1
[AR2]ip route-static 10.0.83.0 24 serial 0/0/1 192.168.21.1
```

例 4-29 展示了配置后，AR2 的 IP 路由表。

例 4-29　查看 AR2 的 IP 路由表

```
[AR2]display ip routing-table
Route Flags: R - relay, D - download to fib
------------------------------------------------------------------------------
Routing Tables: Public
         Destinations : 11       Routes : 12

Destination/Mask    Proto   Pre  Cost      Flags NextHop         Interface

      10.0.83.0/24  Static  60   0           D   192.168.12.1    Serial0/0/0
                    Static  60   0           D   192.168.21.1    Serial0/0/1
      10.0.84.0/24  Direct  0    0           D   10.0.84.1       GigabitEthernet0/0/0
      10.0.84.1/32  Direct  0    0           D   127.0.0.1       GigabitEthernet0/0/0
      127.0.0.0/8   Direct  0    0           D   127.0.0.1       InLoopBack0
      127.0.0.1/32  Direct  0    0           D   127.0.0.1       InLoopBack0
   192.168.12.0/30  Direct  0    0           D   192.168.12.2    Serial0/0/0
   192.168.12.1/32  Direct  0    0           D   192.168.12.1    Serial0/0/0
   192.168.12.2/32  Direct  0    0           D   127.0.0.1       Serial0/0/0
   192.168.21.0/30  Direct  0    0           D   192.168.21.2    Serial0/0/1
   192.168.21.1/32  Direct  0    0           D   192.168.21.1    Serial0/0/1
```

```
    192.168.21.2/32  Direct  0    0          D   127.0.0.1       Serial0/0/1

[AR2]display ip routing-table protocol static
Route Flags: R - relay, D - download to fib
------------------------------------------------------------------------------
Public routing table : Static
        Destinations : 1        Routes : 2        Configured Routes : 2

Static routing table status : <Active>
        Destinations : 1        Routes : 2

Destination/Mask    Proto   Pre  Cost       Flags NextHop         Interface


      10.0.83.0/24  Static  60   0            D   192.168.12.1    Serial0/0/0
                    Static  60   0            D   192.168.21.1    Serial0/0/1

Static routing table status : <Inactive>
        Destinations : 0        Routes : 0
```

管理员在配置两条静态路由时都使用了默认优先级值，从 IP 路由表中我们可以看出，去往子网10.0.83.0/24有两条路由，优先级都为60，下一跳地址分别为192.168.12.1和 192.168.21.1，出站接口分别为 S0/0/0 和 S0/0/1。第二条命令中，<Active>部分总结出 Destinations（目的地）数量为 1，Routes（路由）条目为 2，并且两条路由都出现在活跃路由的条目中。

这时路由器 AR2 在转发去往子网 10.0.83.0/24 的数据包时，就会通过这两条链路实现负载均衡。这就验证了我们在之前对于静态路由功能的描述：静态路由既能够实现链路备份，也能够实现负载均衡。

注释：

本小节所示案例最终要求 AR1 连接的子网 10.0.83.0/24 与 AR2 连接的子网 10.0.84.0/24 之间能够相互通信。如果我们以 ping 命令进行测试的话，案例的配置最终也能够实现这一需求，只不过 AR1 总是通过一条链路转发去往子网 10.0.84.0/24 的数据包，而 AR2 会同时使用两条链路转发去往子网 10.0.83.0/24 的数据包。这在真实环境中是不推荐的做法，因为这样会导致“不对称”路由，也就是往返路由通过的转发路径不相同。比如在这个环境中，AR1 会有时从 S0/0/0 接口收到来自子网 10.0.84.0/24 的数据包，有时从 S0/0/1 接口收到类似的数据包。这种现象会对某些上层应用造成影响，带来丢包甚至通信中断等后果。本小节所做的操作只是为了在一个案例中展示浮动静态路由以及等价路由的配置方法和效果，并不是在提供设计建议。相反，管理员应该避免在网络中使用这类设计方案。

4.6　静态路由的排错

在这一小节中，我们以图 4-16 所示网络环境为例，展示静态路由的错误配置会导致何种结果，以及如何排查有可能造成这种现象的原因。

如图 4-16 所示，示例网络中有两台路由器，这两台路由器分别连接两个部门的局域网：10.0.1.0/24（售前）和 10.0.2.0/24（售后），两台路由器之间通过 S0/0/0 接口相连，使用的子网为 192.168.12.0/30。管理员要在两台路由器上配置静态路由，使两个部门之间能够相互通信。售前部门的用户以 AR1 作为自己的默认网关，售后部门的用户则以 AR2 作为自己的默认网关，例 4-30 中展示了两台路由器上的所有配置。

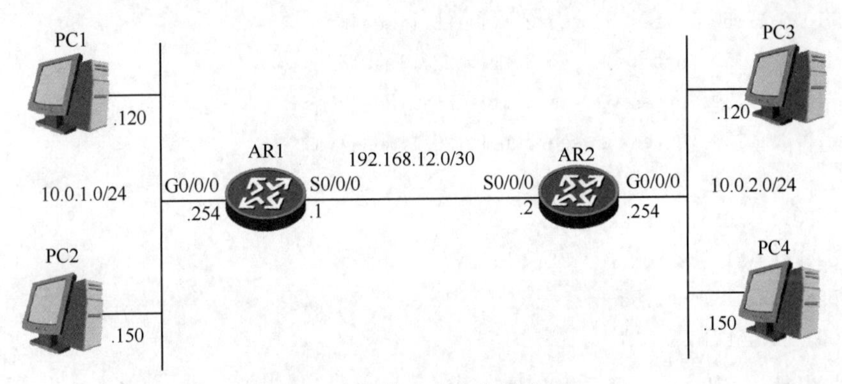

图 4-16　静态路由排错案例

例 4-30　AR1 和 AR2 上的配置

```
[AR1]interface s0/0/0
[AR1-Serial0/0/0]ip address 192.168.12.1 30
[AR1-Serial0/0/0]interface g0/0/0
[AR1-GigabitEthernet0/0/0]ip address 10.0.1.254 24
[AR1-GigabitEthernet0/0/0]quit
[AR1]ip route-static 10.0.2.0 24 192.168.12.2
```

```
[AR2]interface s0/0/0
[AR2-Serial0/0/0]ip address 192.168.12.2 30
[AR2-Serial0/0/0]interface g0/0/0
[AR2-GigabitEthernet0/0/0]ip address 10.0.2.254 24
[AR2-GigabitEthernet0/0/0]quit
[AR2]ip route-static 10.0.1.0 25 192.168.12.1
```

例 4-30 中有配置错误的地方，现在我们来看这个配置错误会导致什么问题。

假设管理员并不知道配置中有错误，只是收到了以下这些用户投诉。

- 售前部门（子网 10.0.1.0/24）中的一部分用户反应无法与售后部门进行通信，其中包括 PC2 用户（10.0.1.150），但 PC1 用户（10.0.1.120）反应通信没有问题。
- 售后部门（子网 10.0.2.0/24）中的用户反应无法与售前部门中的一部分用户进行通信。

首先管理员需要确定故障现象，因此在 PC1 上进行了测试，分别测试 PC1 与 PC2、PC3 和 PC4 之间的连通性，详见例 4-31。

例 4-31　在 PC1 上进行测试

```
PC1>ping 10.0.1.150

Ping 10.0.1.150: 32 data bytes, Pree Ctrl_C to break
From 10.0.1.150: bytes=32 seq=2 ttl=128 time=47 ms
From 10.0.1.150: bytes=32 seq=2 ttl=128 time=46 ms
From 10.0.1.150: bytes=32 seq=3 ttl=126 time=15 ms
From 10.0.1.150: bytes=32 seq=4 ttl=126 time=32 ms
From 10.0.1.150: bytes=32 seq=5 ttl=126 time=47 ms

--- 10.0.1.150 ping statistics ---
  5 packet (s) transmitted
  5 packet (s) received
  0.00% packet loss
  round-trip min/avg/max = 15/37/47 ms
PC1>ping 10.0.2.120

Ping 10.0.2.120: 32 data bytes, Press Ctrl_C to break
From 10.0.2.120: bytes=32 seq=1 ttl=126 time=188 ms
From 10.0.2.120: bytes=32 seq=2 ttl=126 time=94 ms
From 10.0.2.120: bytes=32 seq=3 ttl=126 time=47 ms
From 10.0.2.120: bytes=32 seq=4 ttl=126 time=94 ms
From 10.0.2.120: bytes=32 seq=5 ttl=126 time=93 ms

--- 10.0.2.120 ping statistics ---
  5 packet(s) transmitted
  5 packet(s) received
  0.00% packet loss
  round-trip min/avg/max = 47/103/188 ms
PC1>ping 10.0.2.150
```

```
Ping 10.0.2.150: 32 data bytes, Press Ctrl_C to break
From 10.0.2.150: bytes=32 seq=1 ttl=126 time=110 ms
From 10.0.2.150: bytes=32 seq=2 ttl=126 time=78 ms
From 10.0.2.150: bytes=32 seq=3 ttl=126 time=63 ms
From 10.0.2.150: bytes=32 seq=4 ttl=126 time=63 ms
From 10.0.2.150: bytes=32 seq=5 ttl=126 time=110 ms

--- 10.0.2.150 ping statistics ---
  5 packet(s) transmitted
  5 packet(s) received
  0.00% packet loss
  round-trip min/avg/max = 63/84/110 ms
```

接着，管理员通过例 4-32 测试了 PC2 与网关和售后部门之间的连通性。

例 4-32　在 PC2 上进行测试

```
PC2>ping 10.0.1.254

Ping 10.0.1.254: 32 data bytes, Pree Ctrl_C to break
From 10.0.1.254: bytes=32 seq=2 ttl=255 time=46 ms
From 10.0.1.254: bytes=32 seq=2 ttl=255 time=47 ms
From 10.0.1.254: bytes=32 seq=3 ttl=255 time=16 ms
From 10.0.1.254: bytes=32 seq=4 ttl=255 time=62 ms
From 10.0.1.254: bytes=32 seq=5 ttl=255 time=31 ms

--- 10.0.1.254 ping statistics ---
  5 packet (s) transmitted
  5 packet (s) received
  0.00% packet loss
  round-trip min/avg/max = 16/40/62 ms
PC2>ping 10.0.2.120

Ping 10.0.2.120: 32 data bytes, Pree Ctrl_C to break
Request timeout!
Request timeout!
Request timeout!
Request timeout!
Request timeout!

--- 10.0.2.120 ping statistics ---
  5 packet (s) transmitted
  0 packet (s) received
```

```
  100.00% packet loss
PC2>ping 10.0.2.150

Ping 10.0.2.150: 32 data bytes, Pree Ctrl_C to break
Request timeout!
Request timeout!
Request timeout!
Request timeout!
Request timeout!

--- 10.0.2.150 ping statistics ---
  5 packet (s) transmitted
  0 packet (s) received
  100.00% packet loss
```

从例 4-31 和例 4-32 的测试结果可以看出，这个企业网络两个部门之间的通信情况确如用户所言：一部分用户无法通信（如 PC2），而另一部分用户能够通信（如 PC1）。即PC1能够ping通售后部门,但PC2却ping不通。由于PC2能够ping通自己的网关(AR1)，因此 PC2 与其网关（AR2）之间的通信是正常的，从而可以判断出问题出在路由器的 IP 路由上。管理员可以使用命令 **display ip routing-table protocol static** 来查看路由器 AR1 和 AR2 上的静态路由，详见例 4-33 所示。

例 4-33　在 AR1 和 AR2 上检查静态路由配置

```
[AR1]display ip routing-table protocol static
Route Flags: R - relay, D - download to fib
------------------------------------------------------------------------------
Public routing table : Static
         Destinations : 1        Routes : 1        Configured Routes : 1

Static routing table status : <Active>
         Destinations : 1        Routes : 1

Destination/Mask    Proto   Pre  Cost       Flags NextHop         Interface

       10.0.2.0/24  Static  60   0           RD   192.168.12.2    Serial0/0/0

Static routing table status : <Inactive>
         Destinations : 0        Routes : 0
```

```
[AR2]display ip routing-table protocol static
Route Flags: R - relay, D - download to fib
------------------------------------------------------------------------------
```

```
Public routing table : Static
         Destinations : 1        Routes : 1        Configured Routes : 1

Static routing table status : <Active>
         Destinations : 1        Routes : 1

Destination/Mask    Proto   Pre  Cost      Flags NextHop         Interface

       10.0.1.0/25  Static  60   0           RD   192.168.12.1    Serial0/0/0

Static routing table status : <Inactive>
         Destinations : 0        Routes : 0
```

通过例 4-33 中以阴影显示的路由条目我们可以发现 AR2 上的静态路由配置有问题，AR1 上所连接的以太网 IP 子网是 10.0.1.0/24，而 AR2 上配置的静态路由子网是 10.0.1.0/25。这两个掩码的区别如下。

- **10.0.1.0/24 地址范围**：10.0.1.0～10.0.1.255；
- **10.0.1.0/25 地址范围**：10.0.1.0～10.0.1.127。

从上述比较中可以看出问题所在：售前部门使用的 24 位 IP 子网是 10.0.1.0/24，而 AR2 上设置的静态路由使用了 25 位掩码，导致 AR2 上缺失了 10.0.1.128～10.0.1.255 这些地址的路由，以至于售后部门中的主机无法访问售前部门中包括 PC2 在内的这部分用户。

通过这个案例我们展示了在配置 IP 静态路由时掩码的重要性。掩码与实际网段不匹配会带来以下问题。

- 掩码位数设置得比实际大（如本例中的这种情况），会使路由覆盖不全子网的实际大小；
- 掩码位数设置的比实际小，会覆盖比子网实际大小更多的主机，形成路由黑洞。

4.7 本章总结

本章内容虽然简单，但却是本系列教材关于路由技术的启蒙篇章。在后面 6 章的内容中，我们的一切话题都将围绕着路由技术展开，而掌握这一章中提出的概念、方法和思路，则是读者顺利完成全书学习的关键。

首先，为了帮助读者衔接前后的知识点，本章用大约一节的篇幅回顾了《网络基础》中曾经介绍过的路由相关内容，并由此引出了本章的重点，即路由来源之一的静态路由。在接下来的内容中，我们分几节分别介绍了静态路由的几种不同用法，除一般的静态路由之外，其中还包括默认静态路由、汇总静态路由、浮动静态路由的概念、用法及配置。

静态路由虽有局限，但它的配置、验证和排错简单，经常作为动态路由的辅助手段实施。在这一章的最后，我们展示了一个静态路由配置不当的简单案例。

4.8 练习题

一、选择题

1．下列有关静态路由的说法中，正确的是？（多选）（　　）

A．静态路由是指管理员手动配置在路由器上的路由

B．静态路由的路由优先级值为 60，管理员可以调整这个默认值

C．路由器可以同时使用路由优先级相同的静态路由

D．路由器可以同时使用路由优先级不同的静态路由

2．在静态路由的配置中，下一跳参数可以配置为______。（多选）（　　）

A．本地路由器接口 ID　　B．对端路由器接口 ID

C．本地路由器接口 IP 地址　　D．对端路由器接口 IP 地址

3．浮动静态路是如何实现的？（　　）

A．对比路由优先级值，数值最小的路由会被放入路由表

B．对比路由优先级值，数值最大的路由会被放入路由表

C．对比路由开销值，数值最小的路由会被放入路由表

D．对比路由开销值，数值最大的路由会被放入路由表

4．默认路由的格式是？（多选）（　　）

A．0.0.0.0 0.0.0.0　　B．0.0.0.0 0

C．255.255.255.255 255.255.255.255　　D．255.255.255.255 32

5．下列 4 个子网可以汇总成哪个超网？（　　）

```
192.168.16.0/24
192.168.17.0/24
192.168.18.0/24
192.168.19.0/24
```

A．192.168.16.0/20　　B．192.168.16.0/21

C．192.168.16.0/22　　D．192.168.16.0/23

6．以下针对路由优先级和路由度量值的说法中错误的是？（　　）

A．路由优先级用来从多种不同路由协议之间选择最终使用的路由

B．路由度量值用来从同一种路由协议获得的多条路由中选择最终使用的路由

C．默认的路由优先级和路由度量值都可以由管理员手动修改

D．路由优先级和路由度量值都是选择路由的参数，但适用于不同的场合

7. 路由信息的三种来源分别是什么？（多选）(　　)

A. 默认路由　　B. 直连路由

C. 静态路由　　D. 动态路由

8. 下列哪条路由是静态路由？(　　)

A. 路由器为本地接口生成的路由　　B. 路由器上静态配置的路由

C. 路由器通过路由协议学来的路由　　D. 路由器从多条路由中选出的最优路由

9. 当路由器分别通过下列方式获取到了去往同一个子网的路由，那么这台路由器在默认情况下会选择通过哪种方式获得的路由？(　　)

A. 静态配置的路由

B. 静态配置的路由（优先级的值修改为 50）

C. RIP 路由

D. OSPF 路由

10. 在华为路由器上查看 IP 路由表的命令是什么？(　　)

A. **display routing-table**　　B. **display ip route table**

C. **display route table**　　D. **display ip routing-table**

二、判断题

1. 静态路由由于配置简单，因此扩展性强，管理员可以轻松部署。

2. 静态路由无法感知网络拓扑的变化，需要管理员手动干预。

3. 路由表中去往同一目的地的路由条目可以有多个。

4. 当路由表中有多个来自不同路由协议的，去往相同目的地的路由时，路由器根据路由优先级来选择最终使用哪条路由。

5. 当路由表中有多个来自相同路由协议的，去往相同目的地的路由时，路由器根据路由度量值来选择最终使用哪条路由。

6. 静态路由是指由路由器自动生成的路由，以及由管理员手动配置的路由。

第5章 VLAN间路由

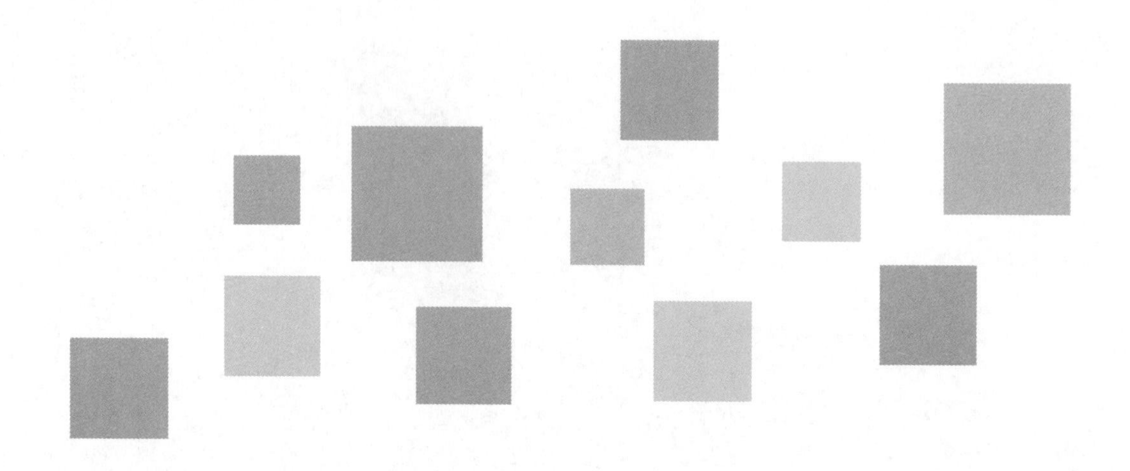

在本书的第 2 章中，我们用整整一章的篇幅对 VLAN 的概念和配置进行了详细的介绍。VLAN 可以让所有连接在同一台交换机上的终端设备根据网络管理员的需要，划分到多个虚拟的局域网中，而不必仅仅因为物理连接在一台交换机上就不得不同处于一个广播域中。因此，这项通过逻辑方式将连接在同一台交换机上的终端隔离到多个虚拟局域网的技术可以有效控制广播域的规模并提高组网的灵活性，进而提升整个网络的可管理性。

管理员将不同部门的设备隔离在不同的广播域中往往并不是为了彻底隔绝它们之间的通信，而是在缩小广播域的前提下提高终端之间通信的效率及可控性，但这种做法客观上却会导致二层交换机不会转发不同 VLAN 间的设备相互转发的流量。

接下来的问题是，如何实现 VLAN 间的设备通信呢？

实现局域网之间的通信需要使用有能力连接不同网络的设备（多为路由器），这些设备需要对网络间的流量进行路由，执行数据转发。VLAN 的全称是虚拟局域网，因此也适用这种方式。人们把这种通过网络层设备根据 IP 地址为 VLAN 间流量执行路由转发的操作称为 VLAN 间路由。VLAN 间路由就是本章的重点。

在本章中，我们会介绍三种常见的 VLAN 间路由环境。针对每一种环境，我们都会首先分析 VLAN 间路由的操作方式，然后演示如何配置路由器和交换机让网络实现这种操作。为了保证读者能够容易理解我们在本章要介绍的内容，我们会在本章的开篇首先对物理拓扑和逻辑拓扑的表意和区别进行说明。这部分内容相当重要，可以视为读者此后学习和从业的基础，在学习时应当加以重视。此外，在 5.4 节我们还会演示在 VLAN 间路由环境中进行网络排错的方法。

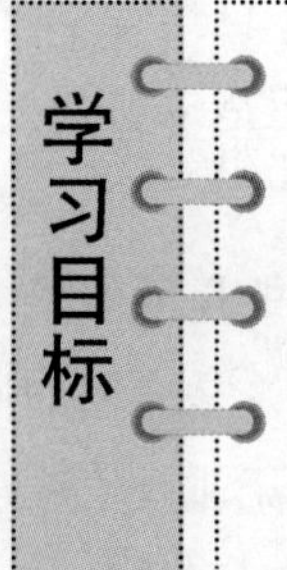

- 理解物理拓扑与逻辑拓扑之间的关系；
- 掌握传统 VLAN 间路由的原理及配置案例；
- 掌握单臂路由的原理及配置案例；
- 了解硬件处理与软件处理之间的区别；
- 理解三层交换机的功能；
- 掌握三层交换机 VLANIF 接口的特点及配置案例；
- 掌握 VLAN 间路由的排错方法。

5.1　VLAN 间路由相关理论

同一个 VLAN 中的主机之间能够直接通过二层交换进行通信，但不同 VLAN 中的主机必须通过三层路由设备才能进行通信。本节将介绍实现跨越 VLAN 的三层路由理论基础知识，提供三种实现 VLAN 间路由的方法。这三种方法从基础到高级，从具体到抽象，其中涉及的虚拟化概念需要读者好好体会。

5.1.1　物理拓扑与逻辑拓扑

在开始介绍这一节的内容之前，请读者翻回到本书第 4 章的图 4-16，思考一下该网络的物理拓扑应该是什么样子的。

自从铺设同轴电缆的做法退出历史舞台之后，大概不会有人真的原原本本按照图 4-16 所示的方法施工了。那么，应该如何连接这样一个网络呢？看到这个拓扑，有些读者可能会联想到我们在本系列教材《网络基础》中曾经提到过的集线器。集线器也许不能算是错误的答案，但由于共享型以太网已经过时，因此人们在实际环境中一般会使用二层交换机来连接这个网络。换言之，局域网 10.0.1.0/24 和 10.0.2.0/24 均采用星型拓扑连接，而每个局域网的中央则是一台二层交换机，如图 5-1 所示。

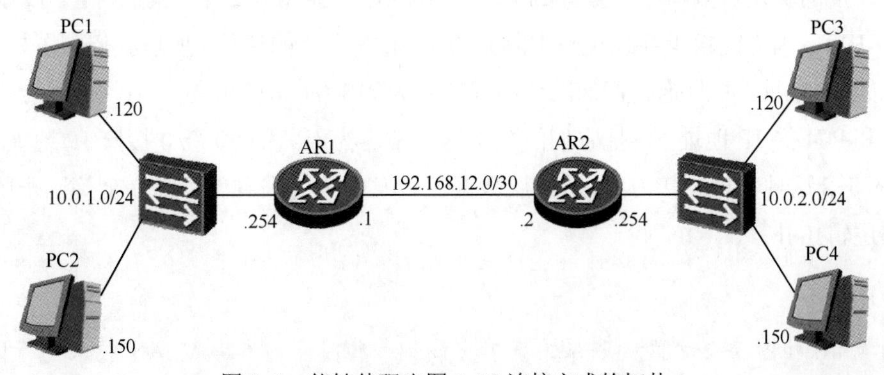

图 5-1　能够体现出图 4-16 连接方式的拓扑

关于交换机相比于集线器的优势，我们此前已经进行了大量的介绍，这里无意重复。我们的重点是：对于在图 4-16 所示的环境中我们使用的不论是集线器还是二层交换机，为什么图 4-16 中可以省略拓扑中这些真实存在的设备呢？

这是因为图 4-16 是一个三层（网络层）拓扑结构。**三层拓扑描述的是网络设备根据网络地址转发数据包的逻辑通道**。因此，从三层拓扑的视角来看，无论是二层的网络基础设施（如二层交换机）还是一层的网络基础设施（如集线器），都无非是给三层设备转发数据包提供了一条通路。因为这些设备本身并不会查看数据包的三层封装，不会按照数据包的目的 IP 地址转发数据包，不会作用于数据的三层转发，所以这些设备也就不会出现在三层拓扑中。

由于三层拓扑体现的是路由器根据网络层地址转发数据包的逻辑通道，因此**三层拓扑也称为逻辑拓扑。而展示网络基础设施之间物理连接方式的拓扑，则称为物理拓扑**。虽然从表面上看，设备的逻辑转发通道必须通过物理连接获得支持（事实也是如此），因此逻辑拓扑和物理拓扑应当相差无几，无非是其中是否包含二层设备的差异而已，但实际上，所有可以通过逻辑方式重新调配物理资源的技术，都可以让逻辑拓扑和物理拓扑之间展现出不小的差距。这类技术的典型，就是本书第 2 章中介绍的 VLAN。

为了帮助读者理解两种拓扑之间的差异，请读者再次观察图 5-1 所示的拓扑，然后分析这个环境最少可以通过几台二层交换机完成连接。

如果没有 VLAN 技术，在图 5-1 所示的环境中，我们当然必须用两台交换机分别连接网段 10.0.1.0/24 和网段 10.0.2.0/24。但通过划分 VLAN 的方式，我们得以通过逻辑的方式重新调配物理资源，于是用一台二层交换机就可以连接出图 5-1 所示的逻辑拓扑，具体连接方法如图 5-2 所示。

在图 5-2 中，整个网络中所有 PC 连接的都是同一台华为交换机。根据图 4-16 所示的拓扑，AR1 的 G0/0/0 接口、PC1 和 PC2 处于同一个网段，即 10.0.1.0/24 中，所以它们连接的交换机端口应该划分到一个 VLAN 中（在图 5-2 中，我们将它们划分到了 VLAN 11 中）；同理，AR2 的 G0/0/0 接口、PC3 和 PC4 处于同一个网段，即 10.0.2.0/24 中，所以它们连接的交换机端口应该划分到另一个 VLAN 中（在图 5-2 中，我们将它们划分到了 VLAN 17 中）。因为交换机会在逻辑上隔离两个 VLAN 之间的通信，所以我们配置好了 PC1 和 PC2 的 IP 地址，并且把它们的默认网关指定为 AR1 的 G0/0/0 接口 IP 地址，然后配置好 PC3 和 PC4 的 IP 地址，再把它们的默认网关指定为 AR2 的 G0/0/0 接口 IP 地址。这样一来，图 5-2 这种物理连接方式，从三层数据包转发的角度来看就可以完全等同于图 4-16 所示的逻辑拓扑了。

注释：

图 4-16 和图 5-2 之间的联系，读者应该花一些时间，参考 VLAN 技术进行体会。

这不仅有助于读者对VLAN技术加深理解，更有助于读者在以后接触到新的网络拓扑时，理解其物理连接和逻辑实现的关系。

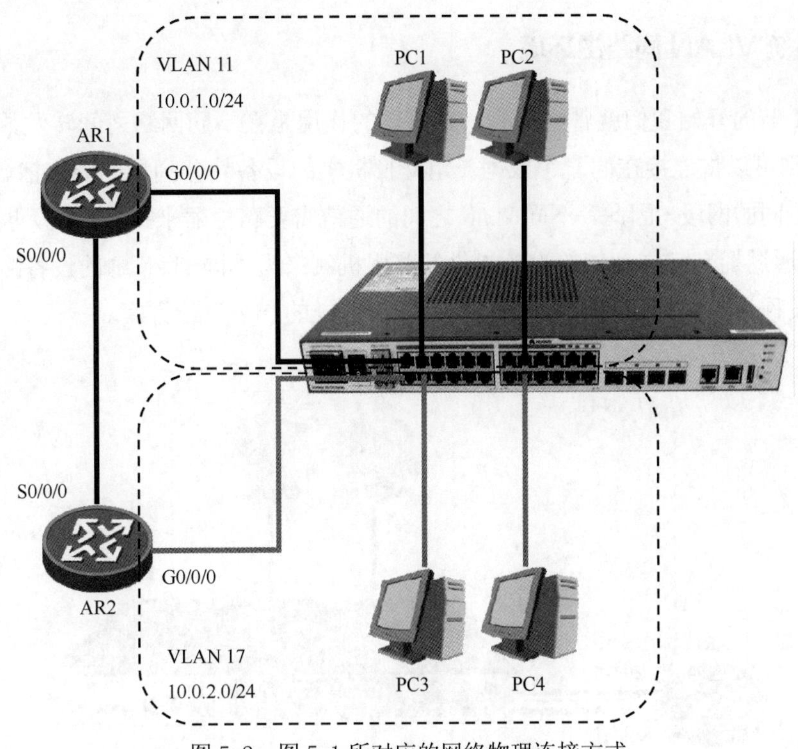

图 5-2　图 5-1 所对应的网络物理连接方式

在前文中我们说过，所有可以通过逻辑方式重新调配物理资源的技术，都会带来物理连接方式和逻辑拓扑之间的差异。这类技术都可以统称为虚拟化（Virtualization）技术。通过 VLAN 中的 V（Virtual），就可以看出 VLAN 是交换机上的一种虚拟化类技术。在本章后面的内容还涉及其他一些虚拟化类技术，譬如子接口技术、VLAN 接口技术等，这些技术都会让网络的三层逻辑环境与网络的实际连接方式之间产生不小的区别。

在 5.1.2 小节开始讲解之前，请读者按照自己对本小节内容的理解，思考一个十分类似的问题：图 5-3 所示的逻辑拓扑，其实际的物理连接方式可能是什么样的？

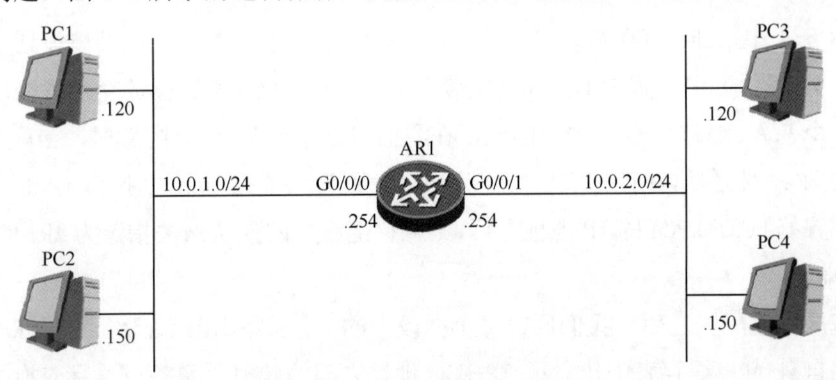

图 5-3　一个简单的逻辑拓扑

注意，这个问题不只是在检验读者对本小节知识的理解程度，这个问题的答案，更与我们本章的核心内容息息相关。

5.1.2 传统 VLAN 间路由环境

在 5.1 节的开始我们就曾经提到，路由器的作用是在不同网络之间转发数据包。而 VLAN 技术则可以将连接在同一个或同一组交换机上的设备划分到不同的广播域中，将它们隔离为不同的网段。因此，不同 VLAN 之间的通信需要路由器来执行转发，也就顺理成章了。这种通过拥有三层功能的设备提供的路由机制来为不同 VLAN 中的设备路由数据包的设计方案称为 VLAN 间路由，图 5-4 所示即为这样的一个设计方案。

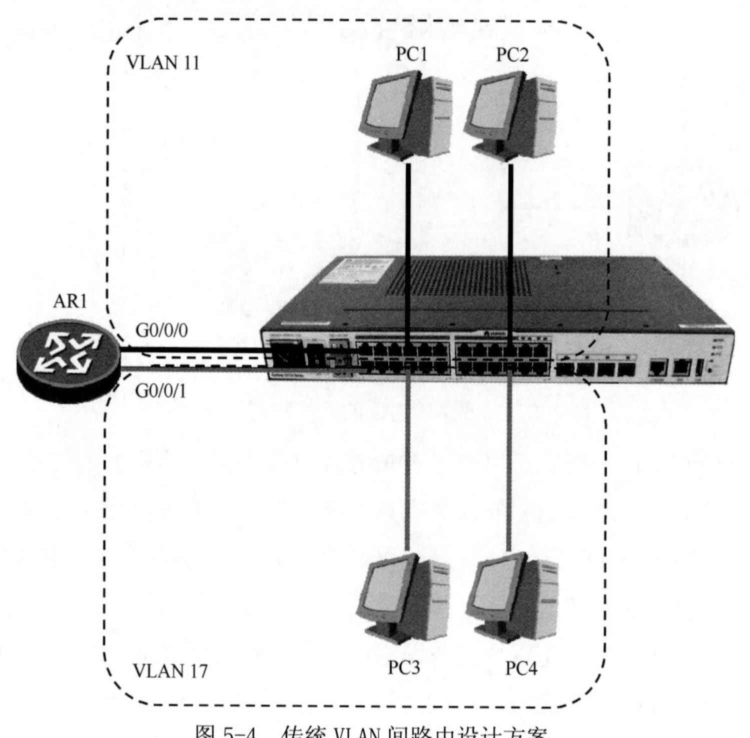

图 5-4　传统 VLAN 间路由设计方案

在图 5-4 中，AR1（G0/0/0 接口）、PC1 和 PC2 所连接的交换机端口被划分到了一个 VLAN（VLAN 11）中，而 AR1（G0/0/1 接口）、PC3 和 PC4 所连接的交换机端口被划分到了另一个 VLAN（VLAN 17）中。因此，在我们对这 4 台 PC 进行配置时，当配置好 PC1 和 PC2 的 IP 地址之后，应该把它们的默认网关设置为 AR1 的 G0/0/0 接口 IP 地址。同理，当我们配置好 PC3 和 PC4 的 IP 地址之后，则应该把它们的默认网关指定为 AR1 的 G0/0/1 接口 IP 地址。

在完成上述配置之后，我们假设每个网段中的 PC 和路由器都已经通过 ARP 协议的交互，在自身 ARP 缓存表中建立了 IP-MAC 地址之间的映射关系条目，且交换机的 MAC

地址表中都学习到了各设备的MAC地址信息，那么，当处于不同VLAN中的设备需要进行通信（比如PC1向PC3发送数据）时，整个过程就可以简单概括为下面几步：

第1步　PC1查询自己的路由表发现目的IP地址处于另一个网段中，且所有去往另一个网段的数据包都应该转发给默认网关（即AR1的G0/0/0接口）；

第2步　PC1以PC3的IP地址作为目的IP地址，以默认网关（即AR1的G0/0/0接口）的MAC地址作为目的MAC地址封装数据帧，并将数据帧发送给交换机；

第3步　交换机接收到数据帧之后，查询自己的MAC地址表，找到了数据帧的目的MAC地址所关联的端口，于是将数据帧通过与AR1相连的端口转发给了AR1；

第4步　AR1通过自己连接在VLAN 11中的接口G0/0/0接收到数据包之后，根据数据包的目的IP地址查询路由表，发现路由表中有一个去往该目的网络的直连路由，出站接口为自己的G0/0/1；

第5步　路由器以PC3的IP地址作为目的IP地址，以PC3的MAC地址作为目的MAC地址封装一个数据帧，将其通过自己连接在VLAN 17中的接口G0/0/1发送给了交换机；

第6步　交换机查看数据帧的目的MAC地址并且根据目的MAC地址，将数据帧发送给PC3。

上面的流程是在图5-4所示的环境中，两个位于不同VLAN中的设备相互通信的过程。在这里，读者不妨回忆一下本书第1章中关于交换型局域网的介绍，设想两台处于相同VLAN中的设备（比如PC1和PC2）相互通信，又会采取什么样的流程呢？显然，该流程会远比上面的流程简单：PC1在向PC2发送数据时，由于看到目的IP地址与自己处于同一个网段中，PC1会直接用PC2的MAC地址作为目的MAC地址封装数据帧，而交换机也会直接通过连接PC2的端口将数据帧转发给PC2。

上述两种不同的数据转发流程如图5-5所示。

处于不同VLAN中的设备之所以不能通过这种简单的方式通信，理由也是显而易见的。

首先，PC1无法知道PC3适配器的MAC地址，所以无法以PC3的MAC地址作为目的MAC地址封装数据帧。这是因为通过IP地址来查询MAC地址的ARP请求是以广播形式发送的，而VLAN和路由器接口都隔离广播域，所以PC3不可能接收到PC1发送的ARP广播请求。退一步来说，PC1在一开始也不会发送ARP请求来查询PC3的MAC地址，因为当一台IP设备通过查看自己的路由表（见第1步）发现它所封装数据包的目的IP地址不在自己的直连网段中时，不会发送ARP广播请求去直接查询目的IP地址对应的MAC地址。

注释：

当然，如果这台设备查询路由表之后，发现自己不知道数据包下一跳设备的MAC地址，那么它会通过ARP广播请求下一跳设备的MAC地址。在本例中，则代表PC1

只有可能请求 AR1 G0/0/0 接口（即网关）的 MAC 地址，而不会请求 PC3 适配器的 MAC 地址。

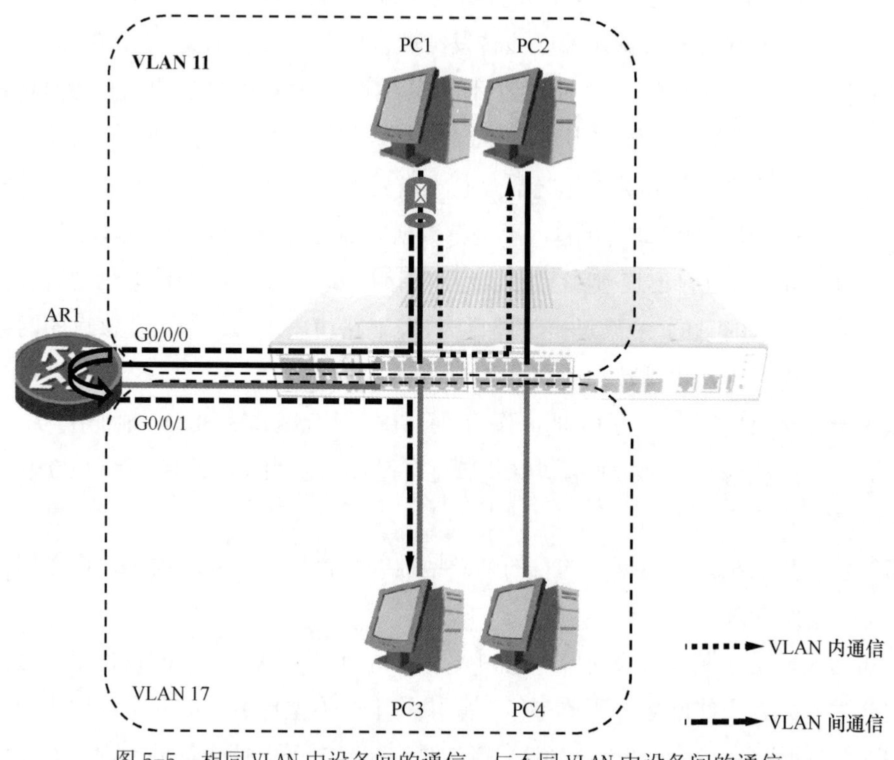

图 5-5　相同 VLAN 中设备间的通信，与不同 VLAN 中设备间的通信

其次，MAC 地址表不仅记录了交换机端口与对端 MAC 地址之间的对应关系，还包括这个端口所在的 VLAN。这也暗示了交换机不会通过查询 MAC 地址表，就把从一个 VLAN 中的端口接收到的数据帧从属于另一个 VLAN 中的端口转发出去。所以，哪怕 PC1 能够以 PC3 的 MAC 地址作为目的 MAC 地址来封装数据帧，交换机也不会将这个数据帧转发给 PC3，因为 PC1 和 PC3 连接的交换机端口分属于不同的 VLAN。

相信读者此时已经发现，图 5-4 对应的逻辑拓扑就是图 5-3。本小节的传统 VLAN 间路由环境，回答了我们在 5.1.1 小节最后提出的问题。通过图 5-3 的逻辑拓扑，读者可以更加清晰地判断出处于同一个网段（VLAN）中的设备如何进行通信，处于不同网络中的设备（VLAN）之间又是如何传输数据的。

然而，图 5-4 所示的设计方案也存在扩展性方面的限制。在当今的网络环境中，很少有哪个 VLAN 不需要通过路由设备来和其他 VLAN 进行通信，而一台交换机上又常常创建有大量的 VLAN。如果按照图 5-4 所示的环境进行设计，那么实现 VLAN 间路由的那台路由设备必须为每个 VLAN 提供一个与交换机相连的接口作为该 VLAN 中设备的默认网关。在图 5-4 中，路由器 AR1 就为 VLAN 11 贡献了自己的 G0/0/0 接口，同时为 VLAN 17 贡献了自己的G0/0/1接口。但一般的路由器往往并不会拥有大量的高速接口，因此路由器接口有时会成为网络中的一种稀缺资源。在动辄划分数十甚至上百个VLAN的中大型园区网中，要让路由器在硬件的配备上满足给每个VLAN配备一个接口的需求，难免会大幅度提高网络部署的成本。

要想既节省路由器接口，又满足给所有 VLAN 提供路由的需求，人们需要通过其他虚拟化技术，来重新调配路由器上的接口资源，这正是我们5.1.3小节要讨论的重点。

5.1.3 单臂路由与路由器子接口环境

要想节省路由器的接口，最好能够用一个接口来连接交换机，无论哪个 VLAN 中的流量都通过这一个接口进出路由器。这样一来，无论交换机上创建有多少个VLAN都不会占用路由器上更多的接口，就可以实现所有VLAN之间的流量转发，上述这类环境称为单臂路由。

在包含两个VLAN的单臂路由环境中，网络的连接方式如图5-6所示。

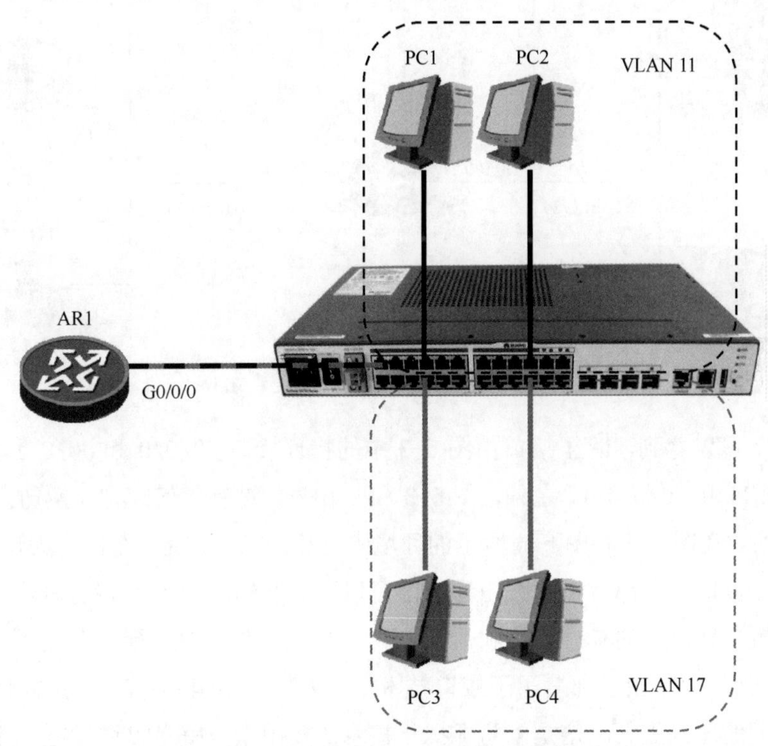

图5-6 使用单臂路由的VLAN间路由设计方案

读者通过对比图5-4和图5-6就会发现，能够实现单臂路由的关键在于路由器和交换机相连的链路，其两端的接口是否能够支持这种设计方案。

如果读者对本书前3章的内容比较熟悉，应该能够理解交换机连接路由器的端口是可以传输不同VLAN中的流量的，因为交换机端口专门为传输不同VLAN中的流量提供了

Trunk 模式。所以，工程师只需要保证交换机连接路由器的端口工作在 Trunk 模式下，交换机一端的问题也就迎刃而解了。

这个环境的重点在于路由器连接交换机的那个接口。一个路由器接口（图 5-6 中的 G0/0/0）能够像多个接口（图 5-4 中的 G0/0/0 和 G0/0/1）那样工作，同时用来传输多个不同网段（VLAN）中的流量吗？

为了满足这种需求，路由器提供了一种称为子接口的逻辑接口。子接口顾名思义，就是通过逻辑的方式，将一个路由器物理接口划分（虚拟化）为多个逻辑子接口，来满足用一个物理接口连接多个网络的需求。比如，在图 5-6 这样的环境中，我们可以在路由器连接交换机的物理接口 G0/0/0 上创建出两个逻辑子接口 G0/0/0.11 和 G0/0/0.17，然后在路由器上分别给这两个子接口配置 VLAN11 和 VLAN17 所对应的 IP 地址，让它们分别充当 VLAN11 和 VLAN17 中的默认网关。

图 5-7 所示为根据图 5-3 的 IP 编址并完成上述的配置之后，单臂路由环境对应的逻辑拓扑。

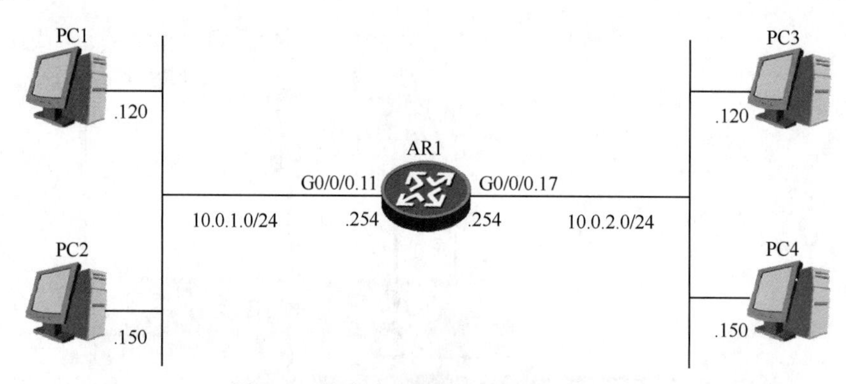

图 5-7 单臂路由环境对应的逻辑拓扑

由图 5-7 可以看到，除了接口由图 5-3 中的物理接口 G0/0/0 和 G0/0/1，换为了子接口 G0/0/0.11 和 G0/0/0.17 之外，图 5-3 和图 5-7 并没有任何区别。换句话说，PC 之间的通信流程，在图 5-4 和图 5-6 所示的环境中是相同的。因此，在拥有大量 VLAN 的环境中，通过子接口技术部署单臂路由环境，可以大大节约路由器上的物理接口资源。

关于配置单臂路由的具体方法和命令，我们会在 5.2 节中进行详细说明。在这里我们最后补充强调一点，由于部署了子接口技术，导致图 5-6 和图 5-7 之间的差异比图 5-4 和图 5-3 之间的差异更大。这是因为虚拟化技术的作用本身就是以逻辑方式重新调配原有的物理资源，所以诸如 VLAN 和子接口这类虚拟化技术部署得越多，逻辑拓扑和物理连接方式之间的差异也就越大。然而，虚拟化技术是未来技术发展的一大方向，各类虚拟化技术在网络中的部署也越来越多。在工作中，体会物理连接方式和逻辑拓扑之间的差异，可以帮助工程师更好地理解各类新兴虚拟化技术的设计目的和用途。而在学习中，理解虚拟化技术的设计目的和用途时，读者也应该思考在网络中引入这种技术会对逻辑拓扑带来的影响。

5.2　VLAN 间路由配置

在读者通过 5.1 节的内容了解了 VLAN 间路由的理论基础后，我们会在本节中以案例的形式，通过华为交换机和路由器演示如何实现 5.1 节中介绍的两种 VLAN 间路由环境，即传统 VLAN 间路由环境与单臂路由环境。

5.2.1　传统 VLAN 间路由的配置

本小节会通过图 5-8 所示的环境，介绍传统 VLAN 间路由的配置。

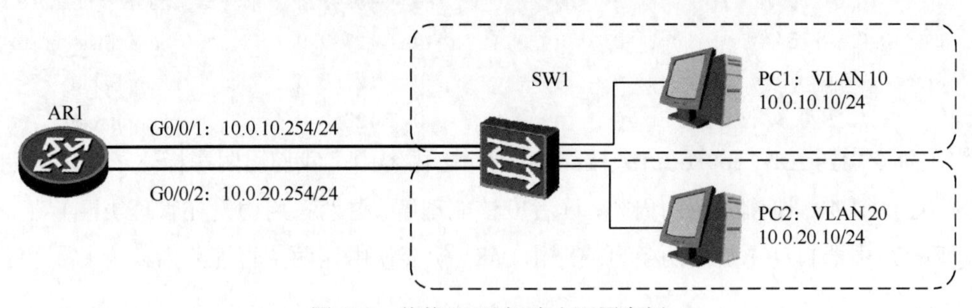

图 5-8　传统 VLAN 间路由配置案例

在图 5-8 所示的网络环境中，路由器 AR1 通过两个接口分别连接交换机中的两个 VLAN，其中 G0/0/1 使用 IP 地址 10.0.10.254/24 且属于 VLAN 10，G0/0/2 使用 IP 地址 10.0.20.254/24 且属于 VLAN 20。本例中交换机上还连接了两台 PC，其中 PC1 所连接的交换机端口属于 VLAN 10，IP 地址为 10.0.10.10/24，PC2 所连接的交换机端口属于 VLAN 20，IP 地址为 10.0.20.10/24。

我们这个实验的目的是通过配置 AR1 和 SW1，最终实现 PC1 与 PC2 之间的通信。下面我们从例 5-1 所示的路由器 AR1 配置讲起。

例 5-1　AR1 上的配置

```
[AR1]interface g0/0/1
[AR1-GigabitEthernet0/0/1]ip address 10.0.10.254 24
[AR1-GigabitEthernet0/0/1]quit
[AR1]interface g0/0/2
[AR1-GigabitEthernet0/0/1]ip address 10.0.20.254 24
```

在传统 VLAN 间路由案例的实施中，管理员需要在路由器的多个物理接口上配置 IP 地址，每个接口与一个 VLAN 相对应，接口上配置的 IP 地址作为对应 VLAN 中主机的默认网关地址。

在配置了接口 IP 地址后，我们通过例 5-2 查看了 AR1 的 IP 路由表。

例 5-2　查看 AR1 的 IP 路由表

```
[AR1]display ip routing-table
Route Flags: R - relay, D - download to fib
------------------------------------------------------------------------------
Routing Tables: Public
         Destinations : 6        Routes : 6

Destination/Mask    Proto  Pre  Cost      Flags NextHop         Interface

      10.0.10.0/24  Direct 0    0           D   10.0.10.254     GigabitEthernet0/0/1
    10.0.10.254/32  Direct 0    0           D   127.0.0.1       GigabitEthernet0/0/1
      10.0.20.0/24  Direct 0    0           D   10.0.20.254     GigabitEthernet0/0/2
    10.0.20.254/32  Direct 0    0           D   127.0.0.1       GigabitEthernet0/0/2
      127.0.0.0/8   Direct 0    0           D   127.0.0.1       InLoopBack0
      127.0.0.1/32  Direct 0    0           D   127.0.0.1       InLoopBack0
```

在命令 **display ip routing-table** 的输出内容中，我们用阴影标注了其中的两条路由。通过第 4 章刚刚介绍的内容，读者应该能理解，这两条路由是在管理员配置了 AR1 接口后，路由器自动添加的两条直连路由。AR1 就会使用这两条直连路由来为 PC1 和 PC2 路由数据包。

例 5-3 显示了我们需要在 SW1 上执行的相关配置。

例 5-3　SW1 上的配置

```
[SW1]vlan 10
[SW1-vlan10]quit
[SW1]vlan 20
[SW1-vlan20]quit
[SW1]interface g0/0/1
[SW1-GigabitEthernet0/0/1]port link-type access
[SW1-GigabitEthernet0/0/1]port default vlan 10
[SW1-GigabitEthernet0/0/1]quit
[SW1]interface g0/0/2
[SW1-GigabitEthernet0/0/2]port link-type access
[SW1-GigabitEthernet0/0/2]port default vlan 20
[SW1-GigabitEthernet0/0/2]quit
[SW1]interface e0/0/10
[SW1-Ethernet0/0/10]port link-type access
[SW1-Ethernet0/0/10]port default vlan 10
[SW1-Ethernet0/0/10]quit
[SW1]interface e0/0/20
```

```
[SW1-Ethernet0/0/20]port link-type access
[SW1-Ethernet0/0/20]port default vlan 20
```

在例5-3中，我们使用系统试图下的命令 **vlan 10** 和 **vlan 20** 在SW1上配置了两个VLAN：VLAN 10和VLAN 20。

接下来，我们分别把连接AR1的G0/0/1和连接PC1的E0/0/10划分到了VLAN 10中，把连接AR1的G0/0/2和连接PC2的E0/0/20划分到VLAN 20中。这些接口视图的配置与第2章介绍的接口命令相同：用命令 **port link-type access** 将相应接口的链路类型设置为Access，再用命令 **port default vlan** *vlan-id* 修改接口的PVID，使其加入管理员指定的VLAN。

例5-4所示为执行例5-3的配置之后SW1上的VLAN信息。

例5-4　查看SW1的VLAN

```
[SW1]display vlan
The total number of vlans is : 3
--------------------------------------------------------------------------------
U: Up;          D: Down;          TG: Tagged;          UT: Untagged;
MP: Vlan-mapping;                 ST: Vlan-stacking;
#: ProtocolTransparent-vlan;      *: Management-vlan;
--------------------------------------------------------------------------------

VID  Type     Ports
--------------------------------------------------------------------------------
1    common   UT:Eth0/0/1(D)      Eth0/0/2(D)      Eth0/0/3(D)      Eth0/0/4(D)
                 Eth0/0/5(D)      Eth0/0/6(D)      Eth0/0/7(D)      Eth0/0/8(D)
                 Eth0/0/9(D)      Eth0/0/11(D)     Eth0/0/12(D)     Eth0/0/13(D)
                 Eth0/0/14(D)     Eth0/0/15(D)     Eth0/0/16(D)     Eth0/0/17(D)
                 Eth0/0/18(D)     Eth0/0/19(D)     Eth0/0/21(D)     Eth0/0/22(D)

10   common   UT:Eth0/0/10(U)     GE0/0/1(U)

20   common   UT:Eth0/0/20(U)     GE0/0/2(U)


VID  Status  Property      MAC-LRN Statistics Description
--------------------------------------------------------------------------------

1    enable  default       enable  disable    VLAN 0001
10   enable  default       enable  disable    VLAN 0010
20   enable  default       enable  disable    VLAN 0020
```

从例 5-4 的 **display vlan** 命令输出中可以看出，现在 SW1 有两个接口被划分到了 VLAN 10 中：E0/0/10 和 G0/0/1，还有两个接口被划分到了 VLAN 20 中：E0/0/20 和 G0/0/2。

到此为止，我们的配置告一段落。下面，我们通过例 5-5 对实验结果进行测试。

例 5-5　验证配置结果

```
PC1>ping 10.0.20.10

Ping 10.0.20.10: 32 data bytes, Press Ctrl_C to break
From 10.0.20.10: bytes=32 seq=1 ttl=127 time=109 ms
From 10.0.20.10: bytes=32 seq=2 ttl=127 time=94 ms
From 10.0.20.10: bytes=32 seq=3 ttl=127 time=78 ms
From 10.0.20.10: bytes=32 seq=4 ttl=127 time=78 ms
From 10.0.20.10: bytes=32 seq=5 ttl=127 time=78 ms

--- 10.0.20.10 ping statistics ---
  5 packet(s) transmitted
  5 packet(s) received
  0.00% packet loss
  round-trip min/avg/max = 78/87/109 ms
```

如例 5-5 所示，我们执行 ping 测试的结果是：处于 VLAN 10 中的主机 PC1 可以 ping 通处于 VLAN 20 中的主机 PC2。这种通信能够实现，无疑需要依靠路由器使用直连路由为不同 VLAN 间的流量执行转发，这就是传统 VLAN 间路由的配置。在 5.2.2 小节中，我们将演示如何配置华为路由器和交换机，通过单臂路由的方式实现 VLAN 间的通信。

5.2.2　单臂路由与路由器子接口环境的配置

我们在第 5.1.3 小节（单臂路由与路由器子接口环境）中介绍过，单臂路由解决了路由器接口消耗过大的问题，让人们得以使用一个物理接口来为多个 VLAN 间的流量提供路由转发。在本小节中，我们会通过图 5-9 所示的网络拓扑，演示如何配置华为的路由器与交换机，从而实现单臂路由环境中的流量跨 VLAN 转发。

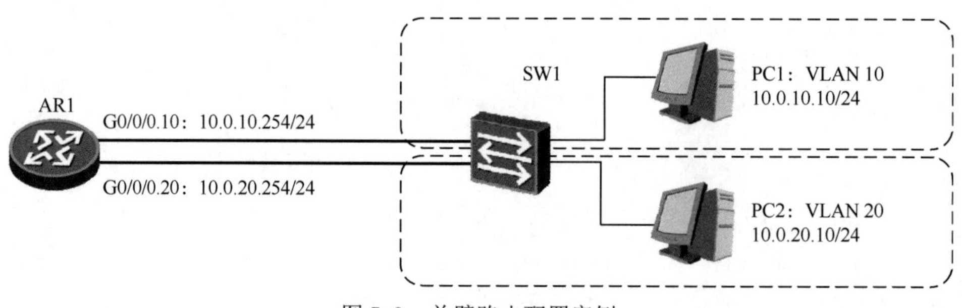

图 5-9　单臂路由配置案例

本小节的网络环境与图 5-8 所示环境只有一点区别，那就是路由器 R1 在这里并不是通过两个接口来连接交换机 SW1 的。在物理上，AR1 只通过一个物理接口（即 G0/0/0）连接到了 SW1；而在逻辑上，AR1 是通过 G0/0/0 配置的两个子接口（即 G0/0/0.10 和 G0/0/0.20）来连接 SW1 的。下面，我们演示如何在路由器 AR1 上创建子接口，并且让其中的子接口 G0/0/0.10 传输 VLAN 10 中的流量，同时让另一个子接口 G0/0/0.20 传输 VLAN 20 的流量。

例 5-6 所示即为路由器 AR1 上的配置。

例 5-6　AR1 上的配置

```
[AR1]interface g0/0/0.10
[AR1-GigabitEthernet0/0/0.10]dot1q termination vid 10
[AR1-GigabitEthernet0/0/0.10]ip address 10.0.10.254 24
[AR1-GigabitEthernet0/0/0.10]arp broadcast enable
[AR1-GigabitEthernet0/0/0.10]quit
[AR1]interface g0/0/0.20
[AR1-GigabitEthernet0/0/0.10]dot1q termination vid 20
[AR1-GigabitEthernet0/0/0.10]ip address 10.0.20.254 24
[AR1-GigabitEthernet0/0/0.10]arp broadcast enable
```

在例 5-6 中，我们首先通过命令 **interface** *interface-type interface-number. sub-interface-number* 创建了子接口并进入子接口配置视图。华为路由器上子接口编号的配置范围是 1～4096。在本例中，我们将子接口编号与 VLAN ID 保持统一，这是为了增强配置的可读性。

我们从本系列教材《网络基础》开始就一直在强调，通信的实现需要通信双方使用相同的标准。因此，要想让交换机和路由器能够通过它们之间的那条物理连接进行通信，必须确保两端的接口采用了相同的封装协议。因此，我们接下来在两个子接口的配置视图下分别使用命令 **dot1q termination** *vid* 为它们配置了 802.1Q 封装并且指定了端口的 PVID。鉴于对端的交换机端口会执行 802.1Q 封装，因此这条命令的目的正是为了确保路由器子接口能够与对端的交换机端口封装模式一致。

当接口配置了这条命令后，接口在收发数据帧时的处理原则是：接收数据帧时，路由器会剥除数据帧中携带的 VLAN 标签，之后进行三层转发；在向外转发数据帧时，是否带 VLAN 标签由出站接口决定。当这个接口发送数据帧时，路由器会将相应的 VLAN 标签添加到数据帧中再进行发送。

最后，我们在例 5-6 中配置的命令 **arp broadcast enable** 能够启用子接口的 ARP 广播功能。在默认情况下，ARP 广播功能是禁用的，也就是说子接口在接收到 ARP 广播帧后会直接丢弃。为了使子接口能够处理广播数据帧，管理员就需要在子接口上配置这条命令。

例 5-7 中展示了 AR1 的 IP 路由表。

例 5-7 查看 AR1 的 IP 路由表

```
[AR1]display ip routing-table
Route Flags: R - relay, D - download to fib
------------------------------------------------------------------------------
Routing Tables: Public
         Destinations : 6        Routes : 6

Destination/Mask    Proto   Pre  Cost      Flags NextHop     Interface

      10.0.10.0/24  Direct  0    0           D   10.0.10.254     GigabitEthernet0/0/0.10
    10.0.10.254/32  Direct  0    0           D   127.0.0.1       GigabitEthernet0/0/0.10
      10.0.20.0/24  Direct  0    0           D   10.0.20.254     GigabitEthernet0/0/0.20
    10.0.20.254/32  Direct  0    0           D   127.0.0.1       GigabitEthernet0/0/0.20
      127.0.0.0/8   Direct  0    0           D   127.0.0.1       InLoopBack0
      127.0.0.1/32  Direct  0    0           D   127.0.0.1       InLoopBack0
```

从例 5-7 显示的验证命令中我们可以看出，AR1 将两条子接口的直连路由添加到了 IP 路由表中，因此路由表中多出了阴影部分标识的两条路由。

路由器的配置和验证操作已经完成。接下来，我们需要在交换机 SW1 上进行配置，具体的配置命令如例 5-8 所示。

例 5-8 SW1 上的配置

```
[SW1]vlan batch 10 20
[SW1]interface g0/0/1
[SW1-GigabitEthernet0/0/1]port link-type trunk
[SW1-GigabitEthernet0/0/1]port trunk allow-pass vlan 10 20
[SW1-GigabitEthernet0/0/1]quit
[SW1]interface e0/0/10
[SW1-Ethernet0/0/10]port link-type access
[SW1-Ethernet0/0/10]port default vlan 10
[SW1-Ethernet0/0/10]quit
[SW1]interface e0/0/20
[SW1-Ethernet0/0/20]port link-type access
[SW1-Ethernet0/0/20]port default vlan 20
```

在 SW1 的配置中，我们仍旧先配置两个 VLAN，这次我们使用了批量创建 VLAN 的命令 **vlan batch 10 20**，通过一条命令创建了两个 VLAN。主机接口的配置与例 5-3 中相同，唯一不同的是连接路由器 AR1 的接口配置。

在本例中，为了节省路由器 AR1 和交换机 SW1 上的接口资源，我们只通过一条物理链路连接了这两台设备，并且为此在路由器上创建了子接口。所以，我们需要使用接口

视图的命令 **port link-type trunk** 将 SW1 连接 AR1 的接口 G0/0/1 配置为 Trunk 接口，让这个端口有能力承载不同 VLAN 中的流量，并使用命令 **port trunk allow-pass vlan 10 20**，放行 VLAN 10 和 VLAN 20 的流量。

在完成配置之后，我们通过例 5-9 查看了 SW1 上此时的 VLAN 信息

例 5-9 查看 SW1 上的 VLAN

```
[SW1]display vlan
The total number of vlans is : 3
--------------------------------------------------------------------------------
U: Up;          D: Down;          TG: Tagged;          UT: Untagged;
MP: Vlan-mapping;                 ST: Vlan-stacking;
#: ProtocolTransparent-vlan;      *: Management-vlan;
--------------------------------------------------------------------------------


VID  Type     Ports
--------------------------------------------------------------------------------
1    common   UT:Eth0/0/1(D)      Eth0/0/2(D)      Eth0/0/3(D)      Eth0/0/4(D)
                 Eth0/0/5(D)      Eth0/0/6(D)      Eth0/0/7(D)      Eth0/0/8(D)
                 Eth0/0/9(D)      Eth0/0/11(D)     Eth0/0/12(D)     Eth0/0/13(D)
                 Eth0/0/14(D)     Eth0/0/15(D)     Eth0/0/16(D)     Eth0/0/17(D)
                 Eth0/0/18(D)     Eth0/0/19(D)     Eth0/0/21(D)     Eth0/0/22(D)
                 GE0/0/1(U)       GE0/0/2(D)

10   common   UT:Eth0/0/10(U)

              TG:GE0/0/1(U)

20   common   UT:Eth0/0/20(U)

              TG:GE0/0/1(U)


VID  Status  Property      MAC-LRN Statistics Description
--------------------------------------------------------------------------------


1    enable  default       enable  disable    VLAN 0001
10   enable  default       enable  disable    VLAN 0010
20   enable  default       enable  disable    VLAN 0020
```

在例 5-9 显示的验证命令中我们可以看出，VLAN 10 和 VLAN 20 中都包含接口 G0/0/1，并且该接口是以携带 VLAN 标签的形式（TG）允许 VLAN 10 和 VLAN 20 的流量通行。例

5-10 通过从 PC1 上向 PC2 发起 ping 测试的方式，验证了实验的结果。

例 5-10　验证配置结果

```
PC1>ping 10.0.20.10

Ping 10.0.20.10: 32 data bytes, Press Ctrl_C to break
From 10.0.20.10: bytes=32 seq=1 ttl=127 time=266 ms
From 10.0.20.10: bytes=32 seq=2 ttl=127 time=78 ms
From 10.0.20.10: bytes=32 seq=3 ttl=127 time=94 ms
From 10.0.20.10: bytes=32 seq=4 ttl=127 time=78 ms
From 10.0.20.10: bytes=32 seq=5 ttl=127 time=93 ms

--- 10.0.20.10 ping statistics ---
  5 packet(s) transmitted
  5 packet(s) received
  0.00% packet loss
  round-trip min/avg/max = 78/121/266 ms
```

从例 5-10 的验证结果可以看出，通过在 AR1 上使用子接口，我们同样可以实现两个 VLAN 之间的通信。这种方法可以大大节省路由器的物理接口数量。

5.3　三层交换技术

不知道读者在看到图 5-6 所示的物理连接方式时，是否会感到路由器在 VLAN 间路由的环境中所发挥的作用显得有些多余。从纯物理的角度上看，交换机为了让两台自己直连的主机能够实现跨 VLAN 的通信，不得不舍近求远。而舍近求远，正是因为图中的二层交换机不具备三层转发能力，无法根据数据包的目的 IP 地址查看自己的路由表，以此作为向另一个网段中转发数据的依据。于是，二层交换机也就无法成为其所连主机的网关，它需要一台能够实现路由转发的设备来给自己连接的主机充当网关。

一个自然而然的设想是，如果在二层交换机中集成路由器的三层数据转发功能，那么一台交换机就不仅能够给连接在同一个 VLAN 中的主机提供基于 MAC 地址的数据帧转发，还可以在内部消化掉整个 VLAN 间路由所需的三层数据包转发。这就是我们本节要介绍的重点内容。

5.3.1　三层交换概述

在前面几章中，我们分别介绍了路由器对数据包执行 IP 转发的方式，以及交换机对数据帧执行二层转发的方式。在这里，我们不妨对这两种处理方式进行一个简单的比较。

简单地说，如果不考虑MAC地址表条目过期的问题，那么只有第一个来自于某个源MAC地址的数据帧，会改变交换机此后的转发行为（因为交换机在将一个新的MAC地址添加到自己的MAC地址表之后，再为以这个MAC地址作为目的MAC地址的数据帧执行转发时，就会由此前的VLAN内部泛洪改为执行转发）。至于交换机对其他数据帧的操作，无非是根据其目的MAC地址是否完全匹配自己MAC地址表中的条目，以及（若匹配）该条目所对应的端口是否为数据帧的入站接口这两点作出转发、泛洪和丢弃的决策。从这个角度来看，对于大多数学习过算法课程的学生来说，二层交换机的转发流程完全可以用短短几行伪代码描述出来。

然而，路由器的操作要比这种方式复杂得多。即使忽略本系列教材后文中介绍的访问控制列表（ACL）和网络地址转换（NAT），乃至一些本系列教材不会涉及的更加复杂的操作，仅仅只考虑路由器相互学习路由和根据最长匹配原则判断数据包出站接口的过程，也远比交换机执行交换操作的逻辑复杂得多。此外，路由器是一类旨在连接异构网络的设备，因此它必须在各层支持大量不同的协议和标准；而交换机旨在连接同构网络，因此交换机处理的数据在它所在的分层看来也是同质化的。

一言以蔽之，相比于路由操作（routing），交换操作（switching）是一项高度程式化的固定流程。因此，从20世纪90年代开始，网桥/交换机厂商就已经逐步把数据交换的工作（包括根据MAC地址表匹配数据帧MAC地址和执行数据帧转发），由CPU转移给了特定用途集成电路（ASIC）。结合我们在《网络基础》中第2章曾经介绍过的概念，这就是说，交换机对数据帧执行的是硬件处理/转发。然而，同一时期的路由器则是采用软件实现IP层数据包转发的。关于软件处理/转发也曾经在《网络基础》第2章中提到过，即软件处理就是由CPU执行数据处理。两种处理方式相比，对数据执行硬件转发的速度明显高于执行软件转发的速度。

后来，出现了一种在传统以太网交换机的基础上添加专用路由转发硬件的设备。这类设备不仅继承了传统二层以太网交换机通过硬件处理局域网内部流量的做法，而且可以通过ASIC实现对数据包的路由。**这种集成了三层数据包转发功能的交换机被称为三层交换机**。随着通过ASIC（和网络处理器）开始大量应用于路由器，路由器和交换机之间的界限已经变得十分模糊。

三层交换机本身提供了路由功能，因此三层交换机不需要借助路由器来转发不同VLAN之间的流量。三层交换机本身就拥有大量的高速端口，因此三层交换机也可以直接连接大量终端设备。换句话说，一台三层交换机就可以实现将终端隔离在不同的VLAN中，同时为这些终端提供VLAN间路由的功能。

既然三层交换机提供了这样的功能，那么如何通过配置来实现这样的功能就成了我们在 5.3 节中需要讨论的话题。在演示具体的配置之前，我们先通过 5.3.2 节介绍一下通过三层交换机实现 VLAN 间路由的网络环境，以及在三层交换机 VLAN 间路由环境中需要用到的一类特殊的虚拟接口概念。

5.3.2 三层交换机与 VLANIF 接口环境

首先，无论三层交换机还是二层交换机，创建 VLAN 并且根据设计方案将各个接口划分到不同的 VLAN 中，其配置方法都是相同的；其次，无论交换机还是路由器，路由部分的配置方法和命令也相差无几。

于是，我们唯一的问题还是三层接口的配置方法。无论路由器还是三层交换机，如果没有能够分配 IP 地址的三层接口，就不具备成为终端网关设备的能力。因此，仅仅配置了三层交换机用来连接终端的端口还不够，因为这些交换机端口都是工作在 Access 模式下的二层端口。如果读者还不能理解网络中此时需要三层接口的话，只需要想一想我们当前应该如何配置 4 台 PC 的默认网关地址就会发现：如果没有三层接口，VLAN 11 和 VLAN 17 这两个网段中的终端设备就没有默认网关，进而无法实现跨子网的三层通信。

实际上，我们目前面临的问题和单臂路由的设计方案多少有些类似：VLAN 间路由的实现需要给每个 VLAN 分配一个独立的三层接口作为网关，而三层交换机的环境中并没有用三层物理接口连接各个 VLAN。所以，三层交换机环境中 VLAN 间路由的解决方案也和单臂路由环境相似：我们还是需要通过虚拟化的手段为每个 VLAN 分配一个虚拟的三层接口。

为此，三层交换机提供了一种特性，让工程师可以直接通过配置命令来创建虚拟 VLAN 接口（简称 SVI 接口）。这些虚拟 VLAN 接口是在三层交换机上创建出来的，因此三层交换机会视之为直连接口，而将它们所在的网段作为直连路由填充在路由表中。同时，这些虚拟 VLAN 接口又和对应 VLAN 中的物理二层端口处于同一个子网中。基于这两点，这些虚拟 VLAN 接口就十分适合充当该 VLAN 所连接设备的网关。图 5-10 所示为三层交换机 VLAN 间路由环境的示意图。

如图 5-10 所示，终端设备与交换机之间的物理连接与使用二层交换机时没有区别。区别在于三层交换机内部需要通过一个虚拟的三层接口（即 SVI 接口），来建立各个 VLAN 与路由引擎之间的关联。通过上述环境所对应的逻辑拓扑可以看出，三层交换机 VLAN 间路由环境中的虚拟接口 VLANIF11 和 VLANIF17，与传统 VLAN 间路由环境中的物理接口或者单臂路由环境中的逻辑子接口，在 VLAN 间路由中所发挥的作用是相同的。

图 5-10 所对应的逻辑拓扑如图 5-11 所示。

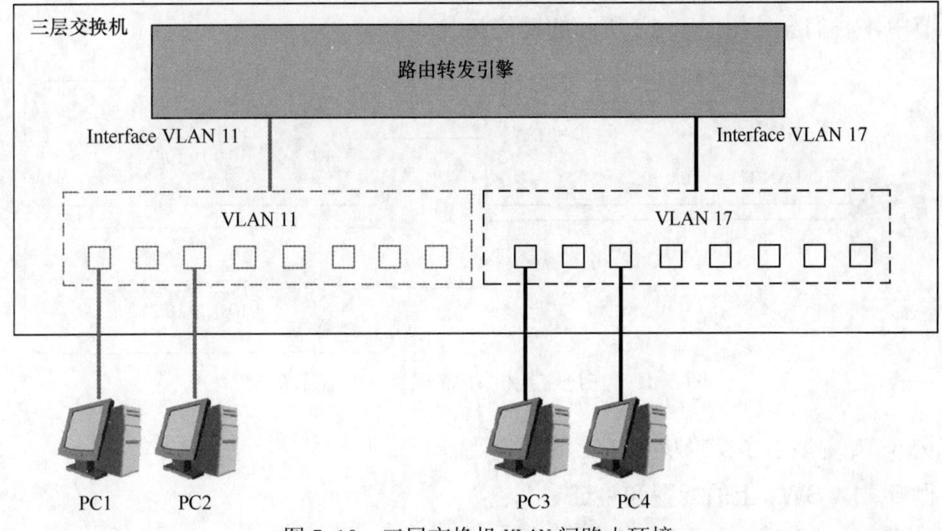

图 5-10 三层交换机 VLAN 间路由环境

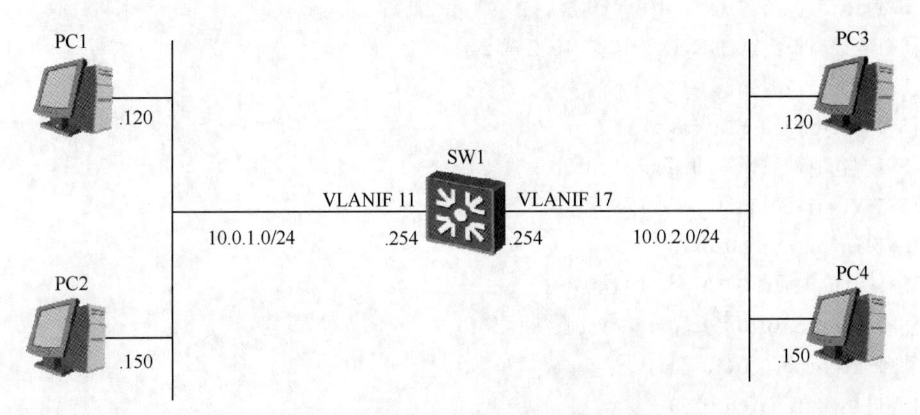

图 5-11 三层交换机的 VLAN 间路由环境

在三层交换机上通过 VLANIF 接口实现 VLAN 间路由，所有数据转发都在交换机内通过内部专用硬件完成，不需要借助外部设备和外部链路进行转发。因此，无论是转发效率还是扩展性都远比通过单臂路由实现 VLAN 间路由的设计方案更优，就连工程师的管理与配置工作也是在一台三层交换机上完成，比在多台不同设备上操作更加简单。随着三层交换机的性价比越来越高，这种设计方案已经成为各个园区网实现 VLAN 间路由方案的首选。

5.3.3 三层交换机 VLAN 间路由的配置

在本小节中，我们抛开路由器，介绍如何通过三层交换机实现 VLAN 间路由。我们在前文中曾经介绍过，三层交换机是具备路由功能的交换机，管理员在三层交换机上可以设置虚拟 VLAN 接口（VLANIF 接口）。这类接口相当于每个 VLAN 的三层逻辑接口，可以充当相应 VLAN 中主机的默认网关，也可以通过这些 VLANIF 接口实现 VLAN 间路由。在本小节中，我们会使用图 5-12 所示的网络拓扑。

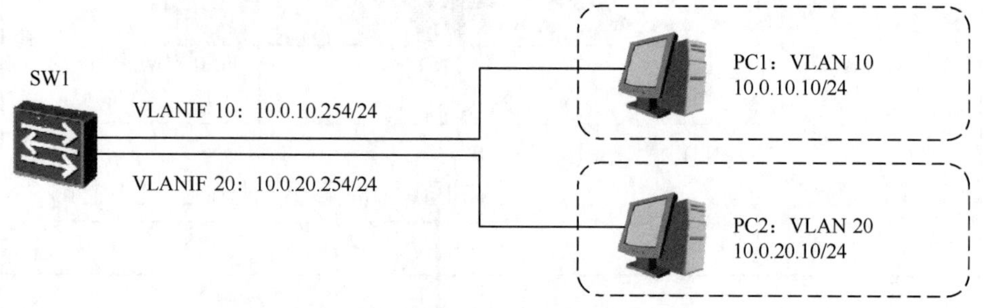

图 5-12 三层交换机 VLAN 间路由配置示意图

例 5-11 中展示了交换机 SW1 上的配置。

例 5-11 SW1 上的配置和验证

```
[SW1]vlan batch 10 20
[SW1]interface Vlanif 10
[SW1-Vlanif10]ip address 10.0.10.254 24
[SW1-Vlanif10]quit
[SW1]interface Vlanif 20
[SW1-Vlanif20]ip address 10.0.20.254 24
[SW1-Vlanif20]quit
[SW1]interface e0/0/10
[SW1-Ethernet0/0/10]port link-type access
[SW1-Ethernet0/0/10]port default vlan 10
[SW1-Ethernet0/0/10]quit
[SW1]interface e0/0/20
[SW1-Ethernet0/0/20]port link-type access
[SW1-Ethernet0/0/20]port default vlan 20
```

在例 5-11 的配置中，我们首先创建了两个 VLAN：VLAN 10 和 VLAN 20，然后通过系统视图的命令 **interface Vlanif** *vlan-id* 为 VLAN 10 和 VLAN 20 分别创建了一个 VLANIF 接口：VLANIF 10 和 VLANIF 20。注意，VLANIF 接口的编号必须与 VLAN ID 一一对应。另外，VLAN 中的主机会以相应的 VLANIF 接口 IP 地址作为自己的默认网关。

例 5-12 中查看了 SW1 上的 VLAN 信息。

例 5-12 查看 SW1 上的 VLAN

```
[SW1]display vlan
The total number of vlans is : 3
--------------------------------------------------------------------------------
U: Up;          D: Down;          TG: Tagged;          UT: Untagged;
MP: Vlan-mapping;                 ST: Vlan-stacking;
#: ProtocolTransparent-vlan;      *: Management-vlan;
```

```
--------------------------------------------------------------------------------
VID  Type    Ports
--------------------------------------------------------------------------------
1    common  UT:Eth0/0/1(D)      Eth0/0/2(D)      Eth0/0/3(D)      Eth0/0/4(D)
                Eth0/0/5(D)      Eth0/0/6(D)      Eth0/0/7(D)      Eth0/0/8(D)
                Eth0/0/9(D)      Eth0/0/11(D)     Eth0/0/12(D)     Eth0/0/13(D)
                Eth0/0/14(D)     Eth0/0/15(D)     Eth0/0/16(D)     Eth0/0/17(D)
                Eth0/0/18(D)     Eth0/0/19(D)     Eth0/0/21(D)     Eth0/0/22(D)
                GE0/0/1(D)       GE0/0/2(D)

10   common  UT:Eth0/0/10(U)

20   common  UT:Eth0/0/20(U)


VID  Status  Property      MAC-LRN Statistics Description
--------------------------------------------------------------------------------

1    enable  default       enable  disable    VLAN 0001
10   enable  default       enable  disable    VLAN 0010
20   enable  default       enable  disable    VLAN 0020
```

在命令**display vlan**的输出内容中我们可以看出，SW1上只有两个接口分别加入了VLAN 10和VLAN 20，这也是两个连接主机PC1和PC2的接口，VLANIF接口作为三层接口并没有（也不会）出现在这里。

三层交换机具有路由功能，因此我们可以配置三层接口（比如本例中的VLANIF虚拟接口），还可以查看它的IP路由表，详见例5-13。

例5-13　查看SW1的IP路由表

```
[SW1]display ip routing-table
Route Flags: R - relay, D - download to fib
------------------------------------------------------------------------------
Routing Tables: Public
         Destinations : 6        Routes : 6

Destination/Mask    Proto   Pre  Cost      Flags NextHop         Interface


      10.0.10.0/24  Direct  0    0           D   10.0.10.254     Vlanif10
    10.0.10.254/32  Direct  0    0           D   127.0.0.1       Vlanif10
      10.0.20.0/24  Direct  0    0           D   10.0.20.254     Vlanif20
```

```
    10.0.20.254/32  Direct  0    0         D   127.0.0.1        Vlanif20
      127.0.0.0/8   Direct  0    0         D   127.0.0.1        InLoopBack0
      127.0.0.1/32  Direct  0    0         D   127.0.0.1        InLoopBack0
```

从命令 **display ip routing-table** 的输出内容中我们可以看到，SW1 将两个 VLANIF 接口的直连路由加入了 IP 路由表，并以此实现 VLAN 间路由。

例 5-14 中通过 PC1 验证了其与 PC2 之间的连通性。

例 5-14　验证配置结果

```
PC1>ping 10.0.20.10


Ping 10.0.20.10: 32 data bytes, Press Ctrl_C to break
From 10.0.20.10: bytes=32 seq=1 ttl=127 time=78 ms
From 10.0.20.10: bytes=32 seq=2 ttl=127 time=47 ms
From 10.0.20.10: bytes=32 seq=3 ttl=127 time=47 ms
From 10.0.20.10: bytes=32 seq=4 ttl=127 time=31 ms
From 10.0.20.10: bytes=32 seq=5 ttl=127 time=31 ms


--- 10.0.20.10 ping statistics ---
  5 packet(s) transmitted
  5 packet(s) received
  0.00% packet loss
  round-trip min/avg/max = 31/46/78 ms
```

最后的测试结果显示，PC1 能够成功 ping 通 PC2——本小节通过三层交换机的 VLANIF 接口实现了 VLAN 间路由。

5.4　VLAN 间路由的排错

在本教材第 4 章静态路由的排错部分，我们着重展示了子网掩码的配置错误，以此来强调子网掩码的重要性以及配置错误时会引发的问题。在第 4 章中，虽然我们按照不同用户的描述一步一步判断出问题有可能出现的范围，并通过命令验证自己的判断最终找到了问题，并解决了故障，但第 4 章没有明确描述排错的具体思路。从本章开始，我们所维护的网络范围会变得越来越大，用来实现数据包路由的手段也不再是管理员的静态指定，而将开始使用动态路由协议，如 RIP，甚至更为复杂的 OSPF。网络规模越大，想要实现快速精准的排错难度就越大。为了将排错工作流程化，我们在本小节中会首先介绍网络排错的主要思路，然后再针对本章介绍的 VLAN 间路由知识，设计出与之相关的几种故障案例，让读者能够更好地体会网络排错的原则。

接下来，我们先介绍网络排错的思路。

步骤1 收集故障信息。故障信息的来源可能是网管监控系统的自动报警，也可能是终端用户的投诉。

从网管监控系统收集到的故障信息最为精确，其是执行故障恢复的最好指导。但监控哪些信息以及每个信息的紧急程度等，都需要管理员根据网络环境进行权衡。从终端用户收到的故障信息往往最不准确，这时需要管理员进一步与用户沟通并尝试重现故障，以此获得更多有用信息。这就像第4章静态路由的排错部分举出的案例那样：每个部门的每位员工，在描述他/她们的网络体验时往往都不相同，管理员需要从用户的描述中提取重要信息，进一步判断问题有可能出现的位置，这就是网络排错中的下一个步骤：隔离故障。

步骤2 定位故障点。管理员需要根据步骤1中收集到的信息，判断出故障所影响的范围，并最终定位到引发故障的中心点设备。

如果说步骤1收集故障信息是一个从少到多的过程，那么步骤2隔离故障就是一个从大到小的过程。这两个步骤有时需要穿插进行，一点一点地缩小故障的范围，最终实现精确的故障定位，这是排错过程中最关键也是最困难的环节。

步骤3 提出解决方案并进行测试。通过前两个步骤精确定位到引发故障的设备或服务后，管理员需要提出能够恢复网络功能的解决方案。解决方案需要精确到配置命令以及每一个细小的操作，并且还要考虑变更不成功后的回退方案。由于有时在生产网络中不便进行变更前测试，因此回退方案与变更方案同样重要。

步骤4 实施变更并进行测试。管理员按照步骤3提出的解决方案，按步骤实施变更，在变更结束后针对之前的故障现象进行测试，确保故障已得到解决。

在这一步中，管理员首先需要确定实施变更的时间点，是立即变更还是延迟变更的时间，这取决于故障的紧急程度以及变更对于网络的影响程度，管理员需要在这两者之间进行权衡。在生产环境中的大多数排错变更都需要在非工作时间进行，尽量把故障以及变更对于网络的影响降到最低。

上述4个步骤提供了网络故障排查和解决的基本思路。在网络发生问题时，管理员可以按照这些步骤来对网络问题进行排查。但在网络发生问题前以及在网络故障解决后，管理员仍有一些工作要做。比如，在网络建设完成之后，管理员要建立完善的网络文档，其中包括物理拓扑、逻辑拓扑、设备列表、IP地址与VLAN的规划、机房布局图等。又如，故障解决后，管理员要建立问题知识库，其中包括总结故障原因、解决方案、预防措施等。这些内容远超过了本书的范畴，接下来让我们回到VLAN间路由的排错上。

在第4章静态路由的排错小节中，我们已经领略过IP地址/子网掩码配置错误带来的危害，本小节不再讲述这类问题，而是主要针对VLAN间路由的配置问题进行总结和说明。下面我们会依次展示三种VLAN间路由环境中容易出现问题的故障点，并一一进行说明。

环境一：传统 VLAN 间路由环境

在传统 VLAN 间路由环境中，我们通过图 5-13 展示出这个案例使用的拓扑，以及管理员需要着重关注的配置信息。

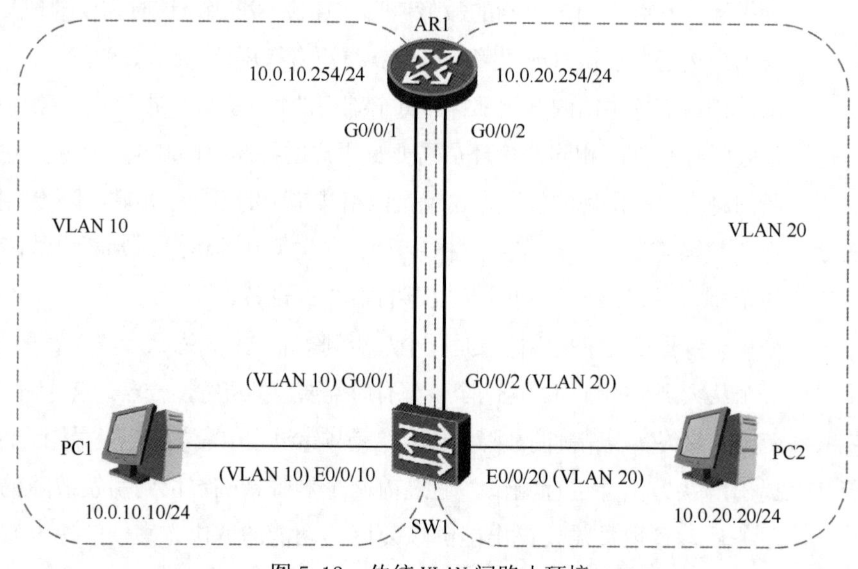

图 5-13　传统 VLAN 间路由环境

图 5-13 所示拓扑是正确的 VLAN 和 IP 地址规划方案，我们可以通过图中的内容总结出表 5-1 和表 5-2 的内容，以此来展示交换机接口、VLAN 与 IP 地址之间的对应关系。

表 5-1　交换机接口与 VLAN 对应表

交换机接口	VLAN
E0/0/10	VLAN 10
E0/0/20	VLAN 20
G0/0/1	VLAN 10
G0/0/2	VLAN 20

表 5-2　VLAN 与 IP 地址对应表

VLAN	IP 地址	网关地址
VLAN 10	10.0.10.0/24	10.0.10.254/24
VLAN 20	10.0.20.0/24	10.0.20.254/24

现在管理员已经按照设计需求，完成了路由器、交换机和主机上的配置，但其中有一处配置错误导致 PC1 用户投诉说自己无法与 PC2 进行通信。管理员可以按照以下步骤进行排错。

步骤 1　首先检查 PC1、PC2 与各自网关之间的连通性。具体做法是从路由器上对 PC1 和 PC2 发起 ping 测试，见例 5-15。

例 5-15　从路由器 AR1 上向 PC1 发起 ping 测试

```
[AR1]ping 10.0.10.10
  PING 10.0.10.10: 56  data bytes, press CTRL_C to break
    Request time out
    Request time out
    Request time out
    Request time out
    Request time out

  --- 10.0.10.10 ping statistics ---
    5 packet(s) transmitted
    0 packet(s) received
    100.00% packet loss

[AR1]ping 10.0.20.20
  PING 10.0.20.20: 56  data bytes, press CTRL_C to break
    Reply from 10.0.20.20: bytes=56 Sequence=1 ttl=128 time=310 ms
    Reply from 10.0.20.20: bytes=56 Sequence=2 ttl=128 time=130 ms
    Reply from 10.0.20.20: bytes=56 Sequence=3 ttl=128 time=110 ms
    Reply from 10.0.20.20: bytes=56 Sequence=4 ttl=128 time=90 ms
    Reply from 10.0.20.20: bytes=56 Sequence=5 ttl=128 time=70 ms

  --- 10.0.20.20 ping statistics ---
    5 packet(s) transmitted
    5 packet(s) received
    0.00% packet loss
    round-trip min/avg/max = 70/142/310 ms
```

从 ping 测试结果看来，PC1 与 AR1 之间的通信是存在问题的。这样，我们就把故障范围限定在了 AR1 与 PC1 之间。

步骤 2　接下来，检查 AR1 G0/0/1 接口和 PC1 上的 IP 地址/子网掩码配置。管理员在这一步检查的结果是：配置无误。通过这一步操作，我们进一步把故障范围限定在了 SW1 上。

步骤 3　检查 SW1 上的 VLAN 配置，重点查看 VLAN 中的接口，见例 5-16 所示。

例 5-16　检查 SW1 上的配置

```
[SW1]display vlan
The total number of vlans is : 3
--------------------------------------------------------------------------------
U: Up;          D: Down;         TG: Tagged;          UT: Untagged;
MP: Vlan-mapping;                ST: Vlan-stacking;
```

```
#: ProtocolTransparent-vlan;    *: Management-vlan;
-------------------------------------------------------------------------------

VID  Type    Ports
-------------------------------------------------------------------------------
1    common  UT:Eth0/0/1(D)     Eth0/0/2(D)     Eth0/0/3(D)     Eth0/0/4(D)
                Eth0/0/5(D)     Eth0/0/6(D)     Eth0/0/7(D)     Eth0/0/8(D)
                Eth0/0/9(D)     Eth0/0/10(U)    Eth0/0/11(D)    Eth0/0/12(D)
                Eth0/0/13(D)    Eth0/0/14(D)    Eth0/0/15(D)    Eth0/0/16(D)
                Eth0/0/17(D)    Eth0/0/18(D)    Eth0/0/19(D)    Eth0/0/20(U)
                Eth0/0/21(D)    Eth0/0/22(D)    GE0/0/1(U)      GE0/0/2(U)

10   common  UT:Eth0/0/10(U)

20   common  UT:Eth0/0/20(U)    GE0/0/2(U)


VID  Status  Property      MAC-LRN Statistics Description
-------------------------------------------------------------------------------

1    enable  default       enable  disable    VLAN 0001
10   enable  default       enable  disable    VLAN 0010
20   enable  default       enable  disable    VLAN 0020
```

我们从例 5-16 中的命令输出信息可以看出，VLAN 10 中只有一个接口，即连接 PC1 的 E0/0/10 接口，而没有连接 AR1 的 G0/0/1 接口。这时我们可以确定问题出在 SW1 的 G0/0/1 接口的配置上。

步骤 4 详细查看 SW1 的 G0/0/1 配置，发现配置中的错误，详见例 5-17。

例 5-17 检查 SW1 的 G0/0/1 接口配置

```
[SW1]display current-configuration interface g0/0/1
#
interface GigabitEthernet0/0/1
#
return
[SW1]display current-configuration interface e0/0/10
#
interface Ethernet0/0/10
 port hybrid pvid vlan 10
 port hybrid untagged vlan 10
#
return
```

从例 5-17 的命令输出信息中我们可以看出，G0/0/1 上没有任何配置信息，这也是导致 PC1 通信故障的原因。因为 G0/0/1 的默认 PVID 是 VLAN 1，它目前也只能转发 VLAN 1 的流量，导致 AR1 与 PC1 不在同一个 VLAN 中，从而也就无法进行通信。接下来管理员只需要按照 E0/0/10 接口的配置，把 G0/0/1 接口的配置补全，这个故障就得到了恢复。

步骤 5　验证变更结果，详见例 5-18。

例 5-18　在 SW1 和 PC1 上验证变更结果

```
[SW1]display current-configuration interface g0/0/1
#
interface GigabitEthernet0/0/1
 port hybrid pvid vlan 10
 port hybrid untagged vlan 10
#
return
[SW1]
PC>ping 10.0.20.20

Ping 10.0.20.20: 32 data bytes, Press Ctrl_C to break
Request timeout!
From 10.0.20.20: bytes=32 seq=2 ttl=127 time=78 ms
From 10.0.20.20: bytes=32 seq=3 ttl=127 time=78 ms
From 10.0.20.20: bytes=32 seq=4 ttl=127 time=78 ms
From 10.0.20.20: bytes=32 seq=5 ttl=127 time=78 ms

--- 10.0.20.20 ping statistics ---
  5 packet(s) transmitted
  4 packet(s) received
  20.00% packet loss
  round-trip min/avg/max = 0/78/78 ms

PC>
```

我们按照本小节开篇总结的排错步骤，从用户的投诉（PC1 无法访问 PC2）开始，一边判断有可能发生问题的地方，一边通过适当的命令验证我们的每一步猜测。这样反复分析验证几次后，最终定位到了问题的根源。

环境二：单臂路由与路由器子接口环境

这个环境与传统 VLAN 间路由环境非常相似，只是为了节省接口资源，我们把交换机连接路由器的链路缩减为 1 条，并在路由器上通过子接口的形式为不同 VLAN 提供 VLAN 间路由。

在这里我们不再设置问题一一进行排查，只是根据图 5-14 所示拓扑，一一指出这个环境中最有可能导致 VLAN 间路由问题的地方。

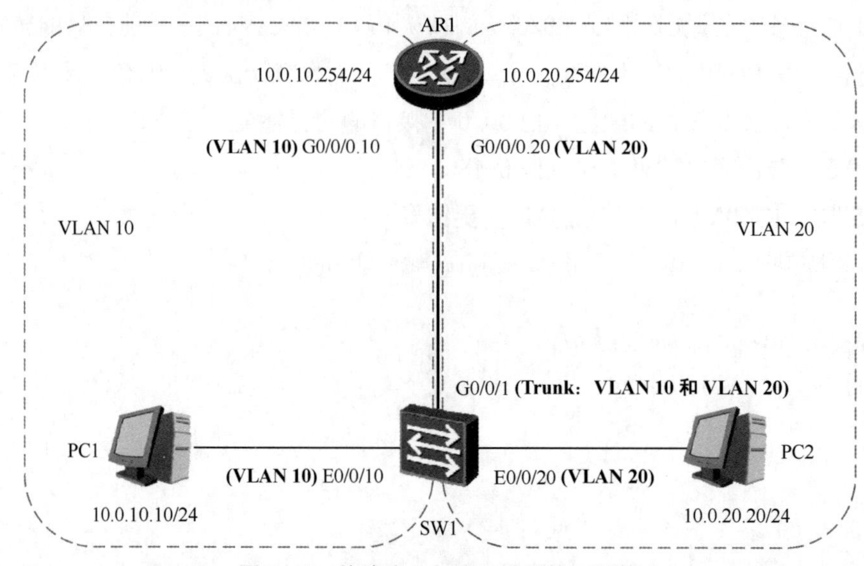

图 5-14　单臂路由与路由器子接口环境

在图 5-14 所示的环境中，除了要确保交换机 SW1 上连接路由器 AR1、PC1 和 PC2 的接口配置正确外，管理员还要关注路由器 AR1 上的子接口配置，特别要注意在 G0/0/0.10 和 G0/0/0.20 子接口下的 VLAN 配置。

我们可以通过图 5-14 中的内容，总结出表 5-3 和表 5-4 的内容，以此来展示交换机接口、VLAN 与 IP 地址之间的对应关系。

表 5-3　　接口与 VLAN 对应表

交换机接口	VLAN
E0/0/10	VLAN 10
E0/0/20	VLAN 20
G0/0/1	VLAN 10 20
路由器接口	**VLAN**
G0/0/0.10	VLAN 10
G0/0/0.20	VLAN 20

表 5-4　　VLAN 与 IP 地址对应表

VLAN	IP 地址	网关地址
VLAN 10	10.0.10.0/24	10.0.10.254/24
VLAN 20	10.0.20.0/24	10.0.20.254/24

在这种环境中，若管理员判断出网络故障是由 VLAN 间路由引发的，则可以着重检查以下信息的配置。

（1）检查路由器 AR1 上的子接口配置，重点查看 VLAN 配置和 IP 地址配置。

（2）检查交换机 SW1 上的接口配置，重点查看连接路由器 AR1 的接口配置。如果该接口封装的是 Trunk，要确保接口上放行了 VLAN 10 和 VLAN 20 的流量；如果该接口封装的是Hybrid，要确保接口是以携带标签的方式发送 VLAN 10 和 VLAN 20 的流量；然后还要检查 SW1 上连接 PC1 和 PC2 的接口配置。

（3）检查 PC1 和 PC2 的配置，重点检查 IP 地址/子网掩码以及网关的配置。

在这个环境中，路由器 AR1 上的配置比传统 VLAN 间路由环境的配置要复杂一点，因此也需要管理员格外留意路由器的配置。这里还有一点需要说明，路由器子接口的编号不必与它所对应的 VLAN ID 相匹配。管理员在这种环境中进行故障排查时，要根据真实环境中使用的子接口 ID 和 VLAN ID 的对应关系进行检查。

环境三：三层交换机环境

使用三层交换机实现 VLAN 间路由是越来越普遍的做法，使用这种方式的好处在前文中已经介绍过，这里不再赘述。接下来我们通过图 5-15 所示环境，具体说明在三层交换机 VLAN 间路由环境中容易出现问题的地方。

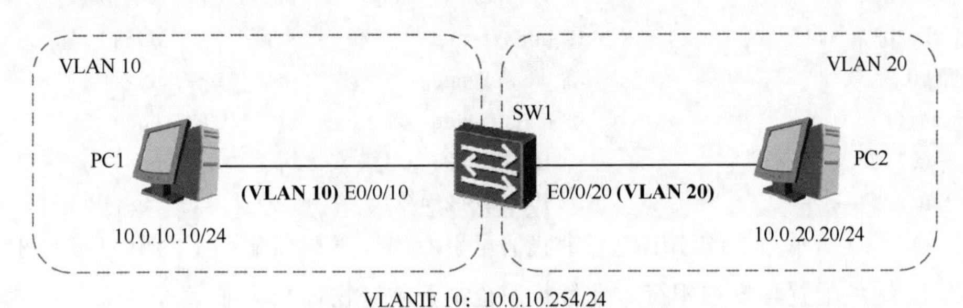

图 5-15　三层交换机 VLAN 间路由环境

我们可以通过图 5-15 中的内容总结出表 5-5 和表 5-6 的内容，以此来展示交换机接口、VLAN 与 IP 地址之间的对应关系。

表 5-5　　接口与 VLAN 对应表

交换机接口	VLAN
E0/0/10	VLAN 10
E0/0/20	VLAN 20

表 5-6　　VLAN 与 IP 地址对应表

VLAN	IP 地址	网关地址
VLAN 10	10.0.10.0/24	10.0.10.254/24
VLAN 20	10.0.20.0/24	10.0.20.254/24

在使用三层交换机的 VLANIF 接口实现 VLAN 间路由的环境中，由于涉及设备数量减少了，连接线路数量减少了，涉及接口的数量也减少了，因此容易出现问题的地方也减少了。当管理员确定问题出现在与三层交换机相关的 VLAN 间路由上时，可以重点查看以下信息的配置。

（1）检查交换机 SW1 上虚拟 VLANIF 接口的 IP 地址/子网掩码配置。此时，管理员可以使用命令 **display ip interface brief** 进行查看，详见例 5-19。

例 5-19　检查 VLANIF 接口的配置

```
[SW1]display ip interface brief
*down: administratively down
^down: standby
(l): loopback
(s): spoofing
The number of interface that is UP in Physical is 4
The number of interface that is DOWN in Physical is 1
The number of interface that is UP in Protocol is 3
The number of interface that is DOWN in Protocol is 2

Interface                          IP Address/Mask      Physical   Protocol
MEth0/0/1                          unassigned           down       down
NULL0                              unassigned           up         up(s)
Vlanif1                            unassigned           up         down
Vlanif10                           10.0.10.254/24       up         up
Vlanif20                           10.0.20.254/24       up         up
```

从例 5-19 所示命令的输出内容中我们可以看出，管理员配置了两个 VLANIF 接口，它们的 IP 地址配置与规划相符，并且状态也都正常（物理 Up，协议 Up）。

（2）检查交换机 SW1 上连接 PC1 和 PC2 的接口配置，重点查看 VLAN 的配置信息。

（3）检查 PC1 和 PC2 的配置，重点检查 IP 地址/子网掩码以及网关的配置。

通过本小节展示的排错步骤和示例我们可以看出，就配置错误而言，如果网络设计方案足够详尽，配置错误是很好被定位并修复的。希望读者能够根据本小节提供的排错步骤和操作演示，熟悉网络排错的主要思路和步骤，并在之后章节的实验环境中尝试利用这种排错思路排查自己有可能犯下的配置错误。

5.5　本章总结

本章从对比物理拓扑与逻辑拓扑之间的异同开始，相对详细地介绍了 VLAN 间路由的理论基础知识以及它的各种实现方式。具体来说，我们在这一章中介绍了三种典型的 VLAN 间路由环境，即传统 VLAN 间路由、单臂路由和通过三层交换机实现的 VLAN 间路由。在对比这三种 VLAN 间路由环境的过程中，我们提到了虚拟化类技术在这些简单环境中的应用，以及它们对应的配置方法。尽管在传统 VLAN 间路由、单臂路由和通过三层交换机实现的 VLAN 间路由这三种环境中，VLAN 间路由的配置过程越来越抽象，但后两种环境中用到的子接口和 VLANIF 接口的概念，却是读者在 VLAN 间路由之外通过本章应该掌握的另外两个重要概念。在本章的最后，我们还通过 5.4 节的内容介绍并演示了如何对 VLAN 间路由的环境进行排错。

5.6　练习题

一、选择题

1．能够用来实现 VLAN 间路由的设备有哪些？（多选）（　　）

A．集线器　　B．网桥

C．二层交换机　　D．三层交换机

E．路由器

2．以下有关传统 VLAN 间路由的说法中，正确的是？（　　）

A．一个 VLAN 占用一个路由器物理接口　　B．多个 VLAN 占用一个路由器物理接口

C．一个 VLAN 占用一个路由器虚拟子接口　　D．多个 VLAN 占用一个路由器虚拟子接口

3．以下有关单臂路由的说法中，正确的是？（多选）（　　）

A．一个 VLAN 占用一个路由器物理接口　　B．多个 VLAN 占用一个路由器物理接口

C．一个 VLAN 占用一个路由器虚拟子接口　　D．多个 VLAN 占用一个路由器虚拟子接口

4．无需管理员额外配置就会出现在路由表中的路由条目有哪些？（多选）（　　）

A．物理接口的 IP 地址　　B．逻辑子接口的 IP 地址

C．VLANIF 接口的 IP 地址　　D．直连链路对端设备的 IP 地址

5．下列有关 VLANIF 接口的说法中，错误的是？（　　）

A．VLANIF 接口号必须与 VLAN ID 一一对应

B．VLANIF 接口是三层交换机上的虚拟接口

C．VLANIF 接口是三层接口

D．VLANIF 接口是三层交换机上的物理接口

二、判断题

1．逻辑拓扑能够真实反映设备之间的物理连接情况。

2．三层交换机是通过物理的三层路由接口来实现 VLAN 间路由的。

3．在单臂路由环境中，路由器的 IP 路由表中会将子接口作为路由的出接口。

第6章 动态路由

在本系列教材《网络基础》的第 5 章（网络层）中，我们第一次明确提出了静态路由和动态路由协议的概念。在本书中，我们再次通过第 4 章（静态路由）对《网络基础》书中提到的概念进行了复习，同时详细介绍了静态路由的使用与配置方法。

从本章开始，本册图书的内容均以动态路由协议的介绍为主。因此，在正式开始介绍动态路由协议之前，我们会首先结合前面已经介绍过的内容，总结一下动态路由协议相对于静态路由的优势，同时分析动态路由协议的适用环境。

在本章中，我们会介绍动态路由协议的两个类别：距离矢量型和链路状态型路由协议，并对比两者的异同。首先，我们会用一节的内容（6.2 距离矢量型路由协议）着重介绍距离矢量型路由协议，旨在为后面两节的内容做好铺垫。

在本书中，我们第一个介绍的动态路由协议是 RIP，这个动态路由协议是本章后半部分内容的重点。RIP 分为 RIPv1、RIPv2 和 RIPng 3 个版本，本书重点介绍 RIPv1 和 RIPv2。在本章的第 3 节（6.3 RIP 协议原理）中：我们首先介绍 RIP 的理论知识，其中包括 RIP 的由来，以及为适应时代发展做出的改变；接着通过 RIPv1 和 RIPv2 两个版本的对比，强调 RIPv2 中增强的特性；之后着重介绍 RIPv2 的协议特征、报文类型以及工作方式；在理论知识部分的最后，介绍了 RIP 环路避免的机制。在 6.4 RIP 配置一节中，我们则会通过大量案例展示 RIP 的基本配置和特性配置，详细展示如何配置 RIP、调试 RIP 参数以及验证 RIP 配置的案例。

在 6.5 节中，我们会对比距离矢量型路由协议，介绍链路状态型路由协议，帮助读者自然过渡到后面 3 章即将开始介绍的链路状态型路由协议。

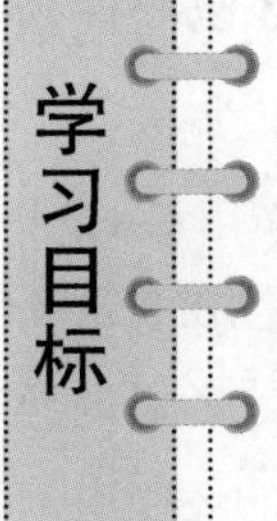

- 掌握动态路由协议相比于静态路由的优势;
- 理解距离矢量型路由协议和链路状态型路由协议的区别;
- 理解距离矢量型路由协议;
- 了解 RIP 的起源与发展;
- 理解 RIP 的局限性;
- 理解 RIPv2 的协议特征和报文类型;
- 理解 RIPv2 的工作方式;
- 掌握 RIPv2 的配置方法;
- 理解链路状态型路由协议的工作原理。

6.1　路由概述

相比较于静态路由，动态路由协议具有更强的可扩展性，具备更强的应变能力。对于两者的配置来说，在特定环境中，动态路由协议的配置和参数调整比配置静态路由复杂。网络规模越大，静态路由越无法满足需求，配置也越加复杂。本节先介绍动态路由协议的优势，然后介绍动态路由协议的分类。

6.1.1　静态路由与动态路由协议的对比

在本书 4.2.2 小节（静态路由的优缺点）中，我们曾经对静态路由和动态路由各自的特点进行了比较，并且讲述了静态路由和动态路由协议各自的优势和劣势。作为动态路由协议四章内容中的第一个小节，我们首先通过案例带领读者复习“4.2.2 静态路由的优缺点”一节中介绍过的一部分内容，总结工程师使用动态路由协议的理由。

动态路由协议的适用环境可以用一句话总结为：网络规模越大，越适合部署动态路由协议。对于规模庞大到一定程度的网络来说，网络中的路由器势必会在一定程度上借助动态路由协议来充实自己的路由表。因此，对于任何一位对自己的职业发展稍有期待的工程师来说，动态路由协议都是其技能列表中不可或缺的项目。

大规模网络环境中必须部署动态路由协议的原因可以总结为以下两点：

- 动态路由协议的扩展性强；
- 动态路由协议具备应变能力。

本小节的内容将围绕着这两点展开。

（1）动态路由协议的扩展性强

我们在第 4 章中，曾经对静态路由难以适应大规模组网需求的原因做了初步分析。

就配置方面而言，随着网络规模的增加、网络复杂程度的提高、路由设备数量的增大，管理员在所有路由设备上针对各个子网一一配置静态路由的难度也会随之加大。

在图 4-16 所示的网络环境中，两台路由器 AR1 和 AR2 直连，每台路由器的 G0/0/0 接口连接了一个子网，AR1 连接了子网 10.0.1.0/24，而 AR2 连接了子网 10.0.2.0/24。如果网络中的所有路由器都要通过动态路由协议宣告所有直连的子网，或者通过静态路由配置所有远端子网的明细路由来实现网络的全互联，那么在该图所示的环境中，管理员使用动态路由协议需要宣告 4 条直连路由（因为 AR1 有 2 个直连网络、AR2 有 2 个直连网络），而使用静态路由则只需要配置 2 条路由条目（在 AR1 上配置子网 10.0.2.0/24 的直连路由、在 AR2 上配置子网 10.0.1.0/24 的直连路由），因为 AR1 和 AR2 各自都只有一个非直连子网。

显然，即使不包括调整其他动态路由的参数，或者启用动态路由的命令，图 4-16 所示的网络也应该通过静态路由进行配置。然而，如果网络规模增加会怎么样呢？比如在图 6-1 所示的这种 5 台路由器串连，每台路由器各自连接两个子网的环境中，部署动态路由协议和配置静态路由相比，哪种方法更加简单易行呢？

以图中的 AR1 为例，AR1 的直连子网有 3 个（即子网 11、子网 12 和 AR1 与 AR2 之间的子网），非直连子网有 11 个。把图 6-1 中所有路由器的数目相加，我们可以计算出如果全部配置明细静态路由，5 台路由器上一共需要配置 52 条路由。如果通过动态路由协议宣告直连网络，则一共需要在 5 台路由器上宣告 18 个子网。

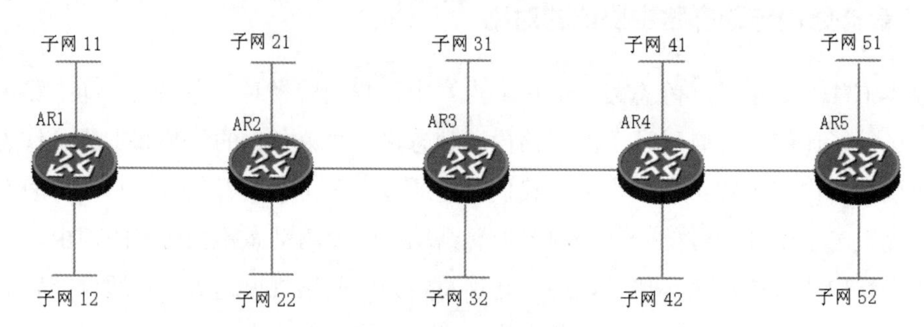

图 6-1　5 台路由器串联的环境

我们通过表 6-1 总结了多台路由器串联时，在每台路由器分别连接 1 个子网或 2 个子网的环境中，通过动态路由协议宣告所有直连子网和通过静态路由配置所有远端子网的明细路由，各自需要配置几条命令（不考虑启用动态路由协议的命令和调整路由协议参数的命令）。

表 6-1　　配置动态路由协议与配置静态路由的对比

串连路由器数量	每台路由器直连子网数	需配置明细静态路由数	需宣告直连子网数
2	1	2	4
3	1	8	7

（续表）

串连路由器数量	每台路由器直连子网数	需配置明细静态路由数	需宣告直连子网数
4	1	18	10
5	1	32	13
2	2	4	6
3	2	14	10
4	2	30	14
5	2	52	18

通过上表可以看出，随着串连路由器数量的增加，和每台路由器直连子网数量的增加，配置静态路由与通过动态路由协议宣告直连子网相比，工程师的工作量会大幅增加。在有5台路由器相互串连的环境中，通过静态路由实现全网互联就已经远比使用动态路由协议宣告直连子网要复杂得多了。注意，我们在表6-1中只考虑了最简单的路由器串连环境。在真实的网络环境中，路由器之间的相互连接远不像“手拉手”那么简单。这意味着在包含5台路由器的真实网络环境中，与部署动态路由协议相比，通过静态路由配置网络很可能比表6-1展现出来的差距还要更大。此外，包含5台路由器的网络也还远远达不到中等规模网络的标准。

由此我们也可以判断出，在绝大多数网络中，工程师至少都会在其中的某些区域部署动态路由协议。

（2）动态路由具备应变能力

静态路由无法适应网络的变化，这一点缺陷同样让静态路由难以适应大型、复杂的网络环境。管理员在图6-2所示网络的AR1上配置了一条静态路由，这条路由的下一跳为AR3的E0接口地址。

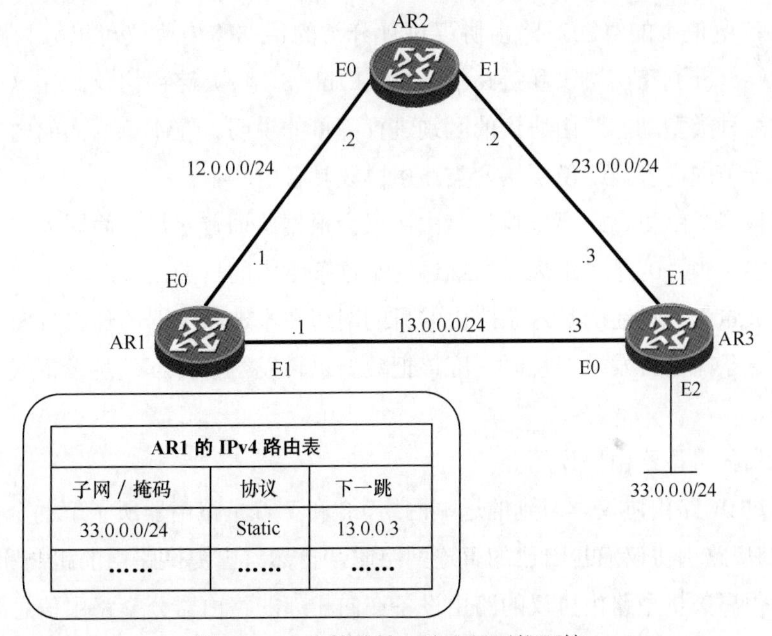

图6-2 一个简单的3路由器网络环境

如果网络一切正常，AR1 可以凭借这条路由向网络 33.0.0.0/24 发送数据包。然而，如果 AR3 的 E0 接口出现了故障，路由器 AR1 和网络 33.0.0.0/24 之间的通信就会中断。这也就是说，即使网络中还有另一条通路（图 6-2 中通过 AR2 到达 AR3 的冗余路径），路由器 AR1 也并不知道可以把数据包通过接口 E0 发送出去，（若管理员也在 AR2 上配置了去往网络 33.0.0.0/24 的静态路由）数据包也可以经由 AR2 的转发，到达网络 33.0.0.0/24。

静态路由缺乏应变能力也是导致静态路由不适合在大型网络中单独使用的原因。如果工程师在网络中部署了动态路由协议，即在 3 台路由器上都启用了相同的动态路由协议，并在 AR3 上通过这个动态路由协议宣告了网络 33.0.0.0/24。那么，当 AR3 的 E0 接口出现故障时，动态路由协议会自动进行收敛。在 AR1 意识到网络出现故障之后，它会通过自己运行的动态路由协议计算出这条通过 AR2 的路径，并且用这条路由来转发去往网络 33.0.0.0/24 的数据包，这个过程完全不需要管理员参与。

综上所述，部署动态路由协议相对于配置静态路由而言，优势主要集中在扩展性和灵活性方面。不过，不同的路由协议也可以提供不同的特性，展现出不同程度的可靠性与收敛效率。关于这个话题，我们会通过后面的两个小节进行详细说明。

6.1.2 路由协议的分类（算法角度）

在过去近 30 年间，人们定义了形形色色的路由协议。为了方便根据这些路由协议的特点对它们进行区分，人们按照不同的方式对这些路由协议进行了分类。比如，如果根据路由协议所使用的算法对路由协议进行分类的话，路由协议可以分为距离矢量型（Distance Vector）路由协议和链路状态型（Link State）路由协议。在这一小节中，我们会对这两种类型动态路由协议的区别进行简单的说明。在本章后面的内容中，我们还会分别用一节的内容详细说明这两类路由协议具备的特征。

在很多技术文献里，距离矢量型路由协议会根据单词首字母被简写为 DV 路由协议。在这两个首字母中，D 是“距离”，描述的是这条路由的目的网络距离本地路由器有多远；V 是“矢量”，描述的是这条路由的目的网络在本地路由器的什么方向，也就是路由器在根据这条路由转发数据包时，应该把数据包转发给哪台下一跳设备或者自己的哪个出站接口。

（1）距离矢量型路由协议简介

对于通过 DV 路由协议学习到的远端网络，D 和 V 就是路由器所了解的全部信息；路由器在通过 DV 路由协议通告自己的直连网络时，自然只会提供路由的距离和矢量信息。所以，运行距离矢量型路由协议的路由设备在向相邻的路由器分享路由信息时，情况如图 6-3 所示。

图6-3 运行DV路由协议的路由器通告路由信息

在学习到运行相同 DV 路由协议所通告的路由信息之后，路由器会运行路由算法来计算去往这些网络的路由，并把开销值最低的路由填充到路由表中。几乎所有距离矢量型路由协议采用的算法都是贝尔曼-福特（Bellman-Ford）算法，因此距离矢量型路由协议也曾经被称为贝尔曼-福特型路由协议。这种算法可以根据其他路由器分享的距离和矢量信息，计算出去往各个网络的路由。因为其他路由器通过距离矢量型路由协议分享的路由信息无非是距离信息和矢量信息，所以贝尔曼-福特算法的逻辑比较直观，这种算法也比较简单易懂。

（2）链路状态型路由协议简述

运行链路状态型路由协议（在很多技术文献中会根据其首字母被简写为 LS 路由协议）的路由器要相互分享的信息则比运行 DV 路由协议的路由器要分享的信息复杂得多，这些路由器之间会相互交换链路状态信息。路由器通过 LS 路由协议通告的链路状态信息中包括了关于这个网络的全部具体信息。因此，运行链路状态型路由协议的路由器在向邻居分享路由信息时，情况如图 6-4 所示。

在运行 LS 型路由协议的路由器完成了全部的链路状态信息交互之后，每一台路由器上都会拥有对于整个网络完全相同的信息。接下来，路由器会使用 Dijkstra 算法，通过这些信息计算出去往各个网络的最优路径。

（3）两类路由协议的比较

运行距离矢量型路由协议的路由器只拥有自己周围这几台路由器分享的距离和矢量信息，因此它们也就只知道如何通过这几台相邻路由器连接的接口，分别向它们通告的网络转发数据包。

如果数据包是徒步爱好者的话，那么运行距离矢量型路由协议的路由器就是徒步路线上的分道指示牌。在路口处，也许我们可以看到在某个岔路口，一条道旁插着写有“Trolltunga 5km”的指示牌，因此远足者可以判断出转入这条路（矢量），继续前行

5km（距离）就可以到达恶魔之舌（Trolltunga）。当然，这个岔路口的另外几条道旁可能还插着写有“Trolltunga 8km”“Trolltunga 11km”的指示牌。但仅凭这些标识牌，徒步爱好者除了知道这些道路可以通往恶魔之舌以及各条道路距离目的地的距离之外，对其他信息一无所知。选路时，大家当然也只能根据这个千米数来决定要走哪条道路。此外，指示牌在每个分道口都会变化，因此对于后面路径一无所知的徒步爱好者每次也都只能像这样根据不同的路牌进行选路。

图 6-4　运行 LS 路由协议的路由器通告路由信息

相比之下，运行链路状态型路由协议的路由器则像是在每个路口为远足者提供一张完整的区域地图，徒步客通过这张地图可以了解整个区域中的所有路线。因为地图可以展示从始发地到目的地的完整路线，所以每个路口的地图都是相同的。只要拥有了一张完整的地图，游客就可以随时根据自己当前的所在地来规划后面的路线，而不是每到分道口再听凭路牌指示的路径选择下一程的路线。不过，这种方式要求徒步客本人拥有一定的线路规划能力。所以，提供地图的方式可以让信息全面而统一，但寻址时有些“费脑”。

注释：

当然，在徒步客的类比中，选路的是具有主观能动性的徒步客。在网络转发时，则是由路由器负责为数据包选路。地图与指示牌的类比（及本系列教材中使用的一切类比）只是为了用生活中的近似方式，相对形象地阐述距离矢量型路由协议与链路状态型路由协议的差异，不建议读者对全部细节一一对号入座。

关于距离矢量型路由协议和链路状态型路由协议的特点和工作方式，我们还会在本章中通过第 6.2 节（距离矢量型路由协议）和第 6.5 节（链路状态型路由协议）分别进行介绍。接下来，我们来介绍另一种路由协议的分类方法。

6.1.3 路由协议的分类（掩码角度）

从路由协议在发送路由更新信息时是否会携带掩码，可以将路由协议分为有类路由协议和无类路由协议两类。

有类路由协议（Classful Routing Protocol）的诞生年代早于IPv4子网划分技术。这类路由协议不支持VLSM和CIDR，运行这类协议的路由器会根据IPv4地址的前3位二进制数判断这个网络地址的主类（A类、B类或C类），因此在发送路由更新消息时也不会携带掩码信息。

注释：

忘记了IP地址主类概念的读者可以阅读《网络基础》第6章（IP地址与子网划分）中的内容，复习IP地址分类的概念。

由于有类路由协议在发送更新消息时不会携带掩码，因此当一个运行有类路由协议的路由器向自己的邻居发送路由更新时，如果它要发送的路由信息不是去往某个主类网络的路由信息，而是去往某个子网的路由时，这台路由器就会执行下面一系列的判断，根据判断结果来决定如何发送路由更新。

- 首先，这台路由器会判断发送路由更新的接口IP地址和该路由信息的网络地址是否在同一个主类网络中。如果不在同一个主类网络中，那么路由器就会将这条路由汇总为主类网络进行发送。
- 接下来，如果路由器发现发送路由更新的接口IP地址和该路由信息的网络地址处于同一个主类网络中，那么它会继续判断这条路由的网络地址掩码与发送这条路由的接口掩码是否一致，如果不一致，则也将这条路由汇总为主类网络进行发送。
- 最后，如果这台路由器发现，这条路由的网络地址掩码与发送这条路由的接口掩码也一致，那么路由器就会直接发送这条路由更新。

路由器接收到路由更新消息时，由于消息本身不携带掩码，因此路由器为了判断路由更新的掩码，也需要遵循一系列类似的流程。

当接收到路由更新时，它会比较更新信息中的网络地址与自己的接口地址是否处于同一个主类网络。

- 首先，这台路由器会判断接收该路由更新的接口IP地址与该路由的网络地址是否在同一个主类网络中。如果不在同一个主类网络中，那么路由器赋予这条路由主类网络的掩码。
- 接下来，如果路由器发现接收路由更新的接口IP地址和该路由的网络地址处于同一个主类网络中，那么它会尝试用接收这条路由的接口掩码来匹配这条路由的网络地址，如果发现该网络地址的主机位不全为 0，则赋予该路由 32 位的掩码。

- 最后，如果这台路由器用接收这条路由更新的接口掩码来匹配这条路由的网络地址，发现该网络地址的主机位全部为 0，那么路由器就会赋予该路由接收接口的掩码。

这个流程说起来十分复杂，下面我们通过一个简单的例子说明。

如图 6-5 所示，AR1 通过有类路由协议 RIPv1 发送的路由更新，学习到了一条关于网络 22.0.0.0/8 的路由信息。之所以 AR1 添加到自己 IPv4 路由表中的条目不是 22.1.1.0/24，是因为 AR2 在通告路由时，需要首先判断发送路由更新的接口 IP 地址和该更新消息中的网络地址是否在同一个主类网络中。经过判断，AR2 发现自己用来发送这条路由的 E0 接口 IP 地址 12.1.1.2 属于 12.0.0.0/8 这个 A 类网络，而 22.1.1.0/24 这条路由则属于 22.0.0.0/8 这个 A 类网络，它们并不处于同一个主类网络中，于是 AR2 将这条路由汇总为了主类网络 22.0.0.0/8 发送给了 AR1。

然而，AR2 收到 AR1 发送的 RIPv1 路由更新消息，却可以学习到关于子网 12.1.2.0/24 的信息。这是因为，AR1 在通告路由时，发现发送路由更新的接口 IP 地址（12.1.1.1）和该路由的网络地址（12.1.2.0）都处于主类网络 12.0.0.0/8 中；同时，这条路由的子网掩码和 AR1 E0 接口的掩码都是 24 位。于是，AR1 直接发送了去往子网 12.1.2.0 的路由更新，而不会将它汇总为主类网络。在 AR2 接收到更新消息时，AR2 发现自己接收这条路由更新的 E0 接口 IP 地址（12.1.1.2）与该路由的网络地址（12.1.2.0/24）都处于 12.0.0.0 这个 A 类网络中；同时，路由器用自己 E0 接口的 24 位掩码匹配 12.1.2.0 这个网络地址，发现主机位全部为 0，于是 AR2 就将 E0 接口的 24 位掩码赋予了 12.1.2.0 这条路由，将 12.1.2.0/24 作为路由条目保存进了自己的 IPv4 路由表中。

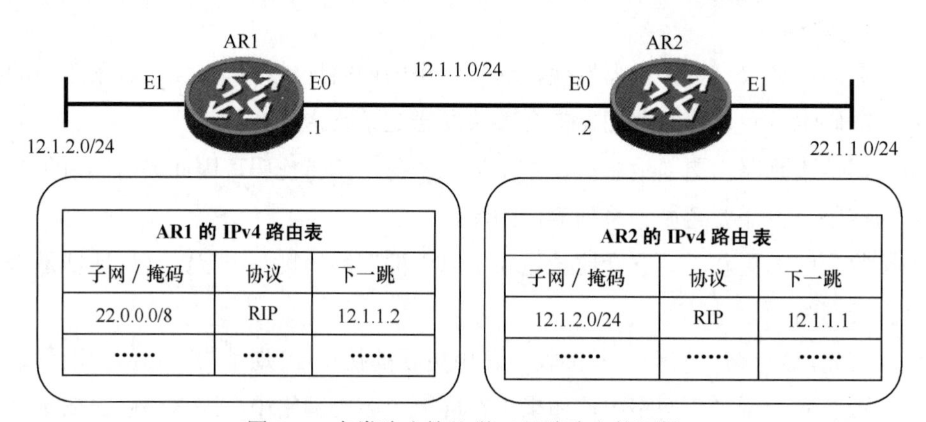

AR1 的 IPv4 路由表		
子网 / 掩码	协议	下一跳
22.0.0.0/8	RIP	12.1.1.2
……	……	……

AR2 的 IPv4 路由表		
子网 / 掩码	协议	下一跳
12.1.2.0/24	RIP	12.1.1.1
……	……	……

图 6-5　有类路由协议学习远端路由的逻辑

如果 AR2 的 E1 接口连接了另一台路由器 AR3，如图 6-6 所示。我们就可以在 AR2 向 AR3 发送路由更新时，更加清晰地看到跨越主类网络边界的含义。此时，AR2 通告给 AR3

的有关 12.1.2.0/24 与 12.1.1.0/24 这两条路由前缀都会被汇总为同一主类网络。于是，AR3 的路由表中也就只有 12.0.0.0/8 这一条主类网络路由。读者可以参照上面的流程，自己尝试分析具体的过程。

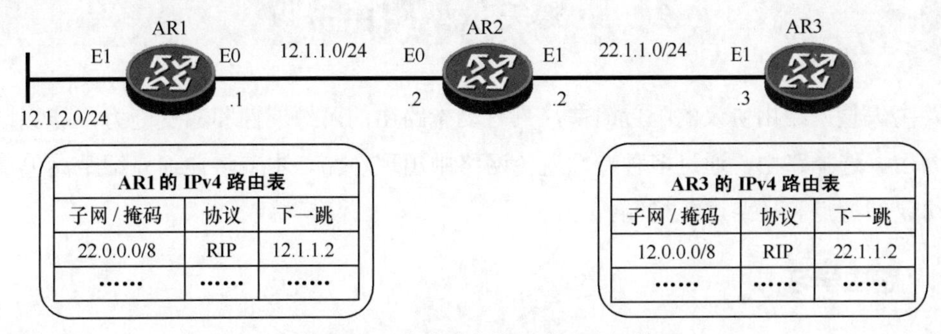

AR1 的 IPv4 路由表		
子网 / 掩码	协议	下一跳
22.0.0.0/8	RIP	12.1.1.2
……	……	……

AR3 的 IPv4 路由表		
子网 / 掩码	协议	下一跳
12.0.0.0/8	RIP	22.1.1.2
……	……	……

图 6-6　有类路由协议的路由汇总

根据有类路由协议的工作方式可以看出，**运行有类路由协议的主类网络边界路由器会将本地接口主类网络之外的路由通告汇总为主类网络路由**。这种汇总与其说是一种特性，倒不如说是因有类路由协议在发送路由更新时不携带掩码而给网络引入的一种限制。鉴于使用有类路由协议的路由器会执行汇总操作，这本身就是因为有类路由协议发送的更新中没有携带足够的信息（子网掩码）可以让路由器将路由信息依照其子网划分方式填充到路由表中，因此这种汇总操作是无法被关闭的。在子网划分大行其道的年代，这种汇总行为常常会导致意料之外的问题。

从 20 世纪 90 年代以后，IPv4 子网划分技术变得越来越常见。自此涌现出的一波新兴 IPv4 路由协议必须顺应时代的需求，因此它们几乎都可以对 VLSM 和 CIDR 提供支持。这就意味着运行这些路由协议的路由器在发送更新消息时，会在更新消息中携带子网掩码。而接收方也可以根据更新消息中的子网掩码将对方通告的子网纳入到路由表中。这类路由协议称为无类路由协议（Classless Routing Protocol）。

有类路由协议现已作古，无类路由协议（Classless）已经成为了人们部署路由协议时考虑的最基本需求。就连无类路由协议的路由自动汇总特性，这项能够让无类路由协议像有类路由协议那样在主类网络边界自动实现路由汇总的功能，也成为了人们在部署无类路由协议时常常会予以禁用的特性。由此可见，我们在后面介绍具体的路由协议时，除了阐述某项协议的起源时有可能偶尔提到它有类的近亲协议之外，并不会真正地向读者讲解和分析任何有类路由协议。也就是说，后文所有内容都将围绕无类路由协议展开。但我们借助有类路由协议的特点，通过图 6-6 介绍了动态路由协议的自动汇总方式，这部分内容可以为我们在后文中介绍无类路由协议同类功能的风险作好铺垫。

注释：

本章在后文中介绍路由更新的案例时，凡没有提及路由器使用的具体路由协议，一概默认路由器运行的是无类路由协议。

6.2 距离矢量型路由协议

距离矢量型路由协议的配置简单，具有动态路由的可扩展性和应变能力，能够自动学习路由、选择路由，通过多种特性避免网络中出现环路。本节将详细介绍距离矢量型路由协议的特点和环路避免机制。

6.2.1 路由学习

距离矢量型路由协议定义的路由通告方式是周期更新。运行这类路由协议的路由器会每隔一段固定的时间，就将自己当前完整的路由表通告给相邻的（运行相同路由协议的）路由器。路由器就是通过这种方法获得非直连网络的路由信息。

我们在图 6-6 的基础上再给 AR3 扩充出一个直连子网，以此来演示距离矢量型路由协议学习路由的过程。扩展后的网络如图 6-7 所示。

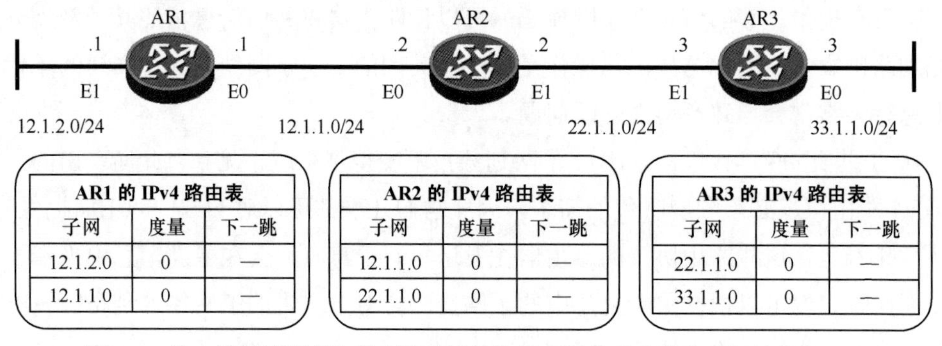

AR1 的 IPv4 路由表		
子网	度量	下一跳
12.1.2.0	0	—
12.1.1.0	0	—

AR2 的 IPv4 路由表		
子网	度量	下一跳
12.1.1.0	0	—
22.1.1.0	0	—

AR3 的 IPv4 路由表		
子网	度量	下一跳
22.1.1.0	0	—
33.1.1.0	0	—

图 6-7　路由器通过距离矢量型路由器协议相互通告路由信息（初始状态）

在图 6-7 中，在初始状态下，所有路由器都只拥有自己直连网络的路由。而一旦 3 台路由器上都启用了距离矢量型路由协议之后，这些路由器都会对外通告路由。

当 AR2 接收到 AR1 通告的直连路由信息之后，它会发现在 AR1 通告的两条路由中，有一条路由是自己的直连路由，另一条路由是自己未知网络的路由。直连路由拥有至高的优先级，因此 AR2 不可能把 AR1 通告的 12.1.1.0/24 网络的路由信息添加到路由表中；然而，AR1 通告的网络 12.1.2.0/24 并不是 AR2 的直连网络，AR2 路由表中也并没有关于这个网络的信息。在接收到 AR1 的路由通告消息之后，AR2 发现自己可以将 AR1 的 E0 接口地址作为下一跳来传输去往 12.1.2.0/24 这个网络的数据包。于是 AR2 将这个网络作为一条路由条目添加到了自己的路由表中。显然，AR2 去往 12.1.2.0/24 这个子网的距离比 AR1 要远，因此在 AR2 的路由表中，关于子网 12.1.2.0/24 这个网络的路由条目，其度量值一定会大于AR1路由表中关于该子网路由的度量值。如果我们在此运行的距离矢量型路由协议为RIP，则AR2路由表中12.1.2.0/24这个路由的度量值就会变成1，因为RIP路由的度量值即为本地路由器向该子网转发数据包时，数据包会经历的路由设备跳数（Hop Count）。

注释：

路由条目在通告的过程中跳数增加，是通告方路由器的操作还是接收方路由器的操作，取决于路由器用来通告路由条目的路由协议。对于RIP而言，增加度量值的操作是在通告方发送路由信息时执行的。如果套用图6-7的示例，AR2上关于12.1.2.0/24这个网络的度量值为1，是因为AR1在通告12.1.2.0/24这个网络时增加了该路由的度量值。

按照上面叙述的方式可以判断，在3台路由器第一次相互通告并学习了路由信息之后，这3台路由器的路由表如图6-8所示。

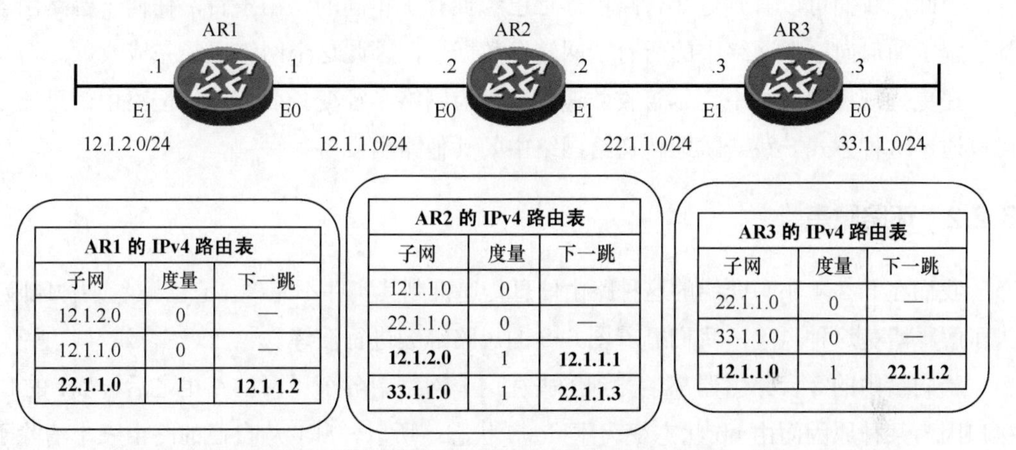

AR1的IPv4路由表

子网	度量	下一跳
12.1.2.0	0	—
12.1.1.0	0	—
22.1.1.0	1	**12.1.1.2**

AR2的IPv4路由表

子网	度量	下一跳
12.1.1.0	0	—
22.1.1.0	0	—
12.1.2.0	1	**12.1.1.1**
33.1.1.0	1	**22.1.1.3**

AR3的IPv4路由表

子网	度量	下一跳
22.1.1.0	0	—
33.1.1.0	0	—
12.1.1.0	1	**22.1.1.2**

图6-8　路由器通过距离矢量型路由器协议相互通告路由信息（第1次交互）

接下来，这3台路由器会再次相互通告路由信息。当AR2接收到AR1通告的路由信息之后，它会发现AR1通告过来的更新信息包含了3个子网：其中一个子网（12.1.2.0/24）已经被添加到了路由表中；另外两个子网（12.1.1.0/24和22.1.1.0/24）都是自己的直连子网。因此AR2并不会更新自己的路由表。

而当AR1接收到AR2通告的路由信息时，AR1会发现自己并不了解33.1.1.0/24这个子网的信息。在接收到AR2的路由通告消息之后，AR1发现可以以AR2的E0接口地址作为下一跳来传输去往子网33.1.1.0/24这个网络的数据包。于是AR1将这个网络作为一条路由条目添加到了自己的路由表中。当然，AR1去往33.1.1.0/24路由的度量值应该高于AR2去往该网络路由的度量值。如果我们讨论的这种距离矢量型路由协议是用跳数作为度量值的话，那么AR2路由表中33.1.1.0/24这个路由的度量值就会变成2。

于是，在3台路由器第二次相互通告并学习了路由信息之后，这3台路由器的路由表如图 6-9 所示。

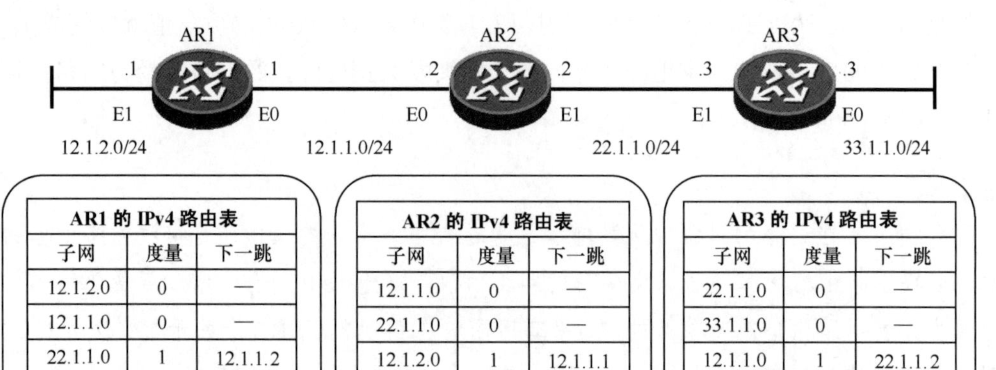

AR1 的 IPv4 路由表		
子网	度量	下一跳
12.1.2.0	0	—
12.1.1.0	0	—
22.1.1.0	1	12.1.1.2
33.1.1.0	**2**	**12.1.1.2**

AR2 的 IPv4 路由表		
子网	度量	下一跳
12.1.1.0	0	—
22.1.1.0	0	—
12.1.2.0	1	12.1.1.1
33.1.1.0	1	22.1.1.3

AR3 的 IPv4 路由表		
子网	度量	下一跳
22.1.1.0	0	—
33.1.1.0	0	—
12.1.1.0	1	22.1.1.2
12.1.2.0	**2**	**22.1.1.2**

图 6-9 路由器通过距离矢量型路由器协议相互通告路由信息（最终态）

至此，我们可以看到这 3 台路由器上已经拥有了相同的路由条目，任何一台路由器都了解了如何向这个网络中的所有子网转发数据包，因此这个网络已经完成收敛。

在更大规模的网络中，尽管收敛速度会因为网络半径变长而变慢，但路由信息还是可以通过这种方式一跳一跳地传递给网络中的其他路由设备。

6.2.2 环路隐患

我们在 6.2.1 小节介绍的这种路由信息传递机制其实并不完善，它潜藏着某种风险。为了解释清楚这种风险，我们循着图 6-9 的思路继续进行演绎。

当网络中的 3 台路由器都学习到了去往这个网络中各个子网的路由之后，AR1 的 E1 接口因为某种原因而由 up 状态变为了 down 状态。所以，AR1 从自己的路由表中清除了去往 12.1.2.0/24 这个子网的直连路由。于是，AR1 现在并不知道该如何转发去往子网 12.1.2.0/24 的数据包，如图 6-10 所示。

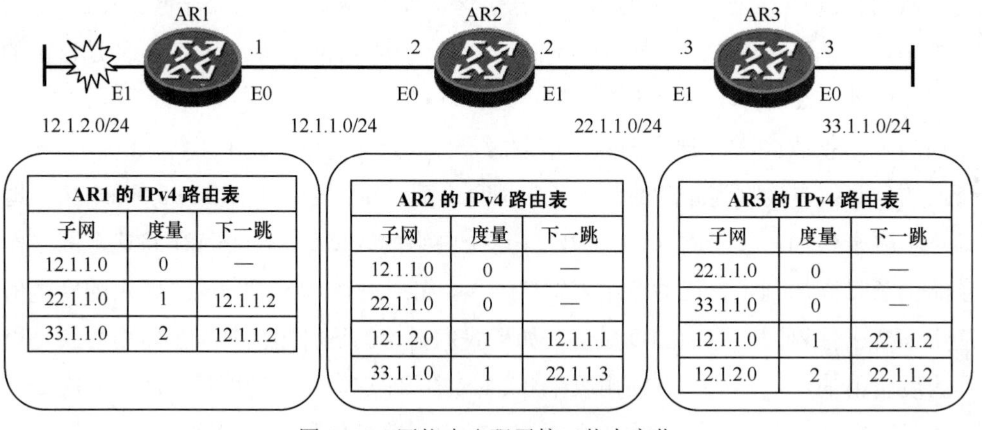

AR1 的 IPv4 路由表		
子网	度量	下一跳
12.1.1.0	0	—
22.1.1.0	1	12.1.1.2
33.1.1.0	2	12.1.1.2

AR2 的 IPv4 路由表		
子网	度量	下一跳
12.1.1.0	0	—
22.1.1.0	0	—
12.1.2.0	1	12.1.1.1
33.1.1.0	1	22.1.1.3

AR3 的 IPv4 路由表		
子网	度量	下一跳
22.1.1.0	0	—
33.1.1.0	0	—
12.1.1.0	1	22.1.1.2
12.1.2.0	2	22.1.1.2

图 6-10 网络中出现了接口状态变化

然而，在图 6-10 中，我们也可以看到此时并没有哪种机制可以让 AR2 迅速了解到 AR1 与网络 12.1.2.0/24 之间的连接已经不复存在，因此 AR2 也没有理由把自己去往子网 12.1.2.0/24 的这条路由删除。

在下一个更新周期中，问题出现了。如图 6-11 所示，AR1 会听到 AR2 对自己说：

图 6-11　贝尔曼-福特算法潜藏的风险

于是，通过 AR2 的路由更新消息，AR1 学习到了一条去往 12.1.2.0/24 的路由，这条路由的下一跳为 12.1.1.2，度量值为 2。AR1 当然不会知道，在 AR2 的 IPv4 路由表中，去往子网 12.1.2.0/24 的路由下一跳是自己的 E0 接口（12.1.1.1），而且路由的度量值是 1 跳，如图 6-12 所示。

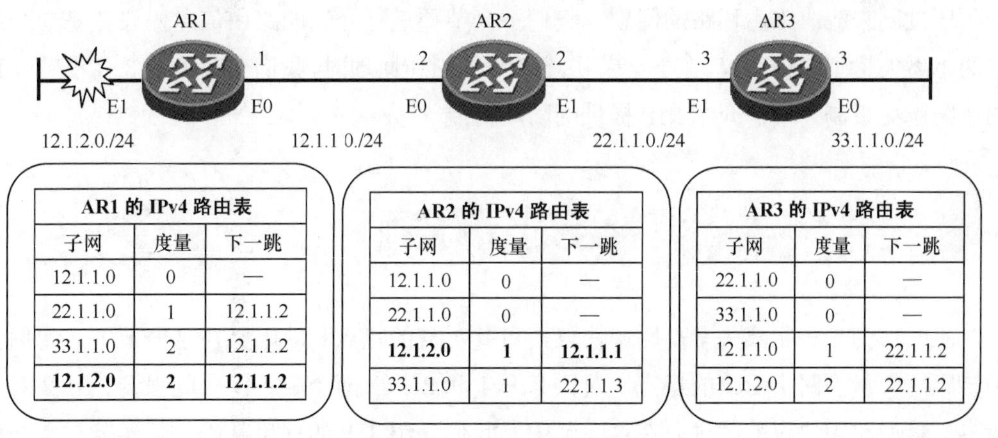

AR1 的 IPv4 路由表		
子网	度量	下一跳
12.1.1.0	0	—
22.1.1.0	1	12.1.1.2
33.1.1.0	2	12.1.1.2
12.1.2.0	**2**	**12.1.1.2**

AR2 的 IPv4 路由表		
子网	度量	下一跳
12.1.1.0	0	—
22.1.1.0	0	—
12.1.2.0	**1**	**12.1.1.1**
33.1.1.0	1	22.1.1.3

AR3 的 IPv4 路由表		
子网	度量	下一跳
22.1.1.0	0	—
33.1.1.0	0	—
12.1.1.0	1	22.1.1.2
12.1.2.0	2	22.1.1.2

图 6-12　AR1 学习到了错误的路由

在图 6-12 中，诡异的一幕出现了：虽然子网 12.1.2.0/24 已经退隐江湖，但江湖中还是流传着可以访问它的传说。那么，这个传说是不是无害的呢？

此时，如果子网 33.1.1.0/24 中有一台终端发送了一个以子网 12.1.2.0/24 中某台主机的 IP 地址作为目的地址的数据包，那么 AR3 会通过查询 IPv4 路由表，将这个数据包转发给下一跳 22.1.1.2，也就是 AR2 的 E1 接口；接下来，AR2 会通过查询 IPv4 路由表，将它转发给 AR1 的 E0 接口；再然后，AR1 会查询 IPv4 路由表，将它转发回 AR2（的 E0 接口），如图 6-13 所示。

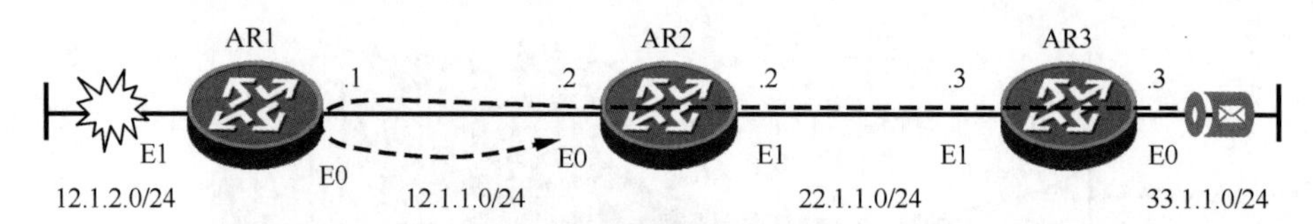

AR1 的 IPv4 路由表		
子网	度量	下一跳
12.1.1.0	0	—
22.1.1.0	1	12.1.1.2
33.1.1.0	2	12.1.1.2
12.1.2.0	**2**	**12.1.1.2**

AR2 的 IPv4 路由表		
子网	度量	下一跳
12.1.1.0	0	—
22.1.1.0	0	—
12.1.2.0	**1**	**12.1.1.1**
33.1.1.0	1	22.1.1.3

AR3 的 IPv4 路由表		
子网	度量	下一跳
22.1.1.0	0	—
33.1.1.0	0	—
12.1.1.0	1	22.1.1.2
12.1.2.0	**2**	**22.1.1.2**

图 6-13　路由环路

尽管在上图所示这个网络中，目前没有任何一台路由器有能力将数据包转发给子网 12.1.2.0/24，但它们都相信网络中存在去往该子网的路径。实际上，所有以该子网为目的网络的数据包最终都只能在 AR1 和 AR2 之间循环转发，这就导致网络中出现了路由环路。

上述问题是距离矢量型路由协议自身的缺陷造成的，因为通过图 6-3 这种通告方式，路由器无法根据相邻设备通告的路由信息，判断出自己是不是被包含在了去往该网络的路径中。路由环路的产生源自于距离矢量算法，因此距离矢量型路由协议都需要提供某种防环机制来解决路由环路的问题。我们下一节要进行介绍的路由信息协议就是一个经典的距离矢量型路由协议。在下一节讲述 RIP 的工作原理时，我们会在第 6.3.3 小节（RIP 的环路避免机制）中，介绍 RIP 提供的防环机制。

6.3　RIP 原理

RIP 作为一种距离矢量型路由协议，有其自身的特点和缺陷。在这一节中，我们会围绕距离矢量型路由协议的特点，对比 RIPv1 和 RIPv2 两个版本，以此强调 RIPv2 对于距离矢量型路由协议的改进。在这一节中，我们介绍 RIP 的理论基础，下一节重点介绍相关特性的具体配置和验证方法。

6.3.1　RIP 协议简史与 RIPv1 简介

20 世纪 70 年代初期，在实现更广泛互联这一需求的带动下，协议栈的设计被一些机构摆上了议事日程。1974 年，就在后来诞生了以太网的施乐公司（Xerox）的帕洛阿尔托研究中心（Palo Alto Research Center，PARC），一个名为阿尔托研究中心通用数据包（PARC Universal Packet）的协议栈雏形问世。在这个协议栈中，有一个类似于 IP 的编址协议，这个在 PUP 协议栈中扮演着至关重要角色的协议，被直接以协议栈的名字命名，称为 PUP。PUP 地址也是由 32 位组成的，前 8 位固定为网络位，第 9 位到第 16 位固定为主机位，而后面的 16 位则为套接字位（其作用相当于今天 TCP/IP 协议栈中端口号的作用）。在这个协议栈中，用来根据 PUP 地址为数据包提供路由的协议，叫做网关信息协议（Gateway Information Protocol）。

注释：

本系列教程曾经在第 1 册第 4 章中介绍以太网的由来时提到过 PARC，感兴趣的读者可以在这一小节顺便复习一下以太网的由来及相关概念（可参考上一册教材第 4.4.1 小节以太网概述）。

几年之后，施乐公司开发部在 PUP 协议栈的基础上设计出了施乐网络系统（Xerox Network Systems）协议栈，简称 XNS 协议栈。原来 PUP 协议栈中的一些协议只经过了十分简单的修改，就被移植到了新的 XNS 协议栈中。比如，PUP 协议栈中的网关信息协议在经过了一些修改之后，以路由信息协议（Routing Information Protocol，RIP）之名在 XNS 协议栈中粉墨登场。而在 XNS 协议栈中充当编址标准的，是互联网数据报协议（Internet Datagram Protocol，IDP），这个协议同样也只是设计者以 PUP 为蓝本，略加修改的结果。因此，定义 XNS RIP 的目的，是为 IDP 数据包提供路由。

但随着以太网这种局域网技术在 20 世纪 80 年代的普及，各个厂商的操作系统或不加修改直接使用，或大量借用或少量参考了 XNS 协议栈的全部或部分内容。于是，RIP 也随之通过简单的修改，即被移植到了运行不同协议栈的各个平台上，开始为不同的协议提供路由，由此诞生了 Novell 的 IPX RIP、Apple 的 RTMP。伴随着 IPX 和 AppleTalk 纷纷退出历史舞台，这些版本的 RIP 自然也就不再为人所知。不过，当 RIP 被移植到了运行 TCP/IP 协议栈的 UNIX 4.2BSD 版上时（1982 年），如今被人们称为 RIPv1 的这个协议即告问世。

1988 年，RIP 经过了标准化，被定义在了 RFC 1058 中。1993 年，为了修改 RIP 原始版本中所存在的缺陷，人们定义了一个更新版本的 RIP，这个新版的 RIP 被称为 RIP 第 2 版（RIPv2）。RIPv2 在 1998 年完成了标准化，被定义在了 RFC 2453 中。

注释：

在 RIPv2 还没有实现标准化之前，RIPv2 的 IPv6 扩展版首先实现了标准化。这个版本的 RIP 被称为下一代 RIP（RIP next generation，RIPng）。RIPng 的标准化于 1997 年完成，RIPng 被定义在 RFC 2080 中。关于 RIPng 的内容，我们会留待本系列教材第 3 册的第 8 章（IPv6 路由）中再行介绍，这里暂且不提。本章后文中关于 RIP 的内容将大体围绕 RIPv2 展开。

与 RIPv2 相比，RIPv1 的缺陷主要体现在以下几点：

- **有类路由协议**：RIP 与 TCP/IP 协议栈的结合始自于 1982 年。1985 年，RFC 950 发布。在主题为"互联网标准子网划分流程（Internet Standard Subnetting Procedure）"的 RFC 文档中，提到了在互联网地址中通过一个宽度可变的部分（Variable-Width Field）作为地址的子网部分，让每个网络可以拥有不同的规模概念。之后又过了 8 年，CIDR 才通过 RFC 1517 得到了标准化。因此，RIPv1 是有类路由协议，也就顺理成章了。关于有类路由协议的概念和问题，我们已经在本章第 1 节中进行了介绍，下文也还会进行进一步的说明，这里不再赘述。
- **广播更新**：所有诞生于 20 世纪 80 年代的路由协议，都采用了相同的方式来发送路由更新——广播更新。也就是说，运行 RIPv1 的路由器会把路由更新封装成广播数据包，从启用了这个路由协议的接口发送出去。这意味着只要一个广播域中有启用了 RIPv1 的接口，那么这个广播域中没有启用 RIPv1 的设备也必须频繁地处理 RIPv1 路由器发送的广播更新消息，尽管这些更新与它们实际上毫无干系。这种做法无疑增加了无关设备的开销。
- **无法认证身份**：RIPv1 不支持认证（Authentication）功能。所谓认证，其目的在于确认信息发送方身份的合法性。由于 RIPv1 不支持认证，因此任何人都可以将一些伪造的路由信息发送给启用了 RIPv1 的路由器，以达到修改 RIPv1 路由器路由表的目的。

在 IP 地址日益紧缺、网络安全趋势日益严峻的大背景下，如果不能解决上述问题（尤其是有类问题和认证问题），那么 RIP 则只能面临被淘汰的命运。RIPv2 顺利解决了上述几大核心问题，新版 RIP 会在发送路由更新时携带子网掩码。换句话说，**RIPv2 是无类路由协议。RIPv2 选择通过组播而不是广播发送路由更新。另外，RIPv2 支持在更新消息中对路由器进行认证**，路由安全也能够得到保障。

关于 RIPv2 的具体内容，我们在下一小节中详细说明。

6.3.2 RIPv2 的基本原理

RIPv2 的大部分特征承袭自 RIPv1。我们在上一小节中曾经介绍过，RIP 与 TCP/IP 协议栈的结合始自于 UNIX 4.2BSD 版系统，当运行这个 UNIX 系统的工作站在网络中扮演着今天路由器的角色为数据包执行路由转发时，负责使用 RIP 在这些工作站之间传递路由信息的是一个名为 routed 的进程，这个进程通过 TCP/IP 协议栈中的 UDP 来提供传输层的服务。所以，**RIP（无论 RIPv1 还是 RIPv2）是基于 UDP 的应用层协议，RIP 对应的端口号是 UDP 520**。当路由器之间通过 RIP 交互路由信息时，路由器封装的更新消息会首先被封装到源端口号和目的端口号均为 520 的 UDP 数据段中，然后路由器再将这个数据段封装在 IP 数据包中。

不过，RIPv2 在封装网络层 IP 协议头部时，使用的目的 IP 地址就会与 RIPv1 之间出现一些区别。在上一小节中我们曾经提到，RIPv1 会通过广播来通告路由更新，因此 RIPv1 封装的 RIP 消息，其目的地址也就是 255.255.255.255。为了纠正这种做法造成的资源浪费，**RIPv2 在发送 RIP 消息时，封装的目的 IP 地址为组播地址 224.0.0.9**。具体来说，当一台路由器的某个接口启用了 RIPv2 时，它就会通过那个接口监听发往 224.0.0.9 的数据包，因为这个接口所在的广播域中如果还有其他启用了 RIPv2 的设备，这些设备会通过这个地址来发布 RIP 消息。当然，这台路由器本身也会使用这个组播 IP 地址来向外发送与 RIP 有关的信息。

说到通告路由更新，**RIPv1 和 RIPv2 都采用了周期更新的方式来通告路由信息**。在启用了 RIP 之后，路由器会以 **RIP 更新计时器（Update Timer）**设置的参数作为周期，每周期向外通告一次路由更新信息。工程师可以通过命令修改这个参数，默认时间为 30 秒。

除了更新计时器之外，RIP 还有另外两个计时器同样发挥着重要的作用：

- **老化计时器（Age Timer）**：如果路由器连续一段时间没有通过启用了 RIP 的接口接收到某条路由的更新消息，而这条路由的更新消息就应该通过这个接口接收到时，路由器就会将这条路由标注为不可达，但不会将这条路由从 RIP 数据库中删除。这段时间是由 RIP 老化计时器定义的，工程师同样可以配置老化计时器，老化计时器默认的时间为 180 秒。
- **垃圾收集计时器（Garbage Collect Timer）**：这个计时器定义的是从一条路由被标记为不可达，到路由器将其彻底删除之间的时间。垃圾收集计时器默认的设置时间是 120 秒，工程师可以修改这个参数。

当运行 RIP 的路由器接收到了多条去往同一个目的子网的路由时，它会以路由的跳数作为比较路由优劣的唯一参数。这也就是说，**RIP 路由的度量值等于跳数，或者说，RIP 认为相邻路由器间的开销值都是 1**。当某台路由器的一条 RIP 路由的度量值为 1 时，就代表这台路由器向该子网转发的数据包，在到达目的子网之前需要经历 1 跳路由设备。

然而，根据距离矢量型路由协议的特点，路由信息传递如果出现环路，跳数很容易随着路由信息在路由器之间的相互传递而不断递增。关于这一点，读者可以回顾上一节中的图 6-12。在图 6-12 中我们曾经提到，当路由器 AR1 学习到了一条去往 12.1.2.0/24 的错误路由时，它会将这条度量值为 2 的路由保存在自己的路由表中。接下来，当更新计时器到期时，路由器当然会以度量值 3 再将这条路由通告给 AR2。此时，AR2 再次从

AR1 那里学习到了去往 12.1.2.0/24 的这条路由，但这条路由的度量值不再是 1（因为 AR1 与该网络直连的端口状态已经变为 down），而是 3。于是，AR2 会认为 AR1 虽然失去了与该网络直连的路径，但 AR1 找到了一条用 2 跳可以将数据包转发给网络 12.1.2.0/24 的替代路径，因此 AR2 将去往网络 12.1.2.0/24 的路由度量值修改为 3。接下来，当 AR2 再将这条路由通告给 AR1 时，它会以度量值为 4 发送路由更新信息。于是，关于网络中仍然有路由器能够向 12.1.2.0/24 这个网络转发数据包的流言就会一直这样在这个小小的网络中不断震荡传输，两台路由器上去往 12.1.2.0/24 这个网络的路由，其度量值也会不断攀高。

使用距离矢量型路由协议的路由器无法通过对方通告的路由更新信息，判断出这条路由所经历的路径中是否包含自己，而以跳数作为度量值的 RIP 又会在通告路由信息时在路由条目的度量值基础上加一跳通告给对端。**RIP 规定最大度量值为 16 跳**。当一条路由增大到 16 跳时，这条路由就会被 RIP 视为不可达。

注释：

在我们介绍老化计时器时，曾经提到当老化计时器过期，路由器却依然没有接收到某条路由的更新时，路由器就会将这条路由标记为不可达。在这种情况下，路由器将路由标记为不可达的具体操作，就是将这条路由的度量值设置为 16 跳。

在介绍了 RIP 的参数和特性之后，接下来我们会对 RIP 定义的报文封装结构和报文类型进行简单的讨论。

我们在前文中反复提到，RIP 与 TCP/IP 协议栈的结合始自于 UNIX 4.2BSD 版系统。BSD 编址需要将每个字段拓展到 32 位边界。因此，RIPv1 的报文结构中有大量字段没有得到使用，这些字段在封装时会被强制设置为 0，其存在的实际作用只是为了凑位。这就给 RIPv2 沿用 RIPv1 的报文结构提供了很好的机会。

RIPv2 与 RIPv1 的报文结构没有任何区别，但 RIPv2 通过有效利用 RIPv1 报文结构中的一些未使用字段，提供了一些 RIPv2 特有的属性。比如，RIPv2 是无类路由协议，为了在发送更新时携带网络的子网掩码，RIPv2 利用了 RIPv1 报文结构中的一个未使用字段作为子网掩码字段。RIPv2 的封装结构如图 6-14 所示。

注释：

在图 6-14 所示的封装中，外部路由标记字段、子网掩码字段和下一跳字段都是 RIPv2 定义的字段，这些字段在 RIPv1 的封装中都没有进行定义，RIPv1 路由器在封装数据时会将这些字段强制设置为全 0。

通过封装结构中的命令（Command）字段，**RIP 定义了两种不同的消息类型，即请求报文**（Request）**和响应报文**（Reponse）。当 Command 字段设置为 1 时，这个 RIP 消息就是请求报文。刚刚启用RIP的接口会通过请求报文向该接口连接的其他RIP路由器请求它们的路由信息。当Command字段设置为2时，这个RIP消息就是响应报文，接收到了请求报文的RIP路由器通过响应报文回复自己的路由信息；即使没有接收到请求消息，启用了RIP的路由器也会在每次更新计时器到期时，通过响应报文从启用了RIP的接口周期性地对外通告自己的路由信息。因此，RIP 响应报文其实就是我们之前提到的 RIP 通告消息。

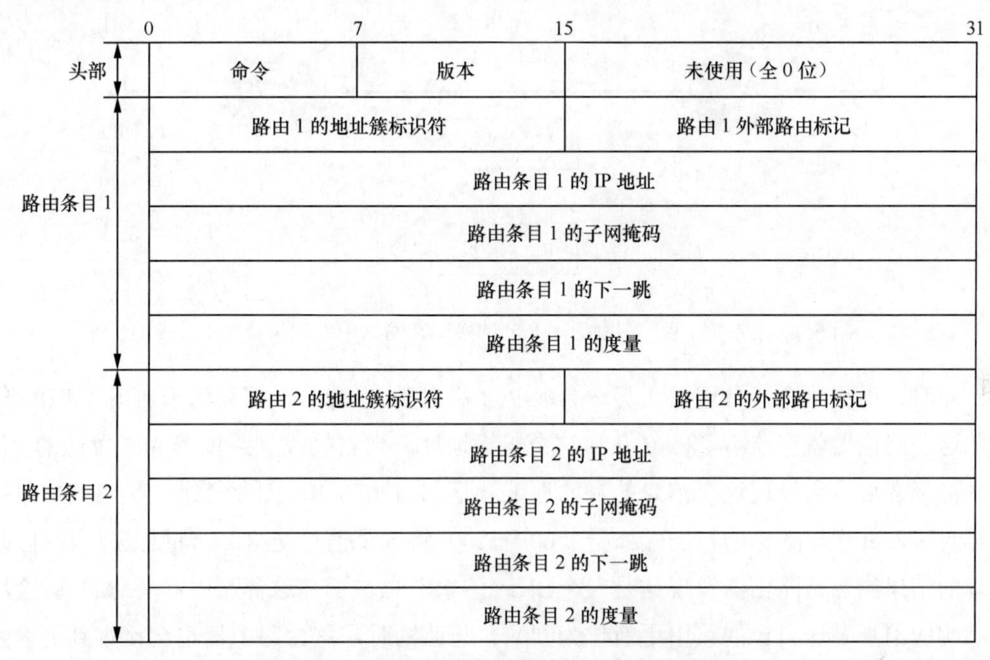

图6-14　RIPv2的消息封装结构（未实施认证）

地址簇标识符（Address Family Identifier）字段的作用是标识这条路由的地址类型，如果地址为IP地址，则这个字段的值取2——通过这个字段可以看出RIP不仅支持IP地址，还可以支持其他协议的地址；外部路由标记（Route Tag）字段是RIPv2新增的字段，这个字段可以告诉接收方路由器，这条路由是通过RIP学习到的，还是通过其他路由协议学习到的。

此外，我们通过观察图 6-14 不难发现，几个计时器参数完全没有包含在 RIP 的封装结构中。这说明RIP路由器相互并不知道对方是如何设置计时器参数的，由此可以推断**RIP的任何一项计时器参数不匹配都不会影响路由器之间交互路由信息**。当然，相信读者根据定义也不难得出这样的结论：如果工程师将一台RIP路由器上的更新计时器修改得比其直连RIP路由器的老化计时器还长，那么这台直连路由器在使用它通告的路由转发数据包时，就有可能会发现这些路由已经被置为不可达，甚至已经被删除。

通过上面介绍的信息，相信读者现在大致地了解RIPv2的工作方式。下面我们把这两小节介绍的知识串联起来，具体介绍一下RIPv2是如何工作的。

首先，当一台路由器（AR1）的某个接口启用了 RIPv2 协议时，这台路由器就会封装一个 RIP 请求报文和 RIP 响应报文，然后将这些目的地址为 224.0.0.9、目的端口为 UDP 520 的报文从启用了 RIPv2 的接口发送出去。其中，RIP 请求报文的目的是为了让该接口所在链路的其他 RIPv2 路由器将自己的路由信息通过 RIP 响应报文通告给自己；而 RIP 响应报文的作用则显然是向该接口所在链路的其他 RIPv2 路由器通告自己的网络，如图 6-15 所示。

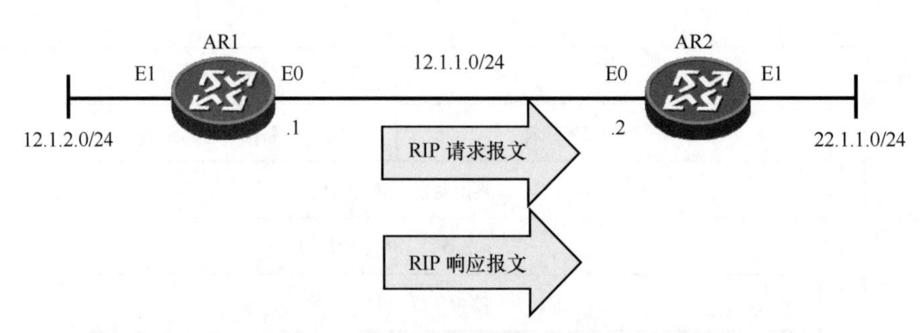

图 6-15　路由器通过刚刚启用 RIP 的接口在网络中发送组播 RIP 报文

此时，如果这个接口连接了另一台 RIPv2 路由器（AR2），那么由于启用了 RIPv2，因此这台路由器就会监听 224.0.0.9 这个组播地址。当它接收到路由器 AR1 发送的 RIP 请求消息之后，它发现这个消息的目的地址就是 224.0.0.9，因此会进一步对数据包进行解封装，并根据数据的目的端口号（UDP 520）将这个消息交给 RIP 进程去进行处理。处理的结果当然是路由器发现这是一个 RIP 请求消息，于是这台路由器（AR2）就会用 RIP 响应消息发送自己的路由更新作为回应。与此同时，这台路由器也会接收到请求方发送的 RIP 响应消息，于是这台路由器会运行贝尔曼-福特算法计算响应消息中的信息，然后把计算出去往各个网络的最优路由放进自己的路由表中。此时，针对这些新路由的老化计时器开始计时，如图 6-16 所示。

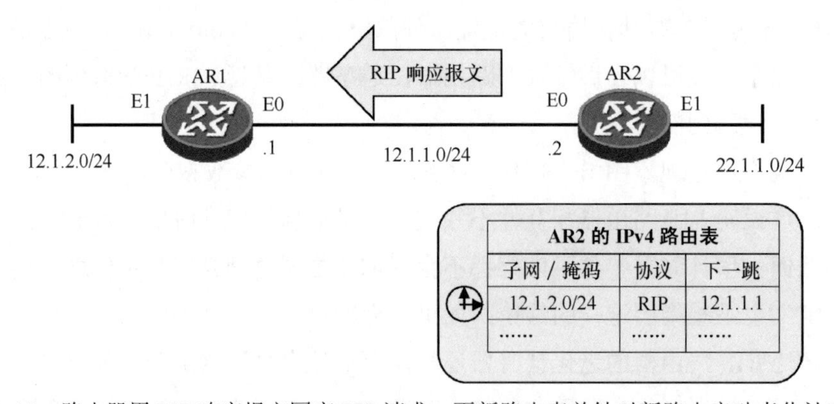

图 6-16　路由器用 RIP 响应报文回应 RIP 请求、更新路由表并针对新路由启动老化计时器

在另一边，当请求方（AR1）通过自己刚刚启用 RIPv2 的接口，接收到了对方路由

器（AR2）发送的 RIPv2 响应消息之后，它也会运行贝尔曼-福特算法计算响应消息中的信息，计算出去往各个网络的最优路由，将其放进自己的路由表中，并针对这些路由启动老化计时器，如图 6-17 所示。

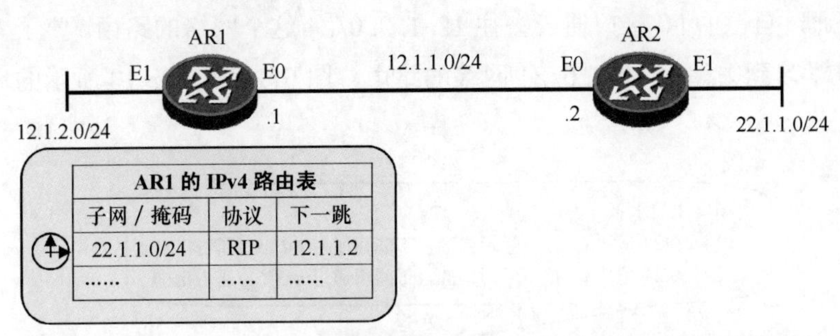

AR1 的 IPv4 路由表		
子网 / 掩码	协议	下一跳
22.1.1.0/24	RIP	12.1.1.2
……	……	……

图 6-17　路由器用 RIP 响应报文更新路由表并针对新路由启动老化计时器

每当一台路由器针对某条或某些路由的更新计时器到期时，它就会封装一个 RIP 响应消息对外发送。此时，如果对方路由器在接收到这个 RIP 响应消息时，针对这条路由的老化计时器还没有过期，那么它就会重置老化计时器并重新开始计时，期待在下一个老化周期之内也能接收到这个或这些路由更新消息。如果对方路由器在接收到这个 RIP 响应消息时，针对这条路由的老化计时器已经过期，路由器已经将这条路由标记为不可达，并且启动了垃圾收集计时器，那么路由器会重新用刚刚接收到的路由信息中了解到的跳数重新激活这个条目，同时重置老化计时器并关闭垃圾收集计时器。

然而，某条 RIP 路由如果启动了垃圾收集计时器，那么路由器就会在网络中发送关于这条路由不可达的更新消息，让其他路由器也更新关于这条路由已经不可达的信息，垃圾收集计时器超时后会将这条路由从 RIP 数据库中彻底删除。路由器对外通告不可达路由，其目的是为了让其他路由器也能及时清除网络中的不可用路由，这与我们接下来一小节要讨论的话题紧密相关。

6.3.3　RIP 的环路避免机制

我们在前文中介绍过，RIP 将最大跳数定义为 16 跳，且 16 跳表示该网络不可达。在本小节中，我们介绍 RIP 其他的环路避免特性和机制，并且解释这些特性为什么可以防止发生上述问题。

（1）水平分割

水平分割（Split Horizon）引入的规则是，禁止路由器将从一个接口学习到的路由，再从同一个接口通告出去。为了解释水平分割的效果，我们继续沿着图 6-10 的思路进行演绎，看一看通过水平分割是否还会出现像图 6-12 和图 6-13 那样的环路。

在图 6-18 所示的环境中，AR1 的 E1 接口因为某种原因而由 up 状态变为了 down 状态。所以，AR1 从自己的路由表中清除了去往 12.1.2.0 这个子网的直连路由。于是，AR1 现在并不知道该如何转发去往子网 12.1.2.0 的数据包。至此为止，一切都和图 6-10 相同。

然而，由于 AR2 上启用了水平分割特性，因此图 6-11 所示的情形就不会发生。因为 AR2 上去往 12.1.2.0/24 这个网络的路由是 AR2 通过自己的 E0 接口接收到的，所以 AR2 不会再通过自己的 E0 接口通告去往 12.1.2.0/24 这个网络的路由。鉴于 AR1 不会再从 AR2 那里学习到去往 12.1.2.0/24 网络的路由，图 6-12 和图 6-13 所示的环路也就不会发生。

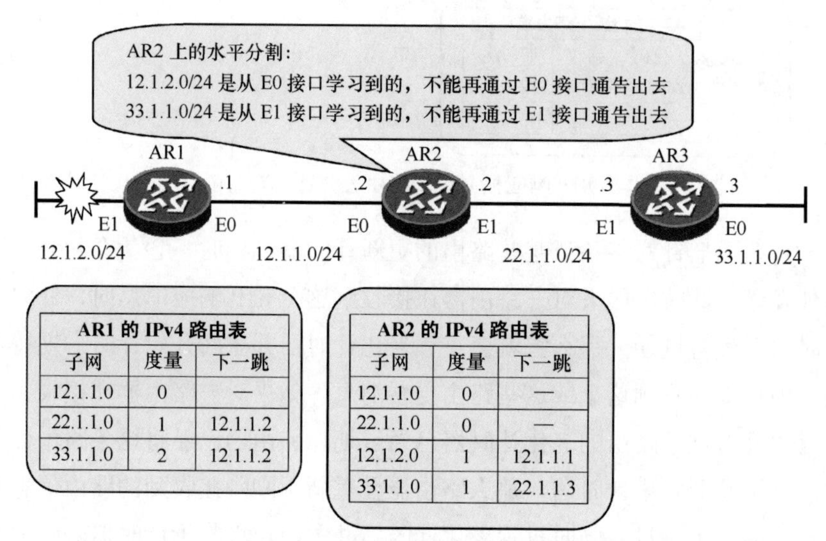

AR1 的 IPv4 路由表		
子网	度量	下一跳
12.1.1.0	0	—
22.1.1.0	1	12.1.1.2
33.1.1.0	2	12.1.1.2

AR2 的 IPv4 路由表		
子网	度量	下一跳
12.1.1.0	0	—
22.1.1.0	0	—
12.1.2.0	1	12.1.1.1
33.1.1.0	1	22.1.1.3

图 6-18 水平分割防止了网络中出现环路

（2）毒性反转

毒性反转（Poison Reverse）和水平分割的理念相同，做法相似，属于水平分割的一种变体，因此很多人称之为带毒性反转的水平分割（Split-Horizon Routing with Poison Reverse）。两者的区别在于，如果说水平分割是一种被动的防环机制，那么毒性反转则是一种主动的防环机制。**毒性反转的做法是，当路由器从一个接口学习到一条去往某个网络路由时，它就会通过这个接口通告一条该网络不可达的路由。**

有了水平分割的基础，相信读者很容易理解毒性反转是如何防止网络中出现环路的。我们还是通过演绎图 6-10 的情形来解释这个问题。

在图 6-19 所示的环境中，AR2 通过自己的 E0 接口学习到了去往 12.1.2.0/24 的路由。由于 AR2 启用了毒性反转，因此它会立刻通过自己的 E0 接口向 AR1 通告一条 12.1.2.0/24 这个网络通过自己的跳数为 16 跳的信息。当 AR1 接收到这条信息时，就知道 12.1.2.0/24 通过 AR2 是不可达的。因此，即使在 AR1 的 E1 接口因为某种原因而变为了 down 状态，AR1 也不会因为以 AR2 作为下一跳路由器来转发去往网络 12.1.2.0/24 的数据包，而图 6-13 所示的情况也就不会发生。

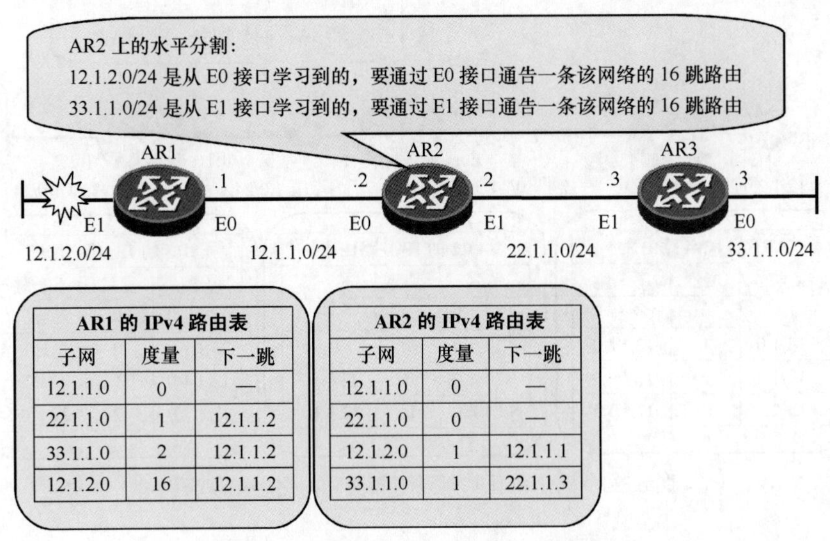

AR1 的 IPv4 路由表		
子网	度量	下一跳
12.1.1.0	0	—
22.1.1.0	1	12.1.1.2
33.1.1.0	2	12.1.1.2
12.1.2.0	16	12.1.1.2

AR2 的 IPv4 路由表		
子网	度量	下一跳
12.1.1.0	0	—
22.1.1.0	0	—
12.1.2.0	1	12.1.1.1
33.1.1.0	1	22.1.1.3

图 6-19　毒性反转防止了网络中出现环路

注释：

在图 6-19 中，当 AR2 通过 E0 接口通告了去往网络 12.1.2.0 的 16 跳路由之后，AR1 路由表中即保留了这条路由。但请注意，我们这样绘图旨在突出毒性反转的效果，方便读者理解这个特性。实际上，尽管毒性反转确实会让设备（本例中的 AR2）通告这样一条路由，但接收方（即本例中的 AR1）实际上**并不会**将这条不可达的路由保存进自己的路由表中。

路由毒化（Route Poisoning）是指路由器会将自己路由表中已经失效的路由作为一条不可达路由主动通告出去。触发更新（Triggered Update）顾名思义，是指路由器在网络发生变化时，不等待更新计时器到时就主动发送更新。

这两种机制结合在一起，可以迅速将网络出现了变化的消息通告给网络中的其他路由器，避免网络在等待计时器过期的过程中出现环路。

我们还是根据图 6-10 中的出现情形来解释这个机制的效果。在图 6-20 所示的环境中，AR1 的 E1 接口因为某种原因而由 up 状态变为了 down 状态。此时，根据路由毒化机制，AR1 应该将自己路由表中路由 12.1.2.0/24 已经失效的消息通过一条去往网络 12.1.2.0/24 不可达的路由信息通过自己启用了 RIP 的接口通告出去；又根据触发更新机制，在网络出现变化的情况下，AR1 应该直接发送这条更新，而非等待更新计时器过期。于是，AR1 在发现 12.1.2.0/24 不可达之后，立刻将这个消息通过 RIP 响应消息通告给了 AR2。AR2 在接收到这条消息之后，将通过 AR1 去往 12.1.2.0/24 的路由从 IP 路由表中删除，同时将信息转发给了 AR3。

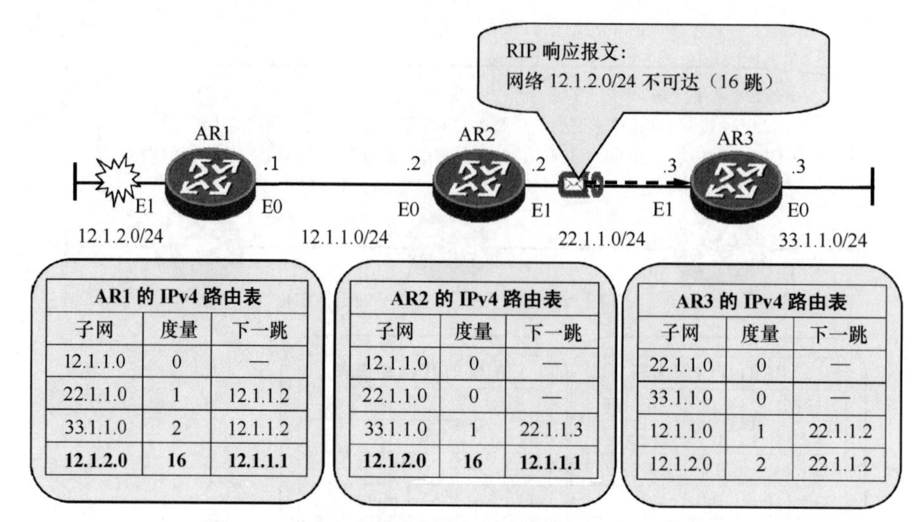

AR1 的 IPv4 路由表

子网	度量	下一跳
12.1.1.0	0	—
22.1.1.0	1	12.1.1.2
33.1.1.0	2	12.1.1.2
12.1.2.0	**16**	**12.1.1.1**

AR2 的 IPv4 路由表

子网	度量	下一跳
12.1.1.0	0	—
22.1.1.0	0	—
33.1.1.0	1	22.1.1.3
12.1.2.0	**16**	**12.1.1.1**

AR3 的 IPv4 路由表

子网	度量	下一跳
22.1.1.0	0	—
33.1.1.0	0	—
12.1.1.0	1	22.1.1.2
12.1.2.0	2	22.1.1.2

图 6-20　路由毒化与触发更新防止网络中出现环路

注释：

在图 6-20 中，当 AR1 通过 E0 接口通告了去往网络 12.1.2.0 的 16 跳路由之后，AR2 路由表中即保留了这条路由。但请注意，我们这样绘图旨在突出路由毒化的效果，方便读者理解这个特性。实际上，尽管路由毒化确实会让监测到网络变化的设备（本例中的 AR1）通告这样一条路由，但接收方（无论是本例中的 AR2，还是未来接收到 RIP 响应报文后的 AR3）实际上**并不会**将这条不可达的路由保存进自己的路由表中。

通过上面这张图也可以看到，通过路由毒化和触发更新机制，某个网络暂时“失联”的信息会在瞬间传遍整个 RIP 网络。这样一来，网络中也就没有哪台 RIP 路由器还可以继续凭借自己的过期路由条目，向其他路由器声称自己还有办法向该网络转发数据包了。

综上所述，通过定义最大跳数、部署水平分割/毒性反转特性、提供路由毒化和触发更新机制，RIP 弥补了距离矢量型路由协议在环路方面的天然缺陷。但这些举措本身又会引入一些新的问题，比如最大跳数限制了 RIP 网络的规模、水平分割影响了网络的收敛速度、毒性反转和路由毒化增加了网络中传输的管理流量（RIP 响应消息）。因此，距离矢量型路由协议尽管拥有配置简单、部署方便等优势，但这类路由协议在网络（尤其是大型网络）中还是呈日渐失势的态势。不过，RIP 的理论和配置都可以为学习路由技术的人员提供一个非常理想的起点。在下一节中，我们会详细介绍 RIP 在各个环境中的配置方法。

6.4　RIP 配置

在本节中，我们会对 RIP 的配置方法进行介绍。RIP 是各类动态路由协议中，配置最简单的协议。因此，读者可以通过学习 RIP 的配置方法来熟悉动态路由协议的配置方法。

鉴于 RIPv1 在实际网络中已经被淘汰，因此我们在本节中会进行重点介绍的，是 RIPv2 的配置。不过，考虑有些读者可能希望测试（我们在前文中介绍过的）有类路由协议的工作方式，我们首先简单演示一下 RIPv1 的配置方法。

注释：

对 RIPv1 配置方法不感兴趣的读者可以直接阅读 6.4.1 RIPv2 的基本配置。

在本小节中，我们以图 6-21 所示的环境为例，演示如何在路由器 AR1 和 AR2 上配置 RIPv1。

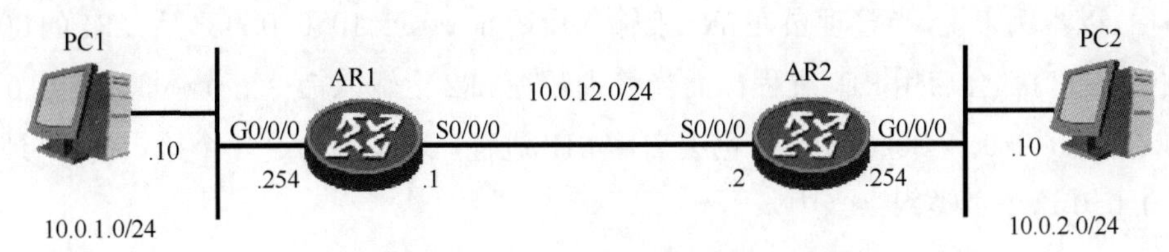

图 6-21　RIPv1 配置案例

在这个网络中，AR1 和 AR2 分别连接一个 LAN，子网地址分别为 10.0.1.0/24 和 10.0.2.0/24。这两台路由器之间通过串行链路连接在一起，这条串行链路使用的是 10.0.12.0/24 这个子网。现在，管理员要在 AR1 和 AR2 上启用 RIPv1，并在 RIPv1 中通告两台路由器各自直连的子网，使 PC1 与 PC2 之间能够进行通信。例 6-1 展示了 AR1 和 AR2 上的配置。

例 6-1　在路由器 AR1 和 AR2 上配置 RIP

```
[AR1]interface g0/0/0
[AR1-GigabitEthernet0/0/0]ip address 10.0.1.254 24
[AR1-GigabitEthernet0/0/0]quit
[AR1]interface s0/0/0
[AR1-Serial0/0/0]ip address 10.0.12.1 24
[AR1-Serial0/0/0]quit
[AR1]rip
[AR1-rip-1]network 10.0.0.0
```

```
[AR2]interface g0/0/0
[AR2-GigabitEthernet0/0/0]ip address 10.0.2.254 24
[AR2-GigabitEthernet0/0/0]quit
[AR2]interface s0/0/0
[AR2-Serial0/0/0]ip address 10.0.12.2 24
[AR2-Serial0/0/0]quit
[AR2]rip
```

```
[AR2-rip-1]network 10.0.0.0
```

从例 6-1 中可以看出，AR1 和 AR2 上除了常规的接口配置外，管理员使用系统视图命令 **rip** 启用了 RIP，并且默认就是运行 RIPv1。这条命令的完整句法是 **rip** [*process-id*]，其中 *process-id* 指定了 RIP 进程 ID。如果像本例的配置一样，管理员没有指定 process-id，路由器将会使用 1 作为默认的进程 ID。进程 ID 只具有本地意义，因此 AR1 和 AR2 上就算配置了不同的进程 ID，它们之间也能够相互交换 RIP 路由信息。

当管理员在系统视图中配置了命令 **rip** 后，路由器的所有接口上默认是禁用 RIP 进程的。要想在相应的接口上启用 RIP 进程，管理员必须在 RIP 视图中使用命令 **network** 来通告主类网络。这条命令的完整句法格式为 **network** *network-address*，一旦管理员在路由器上配置了这条命令，所有 IP 地址属于这个主类网络的路由器本地接口都会参与 RIP 路由。以本例来说，当管理员在 AR1 上输入命令 network 10.0.0.0 之后，AR1 的 G0/0/0 和 S0/0/0 接口都会启用 RIP 进程；而当管理员在 AR2 上输入命令 network 10.0.0.0 之后，AR2 的 G0/0/0 和 S0/0/0 接口也会启用 RIP 进程，这是因为这 4 个接口的 IP 地址都在 10.0.0.0 这个主类网络当中。

由于 RIPv1 只支持有类网络，因此在使用 **network** 命令进行网络通告时，管理员要按照 IP 地址 A 类、B 类、C 类的分类原则，通告主类网络并且无需写明掩码。

通过这一条命令，RIPv1 的配置即告完成。在例 6-2 中，我们通过查看 IP 路由表中的 RIP 路由，验证了 RIPv1 的配置效果。

例 6-2　验证 RIPv1 的配置效果

```
[AR1]display ip routing-table protocol rip
Route Flags: R - relay, D - download to fib
------------------------------------------------------------------------------
Public routing table : RIP
         Destinations : 1        Routes : 1

RIP routing table status : <Active>
         Destinations : 1        Routes : 1

Destination/Mask    Proto   Pre  Cost      Flags NextHop         Interface

       10.0.2.0/24  RIP     100  1           D   10.0.12.2       Serial0/0/0

RIP routing table status : <Inactive>
         Destinations : 0        Routes : 0
```

在例 6-2 中，我们使用命令 **display ip routing-table protocol rip** 展示了 AR1 上 IP 路由表中的 RIP 路由条目。

注释：

命令 **display ip routing-table protocol rip** 中的参数 **rip** 可以改为其他路由来源，比如 direct（直连）、static（静态）、ospf 等，通过这种方式对命令输出的路由条目进行限制，可以更清晰快速地找到希望查看的目标路由。

如例 6-2 的阴影行所示，路由器 R1 通过 S0/0/0 接口学习到了一条 RIP 路由，这条路由的目的子网是 10.0.2.0/24，路由优先级是 100。我们在第 4 章的表 4-1 中曾经介绍过，RIP 路由的默认优先级就是 100。此外，静态路由的优先级是 60。通过两者对比可知，静态路由优于 RIP 路由。

例 6-3 测试了配置的最终效果，管理员从 PC1 上对 PC2 发起 ping 测试。

例 6-3　在 PC1 上验证配置结果

```
PC1>ping 10.0.2.10

Ping 10.0.2.10: 32 data bytes, Press Ctrl_C to break
From 10.0.2.10: bytes=32 seq=1 ttl=126 time=93 ms
From 10.0.2.10: bytes=32 seq=2 ttl=126 time=109 ms
From 10.0.2.10: bytes=32 seq=3 ttl=126 time=109 ms
From 10.0.2.10: bytes=32 seq=4 ttl=126 time=109 ms
From 10.0.2.10: bytes=32 seq=5 ttl=126 time=93 ms

--- 10.0.2.10 ping statistics ---
  5 packet(s) transmitted
  5 packet(s) received
  0.00% packet loss
  round-trip min/avg/max = 93/102/109 ms
```

从例 6-3 的测试可以看出，管理员通过在路由器 AR1 和 AR2 上配置 RIP 并通告各自的直连路由，使拓扑两端子网中的主机 PC1 和 PC2 之间能够进行通信。RIPv1 虽然实施简单，但前文也提过它的不足之处。因此，如果读者希望在网络中实施 RIP，那还是需要掌握 RIPv2 的配置和参数调试方法。从 6.4.1 小节开始，我们就会通过几个案例来详细介绍 RIPv2 的配置。

6.4.1　RIPv2 的基本配置

RIPv2 的启用和路由通告与 RIPv1 非常类似，本小节会使用与 RIPv1 配置案例相同的拓扑（见图 6-21）来演示 RIPv2 的配置。在完成基本配置之后，我们会通过这个拓扑分别展示 RIPv2 的环路避免机制：水平分割和毒性反转。在这一小节的最后，我们还会通过手动关闭接口的方式主动在拓扑中引入变化，借此展示 RIPv2 的触发更新。

首先，管理员要在 AR1 和 AR2 上启用 RIPv2，使 PC1 与 PC2 之间能够进行通信。例

6-4 中展示了 AR1 和 AR2 上的配置。

例 6-4　在路由器 AR1 和 AR2 上配置 RIPv2

```
[AR1]interface g0/0/0
[AR1-GigabitEthernet0/0/0]ip address 10.0.1.254 24
[AR1-GigabitEthernet0/0/0]quit
[AR1]interface s0/0/0
[AR1-Serial0/0/0]ip address 10.0.12.1 24
[AR1-Serial0/0/0]quit
[AR1]rip
[AR1-rip-1]version 2
[AR1-rip-1]network 10.0.0.0
```

```
[AR2]interface g0/0/0
[AR2-GigabitEthernet0/0/0]ip address 10.0.2.254 24
[AR2-GigabitEthernet0/0/0]quit
[AR2]interface s0/0/0
[AR2-Serial0/0/0]ip address 10.0.12.2 24
[AR2-Serial0/0/0]quit
[AR2]rip
[AR2-rip-1]version 2
[AR2-rip-1]network 10.0.0.0
```

从本例中可以看出，RIPv2 的启用与 RIPv1 的启用之间就差了一条命令。以 AR1 为例，管理员首先在系统视图中使用命令 rip 启用 RIP 进程 1，之后在 RIP 视图中使用命令 **version 2**。这条命令修改了 RIP 的运行版本，鉴于华为路由器默认使用的 RIP 版本为 RIPv1，因此若要使用 RIPv2，管理员需要使用这条命令把版本修改为 RIPv2。

最后，管理员在 RIP 视图中使用 **network** 命令通告了本地子网，这条命令会使 IP 地址属于通告子网的接口启用 RIP 进程。RIPv2 支持 VLSM，但在配置路由通告时仍会使用主类网络。例 6-5 中展示了 AR1 的 IP 路由表，其中用阴影标出了 AR1 通过 RIPv2 学习到的路由。

例 6-5　在 AR1 上查看 IP 路由表

```
[AR1]display ip routing-table
Route Flags: R - relay, D - download to fib
------------------------------------------------------------------------------
Routing Tables: Public
         Destinations : 8        Routes : 8

Destination/Mask    Proto   Pre  Cost      Flags NextHop         Interface

       10.0.1.0/24  Direct  0    0           D   10.0.1.254      GigabitEthernet0/0/0
```

```
    10.0.1.254/32  Direct  0    0        D   127.0.0.1       GigabitEthernet0/0/0
     10.0.2.0/24   RIP     100  1        D   10.0.12.2       Serial0/0/0
     10.0.12.0/24  Direct  0    0        D   10.0.12.1       Serial0/0/0
     10.0.12.1/32  Direct  0    0        D   127.0.0.1       Serial0/0/0
     10.0.12.2/32  Direct  0    0        D   10.0.12.2       Serial0/0/0
     127.0.0.0/8   Direct  0    0        D   127.0.0.1       InLoopBack0
     127.0.0.1/32  Direct  0    0        D   127.0.0.1       InLoopBack0
```

从AR1的IP路由表中可以看到它从S0/0/0接口（连接AR2）学来的RIP路由，这条路由的Proto仍标记为RIP，这与例6-2中通过RIPv1学到的路由标记相同，因此管理员通过IP路由表无法判断路由器运行的RIP版本。

管理员可以使用命令 **display rip** 来查看RIP的更多详细信息，例6-6展示了这条命令在AR1上的输出信息。

例6-6　在AR1上使用命令 display rip

```
[AR1]display rip
Public VPN-instance
    RIP process : 1
       RIP version   : 2
       Preference    : 100
       Checkzero     : Enabled
       Default-cost  : 0
       Summary       : Enabled
       Host-route    : Enabled
       Maximum number of balanced paths : 32
       Update time   : 30 sec               Age time : 180 sec
       Garbage-collect time : 120 sec
       Graceful restart  : Disabled
       BFD               : Disabled
       Silent-interfaces : None
       Default-route : Disabled
       Verify-source : Enabled
       Networks :
       10.0.0.0
       Configured peers            : None
       Number of routes in database : 4
       Number of interfaces enabled : 2
       Triggered updates sent      : 25
       Number of route changes     : 17
       Number of replies to queries : 8
```

```
        Number of routes in ADV DB    : 3

    Total count for 1 process :
        Number of routes in database : 4
        Number of interfaces enabled : 2
        Number of routes sendable in a periodic update : 8
        Number of routes sent in last periodic update : 4
```

从例 6-6 中可以看出，命令 **display rip** 能够查看有关 RIP 的更多信息，其中包括这台路由器上使用的 RIP 进程号（默认 1）、版本号（默认 1，管理员通过 RIP 视图的命令 **version 2** 将其修改为 2）、优先级（默认 100），以及通告的网络（管理员使用 **network** 命令通告的本地子网）。其他参数比如汇总、默认路由等，会在接下来的几个小节中一一介绍。

接下来，我们会在这个环境中通过抓包的形式验证 RIPv2 的水平分割特性。

（1）RIPv2 水平分割

要想查看案例环境中 AR1 的 RIPv2 水平分割特性是否启用，管理员可以使用命令 **display rip 1 interface s0/0/0 verbose** 进行判断，例 6-7 中展示了这条命令的输出信息。

例 6-7　查看 AR1 上的 RIPv2 水平分割状态

```
[AR1]display rip 1 interface s0/0/0 verbose
 Serial0/0/0(10.0.12.1)
  State            : UP          MTU    : 500
  Metricin         : 0
  Metricout        : 1
  Input            : Enabled     Output : Enabled
  Protocol         : RIPv2 Multicast
  Send version     : RIPv2 Multicast Packets
  Receive version  : RIPv2 Multicast and Broadcast Packets
  Poison-reverse                 : Disabled
  Split-Horizon                  : Enabled
  Authentication type            : None
  Replay Protection              : Disabled
```

例 6-7 所示命令可以查看接口上有关 RIP 进程的详细信息，其中不仅可以看到水平分割（阴影部分）特性默认已启用，还可以看到毒性反转特性默认已禁用。

在这个环境中，以 AR1 为例，它通过 S0/0/0 接口，从 AR2 收到了去往 10.0.2.0/24 的 RIPv2 路由，根据水平分割规则，它不能够将这条路由再从 S0/0/0 接口发送出去。下面我们通过在 AR1 S0/0/0 接口上抓包，查看它发出的 RIPv2 路由通告条目，如图 6-22 所示。

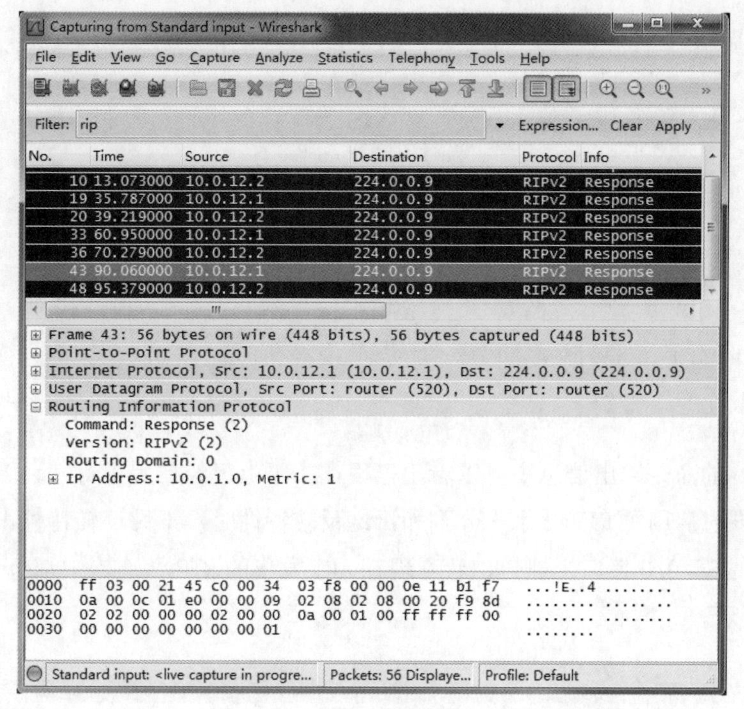

图 6-22　AR1 S0/0/0 接口的抓包：通告 1 条路由

从图 6-22 的抓包截图可以看出，源地址为 10.0.12.1（AR1 的 S0/0/0 接口），目的地址为组播地址 224.0.0.9（RIPv2 使用的组播地址）的数据包中，RIPv2 通告了一条路由：10.0.1.0，度量值为 1。这也就是说，AR1 并没有将它通过 S0/0/0 接口学到的 10.0.2.0 路由，再次通过 S0/0/0 接口发布出去——这正是 RIPv2 水平分割特性的结果。

（2）RIPv2 毒性反转

接下来，我们继续沿用上述案例环境，但我们需要在前一案例配置的基础上，在 AR1 和 AR2 的 S0/0/0 接口开启毒性反转特性。例 6-8 中展示了启用毒性反转特性的配置命令。

例 6-8　在 AR1 和 AR2 上启用毒性反转特性

```
[AR1]interface s/0/0
[AR1-Serial0/0/0]rip poison-reverse
---
[AR2]interface s0/0/0
[AR2-Serial0/0/0]rip poison-reverse
```

毒性反转特性是在接口上启用的，因此，管理员分别在 AR1 和 AR2 的 S0/0/0 接口上启用了毒性反转特性。管理员还是可以使用前面查看水平分割特性的命令来查看毒性反转特性的状态。例 6-9 中展示了 AR1 上这条命令的输出信息。

例 6-9　在 AR1 上查看毒性反转特性

```
[AR1]display rip 1 interface s0/0/0 verbose
 Serial0/0/0(10.0.12.1)
```

```
State             : UP          MTU    : 500
Metricin          : 0
Metricout         : 1
Input             : Enabled     Output : Enabled
Protocol          : RIPv2 Multicast
Send version      : RIPv2 Multicast Packets
Receive version   : RIPv2 Multicast and Broadcast Packets
Poison-reverse                  : Enabled
Split-Horizon                   : Enabled
Authentication type             : None
Replay Protection               : Disabled
```

从例 6-9 的命令输出信息中可以看出，现在 AR1 上已经启用了毒性反转特性。当路由器接口上同时启用了 RIPv2 水平分割和毒性反转特性时，毒性反转特性占优。现在我们再从 AR1 的 S0/0/0 接口上抓包，看看现在 AR1 发出的 RIPv2 通告中都包含哪些路由，如图 6-23 所示。

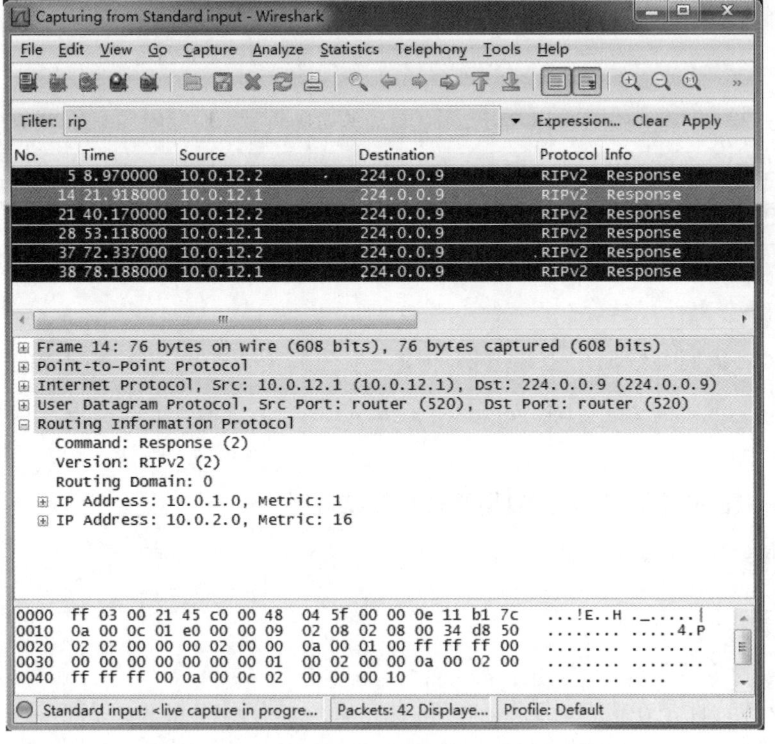

图 6-23　AR1 S0/0/0 接口的抓包：通告 2 条路由

从图 6-23 的抓包截图可以看出，开启了毒性反转后，AR1 从 S0/0/0 接口发出的 RIPv2 路由变为了 2 条，其中一条是自己直连路由 10.0.1.0，另一条是从 AR2 学到的路由 10.0.2.0。也就是说，AR1 将从 S0/0/0 接口学到的路由 10.0.2.0 再次从该接口通告了出去，同时把度量值设置为 16。通过度量值 16 表示路由不可达，主动消除了产生环路的可能性，这就是启用了毒性反转的效果。

（3）RIPv2 触发更新

接下来，我们继续之前的案例和配置，来展示 RIPv2 触发更新的效果。为了使网络中出现拓扑变动，我们会手动关闭 AR2 的 G0/0/0 接口，让子网 10.0.2.0/24 变得不可达。例 6-10 中展示了 AR2 上的配置信息。

例 6-10　手动关闭 AR2 的 G0/0/0 接口

```
[AR2]interface g0/0/0
[AR2-GigabitEthernet0/0/0]shutdown
```

当管理员关闭了 AR2 的 G0/0/0 接口后，我们仍在 AR1 的 S0/0/0 接口抓包，验证 AR2 是否发来了通告子网 10.0.2.0/24 不可达的触发更新，如图 6-24 所示。

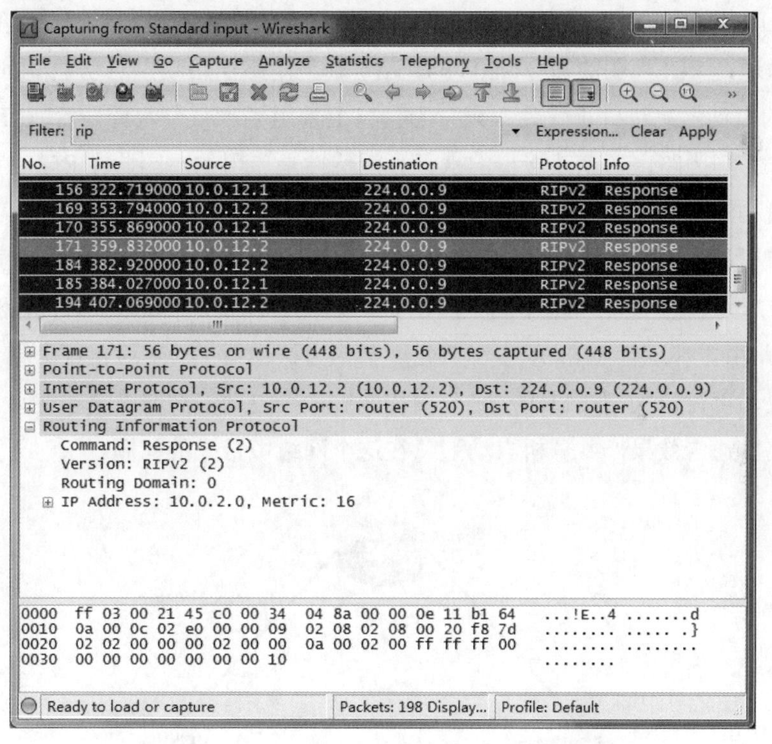

图 6-24　AR1 S0/0/0 接口的抓包：收到触发更新

从图 6-24 所示抓包截图可以看出，AR1 的 S0/0/0 接口上收到了源地址为 10.0.12.2（AR2 的 S0/0/0 接口），目的地址为 224.0.0.9（RIPv2 使用的组播地址）的触发更新包。这里只包含一条状态发生了变化的路由：10.0.2.0，而度量值 16 则表示这条路由不再可达。

AR1 收到这条触发更新后，会立即把这条路由从 IP 路由表中删除，无需等待。因此，触发更新可以加速网络的收敛。

6.4.2 配置 RIPv2 路由自动汇总

一些读者可能已经从例 6-6 命令 **display rip** 的输出信息中，看到了本小节介绍的重点“Summary : Enabled”（汇总：已启用）。这行信息表示当前运行的 RIP 已启用了路由自动汇总功能，实际上，华为路由器上的 RIPv1 和 RIPv2 默认都启用了路由自动汇总功能。

在启用了路由自动汇总功能后，RIP 在向其他网络通告同一个主类网络中的子网路由时，它会将这些子网的路由汇总为一条有类网络的路由进行通告。这样做的好处在于可以减小路由表的大小，并且降低网络上传输的 RIP 消息数量，但它的缺点所带来的破坏有时远远大于优点带来的好处。在本小节中，我们将通过案例展示路由自动汇总带来的危害。

由于 RIPv1 并不支持 VLSM，因此 RIPv1 会始终启用路由自动汇总功能。在 RIPv2 中，管理员可以通过 RIP 视图的命令 **undo summary** 来禁用路由自动汇总功能。实际上，华为对 RIPv2 的自动汇总进行了优化：只有当接口上禁用了水平分割特性后，RIPv2 才会执行自动汇总。华为路由器默认接口的水平分割特性是启用的，因此在 RIPv2 发出的报文中并没有自动汇总的路由条目，而只有明细路由条目。

本小节以如图 6-25 所示的网络为例，AR1 和 AR3 的 LAN 接口上各自连接了 4 个子网，这 4 个子网是同一个主类网络的不同子网，同时这两台路由器都通过串行链路接口与 AR2 相连。3 台路由器都运行 RIPv2，本小节先展示华为路由器上 RIPv2 的配置以及默认的路由通告效果，再讨论关闭接口的水平分割特性后，令自动汇总特性真正生效，查看自动汇总后的路由通告效果，并分析自动汇总在这个网络中带来的问题。

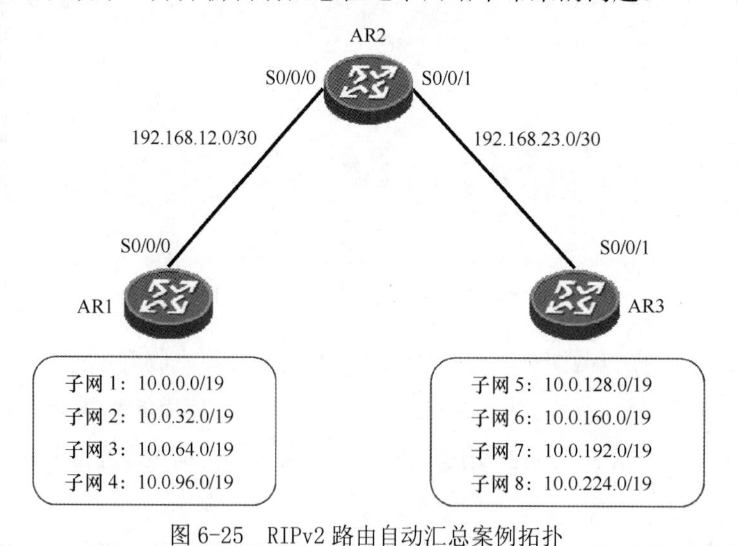

图 6-25　RIPv2 路由自动汇总案例拓扑

图 6-25 中列出了 AR1 和 AR3 上的各自 4 个子网/掩码，例 6-11 展示了 AR1、AR2 和

AR3 上的接口配置，路由器接口 IP 地址的配置已经展示过很多次，在这里我们换一种方式查看接口的状态。

例 6-11 查看路由器接口的状态

```
[AR1]display ip interface brief
*down: administratively down
!down: FIB overload down
^down: standby
(l): loopback
(s): spoofing
(d): Dampening Suppressed
The number of interface that is UP in Physical is 6
The number of interface that is DOWN in Physical is 5
The number of interface that is UP in Protocol is 6
The number of interface that is DOWN in Protocol is 5

Interface                          IP Address/Mask      Physical   Protocol
Ethernet0/0/0                      unassigned           down       down
Ethernet0/0/1                      unassigned           down       down
GigabitEthernet0/0/0               10.0.0.254/19        up         up
GigabitEthernet0/0/1               10.0.32.254/19       up         up
GigabitEthernet0/0/2               10.0.64.254/19       up         up
GigabitEthernet0/0/3               10.0.96.254/19       up         up
NULL0                              unassigned           up         up(s)
Serial0/0/0                        192.168.12.1/30      up         up
Serial0/0/1                        unassigned           down       down
Serial0/0/2                        unassigned           down       down
Serial0/0/3                        unassigned           down       down
```

```
[AR2]display ip interface brief
*down: administratively down
!down: FIB overload down
^down: standby
(l): loopback
(s): spoofing
(d): Dampening Suppressed
The number of interface that is UP in Physical is 3
The number of interface that is DOWN in Physical is 8
The number of interface that is UP in Protocol is 3
The number of interface that is DOWN in Protocol is 8

Interface                          IP Address/Mask      Physical   Protocol
```

```
Ethernet0/0/0                unassigned          down        down
Ethernet0/0/1                unassigned          down        down
GigabitEthernet0/0/0         10.8.4.2/24         down        down
GigabitEthernet0/0/1         10.8.5.2/24         down        down
GigabitEthernet0/0/2         10.8.6.2/24         down        down
GigabitEthernet0/0/3         10.8.7.2/24         down        down
NULL0                        unassigned          up          up(s)
Serial0/0/0                  192.168.12.2/30     up          up
Serial0/0/1                  192.168.23.2/30     up          up
Serial0/0/2                  unassigned          down        down
Serial0/0/3                  unassigned          down        down
```

```
[AR3]display ip interface brief
*down: administratively down
!down: FIB overload down
^down: standby
(l): loopback
(s): spoofing
(d): Dampening Suppressed
The number of interface that is UP in Physical is 6
The number of interface that is DOWN in Physical is 5
The number of interface that is UP in Protocol is 6
The number of interface that is DOWN in Protocol is 5

Interface                    IP Address/Mask     Physical    Protocol
Ethernet0/0/0                unassigned          down        down
Ethernet0/0/1                unassigned          down        down
GigabitEthernet0/0/0         10.0.128.254/19     up          up
GigabitEthernet0/0/1         10.0.160.254/19     up          up
GigabitEthernet0/0/2         10.0.192.254/19     up          up
GigabitEthernet0/0/3         10.0.224.254/19     up          up
NULL0                        unassigned          up          up(s)
Serial0/0/0                  unassigned          down        down
Serial0/0/1                  192.168.23.1/30     up          up
Serial0/0/2                  unassigned          down        down
Serial0/0/3                  unassigned          down        down
```

在例 6-11 中，我们使用命令 **display ip interface brief** 查看了路由器接口的 IP 地址和状态。从命令的输出内容中，我们可以看出本例中使用的接口上都已经配置了 IP 地址，并且接口状态都是 up/up。接着，管理员要在 3 台路由器上分别启用 RIPv2，并通告所有本地子网。我们先从 AR2 开始，详见例 6-12。

例 6-12 在 AR2 上配置 RIPv2 并通告本地子网

```
[AR2]rip
[AR2-rip-1]version 2
[AR2-rip-1]network 192.168.12.0
[AR2-rip-1]network 192.168.23.0
```

从 AR2 的配置中可以看出，管理员使用了 6.4.1 小节展示的命令将 RIP 版本更改为版本 2。由于在 AR2 上只有两个接口需要参与 RIPv2 进程：分别是连接 AR1 和 AR3 的接口，因此管理员通过 **network** 命令通告了这两个接口所连接的子网。

接下来我们换一种方法查看 AR1 和 AR3 上的配置，如例 6-13 所示。

例 6-13 查看 AR1 和 AR3 上的 RIP 配置

```
[AR1]display current-configuration configuration rip
#
rip 1
 version 2
 network 10.0.0.0
 network 192.168.12.0
#
return
[AR1]
```

```
[AR3]display current-configuration configuration rip
#
rip 1
 version 2
 network 10.0.0.0
 network 192.168.23.0
#
return
[AR3]
```

例 6-13 使用命令 **display current-configuration configuration rip** 查看了路由器上的 RIP 配置。从 AR1 和 AR3 的 RIP 配置中，我们可以看出这两台路由器上也运行的是 RIPv2，它们也各自宣告了两个网络。注意虽然 RIPv2 支持 VLSM，但在使用 **network** 通告子网时，管理员仍然要使用主网络进行通告，因此命令输出内容中显示的是 **network 10.0.0.0**。

在 RIP 进程配置完成后，例 6-14 中展示了 AR2 的 IP 路由表，以查看 AR2 通过 RIPv2 学到的路由。

例 6-14 查看 AR2 通过 RIPv2 学到的路由

```
[AR2]display ip routing-table protocol rip
Route Flags: R - relay, D - download to fib
```

```
-------------------------------------------------------------------------------
Public routing table : RIP
         Destinations : 8        Routes : 8

RIP routing table status : <Active>
         Destinations : 8        Routes : 8

Destination/Mask    Proto   Pre  Cost      Flags NextHop         Interface

       10.0.0.0/19  RIP     100  1           D   192.168.12.1    Serial0/0/0
      10.0.32.0/19  RIP     100  1           D   192.168.12.1    Serial0/0/0
      10.0.64.0/19  RIP     100  1           D   192.168.12.1    Serial0/0/0
      10.0.96.0/19  RIP     100  1           D   192.168.12.1    Serial0/0/0
     10.0.128.0/19  RIP     100  1           D   192.168.23.1    Serial0/0/1
     10.0.160.0/19  RIP     100  1           D   192.168.23.1    Serial0/0/1
     10.0.192.0/19  RIP     100  1           D   192.168.23.1    Serial0/0/1
     10.0.224.0/19  RIP     100  1           D   192.168.23.1    Serial0/0/1

RIP routing table status : <Inactive>
         Destinations : 0        Routes : 0
```

为了简化 AR2 路由表中的内容，管理员使用命令 **display ip routing-table protocol rip** 只查看通过 RIP 学到的路由。从案例中第一部分阴影可以看出，AR2 通过 RIP 学到了 8 个目的地，分别有 8 条路由。

虽然从例 6-6 所示的 **display rip** 命令输出内容中可以看出 RIPv2 默认是启用了自动汇总的，但我们通过案例实际展示了华为设备针对 RIPv2 的调整。为了展示自动汇总的效果，我们在例 6-15 中首先在 AR1 和 AR3 的串行接口上禁用 RIP 的水平分割特性。

例 6-15　在接口上禁用 RIP 水平分割特性

```
[AR1]interface s0/0/0
[AR1-Serial0/0/0]undo rip split-horizon
```

```
[AR3]interface s0/0/1
[AR3-Serial0/0/0]undo rip split-horizon
```

在接口视图下配置 RIP 水平分割的命令是 **rip split-horizon**，因此禁用 RIP 水平分割的命令就是 **undo rip split-horizon**。

在禁用了水平分割之后，让我们再次查看一下 AR2 的路由表，如例 6-16 所示。

例 6-16　禁用 RIP 水平分割后的 AR2 路由表

```
[AR2]display ip routing-table protocol rip
Route Flags: R - relay, D - download to fib
-------------------------------------------------------------------------------
```

```
Public routing table : RIP
         Destinations : 3        Routes : 4

RIP routing table status : <Active>
         Destinations : 3        Routes : 4

Destination/Mask    Proto   Pre  Cost       Flags NextHop         Interface

       10.0.0.0/8   RIP     100  1            D   192.168.12.1    Serial0/0/0
                    RIP     100  1            D   192.168.23.1    Serial0/0/1
    192.168.12.0/24 RIP     100  1            D   192.168.12.1    Serial0/0/0
    192.168.23.0/24 RIP     100  1            D   192.168.23.1    Serial0/0/1

RIP routing table status : <Inactive>
         Destinations : 0        Routes : 0
```

现在AR2的IP路由表变得完全不一样了。首先，读者应该关注上半部分的阴影行。这部分信息显示出AR2通过RIP学到了3个目的地，共计4条路由。之后用阴影标出的两行是去往同一个目的地的两条路由，即目的地10.0.0.0/8，这两条路由的下一跳分别为AR1和AR3。从图6-22所示拓扑可以看出，AR2现在的这个路由表与网络拓扑不符。如果按照这个路由表转发数据包的话，AR2会将指向AR1和AR3的两条路由当作等价路径同时使用，这样一来会有大量数据包因"碰巧"选到了错误的路径而遭到下一跳设备丢包。因此在这个案例网络中，RIPv2的路由自动汇总特性必须关闭，才能使网络正常工作。

最后再看另两条路由，这是在禁用RIPv2路由自动汇总（通过启用水平分割特性）的情况下，并没有出现的RIP路由。之所以现在会有这两个网络，是因为这两个子网（尽管没有跨越主类网络的边界但仍然）被汇总为了主类网络（C类网络，掩码为/24）。这导致路由条目中包含的IP地址数量远远大于网络中实际使用的IP地址数量，最终形成路由黑洞。并且这两个网络在汇总前，各自的子网掩码是/30，分别是AR2上直连的两个网络。对于直连网络来说，也实在无需再通过RIP学到。

综上所述，当RIPv2的路由自动汇总特性真正生效后，AR2上学到的RIP路由全部都是无用路由。AR2上的路由表大小是缩小了一半，但整个网络中的数据包路由全部乱了套。鉴于RIPv2的自动汇总特性的局限性，管理员可以根据需要进行手动路由汇总。在6.4.3小节中，我们将继续使用本小节的案例拓扑，在本小节的基础上实施手动路由汇总。

警告：

本实验不具备现场应用价值，只为帮助读者学习RIPv2的相关命令及效果。读者切勿在工程项目中模仿本实验中的操作。

6.4.3 配置 RIPv2 路由手动汇总

通过 6.4.2 小节展示的案例，我们看到了 RIP 自动汇总的缺点：容易产生错误和无效的路由，导致路由黑洞和路由环路。不过，华为设备为用户提供了手动汇总的选择，使管理员能够获得汇总带来的好处，同时又不会承担因自动汇总而引入的风险。在这一小节中，我们会延续 6.4.2 小节的环境和配置，演示如何在华为路由器上配置 RIPv2 手动汇总。图 6-26 复制了图 6-25 的拓扑环境，并计算出 AR1 和 AR3 上将要汇总的路由。

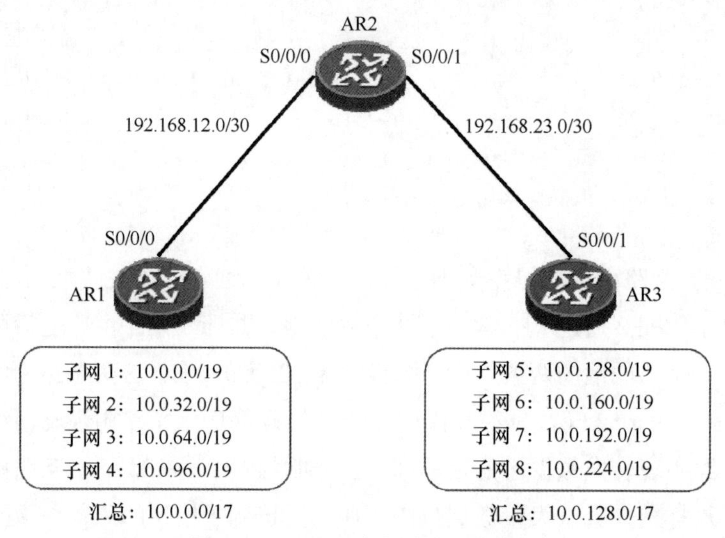

图 6-26　RIPv2 路由手动汇总案例

在图 6-26 中，我们直接写明了子网路由和汇总路由。关于汇总路由的计算方法，我们已经在第 4.4.3 小节（静态路由汇总的配置）中进行了演示，并且在第 4.4.4 小节（汇总静态路由的计算与设计）中进行了详细的介绍。下面，我们结合本例中的环境，复习一下汇总路由的计算方法，同时验证图 6-26 的计算结果。首先，我们把 AR1 上 4 个子网的第 3 位十进制数值转换为二进制数值，对比有区别的比特位：

- 10.0.0.0/19：　10.0.00000000.0
- 10.0.32.0/19：　10.0.00100000.0
- 10.0.64.0/19：　10.0.01000000.0
- 10.0.96.0/19：　10.0.01100000.0

通过对比可以看出，这四个子网的第 18、19 位（阴影位）有变化，换句话说，这 4 个子网的前 17 位都是相同的，因此可以得出汇总子网的掩码为/17。再把 AR3 上 4 个子网的第 3 位十进制数值转换为二进制数值，对比有区别的比特位：

- 10.0.128.0/19：　10.0.10000000.0
- 10.0.160.0/19：　10.0.10100000.0

- 10.0.192.0/19：　10.0.11000000.0
- 10.0.224.0/19：　10.0.11100000.0

通过对比可以看出，这 4 个子网也是第 18、19 位（阴影位）有变化，这也就是说，这 4 个子网也是前 17 位相同，因此可以得出汇总子网的掩码为/17。AR1 和 AR3 上的汇总子网为：

- 10.0.0.0/17：　　10.0.**0**0000000.0
- 10.0.128.0/17：　10.0.**1**0000000.0

有心的读者一定在之前的列表中就发现这 8 个子网的第 17 位用粗体字突出显示了出来。这是为了向读者说明一点，即如果这三台路由器构成的网络是企业网的一部分，比如一个分支，那么这个分支网络在向企业网中的其他站点通告路由时，可以把这两个汇总路由再次汇总为 10.0.0.0/16。

提示：

通过分析这个子网汇总案例，我们复习了计算汇总网络的地址和掩码的方法。如果将这个过程与图 4-12 展示的"七巧板"结合起来，读者也能够意识到，在划分子网时，我们的工作步骤与本小节展示的计算逻辑正好相反：管理员需要先通过网络地址的第 17 位，把地址空间分为两个子网，接着在 AR1 上使用其中一个子网并再次进行划分，然后在 AR3 上使用另一个子网并再次进行划分。这说明只有在 IP 地址的规划阶段就考虑到汇总的需求，才能够在需要汇总的时候"刚好"有能够汇总的路由。

对于 RIPv2 的手动汇总来说，配置是最后一步，也是最简单的一步，因此我们花大篇幅再次梳理了计算汇总的方法，并再次强调事前规划的重要性。接下来，我们来看看如何在华为路由器上配置 RIPv2 手动汇总路由。

RIPv2 的手动汇总路由是在接口视图下配置的，命令为 **rip summary-address** *ip-address ip-address-mask*，其中子网掩码必须配置为点分十进制格式。在接口上应用了这条命令后，接口在向外通告 RIPv2 路由时，就会抑制所有属于这条汇总路由的明细路由，而对于这个网络中所包含的子网统统只通告一条汇总路由。在配置汇总路由前，我们先展示一下 AR1、AR2 和 AR3 上当前通过 RIP 学到的路由信息，详见例 6-17 所示。

例 6-17　汇总前的 IP 路由表

```
[AR1]display ip routing-table protocol rip
Route Flags: R - relay, D - download to fib
------------------------------------------------------------------------------
Public routing table : RIP
         Destinations : 5        Routes : 5

RIP routing table status : <Active>
```

```
         Destinations : 5          Routes : 5

Destination/Mask    Proto   Pre  Cost        Flags NextHop         Interface

     10.0.128.0/19  RIP     100  2             D   192.168.12.2    Serial0/0/0
     10.0.160.0/19  RIP     100  2             D   192.168.12.2    Serial0/0/0
     10.0.192.0/19  RIP     100  2             D   192.168.12.2    Serial0/0/0
     10.0.224.0/19  RIP     100  2             D   192.168.12.2    Serial0/0/0
    192.168.23.0/30 RIP     100  1             D   192.168.12.2    Serial0/0/0

RIP routing table status : <Inactive>
         Destinations : 0          Routes : 0
```

```
[AR2]display ip routing-table protocol rip
Route Flags: R - relay, D - download to fib
------------------------------------------------------------------------------
Public routing table : RIP
         Destinations : 8          Routes : 8

RIP routing table status : <Active>
         Destinations : 8          Routes : 8

Destination/Mask    Proto   Pre  Cost        Flags NextHop         Interface

       10.0.0.0/19  RIP     100  1             D   192.168.12.1    Serial0/0/0
      10.0.32.0/19  RIP     100  1             D   192.168.12.1    Serial0/0/0
      10.0.64.0/19  RIP     100  1             D   192.168.12.1    Serial0/0/0
      10.0.96.0/19  RIP     100  1             D   192.168.12.1    Serial0/0/0
     10.0.128.0/19  RIP     100  1             D   192.168.23.1    Serial0/0/1
     10.0.160.0/19  RIP     100  1             D   192.168.23.1    Serial0/0/1
     10.0.192.0/19  RIP     100  1             D   192.168.23.1    Serial0/0/1
     10.0.224.0/19  RIP     100  1             D   192.168.23.1    Serial0/0/1

RIP routing table status : <Inactive>
         Destinations : 0          Routes : 0
```

```
[AR3]display ip routing-table protocol rip
Route Flags: R - relay, D - download to fib
------------------------------------------------------------------------------
Public routing table : RIP
         Destinations : 5          Routes : 5
```

```
RIP routing table status : <Active>
         Destinations : 5         Routes : 5

Destination/Mask    Proto   Pre  Cost       Flags NextHop         Interface

       10.0.0.0/19  RIP     100  2            D   192.168.23.2    Serial0/0/1
      10.0.32.0/19  RIP     100  2            D   192.168.23.2    Serial0/0/1
      10.0.64.0/19  RIP     100  2            D   192.168.23.2    Serial0/0/1
      10.0.96.0/19  RIP     100  2            D   192.168.23.2    Serial0/0/1
   192.168.12.0/30  RIP     100  1            D   192.168.23.2    Serial0/0/1

RIP routing table status : <Inactive>
         Destinations : 0         Routes : 0
```

通过 3 台路由器的路由表我们可以看到，AR1 和 AR2 上都有 5 条 RIP 路由，其中包括它们通过 AR2 学习到的对方通告的 4 条 10 网段路由，由于中间经历了 AR2 这一跳，因此它们的开销值为 2。而 AR2 则通过 RIP 学习到了 8 条路由，鉴于这 8 条 10 网段的路由是从直连设备学来的，因此开销值为 1。

例 6-18 展示了 AR1 和 AR3 上的 RIPv2 手动汇总配置。

例 6-18　在 AR1 和 AR3 上配置 RIPv2 手动汇总

```
[AR1]interface s0/0/0
[AR1-Serial0/0/0]rip summary-address 10.0.0.0 255.255.128.0
----------------------------------------------------------------
[AR3]interface s0/0/1
[AR3-Serial0/0/1]rip summary-address 10.0.128.0 255.255.128.0
```

在本例中，管理员在 AR1 的 S0/0/0 接口上配置了 RIPv2 汇总路由 10.0.0.0/17，使 S0/0/0 接口在向外通告这个子网的路由时，只通告这条汇总路由。同样的，管理员在 AR3 的 S0/0/1 接口上配置了 RIPv2 汇总路由 10.0.128.0/17，使 S0/0/1 接口在向外通告这个子网的路由时，只通告这条汇总路由。例 6-19 中展示了汇总后三台路由器上的 IP 路由表。

例 6-19　汇总后的 IP 路由表

```
[AR1]display ip routing-table protocol rip
Route Flags: R - relay, D - download to fib
------------------------------------------------------------------------------
Public routing table : RIP
         Destinations : 2         Routes : 2

RIP routing table status : <Active>
         Destinations : 2         Routes : 2
```

```
Destination/Mask    Proto   Pre  Cost      Flags NextHop         Interface

      10.0.128.0/17  RIP     100  2           D   192.168.12.2    Serial0/0/0
    192.168.23.0/30  RIP     100  1           D   192.168.12.2    Serial0/0/0

RIP routing table status : <Inactive>
         Destinations : 0        Routes : 0
```

```
[AR2]display ip routing-table protocol rip
Route Flags: R - relay, D - download to fib
------------------------------------------------------------------------------
Public routing table : RIP
         Destinations : 2        Routes : 2

RIP routing table status : <Active>
         Destinations : 2        Routes : 2

Destination/Mask    Proto   Pre  Cost      Flags NextHop         Interface

        10.0.0.0/17  RIP     100  1           D   192.168.12.1    Serial0/0/0
      10.0.128.0/17  RIP     100  1           D   192.168.23.1    Serial0/0/1

RIP routing table status : <Inactive>
         Destinations : 0        Routes : 0
```

```
[AR3]display ip routing-table protocol rip
Route Flags: R - relay, D - download to fib
------------------------------------------------------------------------------
Public routing table : RIP
         Destinations : 2        Routes : 2

RIP routing table status : <Active>
         Destinations : 2        Routes : 2

Destination/Mask    Proto   Pre  Cost      Flags NextHop         Interface

        10.0.0.0/17  RIP     100  2           D   192.168.23.2    Serial0/0/1
    192.168.12.0/30  RIP     100  1           D   192.168.23.2    Serial0/0/1

RIP routing table status : <Inactive>
         Destinations : 0        Routes : 0
```

从汇总后的 IP 路由表可以看出，3 台路由器上的 RIP 路由数量都有所减少：AR1 和

AR3 从 5 条减少为 2 条，AR2 则从 8 条减少为 2 条。通过观察每条路由的子网和掩码，我们也可以发现这个路由精确反映了拓扑的实际情况，并不会出现路由黑洞和路由环路。这也正是汇总路由真正应该实现的效果以及带来的好处：缩小路由表、减少网络中传输的路由管理流量、降低路由器查询路由表的资源开销等。

6.4.4 配置 RIPv2 下发默认路由

在第 4 章中，我们已经介绍了默认路由的概念，并且展示了静态默认路由的配置。在本小节中，我们会介绍第一种动态默认路由：由 RIP 下发的默认路由。在本小节中，我们会使用图 6-27 所示拓扑来展示 RIP 默认路由的应用。

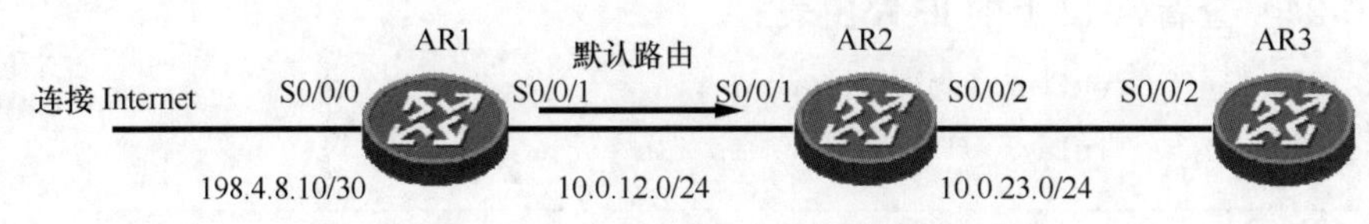

图 6-27 RIPv2 下发默认路由使用的拓扑

在图 6-27 所示网络中，AR1 的 S0/0/0 接口连接到了 Internet，这个接口使用的是由 ISP（Internet 运营商）分配的 IP 地址 198.4.8.10/30，同时管理员在这台路由器上配置了一条去往 ISP 的静态默认路由。企业网络中的三台路由器上都运行 RIPv2 协议，为了使企业中的用户都能访问 Internet，工程师配置 AR1 通过 RIPv2 协议动态下发默认路由。这 3 台路由器上的配置见例 6-20 所示。

例 6-20 3 台路由器上的配置

```
[AR1]interface s0/0/0
[AR1-Serial0/0/0]ip address 198.4.8.10 255.255.255.252
[AR1-Serial0/0/0]interface s0/0/1
[AR1-Serial0/0/1]ip address 10.0.12.1 255.255.255.0
[AR1-Serial0/0/1]quit
[AR1]ip route-static 0.0.0.0 0.0.0.0 198.4.8.9
[AR1]rip 1
[AR1-rip-1]version 2
[AR1-rip-1]network 10.0.0.0
[AR1-rip-1]default-route originate
```

```
[AR2]interface s0/0/1
[AR2-Serial0/0/1]ip address 10.0.12.2 255.255.255.0
[AR2-Serial0/0/1]interface s0/0/2
[AR2-Serial0/0/2]ip address 10.0.23.2 255.255.255.0
[AR2-Serial0/0/2]quit
[AR2]rip 1
[AR2-rip-1]version 2
```

```
[AR2-rip-1]network 10.0.0.0
```

```
[AR3]interface s0/0/2
[AR3-Serial0/0/2]ip address 10.0.23.3 255.255.255.0
[AR3-Serial0/0/2]quit
[AR3]rip 1
[AR3-rip-1]version 2
[AR3-rip-1]network 10.0.0.0
```

在所有的配置中，只有 AR1 上 RIP 配置中的一条命令是新面孔：**default-route originate**。这条命令可以使路由器在 RIPv2 中通告一条默认路由。例 6-21 展示了 AR2 和 AR3 上的 IP 路由表。

例 6-21　查看 AR2 上的 IP 路由表

```
[AR2]display ip routing-table protocol rip
Route Flags: R - relay, D - download to fib
------------------------------------------------------------------------------
Public routing table : RIP
         Destinations : 1        Routes : 1

RIP routing table status : <Active>
         Destinations : 1        Routes : 1

Destination/Mask    Proto   Pre  Cost      Flags NextHop         Interface

        0.0.0.0/0   RIP     100  1           D   10.0.12.1       Serial0/0/1

RIP routing table status : <Inactive>
         Destinations : 0        Routes : 0
```

从 AR2 的 IP 路由表可以看出，AR2 通过 RIP 学到了一条默认路由，下一跳是 10.0.12.1，出接口是 S0/0/1，开销值为 1。例 6-22 中展示了 AR3 上的 IP 路由表。

例 6-22　查看 AR3 的 IP 路由表

```
[AR3]display ip routing-table protocol rip
Route Flags: R - relay, D - download to fib
------------------------------------------------------------------------------
Public routing table : RIP
         Destinations : 2        Routes : 2

RIP routing table status : <Active>
         Destinations : 2        Routes : 2

Destination/Mask    Proto   Pre  Cost      Flags NextHop         Interface
```

```
      0.0.0.0/0   RIP     100  2          D   10.0.23.2        Serial0/0/2
    10.0.12.0/24  RIP     100  1          D   10.0.23.2        Serial0/0/2

RIP routing table status : <Inactive>
         Destinations : 0          Routes : 0
```

从AR3的IP路由表可以看出，AR3通过RIP学到了一条默认路由，下一跳是10.0.23.2，出接口是S0/0/2，开销值为2，因为经过了AR2，因此开销值增加了一跳。

管理员在RIP配置视图下使用命令**default-route originate**通告默认路由时要注意，这条命令会在RIP通告消息中生成一条默认路由，但本地路由器上是不会自动生成默认路由的。因此如果本地路由器中没有全部所需路由的话，管理员还需要在本地另行配置其他静态路由。

6.4.5　配置RIPv2认证

在前文中我们对比RIPv1和RIPv2时曾经提到，RIPv2支持认证。具体而言，RIPv2既支持明文认证，也支持MD5和HMAC-SHA-1加密认证。RIPv2的认证需要配置在接口上，以链路为单位进行配置，因此只需要直连设备之间使用相同的密码，就可以使它们之间通过认证并建立邻居关系。不同链路上可以使用不同的密码。本小节以如图6-28所示拓扑展示RIPv2的认证配置。

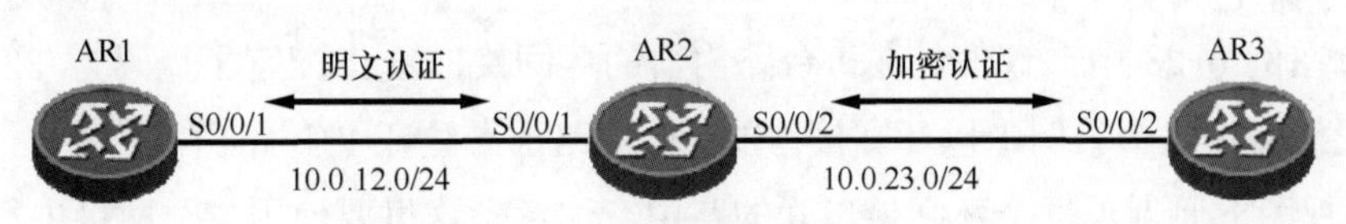

图6-28　RIPv2认证配置案例

例6-23中展示了3台路由器的基本配置。

例6-23　3台路由器的基本配置

```
[AR1]interface loopback 0
[AR1-LoopBack0]ip address 1.1.1.1 32
[AR1-LoopBack0]quit
[AR1]interface s0/0/1
[AR1-Serial0/0/1]ip address 10.0.12.1 24
[AR1-Serial0/0/1]quit
[AR1]rip
[AR1-rip-1]version 2
[AR1-rip-1]network 1.0.0.0
[AR1-rip-1]network 10.0.0.0
[AR2]interface loopback 0
```

```
[AR2-LoopBack0]ip address 2.2.2.2 32
[AR2-LoopBack0]quit
[AR2]interface s0/0/1
[AR2-Serial0/0/1]ip address 10.0.12.2 24
[AR2-Serial0/0/1]quit
[AR2]interface s0/0/2
[AR2-Serial0/0/2]ip address 10.0.23.2 24
[AR2-Serial0/0/2]quit
[AR2]rip
[AR2-rip-1]version 2
[AR2-rip-1]network 2.0.0.0
[AR2-rip-1]network 10.0.0.0
```

```
[AR3]interface loopback 0
[AR3-LoopBack0]ip address 3.3.3.3 32
[AR3-LoopBack0]quit
[AR3]interface s0/0/2
[AR3-Serial0/0/2]ip address 10.0.23.3 24
[AR3-Serial0/0/2]quit
[AR3]rip
[AR3-rip-1]version 2
[AR3-rip-1]network 3.0.0.0
[AR3-rip-1]network 10.0.0.0
```

注意在例 6-23 中，管理员在每台路由器的环回接口 0 上配置了掩码为/32 位的 IP 地址，我们将在这个案例中以环回接口的/32 位路由来验证 RIP 路由的传输。管理员在 RIP 配置视图下通告了每个环回接口 0 的路由。注意，这里要使用主类网络进行通告。

注释：

环回接口对于读者来说是一个既陌生，又熟悉的话题。虽然我们没有在系列教材中正式介绍过这个概念，但在本系列教材《网络基础》配套实验手册中，读者早已开始接触并且频繁使用了环回接口。在《网络基础》教材配套实验手册的实验 3 中，作者苏函先生曾经写到：环回接口是设备的虚拟接口，相比较于物理接口，它更稳定。只要路由器运行正常，环回接口就是 up 状态。

对于路由器的物理（网络适配器）接口来说，如果它的接收器没有从对端接收到信号，那么它的物理层就只能停留在 down 状态。当人们希望搭建一个简单的测试环境时，人们往往不希望真的需要给物理接口的对端连接真实的设备，同时又希望这个物理接口能够正常工作，于是人们创建了一种称为自环接口的物理插头，这种插头插在物理接口上就相当于将物理（网络适配器）接口的发送器与它的接收器直接相连，使它的接收器能够检测到物理信号，从而保持在 up 状态。使用逻辑的环回接口则进一步避免了这样的需求，同时也不必再占用本就有限的物理接口来满足测试需求。

环回接口的使用方式很多，除了通过创建虚拟的环回接口执行测试之外，由于环回接口不会受到网络变化和设备故障的影响，远比物理接口更加稳定，因此环回接口上配置的 IP 地址也会优先被一些路由协议用来作为它们使用的标识符或者建立邻居关系。

例 6-24 以 AR2 为例，展示了当前 AR2 上学到的 RIP 路由。

例 6-24 查看 AR2 学到的 RIP 路由

```
[AR2]display ip routing-table protocol rip
Route Flags: R - relay, D - download to fib
------------------------------------------------------------------------------
Public routing table : RIP
         Destinations : 2        Routes : 2

RIP routing table status : <Active>
         Destinations : 2        Routes : 2

Destination/Mask    Proto   Pre  Cost      Flags NextHop         Interface


        1.1.1.1/32  RIP     100  1           D   10.0.12.1       Serial0/0/1
        3.3.3.3/32  RIP     100  1           D   10.0.23.3       Serial0/0/2

RIP routing table status : <Inactive>
         Destinations : 0        Routes : 0
```

从 AR2 的 IP 路由表中可以看到两条 RIP 路由，AR2 学到了 AR1 和 AR3 的环回接口路由。接下来我们来配置认证。RIPv2 的认证是在接口下启用的，我们在这里先以 AR1 与 AR2 之间的链路为例配置 RIPv2 明文认证，如例 6-25 所示。

例 6-25 在 AR1 和 AR2 上配置 RIPv2 明文认证

```
[AR1]interface s0/0/1
[AR1-Serial0/0/1]rip authentication-mode simple huawei12
```

```
[AR2]interface s0/0/1
[AR2-Serial0/0/1]rip authentication-mode simple huawei12
```

管理员在 AR1 和 AR2 之间的链路上配置了 RIPv2 明文认证。这种配置方式较为不安全，任何人从配置中都可以看到密码，详见例 6-26 所示。

例 6-26 在 AR2 上查看 S0/0/1 接口下的配置

```
[AR2-Serial0/0/1]display this
#
interface Serial0/0/1
 link-protocol ppp
```

```
 ip address 10.0.12.2 255.255.255.0
 rip authentication-mode simple huawei12
#
return
```

管理员在接口视图下使用命令 **display this**，可以看到该接口的配置信息。从例 6-26 中，我们可以看出管理员在这条连路上配置的 RIPv2 认证密码为 huawei12。

除了这种简单的认证方式之外，我们可以通过配置，让认证信息在数据包传输过程中以加密形式传输，也可以让设备的管理员无法通过查看设备配置看到密码原文。

在 AR2 与 AR3 之间的链路上配置加密认证的方法如例 6-27 所示。

例 6-27　在 AR2 和 AR3 上配置 RIPv2 加密认证

```
[AR2]interface s0/0/2
[AR2-Serial0/0/2]rip authentication-mode md5 nonstandard cipher huawei23 1
```

```
[AR3]interface s0/0/2
[AR3-Serial0/0/2]rip authentication-mode md5 nonstandard cipher huawei23 1
```

管理员在命令 **rip authentication-mode** 中选择关键字 **md5**，就表示使用了加密认证。在关键字 **md5** 后管理员可以选择两种数据包加密格式：**nonstandard**（IETF 格式）和 **usual**（华为格式）。关键字 **cipher** 能够在配置中把密码进行加密。后面的 huawei23 是管理员使用的密码字符串，1 是 MD5 认证使用的密钥 ID，这两个值必须在认证的双方设备上保持一致。例 6-28 展示了 AR2 接口 S0/0/2 下的配置。

例 6-28　在 AR2 上查看 S0/0/2 接口下的配置

```
[AR2-Serial0/0/2]display this
#
interface Serial0/0/2
 link-protocol ppp
 ip address 10.0.23.2 255.255.255.0
 rip authentication-mode md5 nonstandard cipher Is75E%y{5MECB7Ie7'/)z6d# 1
#
return
```

从例 6-28 展示的配置中可以看到密码已经被加密了。根据上文的叙述，读者应该能够判断出这是在配置命令中加入关键字 **cipher** 的效果。

现在网络中的两条链路上分别使用了不同的加密方式和密码，现在我们来看看 AR1 上学到的 RIP 路由，详见例 6-29 所示。

例 6-29　在 AR1 上查看 RIP 路由

```
[AR1]display ip routing-table protocol rip
Route Flags: R - relay, D - download to fib
------------------------------------------------------------------------------
Public routing table : RIP
```

```
        Destinations : 3        Routes : 3

RIP routing table status : <Active>
        Destinations : 3        Routes : 3

Destination/Mask    Proto   Pre  Cost      Flags NextHop          Interface

        2.2.2.2/32  RIP     100  1           D   10.0.12.2        Serial0/0/1
        3.3.3.3/32  RIP     100  2           D   10.0.12.2        Serial0/0/1
      10.0.23.0/24  RIP     100  1           D   10.0.12.2        Serial0/0/1

RIP routing table status : <Inactive>
        Destinations : 0        Routes : 0
```

从 AR1 的 IP 路由表中可以看出，AR1 顺利学习到了 AR3 的环回接口地址。因此在 RIPv2 网络中，建立邻居的双方必须使用相同的认证方式和密码，不直接建立邻居的路由器接口可以使用不同的认证方式和密码。在哪些链路上实施认证、使用哪种认证方式，全由管理员根据网络需求进行衡量和设计。

6.4.6　RIP 公共特性的调试

在上面几小节中，我们介绍了 RIP 的基本配置，以及与路由相关的配置选项。在 RIP 配置的最后一小节中，我们会介绍 RIP 中一些重要特性的用途与配置。

（1）RIP 计时器与优先级值的调试

RIP 协议使用了 3 个计时器，它们分别为更新计时器、老化计时器和垃圾收集计时器。在本小节中，我们会首先介绍它们各自的作用和默认值，再通过案例展示它们的配置。这三个计时器的作用分别为：

- **更新计时器（Update）**：默认时间为 30 秒。更新计时器定义的是路由器从每个启用了 RIP 的接口，向外发送周期性 RIP 路由更新的时间。当这个计时器结束时，RIP 就会从接口发送出周期性路由更新。
- **老化计时器（Age）**：默认时间为 180 秒，即 3 分钟。关于老化计时器，我们已经在第 6.3.2 小节（RIPv2 的基本原理）中进行了介绍，每条 RIP 路由都有各自的老化计时器，如果在老化计时器结束时，路由器都没有从相同的邻居那里收到有关这条路由的更新消息，路由器就会认为这条路由不再可达，并将其从 IP 路由表中删除。但此时路由器并不会把它从 RIP 数据库中删除，只是将它的开销值改为 16。
- **垃圾收集计时器（Garbage-Collect）**：默认时间为 120 秒，即 2 分钟。关于垃圾收集计时器，我们已经在 6.3.2 小节（RIPv2 的基本原理）中进行了介绍。

当一条路由的老化计时器超时后，垃圾收集计时器开始计时。如果在垃圾收集计时器结束时，路由器仍没有从相同的邻居那里收到有关这条路由的更新消息，它就会把这条路由从 RIP 数据库中彻底删除。

本小节会以图 6-29 所示网络环境为例，来展示上述 3 个计时器的作用、配置和验证方法。

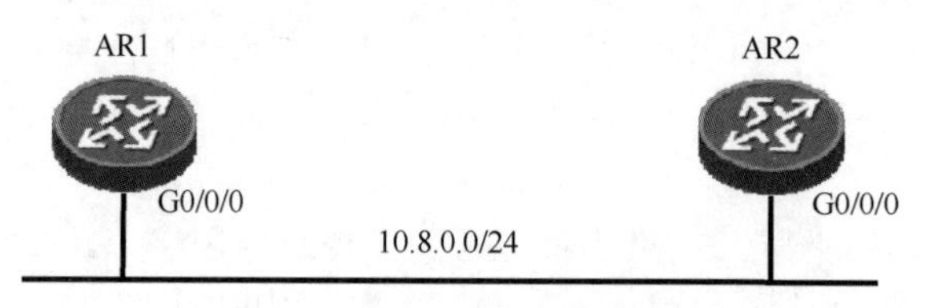

图 6-29　RIP 计时器配置案例

如图 6-29 所示，两台路由器 AR1 和 AR2 通过各自的 G0/0/0 接口连接在相同的 LAN 中，这个局域网的子网地址为 10.8.0.0/24。两台路由器上各自配置了一个环回接口地址，并将其作为 RIP 路由通告给对方。例 6-30 中展示了两台路由器上的配置。

例 6-30　两台路由器上的配置

```
[AR1]interface g0/0/0
[AR1-GigabitEthernet0/0/0]ip address 10.8.0.1 24
[AR1-GigabitEthernet0/0/0]quit
[AR1]interface loopback0
[AR1-LoopBack0]ip address 1.1.1.1 32
[AR1-LoopBack0]quit
[AR1]rip
[AR1-rip-1]version 2
[AR1-rip-1]network 10.0.0.0
[AR1-rip-1]network 1.0.0.0
```

```
[AR2]interface g0/0/0
[AR2-GigabitEthernet0/0/0]ip address 10.8.0.2 24
[AR2-GigabitEthernet0/0/0]quit
[AR2]interface loopback0
[AR2-LoopBack0]ip address 2.2.2.2 32
[AR2-LoopBack0]quit
[AR2]rip
[AR2-rip-1]version 2
[AR2-rip-1]network 10.0.0.0
[AR2-rip-1]network 2.0.0.0
```

配置完成后，管理员通过例 6-31 中的命令验证了 AR1 学习到的 RIP 路由。

例 6-31　在 AR1 上查看 RIP 路由

```
[AR1]display ip routing-table protocol rip
Route Flags: R - relay, D - download to fib
```

```
------------------------------------------------------------------------------
Public routing table : RIP
         Destinations : 1        Routes : 1

RIP routing table status : <Active>
         Destinations : 1        Routes : 1

Destination/Mask     Proto   Pre  Cost      Flags NextHop          Interface

        2.2.2.2/32  RIP     100  1            D   10.8.0.2       GigabitEthernet0/0/0

RIP routing table status : <Inactive>
         Destinations : 0        Routes : 0
```

从例 6-31 的阴影部分，我们可以看到 AR1 已经学到了 AR2 通告的 2.2.2.2/32 路由。由于在这个案例中，我们还没有修改计时器的默认设置，因此现在两台路由器使用的更新计时器、老化计时器和垃圾收集计时器应该分别为默认的 30 秒、180 秒和 120 秒。

首先，我们先来验证更新计时器的参数，如例 6-32 所示。

例 6-32　通过邻居关系验证更新计时器

```
[AR1]display rip 1 neighbor
---------------------------------------------------------------------------
 IP Address       Interface                   Type   Last-Heard-Time
---------------------------------------------------------------------------
 10.8.0.2         GigabitEthernet0/0/0        RIP    0:0:30
 Number of RIP routes   : 1
[AR1]display rip 1 neighbor
---------------------------------------------------------------------------
 IP Address       Interface                   Type   Last-Heard-Time
---------------------------------------------------------------------------
 10.8.0.2         GigabitEthernet0/0/0        RIP    0:0:1
 Number of RIP routes   : 1
```

在收集例 6-32 中的输出信息时，管理员在 AR1 上连续输入了命令 **display rip 1 neighbor**。从案例的输出信息中可以观察到，AR1 上只有一个邻居（AR2），Last-Heard-Time 表示最后一次从邻居那里收到 RIP 更新消息后，所经过的时间。通过管理员连续不断输入命令，我们可以看到 30 秒后 AR1 从 AR2 那里再次收到了 RIP 更新消息。

现在我们把 AR2 的 G0/0/0 接口禁用，使 AR1 无法再收到来自 AR2 的 RIP 更新消息。接着我们在 AR1 上观察 RIP 邻居关系以及 RIP 路由的变化。例 6-33 展示了老化计时器的变化。

例 6-33　在 AR1 上观察老化计时器

```
[AR1]display rip 1 route
 Route Flags : R - RIP
                A - Aging, G - Garbage-collect
 ------------------------------------------------------------------------------
 Peer 10.8.0.2 on GigabitEthernet0/0/0
      Destination/Mask          Nexthop      Cost   Tag     Flags   Sec
          2.2.2.2/32            10.8.0.2        1    0        RA     179
[AR1]display rip 1 route
 Route Flags : R - RIP
                A - Aging, G - Garbage-collect
 ------------------------------------------------------------------------------
 Peer 10.8.0.2 on GigabitEthernet0/0/0
      Destination/Mask          Nexthop      Cost   Tag     Flags   Sec
          2.2.2.2/32            10.8.0.2       16    0        RG       0
```

在例 6-33 中，我们使用命令 **display rip 1 route** 查看了 AR1 通过 RIP 学习到的路由。根据输出信息所示，R1 此时只学到了 1 条 RIP 路由：2.2.2.2/32。从案例中第一条命令的输出内容中可以看出，这条路由的开销值为 1；Flags（路由标记）为 RA，A 正是表示老化计时器；Sec 中显示的是经过的时间，也就是老化计时器的时间——179 秒。第二条命令是在第一条命令输入后 1 秒钟在 AR1 上输入的，从它的输出内容中可以看出，老化计时器已经超时（默认时间为 180 秒）。现在这条路由的开销值变为了 16，表示路由不可达；路由标记由 RA 变为 RG，其中 G 表示垃圾收集计时器；Sec 从 0 开始计时，这次是垃圾收集计时器开始计时。

在垃圾收集计时器超时之前，让我们继续查看现在 AR1 上的 IP 路由表和 RIP 数据库，确认这条 RIP 路由当前的状态，如例 6-34 所示。

例 6-34　老化计时器超时后，RIP 邻居和路由的状态

```
[AR1]display ip routing-table protocol rip
[AR1]display rip 1 database
 ---------------------------------------------------------
 Advertisement State : [A] - Advertised
                       [I] - Not Advertised/Withdraw
 ---------------------------------------------------------
   1.0.0.0/8, cost 0, ClassfulSumm
       1.1.1.1/32, cost 0, [A], Rip-interface
   2.0.0.0/8, cost 16, ClassfulSumm
       2.2.2.2/32, cost 16, [I], nexthop 10.8.0.2
   10.0.0.0/8, cost 0, ClassfulSumm
```

```
        10.8.0.0/24, cost 0, [A], Rip-interface
[AR1]display rip 1 neighbor
---------------------------------------------------------------------------
 IP Address       Interface                   Type   Last-Heard-Time
---------------------------------------------------------------------------
 10.8.0.2         GigabitEthernet0/0/0        RIP    0:4:43
 Number of RIP routes  : 1
```

从例 6-34 的第一条命令输出中我们可以看出，当老化计时器超时后，路由器已经将这条老化的 RIP 路由从 IP 路由表中删除，因此路由表中已经没有通过 RIP 学习到的路由条目。但通过第二条命令，我们可以看出 RIP 数据库中仍记录有这条路由，其中这条路由的开销值为 16，表示路由不可达。

除了这两条命令之外，本例还通过第三条命令查看了当前的 RIP 邻居关系。通过输出信息可以看出，AR1 上当前仍有 AR2 这个 RIP 邻居的记录，而此时距离最后一次收到 AR2 发来的 RIP 更新消息，已经过去了 4 分 43 秒。

接下来我们等待垃圾收集计时器超时，并再次查看例 6-34 中的 3 条命令，详见例 6-35。

例 6-35　垃圾收集计时器超时后，RIP 邻居和路由的状态

```
[AR1]display rip 1 route
 Route Flags : R - RIP
               A - Aging, G - Garbage-collect
 -------------------------------------------------------------------------------------
 Peer 10.8.0.2 on GigabitEthernet0/0/0
      Destination/Mask        Nexthop     Cost   Tag     Flags   Sec
          2.2.2.2/32          10.8.0.2     16     0       RG     118
[AR1]display rip 1 route
[AR1]display rip 1 database
 ---------------------------------------------------------
 Advertisement State : [A] - Advertised
                       [I] - Not Advertised/Withdraw
 ---------------------------------------------------------
   1.0.0.0/8, cost 0, ClassfulSumm
       1.1.1.1/32, cost 0, [A], Rip-interface
   10.0.0.0/8, cost 0, ClassfulSumm
       10.8.0.0/24, cost 0, [A], Rip-interface
[AR1]display rip 1 neighbor
[AR1]
```

例 6-35 中的第一条命令展示了垃圾收集计时器超时前的一刻。在该计时器超时之后，管理员又输入了后 3 条命令。从这个案例的输出内容中我们可以看出，当垃圾收集计时器超时后，AR1 不仅将从 AR2 学到的 RIP 路由彻底删除，而且也清除了 AR2 邻居关系。

通过例 6-32 到例 6-35，我们展示了 RIP 更新计时器、老化计时器和垃圾收集计时器对于 RIP 路由和邻居关系的影响。接下来，我们来演示如何修改这 3 个计时器值。例 6-36 展示了用来修改这 3 个计时器的配置命令。

例 6-36　修改 RIP 计时器

```
[AR1]rip
[AR1-rip-1]timers rip 10 60 40
```

如例 6-36 所示，要修改 RIP 计时器，管理员需要首先进入 RIP 配置视图中。修改 RIP 计时器的命令句法为 **timers rip** *update age garbage-collect*，这 3 个计时器值的取值范围都是 1～86400，以秒为单位。在本例中，管理员把 AR1 上的 RIP 计时器值修改为：更新计时器 10 秒、老化计时器 60 秒、垃圾收集计时器 40 秒。

需要注意的是，RIP 路由域中的所有 RIP 路由器上，建议使用相同的计时器值。尽管计时器参数不一致并不会让路由器之间停止交互路由信息，但的确会导致路由不稳定的情况发生。

接下来，我们来展示一下 RIP 路由优先级默认值的修改方式，如例 6-37 所示。

例 6-37　修改 RIP 路由优先级

```
[AR1]rip
[AR1-rip-1]preference 50
```

如例 6-37 所示，管理员需要在 RIP 配置视图中修改 RIP 路由优先级值，具体命令的句法为 **preference** *value*，其中路由优先级值的取值范围是 1～255。在本例中，管理员把 AR1 上的 RIP 路由优先级值改为了 50。这个值只具有路由器本地意义，不会随路由信息进行传递，也不会影响其他 RIP 邻居的路由选择。例 6-38 通过 IP 路由表验证了配置的结果。

例 6-38　查看 AR1 的 RIP 路由

```
[AR1]display ip routing-table protocol rip
Route Flags: R - relay, D - download to fib
------------------------------------------------------------------------------
Public routing table : RIP
         Destinations : 1        Routes : 1

RIP routing table status : <Active>
         Destinations : 1        Routes : 1

Destination/Mask    Proto  Pre  Cost      Flags NextHop         Interface
```

```
        2.2.2.2/32  RIP     50   1           D   10.8.0.2         GigabitEthernet
0/0/0

RIP routing table status : <Inactive>
        Destinations : 0        Routes : 0
```

从例 6-38 的命令输出中，我们可以看出 AR1 学到的 2.2.2.2/32 路由优先级已经被修改为了 50，其他参数没有任何变化。

（2）RIP 抑制接口与单播更新

除了我们在 RIP 原理一节中介绍的工作方式之外，RIP 还提供了一些特性以供管理员根据自己的需要对协议的工作方式进行微调，抑制接口和单播更新就是这样的特性。下面，我们首先来简单地介绍一下这两种特性的作用与效果：

- **抑制接口**：如果管理员将某个接口指定为 RIP 抑制接口，表示路由器不会从该接口向外发送 RIP 更新消息，但该接口仍会接收 RIP 更新消息，并以此更新自己的 IP 路由表。在默认情况下，RIP 会根据 **network** 命令宣告的网段和本地接口的 IP 地址，将属于该通告主网络的所有接口都加入 RIP 进程，使这些接口接收和发送 RIP 更新。设想一台路由器或三层交换机上只有一个接口需要参与 RIP 路由，设备上的其他属于同一主网络的工作接口都不需要收发 RIP 更新消息。为了减轻路由器和交换机的性能负担，也为了减少网络上传输的无用 RIP 更新消息数量，管理员可以使用抑制接口特性，将不需要发送和/或接收 RIP 更新的接口设置为抑制接口。实现抑制接口的方式有两种，它们之间的共性和区别，以及具体配置方法详见下文。
- **单播更新**：如果将一个 RIP 指定为单播更新邻居，路由器就会以单播的方式向这个 RIP 邻居发送 RIP 更新消息。这个特性常与抑制接口特性的一种配置方法结合使用。

在配置抑制接口特性时，管理员有下面两种实现方法：

- **使接口不发送 RIP 更新**：
  - * 在 RIP 配置视图中使用 **silent-interface** 命令，令所有接口或指定接口不向外发送广播或组播 RIP 更新；
  - * 在接口配置视图中使用命令 **undo rip output**，令这个接口不向外发送 RIP 更新。

无论是哪种配置方法，此时接口仍然会接收 RIP 更新消息，并以此来更新自己的 IP 路由表。

上文提到过，单播更新特性常与一种抑制接口的配置方式结合使用，这里指的是第一种配置方式，也就是在 RIP 配置视图中使用 **silent-interface** 命令的配置方式。这是

因为 **silent-interface** 命令实际上是禁止接口向外发送广播（RIPv1）或组播（RIPv2）更新，当管理员又配置了单播更新后，如果单播更新的邻居子网与该抑制接口属于相同的子网，这个抑制接口就会以单播的形式向指定邻居发送更新消息。

如果管理员在接口配置视图中配置了命令 **undo rip output**，那么这个接口就既不会向外发送广播（RIPv1）或组播（RIPv2）更新，也不会向外发送单播 RIP 更新。当管理员配置了 RIP 单播更新，并且单播更新的邻居子网与该接口属于相同的子网，这个接口也还是不会以单播的形式向指定邻居发送更新消息。换句话说，这条命令会让接口彻底不发送 RIP 更新。

- **使接口不接收 RIP 更新**：在接口配置视图中使用命令 **undo rip input**，会令这个接口不再接收 RIP 更新。

本小节将通过图 6-30 所示拓扑展示上述特性的适用场合、配置命令以及验证命令。

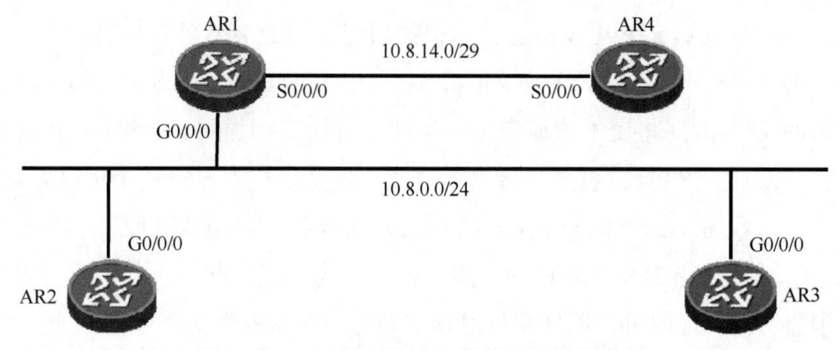

图 6-30　RIP 抑制接口与单播更新配置案例

图 6-30 中展示了 4 台路由器，每台路由器上都配置了环回接口地址。路由器 AR1、AR2 和 AR3 通过各自的 LAN 接口（都使用 G0/0/0 接口）连接到同一个 LAN 中，这个 LAN 的子网地址为 10.8.0.0/24。路由器 AR1 和 AR4 之间通过串行链路连接在一起，这条链路使用的子网为 10.8.14.0/29。

这个网络拓扑看起来简单，但我们在这里提出的需求并不简单。针对这个拓扑，我们的要求是：

- AR2 只向 AR1 发送 RIP 更新（抑制接口+单播路由）；
- AR3 不发送 RIP 更新（undo rip output）；
- AR4 不接收 RIP 更新（undo rip input）。

下面我们针对 AR2、AR3 和 AR4 上的特殊需求，一一讨论每台设备上的配置方式，以及它们的邻居（AR1）是否应该配置相应的命令来优化网络资源。

首先，例 6-39 展示了这 4 台路由器上的接口配置。

例 6-39　路由器上的接口配置

```
[AR1]interface loopback 0
[AR1-LoopBack0]ip address 1.1.1.1 32
```

```
[AR1]interface g0/0/0
[AR1-GigabitEthernet0/0/0]ip address 10.8.0.1 24

[AR1]interface s0/0/0
[AR1-Serial0/0/0]ip address 10.8.14.1 29
```

```
[AR2]interface loopback 0
[AR2-LoopBack0]ip address 2.2.2.2 32

[AR2]interface g0/0/0
[AR2-GigabitEthernet0/0/0]ip address 10.8.0.2 24
```

```
[AR3]interface loopback 0
[AR3-LoopBack0]ip address 3.3.3.3 32

[AR3]interface g0/0/0
[AR3-GigabitEthernet0/0/0]ip address 10.8.0.3 24
```

```
[AR4]interface loopback 0
[AR4-LoopBack0]ip address 4.4.4.4 32

[AR4]interface s0/0/0
[AR4-Serial0/0/0]ip address 10.8.14.4 29
```

管理员首先在路由器 AR1 上配置了基本的 RIPv2 进程，并将 AR1 上的 3 个接口地址通告到 RIP 进程中。例 6-40 中展示了 AR1 上的 RIP 配置。

例 6-40　AR1 的 RIP 进程配置

```
[AR1]display current-configuration configuration rip
#
rip 1
 version 2
 network 10.0.0.0
 network 1.0.0.0
#
return
[AR1]
```

下面，我们来依次讨论 AR2、AR3 和 AR4 的 RIP 配置。路由器 AR2 只向 AR1 发送 RIP 路由更新，因此我们要在 AR2 上配置抑制接口和单播更新。例 6-41 中展示了 AR2 上的 RIP 配置。

例 6-41　AR2 的 RIP 进程配置

```
[AR2]rip
[AR2-rip-1]version 2
```

```
[AR2-rip-1]silent-interface all
[AR2-rip-1]peer 10.8.0.1
[AR2-rip-1]network 10.0.0.0
[AR2-rip-1]network 2.0.0.0
```

上文中介绍过，输入命令 **silent-interface all** 会使路由器本地的所有接口不向外发送广播或组播 RIP 消息，但这条命令并不禁止路由器发送单播 RIP 消息。在默认情况下，路由器是不会对外发送单播 RIP 消息的，但当管理员配置了命令 **peer 10.8.0.1** 后，就启用了本地属于 10.8.0.0/24 子网的接口发送 RIP 单播更新的功能。下面我们通过在 AR2 的 G0/0/0 接口抓包的方式，查看 AR2 与 AR1 之间收发的 RIP 更新信息。图 6-31 中展示了 AR2 G0/0/0 接口的抓包信息。

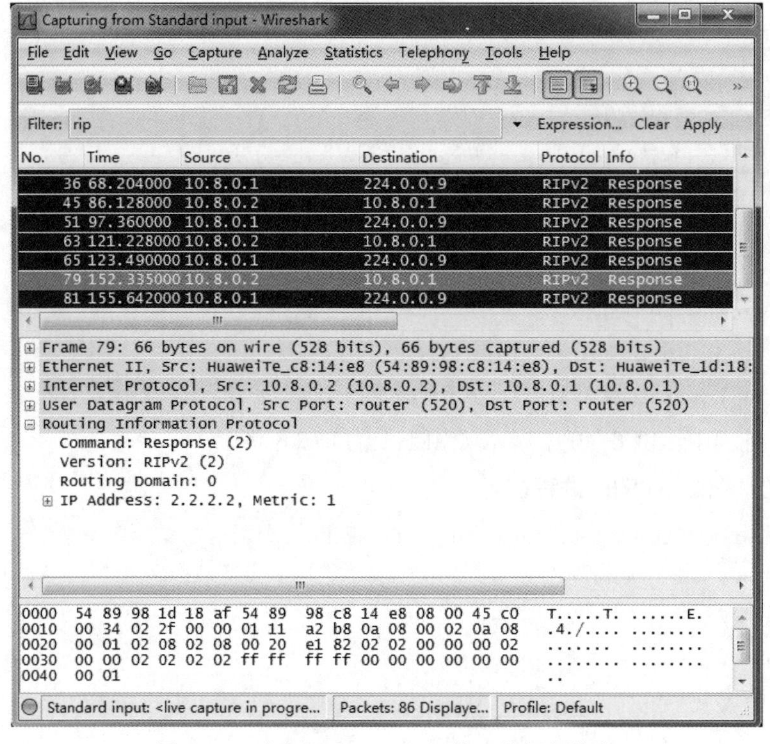

图 6-31　路由器 AR2 G0/0/0 接口的抓包信息

从图中可以看出，AR2 发出 RIP 更新消息的目的地址为单播 IP 地址 10.8.0.1，这是 AR1 G0/0/0 接口的 IP 地址，也是管理员在 RIP 配置视图中在 peer 命令中指明的 IP 地址。

AR1 发出 RIP 更新消息的目的地址仍为表示 RIP 路由器的组播地址 224.0.0.9。

接下来我们先讨论路由器 AR3 上的 RIP 配置，之后再结合这个 LAN 中 3 台路由器各自的情况，分析 AR1 上的 RIP 配置是否需要优化。鉴于 AR3 不发送 RIP 更新消息，因此 AR3 上的 RIP 配置如例 6-42 所示。

例 6-42 AR3 的 RIP 进程相关配置

```
[AR3]interface g0/0/0
[AR3-GigabitEthernet0/0/0]undo rip output
[AR3]rip
[AR3-rip-1]version 2
[AR3-rip-1]network 10.0.0.0
```

由于配置需求中规定 AR3 不发送任何 RIP 更新，因此管理员使用命令 **network 10.0.0.0**，为 G0/0/0 接口启用 RIP 进程，同时在接口下使用命令 **undo rip output** 禁止该接口以任何形式（广播、组播、单播）向外发送 RIP 更新。

例 6-43 展示了路由器 AR3 上的 RIP 路由。

例 6-43 AR3 上的 RIP 路由

```
[AR3]display rip 1 route
 Route Flags : R - RIP
               A - Aging, G - Garbage-collect
 ------------------------------------------------------------------------------
 Peer 10.8.0.1 on GigabitEthernet0/0/0
      Destination/Mask        Nexthop     Cost   Tag     Flags   Sec
          1.1.1.1/32          10.8.0.1       1    0        RA     26
        10.8.14.0/29          10.8.0.1       1    0        RA     26
[AR3]display ip routing-table protocol rip
Route Flags: R - relay, D - download to fib
------------------------------------------------------------------------------
Public routing table : RIP
         Destinations : 2        Routes : 2

RIP routing table status : <Active>
         Destinations : 2        Routes : 2

Destination/Mask    Proto   Pre  Cost        Flags NextHop         Interface

        1.1.1.1/32  RIP     100  1             D   10.8.0.1        GigabitEthernet0/0/0
      10.8.14.0/29  RIP     100  1             D   10.8.0.1        GigabitEthernet0/0/0

RIP routing table status : <Inactive>
         Destinations : 0        Routes : 0
```

例 6-43 通过命令 **display rip 1 route** 查看了 AR3 上学到的 RIP 路由，并且通过命令 **display ip routing-table protocol rip** 看出 AR3 已经将学到的 RIP 路由放入了自己的 IP 路由表中。

我们可以看到 AR3 并没有学习到 AR2 通告的路由 2.2.2.2/32，这是因为我们在 AR2 上（通过 RIP 视图的命令 **silent-interface all**）禁用了以组播方式发送 RIP 更新的行为。而 AR1 在通过单播收到 2.2.2.2 路由更新后，由于水平分割的作用，它不会再将该路由从 G0/0/0 接口通告出去。因此对于 2.2.2.2/32 这条路由，AR3 既不会从 AR2 那里收到组播 RIP 更新，也不会从 AR1 那里收到更新。

例 6-44 查看了 AR1 上的 RIP 相关信息。

例 6-44　AR1 上的 RIP 邻居信息

```
[AR1]display rip 1 neighbor
---------------------------------------------------------------------------
 IP Address      Interface                    Type   Last-Heard-Time
---------------------------------------------------------------------------
 10.8.0.2        GigabitEthernet0/0/0         RIP    0:0:25
 Number of RIP routes  : 1
[AR1]
```

如上所示，AR1 目前只学到了一个 RIP 邻居（AR2），AR3 虽然能够接收 AR1 发出的 RIP 更新消息，并已经将相关 RIP 路由放入了自己的 IP 路由表中，但这一切对于 AR1 来说是未知的。

AR1 通过组播的方式向 G0/0/0 所连接的 LAN 发送 RIP 更新消息，这个 LAN 中所有能够接收 RIP 更新的接口都会接收到 AR1 发出的 RIP 更新消息。AR3 虽然不发送 RIP 更新，但却需要接收 RIP 更新，因此在这个 LAN 中，AR1 上最简单的 RIP 配置就是保留默认的组播更新方式。

接下来，我们需要对 AR4 配置 RIP。鉴于 AR4 的需求是不接收 RIP 更新，但发送自己的 RIP 路由，因此 AR4 上的 RIP 配置方法如例 6-45 所示。

例 6-45　AR4 上的 RIP 相关配置

```
[AR4]interface s0/0/0
[AR4-Serial0/0/0]undo rip input
[AR4]rip
[AR4-rip-1]version 2
[AR4-rip-1]network 10.0.0.0
[AR4-rip-1]network 4.0.0.0
```

在 AR4 上配置了 RIP 进程后，我们可以通过例 6-46 在 AR1 上查看 RIP 邻居和 RIP 路由。

例 6-46　AR1 上的 RIP 邻居和 RIP 路由

```
[AR1]display rip 1 neighbor
---------------------------------------------------------------------------
 IP Address      Interface                    Type   Last-Heard-Time
```

```
---------------------------------------------------------------------------
 10.8.0.2         GigabitEthernet0/0/0         RIP     0:0:5
 Number of RIP routes  : 1
 10.8.14.4        Serial0/0/0                  RIP     0:0:19
 Number of RIP routes  : 1
[AR1]display rip 1 route
 Route Flags : R - RIP
               A - Aging, G - Garbage-collect
 ---------------------------------------------------------------------------
 Peer 10.8.0.2 on GigabitEthernet0/0/0
      Destination/Mask        Nexthop     Cost   Tag     Flags    Sec
         2.2.2.2/32           10.8.0.2      1     0       RA       30
 Peer 10.8.14.4 on Serial0/0/0
      Destination/Mask        Nexthop     Cost   Tag     Flags    Sec
         4.4.4.4/32          10.8.14.4      1     0       RA       11
```

从例 6-46 的命令输出内容中可以看出，AR1 已经学习到了 AR4 这个邻居，并且从 AR4 那里学习到了 RIP 路由 4.4.4.4/32。如图 6-32 所示，展示了在 AR4 S0/0/0 接口的抓包信息。

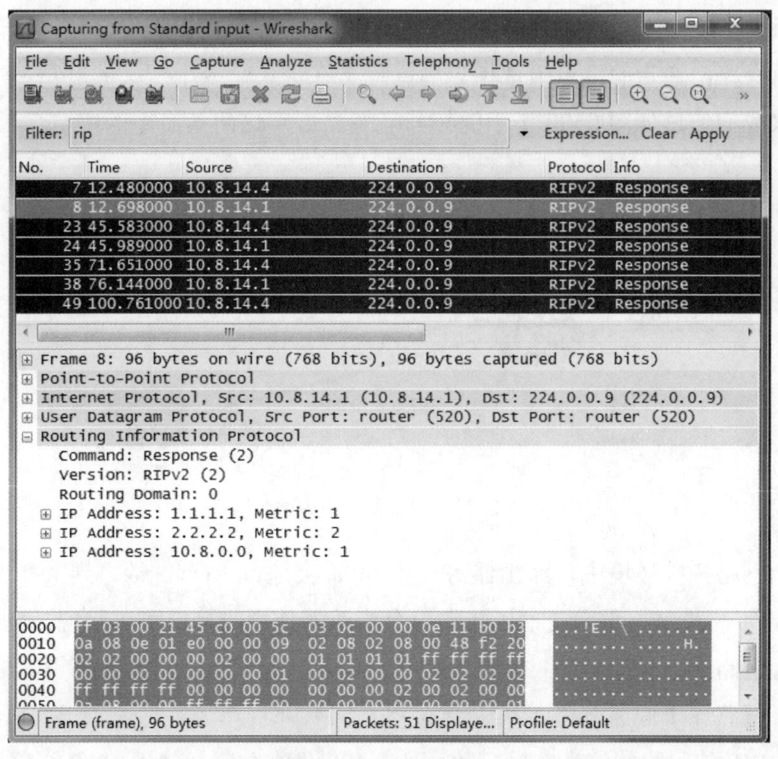

图 6-32　路由器 AR4 S0/0/0 接口的抓包信息

从图 6-32 中可以看出，AR1 与 AR4 之间的链路上存在双方向 RIP 更新消息，即从

10.8.14.1 和 10.8.14.4 发向 224.0.0.9 的更新消息。在需求中，我们要求 AR4 不接收 RIP 更新消息，因此管理员也在 AR4 的 S0/0/0 接口上配置了 **undo rip input** 命令，这时 AR1 再向这条链路上发送 RIP 更新就是无用的行为了。此时，为了优化这条链路，管理员可以将 AR1 的 S0/0/0 接口配置为抑制接口。在本例所示的环境中，管理员可以使用任意方法阻止 AR1 从 S0/0/0 接口向外发送 RIP 更新：既可以在 RIP 配置视图下配置命令 **silent-interface serial 0/0/0**，也可以在 S0/0/0 接口配置视图下使用命令 **undo rip output**。

本小节通过几台路由器的不同需求，展示了抑制接口和单播更新的配置和效果。在实际的网络环境中，具体将哪些接口配置为抑制接口、使用何种方式配置抑制接口等信息，需要管理员在实施前的设计阶段确定。管理员可以通过使用本小节展示的命令，提高网络设备和链路的利用率。

（3）RIP 度量值的调试

在本小节的最后，我们来看一下如何修改 RIP 通告路由的度量值。要想修改 RIP 的度量值，管理员需要使用接口配置视图的命令：

- **rip metricin** *value*：修改从该接口收到的 RIP 路由的度量值，修改方式是在路由通告的度量值基础上，加上管理员在这条命令中定义的度量值。
- **rip metricout** *value*：修改从该接口发出的 RIP 路由的度量值，修改方式是把所有路由通告的度量值都指定为管理员在这条命令中定义的度量值。

接下来我们通过如图 6-33 所示的拓扑环境，展示这两条命令的用法。

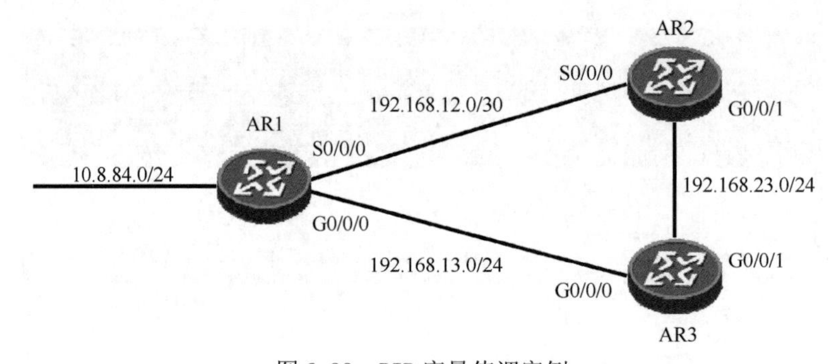

图 6-33　RIP 度量值调案例

在这个网络拓扑环境中，路由器 AR2 和 AR3 会通过 RIPv2 学习到 AR1 通告的子网 10.8.84.0/24 的路由。我们观察拓扑中每个路由器使用的接口可以发现，AR1 与 AR2 之间使用串行链路接口相连，AR1 与 AR3 之间，以及 AR2 与 AR3 之间则使用千兆以太接口相连。串行链路属于低速链路，默认带宽为 1.544 Mbit/s，远远低于千兆以太网链路。然而，由于 RIP 使用跳数作为度量参数，因此 AR2 最终会选择使用 S0/0/0 接口连接的低速链路去往子网 10.8.84.0/24。让高速以太网链路空闲着。而使用低速链路，这种选择显然是不明智的，因此本小节会通过调整度量值让 AR2 选择通过连接 AR3 的链路来访问子网 10.8.84.0/24。

例 6-47 展示了 3 台路由器上的配置信息，包含接口和 RIP。

例 6-47　3 台路由器的配置

```
[AR1]interface s0/0/0
[AR1-Serial0/0/0]ip address 192.168.12.1 30
[AR1-Serial0/0/0]interface g0/0/0
[AR1-GigabitEthernet0/0/0]ip address 192.168.13.1 24
[AR1-GigabitEthernet0/0/0]interface g0/0/1
[AR1-GigabitEthernet0/0/1]ip address 10.8.84.1 24
[AR1-GigabitEthernet0/0/1]quit
[AR1]rip
[AR1-rip-1]version 2
[AR1-rip-1]network 192.168.12.0
[AR1-rip-1]network 192.168.13.0
[AR1-rip-1]network 10.0.0.0
```

```
[AR2]interface s0/0/0
[AR2-Serial0/0/0]ip address 192.168.12.2 30
[AR2-Serial0/0/0]interface g0/0/1
[AR2-GigabitEthernet0/0/1]ip address 192.168.23.2 24
[AR2-GigabitEthernet0/0/1]quit
[AR2]rip
[AR2-rip-1]version 2
[AR2-rip-1]network 192.168.12.0
[AR2-rip-1]network 192.168.23.0
```

```
[AR3]interface g0/0/0
[AR3-GigabitEthernet0/0/0]ip address 192.168.13.3 24
[AR3-GigabitEthernet0/0/0]interface g0/0/1
[AR3-GigabitEthernet0/0/1]ip address 192.168.23.3 24
[AR3-GigabitEthernet0/0/1]quit
[AR3]rip
[AR3-rip-1]version 2
[AR3-rip-1]network 192.168.13.0
[AR3-rip-1]network 192.168.23.0
```

从例 6-47 中可以看出，管理员当前已经做好了基本配置，我们的设计目标是让 AR2 通过 G0/0/1 接口访问子网 10.8.84.0/24。例 6-48 展示了当前 AR2 的 RIP 路由。

例 6-48　在 AR2 上查看 RIP 路由 10.8.84.0/24

```
[AR2]display ip routing-table protocol rip
Route Flags: R - relay, D - download to fib
```

```
------------------------------------------------------------------------------
Public routing table : RIP
         Destinations : 2        Routes : 3

RIP routing table status : <Active>
         Destinations : 2        Routes : 3

Destination/Mask    Proto   Pre  Cost      Flags NextHop         Interface


      10.8.84.0/24  RIP     100  1           D   192.168.12.1    Serial0/0/0
   192.168.13.0/24  RIP     100  1           D   192.168.23.3    GigabitEthernet0/0/1
                    RIP     100  1           D   192.168.12.1    Serial0/0/0

RIP routing table status : <Inactive>
         Destinations : 0        Routes : 0
```

我们从 AR2 的 IP 路由表中可以看出阴影部分突出显示的这条路由：AR2 去往子网 10.8.84.0/24 的路由使用的出站接口是 S0/0/0，度量值为 1。同时另一条 RIP 路由：AR1 与 AR3 之间的子网，AR2 同时使用两条链路（S0/0/0 和 G0/0/1）。

本例的设计目标是让 AR2 选择 G0/0/1 接口作为出站接口，去往子网 10.8.84.0/24，管理员可以通过两种方法实现这一目标：在 AR1 上修改 AR1 发出的 RIP 通告的度量值，或者在 AR2 上修改它收接收的 RIP 度量值。例 6-49 先展示出了第一种修改方法，即在 AR1 上进行配置，修改 AR1 从 S0/0/0 接口发出 RIP 路由的度量值。

例 6-49　在 AR1 上修改 S0/0/0 接口发出 RIP 路由的度量值

```
[AR1]interface s0/0/0
[AR1-Serial0/0/0]rip metircout 3
```

在例 6-49 中，管理员把 AR1 S0/0/0 接口发出的 RIP 路由度量值统一修改成了 3。修改前，对于 AR1 本地直连的子网，AR1 默认发送的度量值为 1。例 6-50 展示了 AR2 上更新后的 IP 路由信息。

例 6-50　在 AR2 上查看 RIP 路由

```
[AR2]display ip routing-table protocol rip
Route Flags: R - relay, D - download to fib
------------------------------------------------------------------------------
Public routing table : RIP
         Destinations : 2        Routes : 2

RIP routing table status : <Active>
         Destinations : 2        Routes : 2
```

```
Destination/Mask    Proto   Pre  Cost      Flags NextHop         Interface


      10.8.84.0/24  RIP     100  2           D   192.168.23.3    GigabitEthernet0/0/1
   192.168.13.0/24  RIP     100  1           D   192.168.23.3    GigabitEthernet0/0/1


RIP routing table status : <Inactive>
         Destinations : 0         Routes : 0
```

现在，AR2 已经改为使用 G0/0/1 接口作为去往子网 10.8.84.0/24 的出站接口了，设计目标达成。下面我们详细对比一下修改前和修改后的两条路由。修改前对于 10.8.84.0/24 这条路由，AR2 上的 RIP 开销值为 1，因为这是 AR1 的直连子网，AR1 会以 1 为度量值通告这条路由。修改后，AR1 则会以 3 为度量值通告这条路由，于是 AR2 选择了 AR3 通告过来的 10.8.84.0/24，因为 AR3 从 AR1 收到这条路由的通告时，度量值为 1，AR3 在向外通告这条路由时在度量值 1 的基础上再加 1，以度量值 2 通告这条路由。

同时我们也可以看出，对于 AR1 与 AR3 之间的子网，AR2 也只会使用 G0/0/1 接口连接的链路进行访问。因为 AR1 在通告这条路由时也将度量值由以前的 1 变为修改后的 3，而 AR3 在通告这条直连路由时，仍使用度量值 1。如图 6-34 所示，展示了 AR2 S0/0/0 接口的抓包信息，其中解析的数据包是从 AR1 收到的 RIP 更新消息。

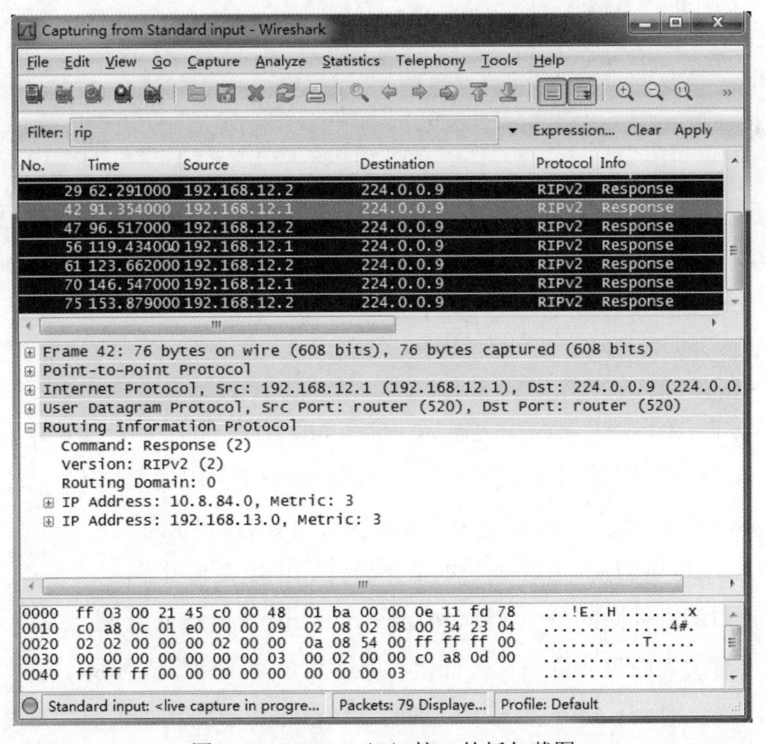

图 6-34　AR2 S0/0/0 接口的抓包截图

从截图中我们可以看出，AR1 发送了 2 条直连子网的 RIP 路由，并且按照管理员在接口上的配置 **rip metricout 3**，将这 2 条路由的度量值都设置为了 3。

下面我们把 AR1 S0/0/0 接口上配置的这条命令删除，改为使用第二种方法，即在 AR2 S0/0/0 接口上修改入向路由更新的度量值。例 6-51 展示了采用这种方法达到相同需求的配置。

例 6-51　使用第二种方法修改 RIP 度量值

```
[AR1]interface s0/0/0
[AR1-Serial0/0/0]undo rip metricout
```

```
[AR2]interface s0/0/0
[AR2-Serial0/0/0]rip metricin 2
```

这种配置方法达到的效果与前一种配置相同，例 6-52 展示了当前 AR2 的 RIP 路由。

例 6-52　在 AR2 上查看 RIP 路由

```
[AR2]display ip routing-table protocol rip
Route Flags: R - relay, D - download to fib
------------------------------------------------------------------------------
Public routing table : RIP
         Destinations : 2        Routes : 2

RIP routing table status : <Active>
         Destinations : 2        Routes : 2

Destination/Mask    Proto   Pre  Cost      Flags NextHop         Interface

      10.8.84.0/24  RIP     100  2           D   192.168.23.3    GigabitEthernet0/0/1
   192.168.13.0/24  RIP     100  1           D   192.168.23.3    GigabitEthernet0/0/1

RIP routing table status : <Inactive>
         Destinations : 0        Routes : 0
```

AR2 在从 AR1 接收到 RIP 路由更新后，会在 AR1 通告的度量值（1）的基础上，加上管理员在 S0/0/0 接口配置的度量值（2），因此得到的路由度量值为 3，大于从 AR3 收到的路由。如图 6-35 所示，展示了 AR2 S0/0/0 接口的抓包信息。

从图 6-35 中可以看出，AR1 通告的 2 条直连路由度量值都是 1。

在使用接口配置视图的命令 **rip metricin** 和 **rip metricout** 修改 RIP 通告的度量值时，读者还有两点应该注意。首先，读者要清楚这两条命令的区别：对于接收到的路由更新，路由器会把 **rip metricin** 中设置的度量值增量添加到收到的路由度量值上，计算出新的度量值；对于向外通告的路由更新，路由器则会直接使用 **rip metricout** 中设置的度量值。

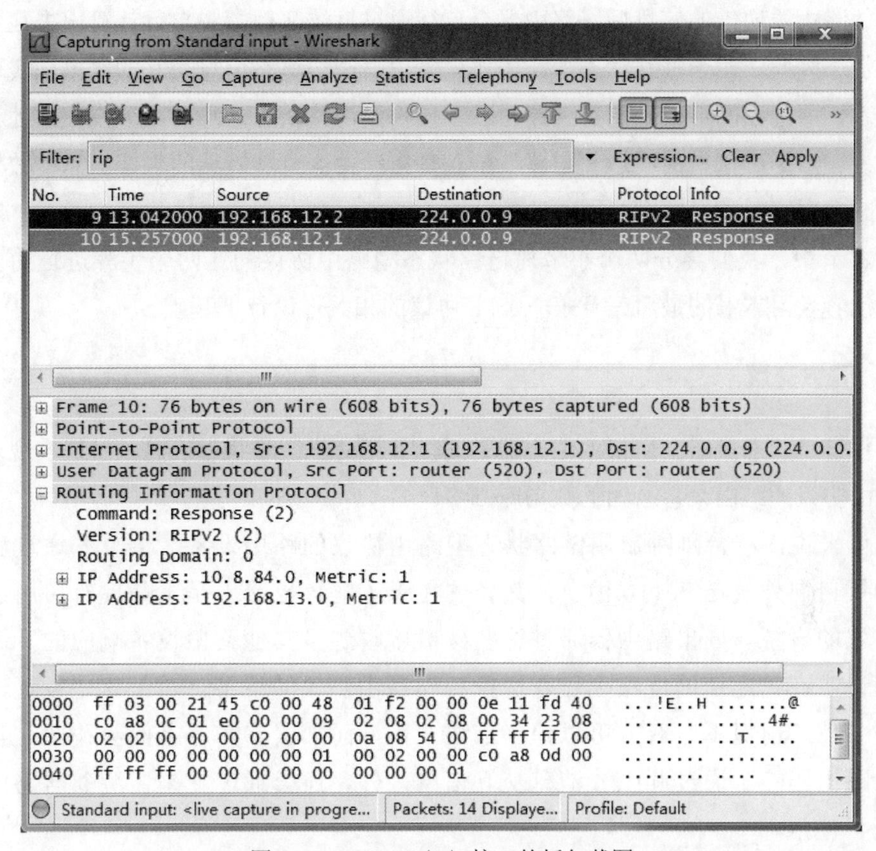

图 6-35 AR2 S0/0/0 接口的抓包截图

其次，在选择具体值的时候也要注意。以本小节所示的拓扑为例，如果管理员配置 AR1（从 S0/0/0 接口）通告度量值为 2 的路由，或者配置 AR2 在（从 S0/0/0 接口）收到路由更新时增加度量值 1，并无法实现设计目标。这种配置带来的结果，读者可以在练习中自行尝试。

关于 RIP 和距离矢量型路由协议的介绍，到这里暂且告一段落。考虑到本书后面 3 章都会以一个链路状态型路由协议（OSPF）作为主题，因此在本章的最后一节中，我们会先对比 6.2 节（距离矢量型路由协议）来对链路状态型路由协议进行介绍。

6.5 链路状态型路由协议

在 6.1 节（路由概述）中，我们为了展示距离矢量型路由协议和链路状态型路由协议的差异，曾经通过两张漫画（图 6-3 和图 6-4）描述了它们在交换信息方面的区别。为了简化起见，在图 6-4 中，我们描绘的路由器在交互地图。严格来说，使用链路状态型路由协议的路由器之间，相互交互的不是地图，而是自己周边的“道路”信息。在接收到其他路由器通告的信息后，路由器会自行通过算法从地图中自行计算出去往各地的最佳路径。因此，对于链路状态型路由协议来说，周边道路信息交互的结果是实现数据库的同步，而地图的形成则是每台路由器在接收到链路状态信息后，分别在本地计算出来的结果。当然，这里的周边“道路”信息是指路由器直连链路的状态信息；数据库是链路状态数据库；而地图则是网络的拓扑图。

在本节中，我们会分两个小节对链路状态型路由协议的这两个步骤进行简要的介绍，为读者学习本书的最后三章——OSPF 协议的相关理论打下基础。

6.5.1 信息交互

运行链路状态型路由协议的路由器之间会互相交互链路状态信息，最终实现全网运行该路由协议的路由设备之间的数据库同步。

具体来说，一台刚刚启用链路状态型路由协议的路由设备，会首先通过启用了协议的接口向外发送 Hello 消息，其目的在于了解该链路上是不是拥有启用了相同路由协议的设备。如果路由器通过这些接口接收到了其他路由设备响应的 Hello 消息，则说明在它连接的链路上还有运行相同路由协议的设备。对于这些设备，在满足一定条件的前提下，双方可以建立邻居关系，而邻居路由器之间会彼此交互链路信息。路由器除了通过 Hello 消息交互信息之外，还会通过它来监测邻居路由器的状态是否正常。

在建立了邻居关系之后，路由器会把自己对于（启用了这个路由协议的）接口链路的了解，发送给自己所有的邻居。LSA（链路状态通告）中包含了各个直连链路的网络/掩码、网络类型、开销值及邻居设备，这些信息可以清晰地描述出各个链路的状态信息。此外，路由器在通告 LSA 时还会在通告消息中包含序列号和过期信息，其作用在于保证其他路由器只采纳代表了通告方最新链路状态信息的 LSA。

如图 6-36 所示，我们以 3 路由器环境中，AR1 通告给 AR2 的 LSA 为例，显示了链路状态型路由协议通告链路状态信息的过程。在这张图中，我们假设 3 台路由器的所有接口均启用了链路状态型路由器协议。由于 AR1 只在 E0 接口连接一台邻居设备 AR2，因此 AR1 在向所有邻居设备发送 LSA 时，也只会通过自己的 E0 接口，将 LSA 发送给 AR2。

通过图 6-36 可以看出，AR1 通过通告给 AR2 的 LSA 描述了自己的 2 条直连链路。

在一台路由设备接收到邻居路由器发来的通告信息之后，这台路由器会立刻将数据包通过除了接收到该数据包的接口之外，其他启用了这个路由协议且连接有邻居设备的接口发送出去。通过这种方式，通告 LSA 的数据包会很快在邻居路由器之间传播。与此同时，接收到数据包的路由器会将它所描述的链路状态信息填充到自己的链路状态数据库中。

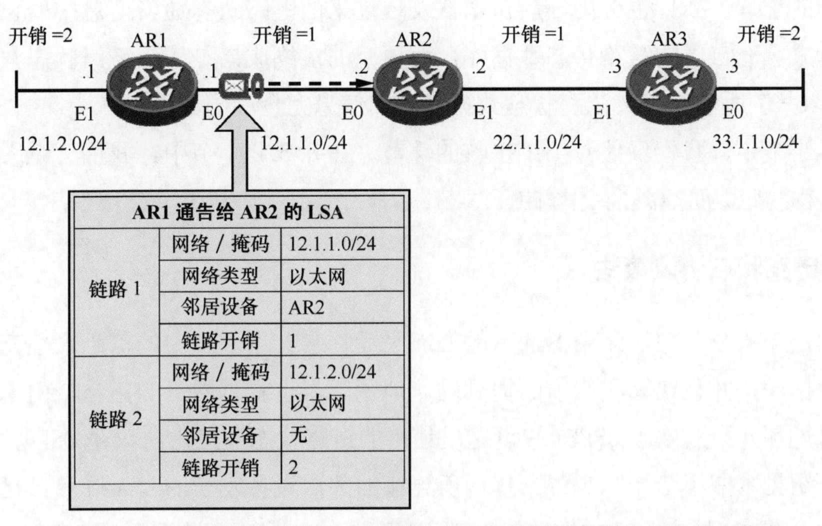

AR1 通告给 AR2 的 LSA		
链路 1	网络 / 掩码	12.1.1.0/24
	网络类型	以太网
	邻居设备	AR2
	链路开销	1
链路 2	网络 / 掩码	12.1.2.0/24
	网络类型	以太网
	邻居设备	无
	链路开销	2

图 6-36　启用链路状态型路由协议的路由器向邻居设备通告链路状态信息

如图 6-37 所示，AR2 将 AR1 通告的数据包快速转发给了自己的邻居路由器 AR3。同时 AR2 也将 LSA 中的链路状态信息，填充到了自己的链路状态数据库中。

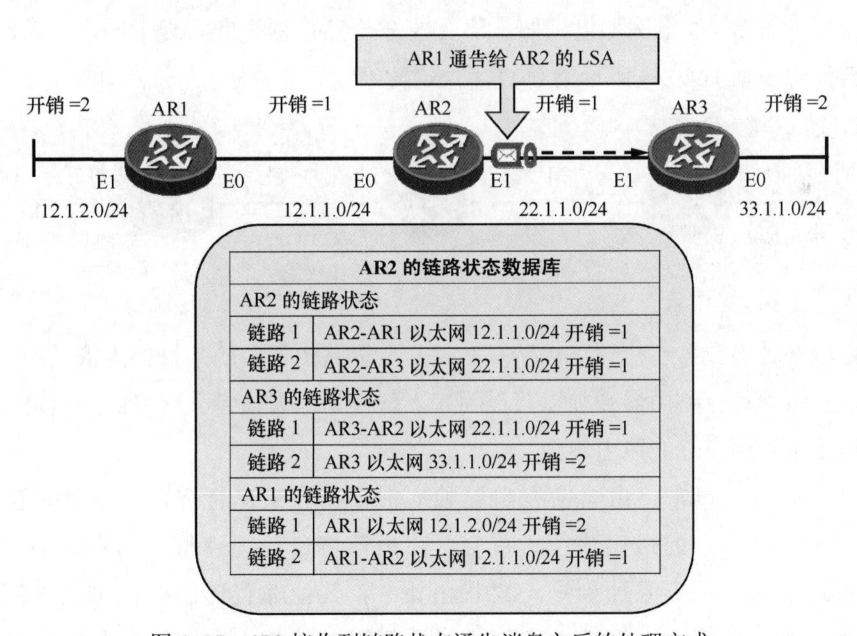

AR2 的链路状态数据库	
AR2 的链路状态	
链路 1	AR2-AR1 以太网 12.1.1.0/24 开销 =1
链路 2	AR2-AR3 以太网 22.1.1.0/24 开销 =1
AR3 的链路状态	
链路 1	AR3-AR2 以太网 22.1.1.0/24 开销 =1
链路 2	AR3 以太网 33.1.1.0/24 开销 =2
AR1 的链路状态	
链路 1	AR1 以太网 12.1.2.0/24 开销 =2
链路 2	AR1-AR2 以太网 12.1.1.0/24 开销 =1

图 6-37　AR2 接收到链路状态通告消息之后的处理方式

通过这张图也可以看出，AR2 与 AR3 之间已经通过相互发送 LSA 实现了链路状态库的同步，所以 AR2 的链路状态数据库中才会包含 AR3 的链路状态信息。由此也可以推断出，在 AR2 将 AR1 通告的数据包发送给 AR3 之后，AR3 的链路状态数据库就会和 AR2 的链路状态数据库实现同步。

同样的道理，AR1 也会用邻居路由器发送过来的链路状态通告消息中所包含的链路状态信息来填充自己的链路状态数据库，而填充的最终成果是 AR1 链路状态数据库中的信息与图 6-37 所示的 AR2 链路状态数据库中的信息完全相同。

在本小节中，我们仅仅介绍了接收的环节。在 6.5.2 小节中，我们会继续介绍链路状态型路由协议是如何进行计算的。

6.5.2 链路状态协议算法

当路由器接收到邻居路由器通告的 LSA 之后，它会用 LSA 中的信息来填充自己的链路状态数据库，并且计算我们前面提到的“地图”，也就是网络的拓扑。由于每台路由器都是通过那几个启用了 OSPF（假设这里使用的链路状态型路由协议是 OSPF，关于 OSPF 的具体介绍见本书第 7、8、9 章）接口所连接的邻居设备发来的 LSA 以及自己对直连网络信息的了解，来填充自己的链路状态数据库的，这些信息中包含了整个 OSPF 网络的所有地址、掩码、网络类型和开销信息，因此路由器完全可以将自己链路状态数据库中的信息计算成一张拓扑图。如果整个 OSPF 网络都实现了链路状态数据库的同步，那么所有路由器计算出来的拓扑显然就都是相同的。

如果用图 6-37 的案例加以延伸，那么当 3 台路由器之间实现了同步之后，每台路由器都会计算出如图 6-38 所示的 OSPF 拓扑图。

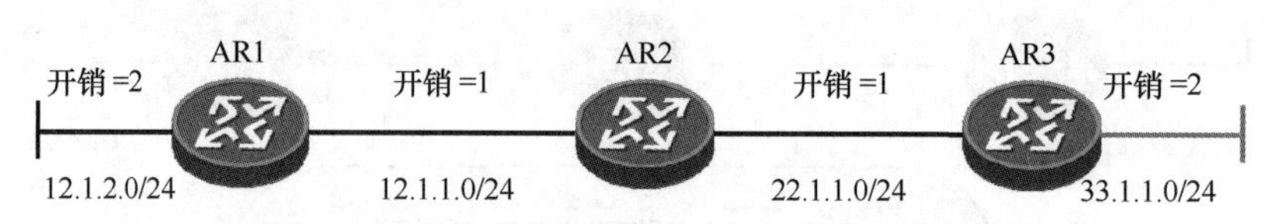

图 6-38　各个路由器通过 LSDB 计算出来的拓扑

路由器在针对数据包执行路由转发时，是要以路由表中的条目作为依据的。因此，地图有了，下面每台路由器必须以自己为起点，计算出去往各个网络的最短路径，然后把计算结果填写到自己的路由表中。

在这个时候，每台路由器需要自己独立根据拓扑来运行算法，以计算出从自己去往网络中各个节点的最短路径。首先，路由器将自己视为整个网络的根，同时把与自己直连的邻居节点添加到这个树状拓扑中，其他非直连的节点则会被添加到一个候选列表中。接下来，算法会将每个候选列表中的节点与树状拓扑中的节点进行比较，如果有哪个候选节点与树状拓扑中当前任何一个邻居节点之间的开销值最小，那么算法会将这个节点作为该节点的邻居节点添加到树状拓扑中，同时将其从候选节点列表中删除。这个算法会不断重复，直至候选列表中的所有节点都被添加到了树状拓扑中为止。

比如在图 6-38 所示的这个简单的拓扑中，AR1 在运算算法时会首先将自己作为根，同时把自己直连的邻居节点 AR2 放入树状拓扑中，接下来 AR1 通过比较发现，AR3 是距离 AR2 开销值最小的节点，因此 AR1 把 AR3 作为 AR2 的邻居节点放入树状拓扑中，其结果如图 6-39 所示。当然，图 6-38 所示的网络本身就是一个没有分叉的简单串连网络，但更加复杂的网络计算过程也不过如此。最后也会自然形成一个无环的树状拓扑。

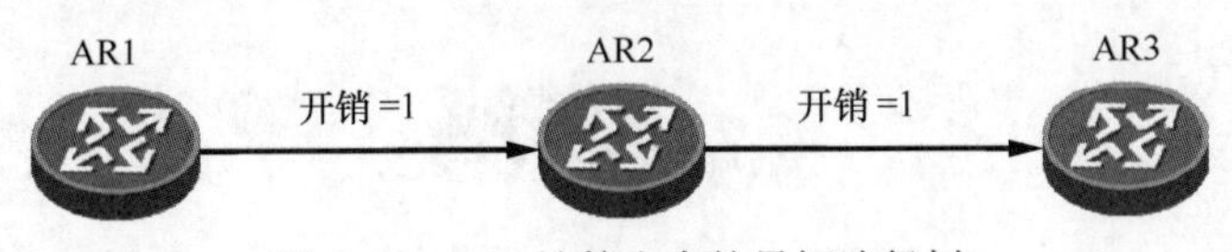

图 6-39　AR1 计算出来的最短路径树

最后，在路由器已经计算出了去往各个节点的最短路径之后，路由器需要将去往整个运行路由协议的网络中所有子网的路由填充到自己的路由表中。此时，由于路由器计算的结果是一个树形结构，因此路由器只需要从自己（树根）出发，沿着树型结构中的分支，将去往各个节点的下一跳一一添加到路由表中，整个过程即告结束。

在上面的过程中，相信读者可以看出链路状态型路由协议和距离矢量型路由协议之间最大的不同之处。那就是距离矢量型路由协议是基于其他路由器，或直接或间接通告过来的距离矢量信息，了解到如何通过自己的邻居去往各个子网的路由。因此通过距离矢量型路由协议转发数据包常常被人们称为“基于传闻的转发”。而链路状态型路由协议会基于对整个路由协议网络的完整理解，以自己为根独立计算出去往各个网络的路由。所以，使用链路状态型路由协议组建的网络，不会出现如图 6-11 所示的这类风险。运行链路状态型路由协议的路由设备拥有整个网络的链路状态信息，具有独立的判断能力，不会像运行距离矢量型路由协议的设备那样容易偏听偏信，这也意味着运行这种比较精明的协议会比运行距离矢量型路由协议占用更多的路由器计算资源。

6.6　本章总结

在具体学习某种特定的动态路由协议之前，本章首先整体介绍了动态路由协议的基础，包括使用动态路由协议相较于配置静态路由的优势，以及动态路由协议的两种分类方式。为了给 6.3 节和 6.4 节进行铺垫，在 6.2 节中概述距离矢量路由协议的路由计算方式。

6.3 节和 6.4 节的重点是一项距离矢量型路由协议——路由信息协议（RIP）。在 6.3

节，我们首先介绍了RIP的历史与发展，并通过将RIPv1与RIPv2进行对比，突出了RIPv2中对于RIPv1固有缺陷的弥补，最后详细阐述了RIP的特征、报文类型和工作方式，以及RIP提供的环路避免机制。6.4节则通过大量案例演示了RIP的基本配置及一些相关特性的配置与调试。

在6.5节中，我们对比距离矢量型路由协议，简单介绍了链路状态型路由协议。这一节的内容可以作为后面3章内容的知识背景。

6.7 练习题

一、选择题

1．下列属于链路状态型的路由协议是？（　　）

A．IGP　　　　B．EGP

C．RIP　　　　D．OSPF

2．下列有关距离矢量型路由协议的说法中，正确的是？（多选）（　　）

A．距离指的是路由度量值，矢量指的是出站接口

B．路由更新通告中一定不包含IP地址掩码信息

C．距离矢量型路由协议是“基于传闻”的协议

D．RIP是距离矢量型路由协议

3．RIPv1和RIPv2都具有以下哪些特点？（多选）（　　）

A．使用周期更新和触发更新　　　　B．使用组播更新

C．使用3种计时器　　　　D．使用UDP

4.路由毒化和触发更新特性集合在一起，可以实现下列哪些目标？（多选）（　　）

A．防止路由环路　　　　B．快速传播网络变化

C．防止收到不可信路由　　　　D．减少链路开销

5．要想禁用RIPv2的自动汇总特性，管理员需要使用下列哪条命令？（　　）

A．接口配置视图的命令**summary**

B．RIP配置视图的命令**summary**

C．接口配置视图的命令**undo summary**

D．RIP配置视图的命令**undo summary**

二、判断题

1．动态路由协议可以分为距离矢量型路由协议和链路状态型路由协议。

2．无类路由协议在路由更新通告中携带子网掩码，因此可以打破IP地址类别的

限制。

3．RIPv2 中扩展了 RIPv1 的 16 跳跳数限制。

4．水平分割和毒性反转是互斥的两个特性，在同时启用了这两个特性的路由器上，毒性反转是不起作用的。

5．管理员可以在 RIPv2 路由器上启用明文认证或者加密认证。

第7章
单区域OSPF

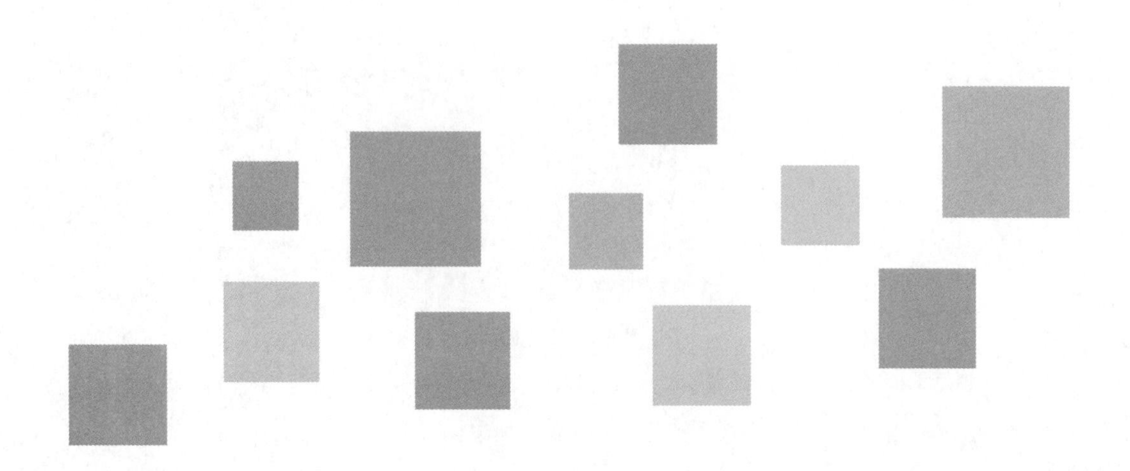

在第 6 章中，我们曾经对动态路由协议进行了概述和分类，并且对距离矢量型路由协议与链路状态型路由协议进行了对比。通过第 6 章的学习，读者应该能够体会到链路状态型路由协议与距离矢量型路由协议在工作方式上的差异。

作为一种典型的链路状态型路由协议，OSPF（开放式最短路由优先）协议突出体现了它相对于 RIP 这类距离矢量型路由协议的优势：更加可靠、扩展性更强、效率更高。在这一章中，我们会首先用一节的篇幅对 OSPF 协议的特点进行详细的介绍，包括 OSPF 协议中使用的数据表、OSPF 消息的封装格式、OSPF 消息的类型、OSPF 协议定义的网络类型、路由器 ID 的概念，以及指定路由器（Designated Router，DR）的选举。在第 7.2 节中，我们则会利用这一节中介绍的理论，串联起 OSPF 在单区域设计方案中的工作原理。

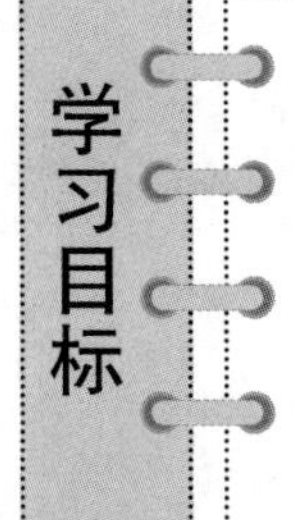

- 了解 OSPF 协议的由来；
- 理解 OSPF 邻居表、LSDB 和路由表的概念与作用；
- 理解 OSPF 报文的头部封装格式；
- 掌握 OSPF 的五种消息类型；
- 掌握 OSPF 的网络类型及其在不同类型网络中的工作方式；
- 掌握 OSPF 的路由器 ID 的概念与作用；
- 掌握 DR/BDR 的概念及其选举过程；
- 掌握 OSPF 邻居状态演进、链路状态信息交互及路由计算的过程。

7.1　OSPF 的特征

作为一种链路状态型路由协议，OSPF 的工作方式与距离矢量型路由协议存在本质的不同。运行 OSPF 的路由器会首先通过启用了 OSPF 的接口来寻找同样运行了 OSPF 协议的路由器，并且判断双方是否应该相互交换链路状态信息。接下来，能够交换链路状态信息的路由器之间就会开始共享链路状态信息，这样做的最终目的是让同一个 OSPF 区域中的每一台路由器拥有相同的链路状态数据库。最后，每一台路由器在本地对数据库进行运算，获得去往各个网络的最优路由。本节会对 OSPF 的邻居表、LSDB、路由表、OSPF 报文类型，以及 OSPF 的工作原理等内容一一进行说明。

7.1.1　OSPF 简介

1987 年，IETF（互联网工程任务组）的 OSPF 工作组开始着手设计能够取代 RIP 的协议。2 年后定义的 OSPF 第 1 版规范只是 OSPF 的草案版本，并没有在实际网络中实施。当前我们广泛使用的 OSPF 实际上是 OSPF 第 2 版（即 OSPFv2），OSPFv2 的规范定义在 1991 年发布的 RFC 1247 中。7 年后（1998 年），IETF 对 OSPFv2 的规范进行了修改，新的 OSPFv2 规范定义在 RFC 2328 中。因此，我们这一章的内容实际上是围绕着 RFC 2328 标准展开的。

OSPF 是一个链路状态型路由协议，运行 OSPF 协议的路由器会将自己拥有的链路状态信息，通过启用了 OSPF 协议的接口发送给其他 OSPF 设备。同一个 OSPF 区域中的每台设备都会参与链路状态信息的创建、发送、接收与转发，直到这个区域中的所有 OSPF 设备获得了相同的链路状态信息为止。然而，并不是所有启用了 OSPF 的直连设备都会相互交换链路状态信息，只有建立了完全（Full）邻接关系的 OSPF 设备之间才会相互交换链路状态信息，而两台路由器要想建立完全邻接关系，需要满足一定的条件。不过，这种做法并不会影响同一个区域中所有路由器同步出相同的链路状态数据库。

注释：

关于完全邻接关系（Full-Adjacency）的概念，我们会在本章的后文中进行说明。为了避免初学者混淆类似概念，我们会规避邻居和邻接的说法，而选择邻居状态（State）和完全（Full）邻接关系这种完整的表述。反复重复完整的表述方式虽然会让行文略显啰嗦，但却更为严谨，也与 VRP 系统 display 命令输出的内容一致，更便于读者对照学习。

OSPF 定义了 5 种不同的协议消息，这些消息分别包含在 5 种不同类型的 OSPF 报文中。OSPF 报文直接封装在 IP 数据包中（未经过传输层封装），这时，IP 数据包头部中协议字段（Protocol Field）的值规定为 89。

OSPF 不会周期性地发送链路状态更新消息，但 OSPF 会周期性地发送 Hello 消息，这是 OSPF 协议建立和保持邻居状态的关键。

通过上面的描述，读者应该能够感受到 OSPF 协议的复杂性远高于 RIP 协议，不过 OSPF 协议同时也是当今网络中应用最为广泛的路由协议之一。这个协议之所以能够得到普及，完全归功于它的优势，相信关于这个协议的优势，读者也会在后面的内容中逐渐有所体会。

7.1.2 OSPF 的邻居表、LSDB 与路由表

在 OSPF 的操作过程中，三张数据表扮演了至关重要的角色。这三个表分别是邻居表、LSDB 和路由表，下面我们会分别对这三张表进行介绍。这里的内容与第 6 章中的内容存在部分重合。如果读者对链路状态型路由协议的相关概念感到陌生，不妨先复习第 6 章的最后一节（6.5 链路状态型路由协议）。

1. 邻居表

在启用了 OSPF 的接口上，路由器不会直接通过链路状态通告（LSA）发布自己已知的链路状态信息。它会首先发送 Hello 消息，希望能够在这个接口所连接的网络上发现其他同样启用了 OSPF 协议的路由器。

如果一台路由器在自己启用了 OSPF 的接口接收到了其他路由器发送的 OSPF Hello 消息，同时这台路由器通过这个 Hello 消息判断出对方已接收到了自己发送的 Hello 消息，那么就代表这两台路由器之间已经实现了双向通信。在双向通信的基础上，如果两台路由器能够满足某些条件，它们之间才能相互交换链路状态通告。

由此可以看出，路由器并不会在启用 OSPF 的接口直接请求其他邻居路由器发送链路状态信息，有些连接在同一个子网的 OSPF 路由器相互之间甚至不会直接共享链路状态信息。OSPF 需要先通过 Hello 消息在自己连接的网络中寻找能够交换链路状态信息的邻居。为此，OSPF 路由器会通过一张数据表来记录自己各个接口所连接的 OSPF 邻居设备，及自己与该邻居设备之间的邻居状态等信息，这张表就是 OSPF 邻居表。

关于满足哪些条件的设备会相互之间通告链路状态信息、OSPF 路由器之间有哪些邻居状态、如何查看路由设备的 OSPF 邻居表，我们在本章后面的内容中都会进行详细介绍。这里只为引出邻居表的概念，暂不对具体内容进行说明。

2. LSDB

我们在前文中曾经介绍过，同一个区域中的所有 OSPF 路由器会通过相互交换链路状态通告消息，最终实现链路状态数据库（LSDB）的同步。

如果一个 OSPF 区域设计合理，且区域内的路由器也都配置正确，那么在满足条件的路由器之间也都充份交换了链路状态信息之后，整个区域内所有的路由器也就应该都拥有了相同的 LSDB，它们的 LSDB 中都包含了区域中所有其他路由器通告的链路状态信息。

虽然当我们在路由器上查看 LSDB 时，看到的是一个数据表，但由于路由器的链路状态数据库是各个路由器通告自己链路状态信息并最终汇总的结果，因此这个表中那些关于网络、网络设备和链路的信息，可以抽象成一张包含路径权重的有向图。其中，权重表示路由设备对于这个方向上这条路径的开销值，因此同一条物理路径在不同方向的权重可以是不同的。

注释：

关于如何在华为路由设备上查看设备的 LSDB，本章后文中会进行介绍和演示，这里暂不进行说明。

这个概念看似复杂，其实对于经常出行的人来说很容易理解。表 7-1 是 2016 年 10 月中旬时的几趟国际列车的旅程表。为了方便类比，我们将这个时间表按照图 6-37 中所示的链路状态数据库的形式展示了出来。

表 7-1　部分从北京、河内、莫斯科、基辅和华沙发车的国际列车时间表

北京的（部分）国际列车路线	
线路 1	北京->莫斯科 K3 次 5 晚
线路 2	北京->河内 T5 次 2 晚
河内的（部分）国际列车路线	
线路 1	河内->北京 T6 次 2 晚
莫斯科的（部分）国际列车路线	
线路 1	莫斯科->北京 K4 次 6 晚
线路 2	莫斯科->华沙 009Щ 次 2 晚
线路 3	莫斯科->基辅 005Я 次 1 晚
基辅的（部分）国际列车路线	
线路 1	基辅->莫斯科 0060 次 1 晚
线路 2	基辅->华沙 067К 次 1 晚
华沙的（部分）国际列车路线	
线路 1	华沙->莫斯科 010Щ 次 1 晚
线路 2	华沙->基辅 068Л 次 1 晚

显然，列车路线是客观的，绝不会因人而异。这也就是说，无论生活在上述哪个城市的人，通过咨询了解并汇总出来的国际列车路线（表 7-1）都是相同的。在拥有了表 7-1 中的列车信息之后，大家也都可以根据其中的数据，画出图 7-1 所示的这样一张标识有火车时长（乘坐几晚）的带权有向图。

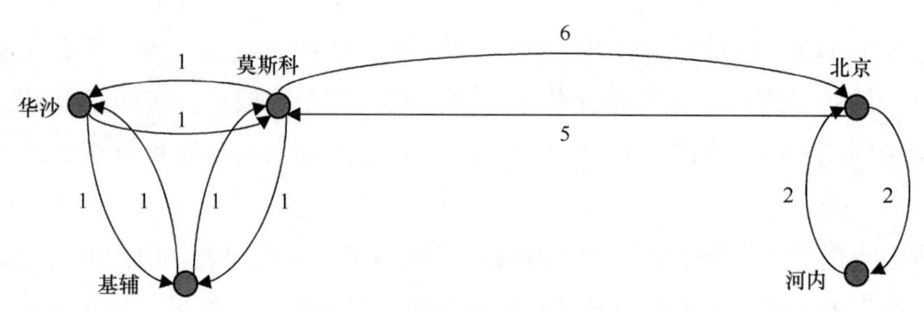

图 7-1 火车路线带权有向图

免责声明：

上述信息来自中国国旅票务总社（北京国际饭店 1 层）、北京西站国际票务售票窗口、俄罗斯铁路公司官方网站和乌克兰铁路公司官方网站，在此使用上述信息仅为进行类比之用。作者仅能保证上述信息于本章创作时仍真实有效。国际列车时刻更新频繁，如读者确有乘车需求，请联系上述机构或访问上述网址获取最新时刻及车次信息。

同样，当网络中的 OSPF 路由器在相互同步了链路状态数据库之后，路由器也可以通过各条链路的信息获得一张带权有向图。在图 7-2 的上半部分是一个 OSPF 网络，所有路由器接口都处于同一个 OSPF 区域中。下半部分就是所有路由器在同步了链路状态数据库之后，获得的包含路径权重信息的有向图示意。在这张图中，我们同样用点来表示路由设备和局域网，用线来表示点与点之间的连接，用箭头来表示方向，用线上的数字来表示这些线的“长度”，也就是路径的开销。

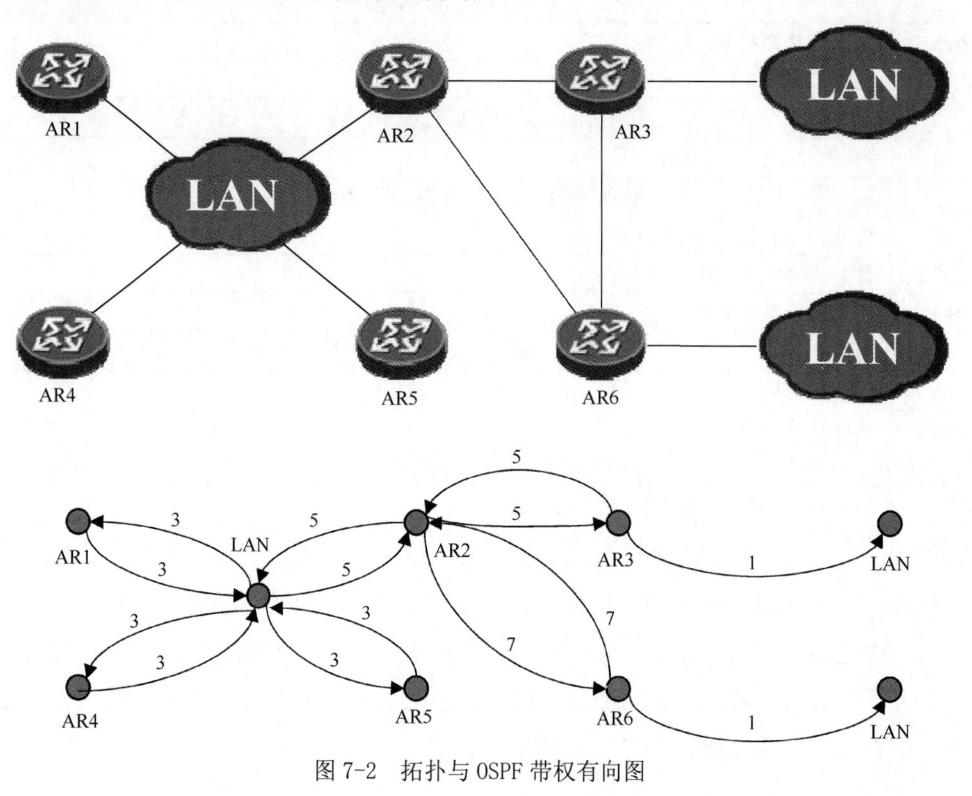

图 7-2 拓扑与 OSPF 带权有向图

当一个区域中的每一台路由器都拥有了完全相同的地图之后，这些路由器只需要分别在本地以自己为根，按图索骥计算出去往各个网络的最短距离，就可以向自己的路由表中添加OSPF路由了。

3. 路由表

在规划复杂的旅行线路时，画出图7-1这样一张图对于设计出不走回头路且旅程最短的路径，是很有帮助的。在画出这样一张国际列车路线图之后，人们可以根据自己所在的城市，轻松计算出乘坐列车到达其他城市的最快方式。同样，拥有了带权有向图的路由器只需要以自己为根，各自通过SPF算法进行运算，就可以获得去往各个网络的最优路由。SPF算法的计算过程我们曾经在第6章的最后一小节（6.5.2链路状态协议算法概述）用文字进行了简单的描述。在后面的7.2.3一小节（路由计算）中，我们还会结合图7-1，进一步解释路由器以自己为根，通过LSDB计算自己的SPF树，并向路由表中添加OSPF路由条目的方式；以及带权和有向这两个概念在计算过程中起到的作用，因此这里暂且略过。

值得说明的是，无论是我们之前介绍的直连路由、静态路由还是RIP路由，最终都要被路由器添加到路由表中才能用来转发数据包。这也代表路由器会将通过各种方式获取到的路由条目保存在同一张路由表中，如果路由器通过不同方式学习到了去往同一个网络的路由，就会比较这两种方式的路由优先级。华为路由设备给OSPF路由设定的默认路由优先级是10。

7.1.3 OSPF消息的封装格式

OSPF消息的封装如图7-3所示。为简便起见，我们以下将OSPF报文的头部简称为OSPF头部。

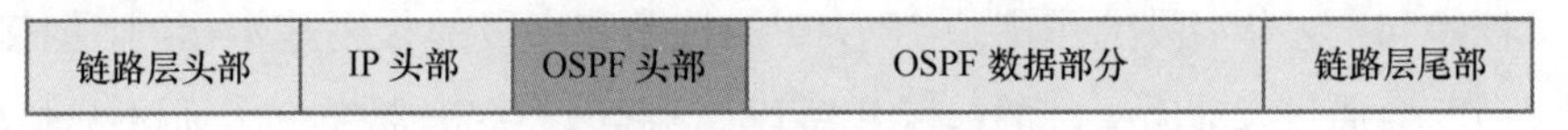

图7-3　OSPF消息的封装

本小节的重点在于图7-3中阴影部分标注的OSPF头部部分，而OSPF头部封装格式如图7-4所示。

下面我们来依次说明一下OSPF头部封装中各个字段的作用。

- **版本**：这个字段的作用是标识该OSPF消息使用的OSPF版本。因此，正如我们在第7.1.1小节（OSPF简介）中所介绍的那样，当前的IPv4 OSPF消息在这个字段中的取值都是2；
- **消息长度**：这个字段的作用类似于IPv4头部的“数据长度”字段，其作用是标识这个OSPF数据包的长度；
- **路由器ID**：在启用了OSPF的路由器上，每台路由器都要使用一个唯一的标识符，作为这台路由器在 OSPF 网络中的身份，这个标识符就是路由器 ID；

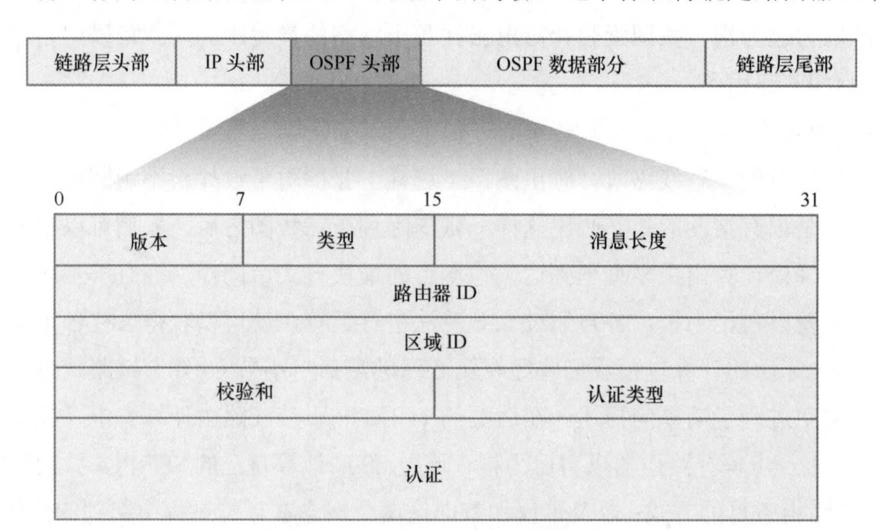

图 7-4 OSPF 头部封装的字段

- **区域 ID**：为了解决基于链路状态信息进行网络拓扑计算及路由计算的复杂度会随网络规模增大而急剧增大的问题，OSPF 定义了区域的概念，实现了路由网络的层级化。当路由器通过自己启用了 OSPF 协议的接口发送消息时，会在 OSPF 头部封装上该接口所在的 OSPF 区域。在本章和第 8 章中，如无特别说明，我们在介绍理论时都会以“所有 OSPF 设备处于同一个区域中”作为前提；

注释：

在第 9 章中，我们会专门用一章的篇幅对区域的概念进行深入说明，并且详细介绍多区域 OSPF 网络的相关理论和配置。

- **校验和**：这个字段的作用和 IP 头部的校验和字段的作用基本相同，但接收方路由器会通过 OSPF 头部的校验和字段校验整个 OSPF 数据包，而不只校验 OSPF 头部；
- **认证类型**：这个字段的作用是标识这个 OSPF 数据包需要进行哪种类型的认证。如果取值为 0，表示这个 OSPF 数据包不需要进行认证；如果取值为 1，表示这个 OSPF 数据包需要进行简单的密码认证；如果取值为 2，则表示该数据包需要进行 MD5 认证；
- **认证**：认证字段的作用是提供供对方路由器认证的具体数据。例如，如果认证类型字段取 0，那么接收方路由器会跳过这个字段，因为该 OSPF 消息本身就无需进行认证；如果认证类型字段取 1，接收方路由器会校验认证字段中的明文密码与本地的密码是否相同；

注释：

认证类型字段的取值不只有0和1，其他取值超出了华为ICT学院路由交换技术系列教材的范围，但却是华为ICT学院网络安全方向的必修内容。关于OSPF认证，我们会在后文中通过实验进行验证。考虑到本系列教程此前并没有对加密和认证相关的理论知识进行过介绍和说明，因此针对OSPF认证理论不再作深入介绍。

- **类型**：这个字段的作用是标识这个OSPF报文的类型。OSPF消息分为5种不同的类型，类型不同，图7-3和图7-4中OSPF数据部分所携带的信息类型也有很大的区别。

我们之所以把类型字段放在各个字段的最后进行介绍，是因为OSPF报文类型正是7.1.4小节的重点。

7.1.4 OSPF报文类型

在7.1.3小节我们介绍OSPF头部的类型（Type）字段时曾经提到：OSPF报文分为5种类型，不同类型消息所携带的数据也大相径庭。对于不同类型的报文，OSPF会在封装头部时，赋予类型字段不同的数值，告知接收方路由器其中包含的OSPF消息类型。这5种类型及其对应的类型字段取值分别为：

- **类型字段取值为1**：Hello消息。
- **类型字段取值为2**：数据库描述消息。
- **类型字段取值为3**：链路状态请求消息。
- **类型字段取值为4**：链路状态更新消息。
- **类型字段取值为5**：链路状态确认消息。

在这一小节中，我们会简要介绍这5类OSPF消息的作用以及它们携带的信息。如果这些信息中有某些内容与后文的知识点相关，且有必要在此提前进行介绍，我们也会在此对它们进行说明。为突出主次，其他与后文知识点相关性不强的字段本书则不作介绍。

1. Hello消息

对于OSPF这种首先建立完全邻接关系，然后交换链路状态的协议来说，Hello消息被赋予了十分重要的作用：**OSPF需要借助Hello消息来建立和维护邻居状态**，如图7-5所示。

- **接口掩码**：这个字段记录的是发送这个Hello消息的路由器接口的掩码。如果接收方路由器发现Hello消息中的接口掩码和自己接收到这个消息的接口的掩码不一致，接收方就会丢弃这个Hello消息。因此，**接口掩码相匹配是两台路由器成为邻居的必要条件**；

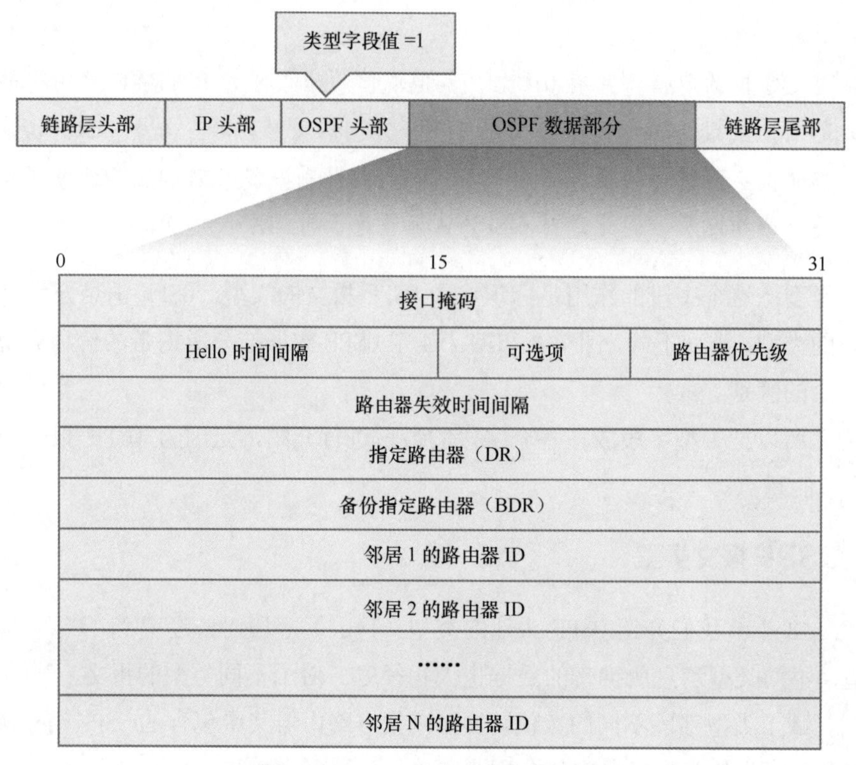

图 7-5　Hello 消息中包含的信息

- **Hello 时间间隔**：我们在本章 7.1.1 OSPF 简介中就曾介绍过，OSPF 会周期性地发送 Hello 数据包。**对于启用了 OSPF 的路由器来说，它们会以 Hello 时间间隔周期性地发送 Hello 消息**。如果接收方路由器发现 Hello 消息中的 Hello 时间间隔与自己的时间间隔不同，接收方路由器就会丢弃这个数据包。因此，**Hello 时间间隔匹配也是两台路由器成为邻居的必要条件**；
- **路由器失效时间间隔**：我们刚刚提到，除了成为邻居之外，OSPF 邻居路由器之间也会通过 Hello 消息来维护邻居状态。这也就是说，**OSPF 路由器在一定时间间隔内没有接收到某台邻居路由器发送的 Hello 消息，那么它就会认为这台邻居路由器已经失效，这段时间间隔就是路由器失效时间间隔**。如果接收方路由器发现 Hello 消息中的路由器失效时间间隔与自己的设置不同，接收方路由器同样会丢弃这个数据包。因此，**路由器失效时间间隔匹配也同样是两台路由器成为邻居的必要条件**；
- **邻居的路由器 ID**：在介绍邻居表时我们曾经写下这样的文字：如果一台路由器在自己启用了 OSPF 的接口接收到了其他路由器发送的 OSPF Hello 消息，同时这台路由器通过这个 Hello 消息判断出，对方已接收到了自己发送的 Hello 消息，那么就代表这两台路由器之间已经实现了双向通信。有心的读者应该能够通过这段文字判断出，一台路由器发送的 OSPF Hello 消息中会包含其邻居路由器的路由器 ID。当一台路由器接收并接受了另一台路由器发送的 Hello 消息之后，它会查看这个 Hello 中封装的 OSPF 头部信息（见图 7-4），并且将发送方路由器的路由器 ID 记录在自己的邻居表中。当接收方发送 Hello 消息时，它会把所有邻居路由器的路由器 ID 像图 7-5 这样一一包含在这个 Hello 消息的邻居路由器 ID 部分。这就是为什么一台路由器能够通过 Hello 消息判断出对方已经接收了自己发送的 Hello 消息。关于这个过程，我们会在邻居状态机与完全邻接关系的建立一小节（7.2.1）中通过图文进行介绍。

除了上述几个字段之外，还有路由器优先级、DR 和 BDR 这三个字段我们没有进行介绍。这 3 个字段涉及网络类型、DR、BDR 等概念，这些本章在前文中尚未进行概述，在这里通过 Hello 消息中包含的信息直接切入不易理解，因此暂且略过不提，后文中详细介绍相关概念时会再次联系 Hello 消息进行说明。

可选项字段这里不作说明。

2. 数据库描述消息

在交换链路状态信息时，OSPF 路由器并不会相互发送自己拥有的所有链路状态信息。它们会首先把自己链路状态数据库中拥有的所有链路状态通告（LSA）列出一个清单，然后交换这个清单。在接收到这个清单之后，路由器通过对方清单中列出的链路状态通告来比较自己链路状态数据库中拥有的链路状态通告，查看其中缺少哪些信息，再向对方路由器请求那些自己的链路状态数据库中没有，但对方数据库中拥有的 LSA。说得简单一点，OSPF 路由器相互交换链路状态信息的方式，是使用对方发送的清单进行查漏补缺。显然，我们在这里所说的清单，就是数据库描述消息。数据库描述消息携带的信息如图 7-6 所示。

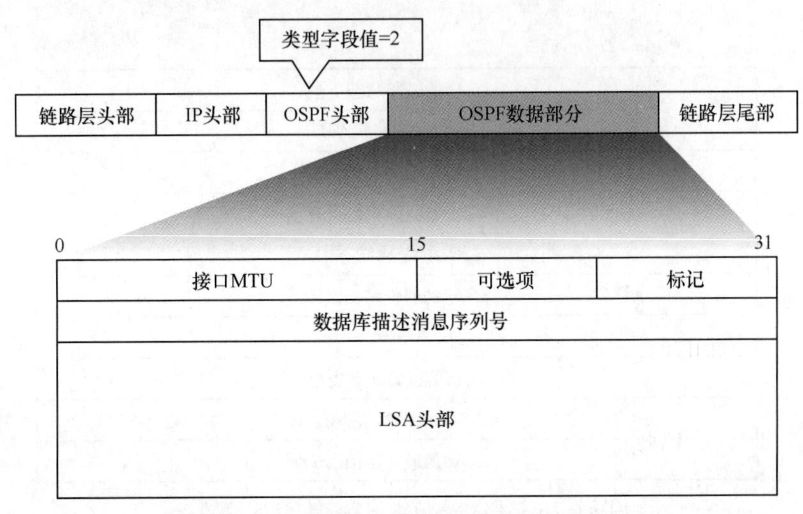

图 7-6　数据库描述消息中包含的信息

- **数据库描述消息序列号**：路由器之间在交换链路状态信息的过程中，常常需要相互交换多个数据库描述消息才能最终完成链路状态信息的同步。因此，数据库描述消息才会携带一个序列号字段，接收方通过这个数字是否连续，可以判断出自己是否接收到了所有双方交换的数据库描述消息；

- **LSA 头部**：链路状态通告（LSA）会被封装在链路状态更新消息（OSPF 头部类型字段值=4，稍后进行介绍）中，不同类型的 LSA 携带的信息格式也不相同，但所有 LSA 的头部在格式上是相同的。作为描述路由器链路状态数据库中 LSA 的清单，数据库描述消息中只会携带所有 LSA 的头部，而不会携带 LSA 本身。关于 LSA 的头部格式，我们会在 LSA 类型一小节中进行介绍，本小节不作介绍。

对于图 7-6 中的其他字段，除标记字段的作用，我们会在介绍邻居状态机时稍加说明之外，其他字段本书中均不作介绍。

3. 链路状态请求消息

当路由器通过其他 OSPF 路由器发来的数据库描述消息进行了查漏之后，它就会发送链路状态请求消息请该设备用其链路状态数据中的 LSA 来为自己补缺。因此，在链路状态请求消息中，路由器必须参照数据库描述消息中的 LSA 头部，一一清晰地指定自己链路状态数据库中缺少的 LSA。如图 7-7 所示为链路状态请求消息中包含的信息。

图 7-7　链路状态请求消息中包含的信息

路由器是通过对比对方路由器发送的数据库描述信息，判断出自己缺少对方数据库中哪些 LSA 的，而数据库描述信息则是通过 LSA 头部来描述数据库中保存了哪些 LSA（见图 7-6）。因此，链路状态请求消息中包含的链路状态类型、链路状态 ID 和通告路由器 ID 这三个字段，也全都是 LSA 头部中包含的字段。

4. 链路状态更新消息

当路由器接收到邻居发送过来的链路状态请求消息之后，它就会按照该消息中指定的 LSA 封装一个链路状态更新消息，将对方所请求的各个 LSA 副本通过这个链路状态更新消息通告给它。链路状态更新消息携带的信息如图 7-8 所示。

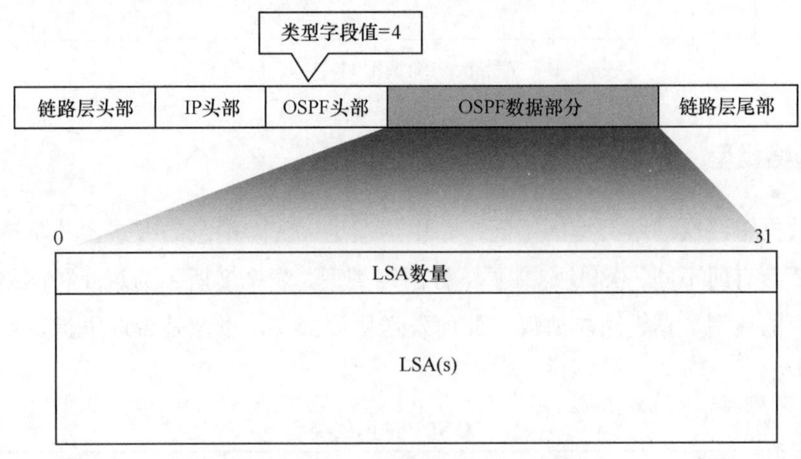

图 7-8　链路状态更新消息中包含的信息

- **LSA 数量**：一个链路状态更新消息中可以通告多个 LSA，这个字段的作用就是告诉对方路由器这个链路状态更新消息中包含了多少个 LSA；
- **LSA**：我们之前说过，链路状态通告（LSA）就是封装在链路状态更新消息中进行通告的。不同类型的 LSA 携带的信息格式也不相同，但所有 LSA 的头部在格式上是相同的。关于 LSA 的头部格式，我们会在 LSA 类型一小节中进行介绍，本小节不作介绍。

5. 链路状态确认消息

当路由器接收到了对方路由器发送的链路状态更新消息时，它需要对这个更新消息中包含的所有 LSA 一一进行确认，而确认 LSA 的方式和描述链路状态数据中 LSA 的方式相同，即使用各个 LSA 的头部来确认更新消息中包含的 LSA。因此，链路状态确认消息中所携带的信息也就只有（需要确认的 LSA 的）LSA 头部这一项内容，如图 7-9 所示。

在这一小节中，我们对 OSPF 5 种消息类型中携带的信息，和其中大部分信息的作用一一进行了解释说明。理解这些消息在链路状态信息同步过程中所发挥的作用，对于读者掌握 OSPF 的工作原理具有指导性的意义。因此，读者应该在学习的过程中反复比对、参考这一小节中提到的内容。

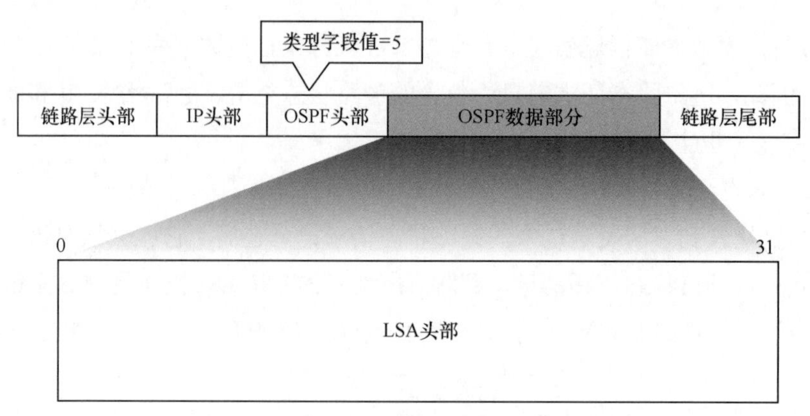

图 7-9 链路状态确认消息中包含的信息

7.1.5 网络类型

根据数据链路层网络类型的不同，路由器发送 OSPF 消息的方式，共享链路状态通告的条件都会有所不同。OSPF 定义了 4 种网络类型，表 7-2 所示为这 4 种网络类型，它们分别对应的典型数据链路层协议，如何发送协议报文，以及是否选举指定路由器和备份指定路由器。

表 7-2 **OSPF 的网络类型**

OSPF 网络类型	常用的数据链路层封装	OSPF 报文目的地址	是否选举 DR/BDR
点到点（P2P）	PPP、HDLC	224.0.0.5	否
广播（Broadcast）	以太网	224.0.0.5、224.0.0.6	是
非广播多路访问（NBMA）	帧中继、ATM、X.25	邻居单播 IP 地址	是
点到多点（P2MP）	无	224.0.0.5	否

上面这张表可以这样理解：路由器接口所使用的数据链路层封装，决定了该接口启用 OSPF 之后该接口默认的 OSPF 网络类型，且接口默认的 OSPF 网络类型会随着接口封装的变更而修改。比如，路由器以太网接口在启用 OSPF 之后，默认的 OSPF 网络类型即为广播；而路由器串行接口（默认封装 PPP）在启用 OSPF 之后，默认的 OSPF 网络类型即为点到点；如果此时管理员将路由器串行接口的封装修改为了帧中继，那么该接口默认的网络类型也会随之变为非广播多路访问（NBMA）。

当然，管理员也可以单独修改 OSPF 网络类型，这样修改不会反过来影响接口的封装协议。没有任何一种接口封装可以让该接口启用 OSPF 之后，默认以 P2MP 作为该接口的 OSPF 网络类型，因此表格中该栏对应的参数是“无”。所以，P2MP 网络类型的 OSPF 接口都是管理员手动修改该接口 OSPF 网络类型的结果。在大多数情况下，如果一个采用了 NBMA 类协议（帧中继、ATM、X.25）封装数据的接口，其所在网络的二层拓扑为非全互联网络时，管理员就应该将所有接口的 OSPF 网络类型手动修改为 P2MP。这是因为 OSPF 要求 NBMA 网络必须在二层是全互联网络，即该网络中任意两个接口之间都建立了二层的逻辑连接。

关于表7-2，还有一点值得说明：既然NBMA网络全称为非广播多路访问网络，在这种类型的OSPF网络中，路由器当然不适合用224开头的组播地址来发送OSPF报文消息。所以，在NBMA网络中，路由器只能直接将OSPF消息发送给邻居的接口单播IP地址，而邻居的接口单播IP地址只能由管理员通过静态配置的方式指定给路由器。这也就是说，如果启用了OSPF的接口网络类型为NBMA，管理员就需要通过一些命令指定这台路由器要向哪些邻居路由器发送消息。在后文中演示OSPF配置的实验时，这个概念会得到验证，具体配置命令也会通过实验进行介绍。

在多路访问网络（广播网络和NBMA网络）中，一个子网中常常连接了大量的OSPF设备（接口），如果所有OSPF接口之间都两两交换链路状态信息，那么网络中就会充斥着大量重复的链路状态信息，既影响网络带宽又浪费设备的处理资源。为了避免出现这种情况，OSPF协议定义了指定路由器（DR）和备份指定路由器（BDR），让这两台路由器充当这个网络中链路状态信息交换的中心点。

关于DR、BDR的概念和作用，我们马上就会在第7.1.7小节进行更加具体的介绍。为了给DR、BDR的介绍作好铺垫，我们会在7.1.6小节中介绍OSPF网络在选举DR、BDR时用到的一个重要标识——路由器ID，这个标识在OSPF环境中发挥着至关重要的作用。

7.1.6 路由器ID

在此前OSPF头部封装和Hello消息的信息中，都曾经出现了路由器ID的概念。路由器ID和IPv4地址的表示方式相同，它也是一个多用点分十进制方式表示的32位二进制数。它的作用我们在介绍OSPF头部封装格式时也曾经提到，即路由器ID的作用是在OSPF网络中唯一地标识这台路由器的身份。

一台OSPF路由器的路由器ID是按照下面的方式生成的：

步骤1 如果路由器的管理员手动静态配置了路由器ID，则路由器会使用管理员配置的路由器ID；

步骤2 如果管理员没有手动配置路由器ID，但在路由器上创建了逻辑接口（如环回接口），则路由器会使用这台路由器上所有逻辑接口的IPv4地址中，数值最大的IPv4地址作为自己的路由器ID，无论该接口是否参与了OSPF协议；

步骤3 如果管理员既没有手动配置路由器ID，也没有在路由器上创建逻辑接口，那么路由器就会使用这台路由器所有活动物理接口的IPv4地址中，数值最大的IPv4地址作为自己的路由器ID，无论该物理接口是否参与了OSPF协议。

那么，如果某接口（如环回接口）地址被选为路由器ID，那么当该环回接口地址变化后，路由器 ID 会随之变化吗？

这里必须指出，虽然在管理员没有手动配置路由器 ID 的情况下，路由器会通过接口的 IPv4 地址为路由器 ID 赋值。但**路由器 ID 一旦选定，只要 OSPF 进程没有重启，路由器 ID 就不会在此后因为接口的变化而产生变化**。也就是说，无论地址为路由器 ID 的那个接口的状态在此后发生了变化，还是路由器上此后又在某个接口上配置了数值更大的 IPv4 地址，都不会让路由器 ID 发生变化，只有在管理员对 OSPF 进程执行了重启（重置）操作之后，路由器才会在再次启动 OSPF 进程时，根据启动时的情况重新选择路由器 ID。即使管理员在 OSPF 路由器选定了路由器 ID 之后，手动配置了路由器 ID，也必须重启 OSPF 进程才能让自己设置的路由器 ID 生效。

路由器 ID 不同于只具有本地意义的路由器主机名，一旦 OSPF 协议选出了路由器 ID，它就会将路由器 ID 作为通信数据的一部分添加在发送给邻居路由器的 OSPF 消息中（如封装在 OSPF 头部、添加在 Hello 消息的信息中）。因此，**一台 OSPF 路由器的路由器 ID 如果变化，会对它的 OSPF 邻居状态，以及网络中其他路由器产生影响。有鉴于此，为免重置进程后，一些与 OSPF 不相干的操作影响到 OSPF 对路由器 ID 的选择，推荐管理员采用手动配置的方式为路由器指定路由器 ID。**

我们在 7.1.5 小节最后曾经提到，除了在 OSPF 网络中标识路由器之外，路由器 ID 还会在 DR 和 BDR 的选举中被参选的路由器作为比较标准，这是路由器 ID 在 OSPF 网络中的另一个用途。关于 DR 和 BDR 的选举，我们会在 7.1.7 小节中进行详细地介绍。

7.1.7 DR 与 BDR

在表 7-2 中，我们可以看到在 OSPF 定义的 4 种类型网络中，有两种类型的网络需要选举 DR 和 BDR。这两类需要选举 DR/BDR 的网络是广播型网络和非广播多路访问型网络，而这两类网络的共性是，它们都是多路访问型网络，如图 7-10 所示。

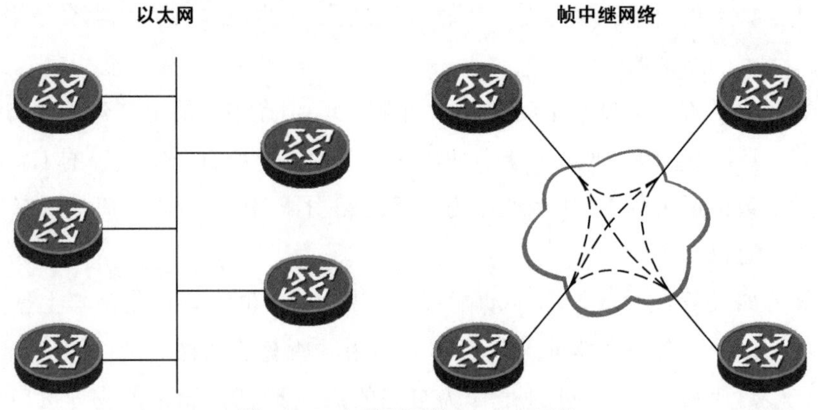

图 7-10　广播型网络与 NBMA 网络

这类网络可以连接多台设备，而且连接到网络中的任意一台设备都可以在二层直接访问任意另一台设备。换句话说，这种网络可以提供任意设备到任意设备之间的二层直接通信，而不需要经由其他三层设备（中间设备）为通信流量执行转发。因此，当连接到这个网络的接口启用了相同路由协议时，这些设备（接口）就会两两成为路由协议的邻居设备。这个概念如果公式化，可以表述为：在一个有N台路由设备连接的多路访问网络中，一共会形成N(N-1)/2对邻居。

通过这个公式就可以看出，让每一对连接到同一个多路访问网络的（启用了同一个路由协议的）路由器都两两交换信息，这种做法既不必要，也不可取。这样不仅会让管理流量占用更多公共链路资源，而且每台路由器需要处理的信息也会显著增加。在越大型的网络中，浪费的资源也就越多。恰如在一家企业中，所有同事共享联系方式的最高效做法，是让一位专员通过邮件收集每位同事的联系方式，在将大家的联系方式编辑成Excel表格之后，再将这张表格通过邮件发送给公司的所有员工；最低效的方式是让每一位员工独立通过电子邮件向其他同事一一索要联系方式，然后自己汇总成表。如果采用第二种做法，每个人都要编辑发送和回复大量的邮件，公司规模越大，每个人受到的影响也就越严重。

为了避免在这类多路访问网络中，每台路由器分别与所有邻居交换链路状态信息，邻居OSPF路由器并不会在建立双向通信之后就直接开始相互分享链路状态信息，只有处于完全（Full）邻接状态的路由器之间才会共享路由信息。**鉴于启用了OSPF的路由器会认为，网络类型为广播或NBMA的接口所连接的网络是多路访问网络，因此OSPF路由器会在这些接口上与其他连接到该网络的同类型OSPF接口选举出其中的一个路由器接口作为指定路由器（Designated Router，DR），该路由器接口会与所有邻居建立可以相互共享链路状态信息的完全邻接关系；为了避免当DR失效时，整个网络需要重新选举DR并重新建立完全邻接关系，连接到广播型网络或NBMA网络的OSPF路由器（接口）还会选举出网络中的一个OSPF路由器接口作为备份指定路由器（Backup Designated Router，BDR），BDR也会与所有的邻居建立可以相互共享链路状态信息的完全邻接关系；而网络中那些既非DR，亦非BDR的设备则相互之间虽为邻居，却不会建立完全邻接关系，也不会直接共享链路状态信息**。在这样的网络中，DR充当从所有路由器那里收集链路状态信息，并将信息发布给所有路由器的专员角色。而当DR出现故障时，BDR会取而代之。DR/BDR与其他路由器之间建立完全邻接关系的概念如图7-11所示。

如图7-11左侧的网络中，右上路由器连接以太网的接口被选举为了DR，右下路由器连接以太网的接口被选举为了BDR，因此它们分别与邻居路由器建立了完全邻接关系，而DROther路由器接口之间则不会建立完全邻接关系；同理，在图7-11右侧的网络中，左上路由器连接帧中继网络的接口被选举为了DR，而右上路由器连接该网络的接口被选举为了BDR，由于下方两台路由器连接帧中继的接口为DROther，因此它们之间尽管实现了双向通信，但是却不会建立完全邻接关系，也不会直接交换链路状态信息。

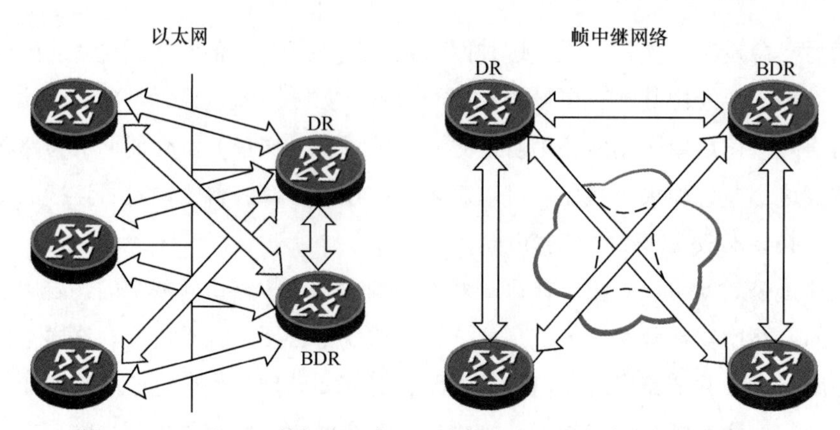

图 7-11　DR 和 BDR 的概念（空心双向箭头表示存在完全邻接关系）

需要强调的是，DR/BDR 虽名为指定路由器/备份指定路由器，但 **DR/BDR 其实是路由器接口的概念**。因此如果一台路由器有四个接口启用了 OSPF，这四个接口完全可以一个在它连接的网络中充当 DR，一个在它连接的网络中充当 BDR，一个在它连接的网络中充当 DROther（既非 DR 亦非 BDR），而另一个的接口类型根本不涉及选举 DR/BDR（如接口类型为点到点）。

如图 7-12 所示的网络中，路由器 AR1 连接了 4 个不同的网络。在路由器左侧接口（广播类型）连接的以太网中，AR1 的左侧接口被选举为了 DR；在其右侧接口（NBMA 类型）连接的帧中继网络中，AR1 的右侧接口被选举为了 BDR；其下方接口为 P2P 类型，因此不涉及 DR/BDR 选举；其上方接口虽然使用的封装协议是帧中继，但由于没有采用全互联的方式部署帧中继虚链路（最上方的两台路由器之间没有通信信道），因此管理员手动将上方接口的类型修改为了 P2MP，于是上方接口所在的网络也就不会涉及 DR/BDR 的选举。

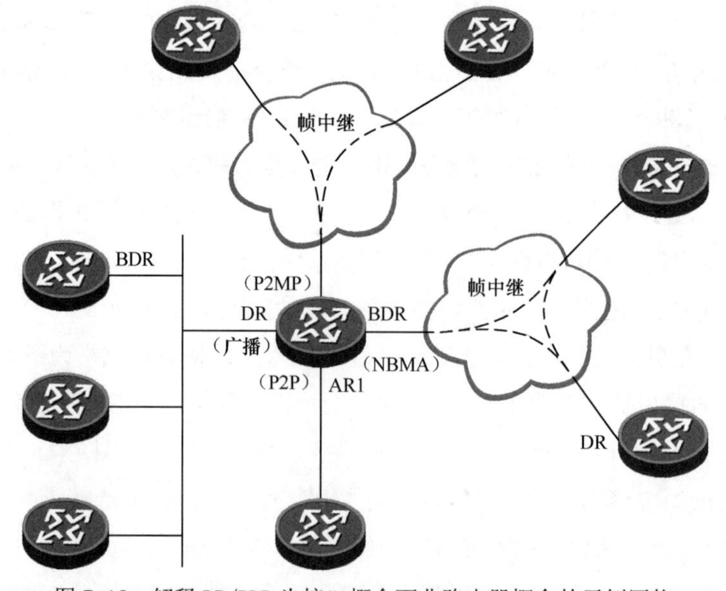

图 7-12　解释 DR/BDR 为接口概念而非路由器概念的示例网络

下面，我们对路由器选举 DR/BDR 的方式进行一个简单的叙述。在叙述之前，请读者回顾一下图 7-5 所示的 Hello 数据包中所包含的消息。

在图 7-5 中，Hello 数据包中有三个字段我们当时并没有进行说明，这三个字段分别为路由器优先级、DR 和 BDR 字段。OSPF 会依赖这三个字段和 OSPF 头部中的路由器 ID 字段来完成 DR 和 BDR 的选举。其中，**路由器优先级值是一个让管理员对其手动进行修改，来影响 DR/BDR 选举结果的参数**。如图 7-5 所示，**路由器优先级值是一个 8 位二进制数，因此这个数值的取值范围为 0～255，数值越高即优先级越高。在默认情况下，华为路由器接口的 OSPF 优先级值为 1**。

并非所有连接到同一个多路访问的路由器接口都有资格参与 DR 和 BDR 的选举。在广播类型或 NBMA 类型的接口中，只有已经与其他路由器建立了双向通信，且路由器优先级不为 0 的那些路由器接口才有资格参与 DR 和 BDR 的选举。

根据选举时网络的状态，选举结果可以分为下面 3 种情况。

状态一　选举时网络中既没有 DR 也没有 BDR：在这种情况下，在参选的路由器接口中，路由器优先级值最高的路由器接口会被选举为 DR，次高的路由器接口会被选举为 BDR。如果有一些接口的路由器优先级值相等，则优先级值相等的接口中路由器 ID 值最高的接口会被选举为 DR，次高的接口会被选举为 BDR；

状态二　选举时网络中有 DR 但没有 BDR：在这种情况下，在参选的路由器接口中，路由器优先级值最高的路由器接口会被选举为 BDR。如果有一些接口的路由器优先级值相等，则在优先级值相等的接口中，路由器 ID 值最高的接口会被选举为 BDR。但无论选举出来的 BDR 与当前的 DR 优先级值或路由器 ID 孰高孰低，BDR 都不会成为 DR。

状态三　选举时网络中有 DR 和 BDR：在这种情况下，网络中不会发起 DR/BDR 选举。

注释：

如果网络中有 BDR 没有 DR，则 BDR 会立刻成为 DR。

因此，对 DR 和 BDR 选举的要点可以概括为：

- 身份不抢占；
- 在位不选举；
- 先比优先级；
- 再比路由器 ID。

DR/BDR 身份不抢占，有 DR/BDR 在位时即不会举行选举的原则是为了让共享链路状态信息的逻辑关系尽可能地保持稳定。毕竟，如果每次有新的路由器接口连接到网络中都重新进行选举，并且新连接的路由器接口可以抢占 DR/BDR 的身份，那么路由器之间相互通告链路状态信息的逻辑关系就会频繁发生变化。但这种原则同时也意味着连接同一个网络的路由器接口启用 OSPF 的先后顺序，会影响选举的结果。换言之，在相同网络上，拥有相同 OSPF 参数的设备之间会出现完全不同的选举结果。因此，**如果管理员希望控制 DR/BDR 选举的结果，最佳做法**并不是通过提高某路由器接口的路由器优先级值来使其成为 DR/BDR，而是**将那些不希望其被选举为 DR/BDR 的接口的优先级值设置为 0，取消它们在所连接的网络中参与选举的资格**。

在完成了 DR 和 BDR 的选举之后，如果该网络为广播型网络，那么 OSPF 路由器在通过 DROther 接口向 DR/BDR 发送链路状态更新消息和链路状态确认消息时，会使用组播地址 224.0.0.6。只有被选举为 DR 和 BDR 的广播类型接口才会侦听以这个组播地址作为目的地址的消息，并对消息进行处理和响应。由于 DROther 并没有被选举为 DR 或 BDR，因此 DR 响应给 DROther 的消息还是会以组播地址 224.0.0.5 作为目的地址。此外，OSPF 通过 DROther 接口发送的 OSPF Hello 消息还是会以 224.0.0.5 作为目的地址，因为 DROther 之间虽然不会建立完全邻接关系，但是它们之间还是需要通过 Hello 消息来保持邻居状态的稳定。

关于 DR/BDR 的概念和理论，我们姑且介绍这么多内容。但在设计 OSPF 网络方面，有一点希望引起读者的注意。如果在广播型网络和 NBMA 网络中部署了 OSPF 协议，那么该协议的路由器之间在交换链路状态信息时，数据通告的逻辑路径其实是一个以 DR 为中心点的星型网络，这一点通过图 7-11 的箭头也已经比较明显地体现了出来。有鉴于此，建议读者在设计 OSPF 网络时，在连接同一个多路访问网络的路由器中，选择性能比较强大的路由器接口充当该网络的 DR。

7.2 单区域 OSPF 的原理与基本配置

若求严谨，不妨给 7.1 节的文字加注一个技术注脚：7.1 节的所有讨论都是在 OSPF 设备处于同一个区域中作为基本前提的。本节亦然。

虽然都是在所有 OSPF 设备处于同一个 OSPF 区域内的大背景下展开讨论，这两节却存在比较明显的区别。7.1 节是 OSPF 的砖与瓦，在那一节中，我们介绍了大量关于 OSPF 的概念与术语。这些概念与术语对于初学者而言必不可少，却又难成体系。仅凭这些支离破碎的概念，读者对于 OSPF 如何计算出最短路径难免仍感雾里看花。我们希望通过这一节循序渐进的描述，使读者能够充份利用 7.1 节的转和瓦，搭建出 OSPF 知识体系的大厦。

满足哪些条件，OSPF 设备之间才会相互交互链路状态信息？上文中的双向通信、完全邻接关系所指为何？OSPF 设备之间具体会如何交互链路状态信息？它们又会如何用交互的链路状态信息计算出最短路径？这些是这一节的重中之重。

7.2.1　OSPF 的邻居状态机

在 7.1 节中，由于我们尚未对 OSPF 邻居状态机进行介绍，因此在涉及到链路状态信息交换的内容时，我们只能用诸如双向通信、完全邻接关系这样的描述含糊带过。实际上，OSPF 邻居状态机贯穿了 OSPF 路由器从尚未发送 Hello 消息，到完成链路状态数据库的同步之间的完整状态过渡过程。因此，熟练掌握 OSPF 邻居状态机对于 OSPF 的实施和排错有着十分重要的指导作用。而学习 OSPF 邻居状态机的过程，则可以帮助读者再次串联起 7.1 节中介绍的各个知识点。

OSPF 邻居状态机包含下面几种状态。

- **Down**：这是 OSPF 邻居状态机中的初始状态。处于这种状态表示这台 OSPF 路由器尚未接收到邻居路由器发来的 Hello 消息；

在图 7-13 中，AR2 尚未接收到 AR1 发送的 Hello 消息，因此状态为 Down。

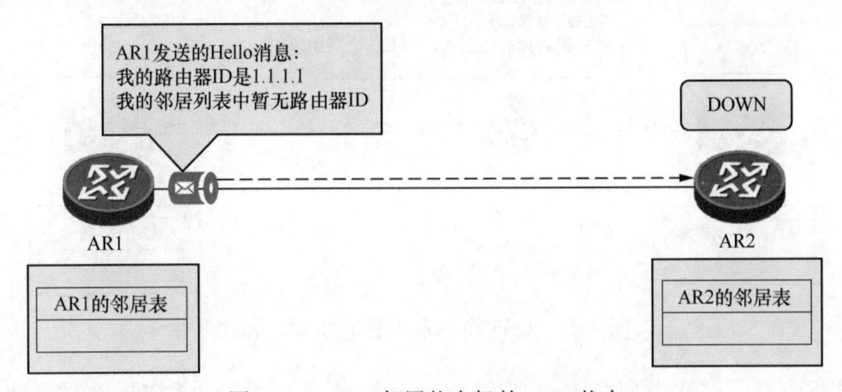

图 7-13　OSPF 邻居状态机的 Down 状态

- **Init**：当路由器一旦接收到邻居路由器发送的 Hello 消息，但是它并没有在 Hello 消息中看到自己的路由器 ID 时，这台路由器就会把邻居状态设置为 Init；

如图 7-14 所示，AR2 接收到了 AR1 在图 7-13 中发送的 Hello 消息，该 Hello 消息中没有看到自己的路由器 ID，于是 AR2 将 AR1 的 OSPF 路由器 ID 保存进了自己的邻居表中。并且将自己与 AR1 的邻居状态设置为了 Init。

- **2-Way**：当路由器接收到其他路由器发送的 Hello 消息，并且它在 Hello 消息中看到了自己的路由器 ID 时，这台路由器就会把邻居状态设置为 2-Way；

如图 7-14 所示，在将 AR1 的路由器 ID 保存进自己的邻居表中之后，当 AR2 再发送 Hello 消息时，Hello 消息中就会包含 AR1 的路由器 ID。如图 7-15 所示为 AR1 接收到了 AR2 发送的 Hello 消息，于是将 AR2 的路由器 ID 添加到了自己的邻居表中。同时，因为 AR1 在该 Hello 消息的邻居设备路由器 ID 字段看到了自己的路由器 ID，因此 AR1 将自己与 AR2 的邻居状态设置为了 2-Way。此时，AR1 再向 AR2 发送的 Hello 消息中就会包含 AR2 的路由器 ID，因此当 AR2 再次接收到 AR1 发送的 Hello 消息时，AR2 也会将自己与 AR1 之间的邻居状态设置为 2-Way。

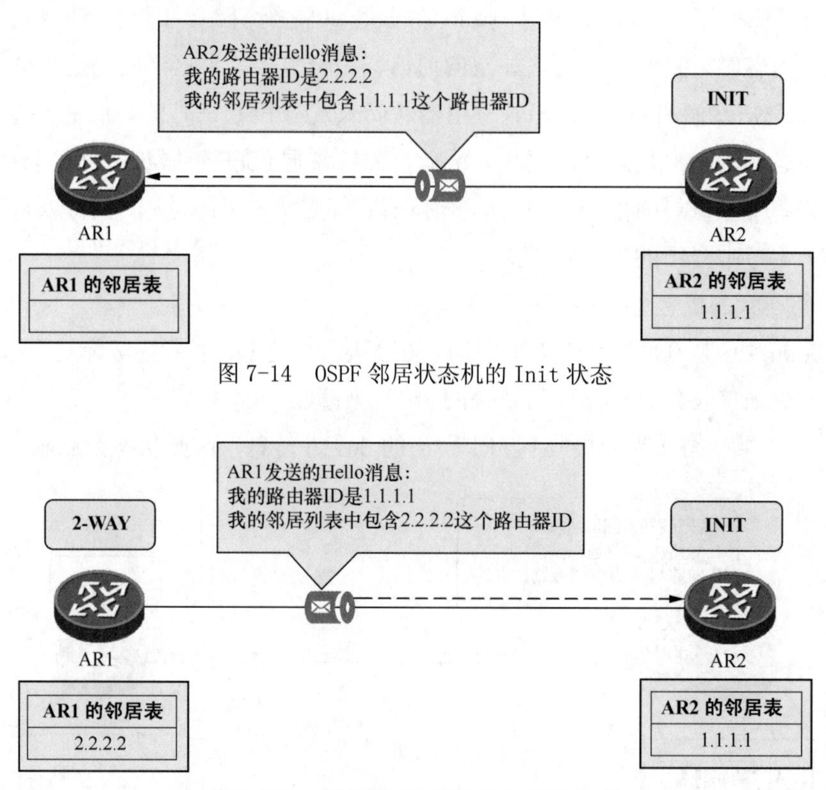

图 7-14　OSPF 邻居状态机的 Init 状态

图 7-15　OSPF 邻居状态机的 2-WAY 状态

如果路由器的网络类型要求连接该网络的 OSPF 接口举行 DR/BDR 选举，此时 OSPF 就会开始在这个网络中选举 DR/BDR。如果选举的最终结果是这对邻居都是 DROther，那么 2-Way 就会是这对邻居最终的邻居状态，它们不会进一步建立能够交互链路状态信息的完全邻接关系。因此，DROther 路由器之间不会直接交互链路状态信息。反之，如果这对邻居所连接的网络不需要选举 DR/BDR，或者这对邻居中选举出了 DR/BDR，那么这对邻居就会进入下一个邻居状态。

- **Exstart**：在这种状态下，邻居路由器之间会通过发送空的 DD 报文（数据库描述报文）来协商主/从（Master/Slave）关系，路由器 ID 大的设备会成为主路由器。DD 序列号就是由主路由器决定的，关于 DD 序列号的概念，请读者复习我们在 7.1.4（OSPF 报文类型）小节的数据库描述消息中对这个字段的说明。用于主/从关系协商的报文是空的 DD 报文，也就是其中不携带任何 LSA 头部；
- **Exchange**：在这种状态下，路由器会向邻居发送描述自己 LSDB 的 DD 报文，DD 报文中包含 LSA 的头部（而不是完整的 LSA 数据）。路由器会逐个发送 DD 报文，每个报文中包含着由主路由器决定的DD序列号，并且这个序列号会在DD报文的交互过程中递增，以确保DD报文交互过程的有序性和可靠性；

- **Loading**：在这种状态下，路由器会把从邻居那里接收到的LSA头部与自己的LSDB进行比较，如果自己缺少了某些LSA，路由器就会向邻居发送LSR（链路状态请求消息）来请求它所缺少的LSA的完整数据。邻居则会使用LSU（链路状态更新消息）进行回应，只有LSU报文里才包含有LSA的完整信息。在收到LSU报文后，路由器需要发送LSAck（链路状态确认消息）对其中的LSA进行确认；
- **Full**：这种状态表示路由器的链路状态数据库已经实现了同步。

注意，在上面的几种状态中，OSPF邻居状态可以长期保持在Down状态、2-Way状态和Full状态下，其他邻居状态均为过渡状态。

注释：

除了上述几种邻居状态之外，OSPF邻居状态中还包含了一种Attempt状态。鉴于只有NBMA类型的网络中才会出现Attempt状态，而NBMA网络过去十年在市场上已经呈现出明显走弱的趋势，因此本书从实用性的角度，在上文中有意忽略了Attempt状态，希望读者能够把注意力放在更加重要的邻居状态和状态迁移的触发事件上。实际上，当NBMA网络中的接口通过该网络向邻居路由器发送了Hello消息，但是却还没有接收到邻居发来的Hello消息时，路由器就会将该邻居的状态设置为Attempt状态。

7.2.2 链路状态消息的交互

OSPF路由器之间相互交换链路状态消息的过程集中在路由器之间的邻居状态为Exchange和Loading的阶段。

在前面7.2.1小节中我们刚刚介绍过，当邻居路由器在Exstart状态下协商出了主从关系，而主路由器又设置好了数据库描述消息的序列号之后，它们的邻居状态就会进入Exchange状态，并且开始交换数据库描述消息。数据库描述消息通常简称为DD消息或DBD消息。

如图7-16所示，路由器AR2向AR1发送了DBD消息，其中包含了自己拥有的全部LSA的头部。

注释：

OSPF通告DBD采用的是周期性通告与触发更新相结合的方式。这就是说，除了在发现OSPF网络出现变化时路由器会发送DBD消息，OSPF也会默认每30分钟向邻居通告一次DBD消息。

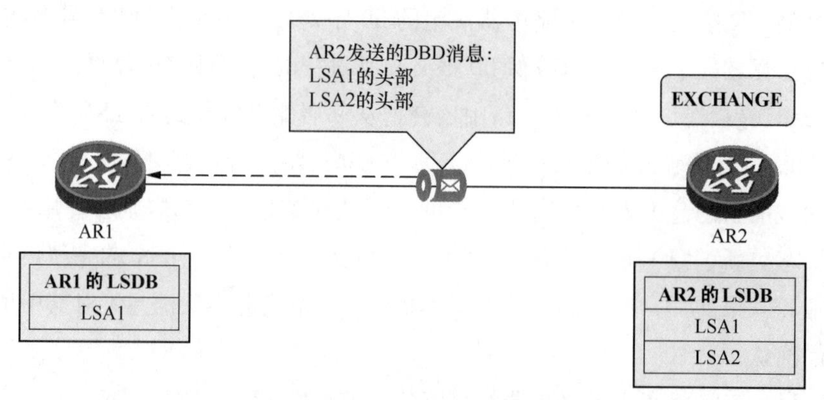

图 7-16　OSPF 路由器交换 DBD

在路由器接收到邻居发送的 DBD 消息之后，它会将自己 LSDB 中包含的 LSA 头部与邻居发送的 DBD 中包含的 LSA 头部进行比较。如果发现自己的 LSDB 中缺少邻居路由器 LSDB 中的哪条 LSA，这台路由器就会从这些 LSA 头部中提取出链路状态类型、链路状态 ID 和通告路由器 ID 字段，封装成链路状态请求消息（LSR），并将其发送给邻居设备。

如图 7-17 所示，AR1 经过比较自己的 LSDB 与 AR2 发送的 DBD 之后，用 LSA2 的链路状态类型、链路状态 ID 和通告路由器 ID 字段封装成 LSR，并发送给了 AR2。

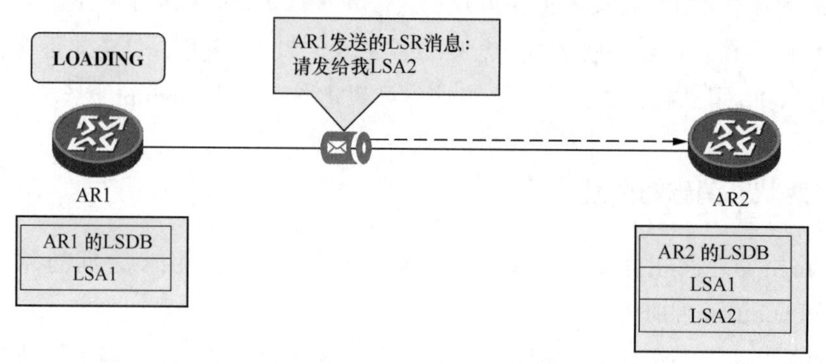

图 7-17　OSPF 路由器向邻居发送 LSR 请求 LSA

当路由器接收到邻居发来的 LSR 之后，它会将邻居请求的 LSA 封装成一个链路状态更新消息（LSU）并且发送给请求方。

如图 7-18 所示，AR2 接收到了 AR1 发送的 LSR 消息，于是将自己的 LSA2 封装进了一个 LSU 消息中，将这个 LSU 发送给了 AR1。

在接收到 LSU 之后，路由器会用 LSU 中封装的 LSA 来填充自己的 LSDB，同时将这个/这些 LSA 头部封装在一个 LSAck 消息中，向对方进行确认。此时，这台路由器与邻居之间的邻居状态就会进入 Full（完全邻接）状态。

如图 7-19 所示，AR1 接收到了 AR2 发来的 LSU 消息，于是它用 LSA2 填充了自己的 LSDB，并用 LSA2 的头部封装了一个 LSAck 发送给了 AR2。

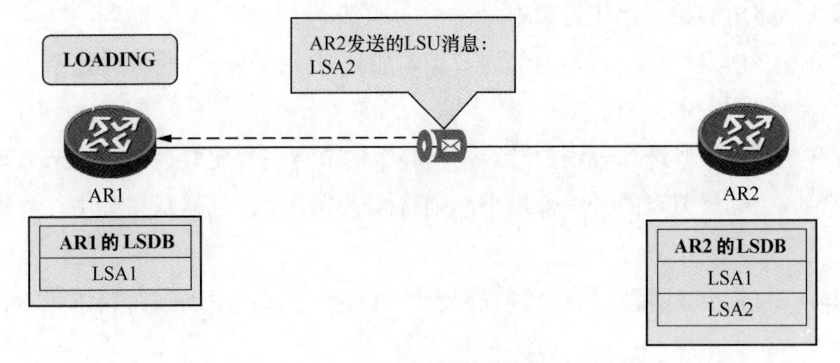

图 7-18　OSPF 路由器向邻居发送 LSU

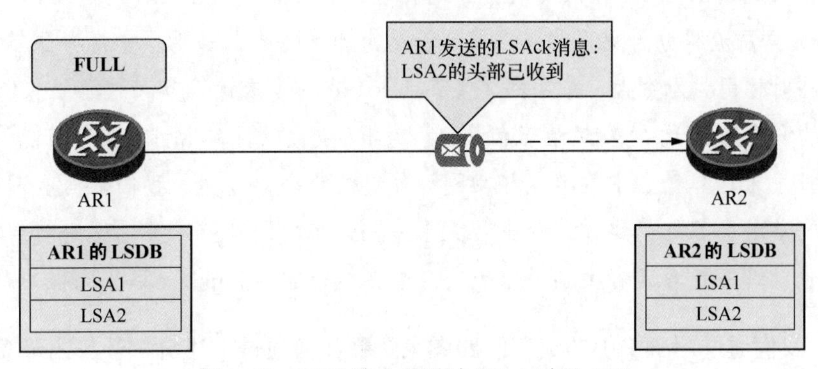

图 7-19　OSPF 路由器通过 LSAck 确认 LSU

在上面的过程中，读者不难发现：OSPF 路由器会以 LSAck 消息响应 LSU 消息。因此，对于 LSU 消息，OSPF 会采用超时重传的方式确保对方接收到了自己发送的消息；如果 OSPF 没有如期接收到 LSAck 消息，它会重传之前发送的 LSU 消息。

7.2.3　路由计算

我们在介绍 LSDB 时就曾经提到过，当网络中的所有路由器完成了链路状态数据库的同步之后，这些路由器就等于拥有了同一张包含路径权重的有向图。接下来，每台路由器需要分别以自己为根，计算自己去往各个网络的最短距离。

OSPF 通过算法计算路由是一个数学运算过程，读者可以不必过于具体地掌握这个过程的原理。本系列教程为了帮助读者相对完整地了解 OSPF 的原理，将在这一小节中通过尽可能简单而又形象的方式，对 OSPF 计算路由的过程进行概述。

实际上，我们在本书第 6 章的 6.5.2 小节（链路状态协议算法）中介绍的算法，就是 OSPF 此时会执行的 Dijkstra 算法。因此，我们首先来对“链路状态协议算法”一小节中介绍的算法进行一下总结，然后再通过本章之前介绍的一个旅游的案例来分步骤解释这种算法的流程。

Dijkstra 算法的计算流程可以总结为下面几步。

步骤 1 路由器将自己作为树根；

步骤 2 路由器将自己直连的邻居节点添加到树状拓扑中，将非直连节点添加到候选列表中；

步骤 3 将每个候选列表中的节点与拓扑中的节点进行比较，若候选节点与任何一个邻居节点的开销值最小，则将候选节点添加到树状拓扑中，并将其从候选列表中删除；

步骤 4 执行上述算法，直至候选列表中所有节点都被添加到树状拓扑中。

说明：

上述内容是对 Dijkstra 算法的概括和简化表述。在针对 Dijkstra 算法更加详细的描述中，Dijkstra 算法流程分为更多步骤。其中，发起计算的节点需要首先将去往其他所有节点的距离临时标记为无穷大，并且将这些节点保存在一个未计算节点的集合中（这个集合即上文中的候选列表）。随着起始节点以自己为根，发散性计算出去往其他节点的开销值，逐渐将一批批未计算集合中的节点移动到计算过的集合，也就是我们上面所说的树状拓扑中。上文这种类似的简化描述，也常见于一些知名的网络技术基础理论教学材料中。我们同时也欢迎并推荐读者去图书馆查阅或者在线搜索对 Dijkstra 算法流程的严谨描述。

下面，我们通过图 7-1 中的火车线路图来解释如何通过上述流程计算出最短路径的。在这个简单的例子中，我们假定执行计算的这台路由器是北京。因此，在步骤 1 中，北京将自己作为了路线中的根。

步骤 2 如图 7-20 所示，我们把所有北京直达的城市添加到树状拓扑中，将非直连城市添加到候选列表中。

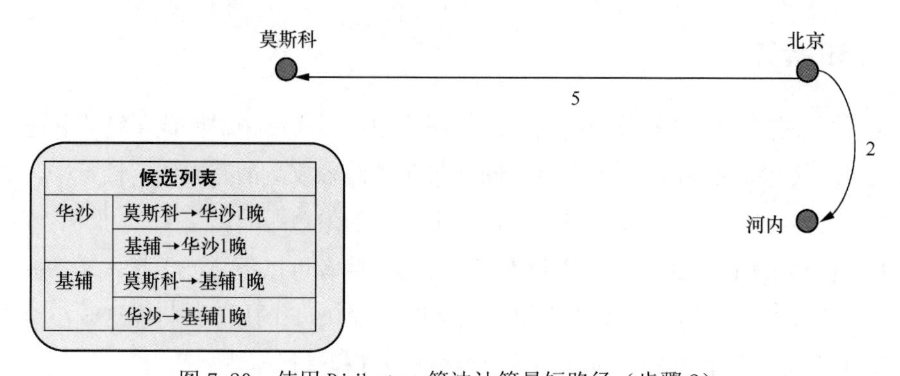

图 7-20　使用 Dijkstra 算法计算最短路径（步骤 2）

步骤 3 如图 7-21 所示，由于莫斯科到华沙和莫斯科到基辅的开销值都为 1。因此，华沙和基辅这两个邻居都被添加到了树状拓扑中。此时，候选列表中已经没有了邻居节点，因此计算完成。

在路由器通过 Dijkstra 算法计算出了上面这个最短路径树之后，路由器就会将对应的路由一一添加到路由表中。

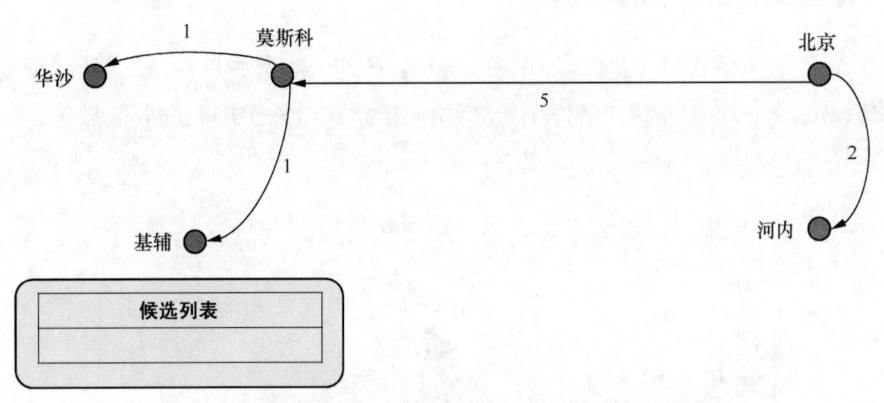

图 7-21　以北京为根，计算出的去往各个城市的最短路径

在上面这个过程中，读者应该理解下面两点内容。

- 第一，在图 7-21 中，从基辅到华沙的路线不见了，因为从莫斯科坐火车一晚即可到达华沙，如果去基辅转车则需要 2 晚，白白多花了一晚的时间，因此不是最短路径。这解释了 Dijkstra 算法在计算树形拓扑时，是如何保障去往各地的路径均为最短路径的；
- 第二，上面的计算过程没有考虑反向路径（比如莫斯科到北京需要几晚、河内到北京需要几晚）。这是因为我们是在以北京为根计算去往各城市的最短路径，返程耗时并不影响从北京去往各地的最短路径如何选择。换言之，图 7-21 只适合身在北京的游客参考。这解释了使用链路状态型路由协议时，不同路由器是如何参照同一张包含路径权重的有向矢量图，分别以各自为根计算出去往各处的 SPF 树形拓扑。同时也解释了为何要强调这张 LSDB 图是包含路径权重且有向的。

下面解释一个小小的路径交通问题。同样的路线，为什么从北京到莫斯科火车的列车运行 5 晚，而从莫斯科到北京列车却要开行 6 晚？这是因为 K3 列车北京时间中午 11:22 发车，K4 列车莫斯科时间晚上 23:45 发车。也就是说，莫斯科始发的列车因为出发时间晚，所以才出发就已经经历了一晚。因此，虽然是同样的路线，却可以因为始发站定义的列车发车时间不同，导致旅客在列车上休息的日数不同。理解这一点，很有助于读者搞清楚 OSPF 协议，为什么在同一条链路两端会对于这条链路开销值的定义产生差异。

OSPF 的度量值是通过累加路径中所有**出站**接口（相当于上面例子中的发车车站）的接口开销计算出来的，而这个开销值（相当于车辆运行的天数）是可以由管理员来设置的。因此，如果工程师在同一条链路连接的两台路由器上，给相连接口设置了不同的参数，就会导致 OSPF 从不同方向上计算这条链路时，应用不同的度量值。

7.2.4 单区域 OSPF 的基本配置

在了解了单区域 OSPF 的基本知识后，我们会在这一小节中以图 7-22 所示环境为例，介绍单区域环境中 OSPF 的基本配置，包括如何指定路由器 ID 和 OSPF 区域等。

注释：

图 7-22 所示环境在后面的章节中还会频繁使用。

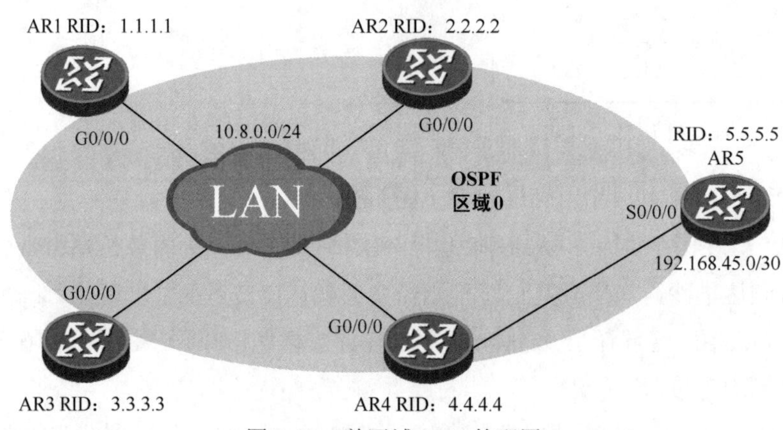

图 7-22　单区域 OSPF 的配置

在这个示例拓扑中，路由器 AR1、AR2、AR3 和 AR4 分别通过各自的 G0/0/0 接口连接到同一个 LAN 中，并且通过该接口运行 OSPF，将接口加入到 OSPF 进程 100 的区域 0 中。路由器 AR4 和 AR5 之间通过串行链路相连，并且通过该接口运行 OSPF，将接口加入到 OSPF 进程 100 的区域 0 中。

在这一小节中，我们先来展示一下 OSPF 的基本配置，包括进程 ID（简写为 PID）、路由器 ID（简写为 RID）的设置和网络通告。

例 7-1 展示了 5 台路由器上的接口配置，除了物理以太网接口的配置外，管理员还在每台路由器上各配置了一个环回接口。

例 7-1　5 台路由器的接口配置

```
[AR1]interface g0/0/0
[AR1-GigabitEthernet0/0/0]ip address 10.8.0.1 24
[AR1-GigabitEthernet0/0/0]interface loopback0
[AR1-LoopBack0]ip address 1.1.1.1 32
```

```
[AR2]interface g0/0/0
[AR2-GigabitEthernet0/0/0]ip address 10.8.0.2 24
[AR2-GigabitEthernet0/0/0]interface loopback0
[AR2-LoopBack0]ip address 2.2.2.2 32
```

```
[AR3]interface g0/0/0
```

```
[AR3-GigabitEthernet0/0/0]ip address 10.8.0.3 24
[AR3-GigabitEthernet0/0/0]interface loopback0
[AR3-LoopBack0]ip address 3.3.3.3 32
```

```
[AR4]interface g0/0/0
[AR4-GigabitEthernet0/0/0]ip address 10.8.0.4 24
[AR4-GigabitEthernet0/0/0]interface s0/0/0
[AR4-Serial0/0/0]ip address 192.168.45.1 30
[AR4-Serial0/0/0]interface loopback0
[AR4-LoopBack0]ip address 4.4.4.4 32
```

```
[AR5]interface s0/0/0
[AR5-Serial0/0/0]ip address 192.168.45.2 30
[AR5-Serial0/0/0]interface loopback0
[AR5-LoopBack0]ip address 5.5.5.5 32
```

读者在自己搭建的实验环境中配置好这些 IP 地址后，可以先通过 ping 命令测试一下直连子网的联通性。例 7-2 所示为完成例 7-1 所示配置之后，继续在 5 台路由器上针对 OSPF 所作的基本配置。

例 7-2　OSPF 的基本配置

```
[AR1]ospf 100 router-id 1.1.1.1
[AR1-ospf-100]area 0
[AR1-ospf-100]network 10.8.0.1 0.0.0.0
[AR1-ospf-100]network 1.1.1.1 0.0.0.0
```

```
[AR2]ospf 100 router-id 2.2.2.2
[AR2-ospf-100]area 0
[AR2-ospf-100]network 10.8.0.2 0.0.0.0
[AR2-ospf-100]network 2.2.2.2 0.0.0.0
```

```
[AR3]ospf 100 router-id 3.3.3.3
[AR3-ospf-100]area 0
[AR3-ospf-100]network 10.8.0.3 0.0.0.0
[AR3-ospf-100]network 3.3.3.3 0.0.0.0
```

```
[AR4]ospf 100 router-id 4.4.4.4
[AR4-ospf-100]area 0
[AR4-ospf-100]network 10.8.0.4 0.0.0.0
[AR4-ospf-100]network 192.168.45.1 0.0.0.0
[AR4-ospf-100]network 4.4.4.4 0.0.0.0
```

```
[AR5]ospf 100 router-id 5.5.5.5
[AR5-ospf-100]area 0
[AR5-ospf-100]network 192.168.45.2 0.0.0.0
[AR5-ospf-100]network 5.5.5.5 0.0.0.0
```

通过例 7-2 的配置我们可以看出，这个网络中启用了 OSPF，使用 PID（进程 ID）100，每台路由器都由管理员手动指定了 RID（路由器 ID）。以上这些参数都是通过一条命令指定的：**ospf** [*process-id*] [**router-id** *router-id*]，在这条命令中，只有关键字 ospf 是必须配置的。如果管理员没有指定 PID，那么路由器会默认使用 OSPF 进程 1。如果管理员没有指定 RID，那么路由器会优先使用最大的环回接口 IP 地址，没有配置环回接口的话，会优先使用最大的物理接口 IP 地址。但要注意的是，RID 虽然也使用点分十进制格式，但它并不是 IP 地址。这条命令不仅可以启用 OSPF 路由协议、指定 OSPF 进程 ID、指定 OSPF RID，还会让管理员进入到 OSPF 配置视图中。

在 OSPF 配置视图中，管理员要先通过命令 **area** *area-id* 进入 OSPF 区域配置视图，然后在这个视图中，管理员可以通过命令 **network** 在这个区域中添加一个或多个需要运行 OSPF 的接口。要想让接口运行 OSPF 协议，接口的 IP 地址必须在 **network** 命令指定的 IP 网段范围之内。在这条命令中，管理员需要在 IP 地址后，配置掩码。掩码的规则是 0 表示必须匹配，1 表示不予考虑。管理员在本例中都使用了掩码 0.0.0.0，这样做可以精确匹配接口的 IP 地址，并且这也是推荐管理员使用的配置方法。

此时，我们需要等待一段时间，让 5 台路由器之间的邻居状态稳定下来。在网络稳定后，我们需要在 AR1 上查看一些与 OSPF 相关的信息。首先，例 7-3 展示了 AR1 上的 OSPF 路由。

例 7-3　在 AR1 上查看 OSPF 路由

```
[AR1]display ip routing-table protocol ospf
Route Flags: R - relay, D - download to fib
------------------------------------------------------------------------------
Public routing table : OSPF
         Destinations : 5        Routes : 5

OSPF routing table status : <Active>
         Destinations : 5        Routes : 5

Destination/Mask    Proto   Pre  Cost      Flags NextHop         Interface

        2.2.2.2/32  OSPF    10   1           D   10.8.0.2        GigabitEthernet0/0/0
        3.3.3.3/32  OSPF    10   1           D   10.8.0.3        GigabitEthernet0/0/0
        4.4.4.4/32  OSPF    10   1           D   10.8.0.4        GigabitEthernet0/0/0
        5.5.5.5/32  OSPF    10   1563        D   10.8.0.4        GigabitEthernet0/0/0
   192.168.45.0/30  OSPF    10   1563        D   10.8.0.4        GigabitEthernet0/0/0

OSPF routing table status : <Inactive>
         Destinations : 0        Routes : 0
```

在例 7-3 中，管理员通过命令 **display ip routing-table protocol ospf** 查看了

AR1 上通过 OSPF 学习到的路由。正如在第 6 章中，我们曾经通过命令 **display ip routing-table protocol rip** 多次查看路由器学习到的 RIP 路由那样，管理员也可以将这条命令中的 **rip** 改为 **ospf**，让设备只显示 IP 路由表中的 OSPF 路由。从这条命令的输出内容中，我们可以看到 5 条 OSPF 路由，其中包括其他 4 台路由器的环回接口地址。

例 7-4 换了一个角度来对 OSPF 的配置进行验证。

例 7-4　在 AR1 上查看 OSPF 邻居（概览）

```
[AR1]display ospf peer brief

      OSPF Process 100 with Router ID 1.1.1.1
             Peer Statistic Information
 ----------------------------------------------------------------------------
 Area Id          Interface                          Neighbor id      State
 0.0.0.0          GigabitEthernet0/0/0               2.2.2.2          2-Way
 0.0.0.0          GigabitEthernet0/0/0               3.3.3.3          Full
 0.0.0.0          GigabitEthernet0/0/0               4.4.4.4          Full
 ----------------------------------------------------------------------------
```

如例 7-4 所示，管理员可以使用命令 **display ospf peer brief**，来查看这台路由器上的 OSPF 邻居状态。从命令输出的第一行中，我们可以看到 OSPF 的进程号以及这台路由器的路由器 ID。下面的列表会展示出这台路由器的所有邻居。在列表中，Area Id（区域 ID）一栏记录了区域 ID，本例展示了单区域 OSPF，因此这一列都显示为 0.0.0.0；接下来的一列 Interface（接口）列出了路由器是从哪个接口学到的这个邻居，本例中 AR1 只有一个以太网接口连接到 LAN 中，因此这里全都列出了 G0/0/0；再下面一列 Neighbor id（邻居 ID）中列出的就是管理员在每台路由器上指定的 RID；而最后一列 State（状态）显示出了本地路由器与该邻居的状态。从本例的 State 一栏中可以看出，AR1 与 AR3 和 AR4 之间建立了完全邻接关系，邻居状态稳定在 Full 状态；AR1 与 AR2 之间的邻居状态稳定在 2-Way，说明在这个广播网络中，AR1 与 AR2 的角色都是 DROther 路由器。当然，这条命令只提供了邻居状态的汇总信息，无法看出 AR3 与 AR4 谁是 DR，谁是 BDR。因此，管理员可以通过例 7-5 所示的命令来查看 DR 和 BDR 的身份。

例 7-5　在 AR1 上查看 DR 和 BDR

```
[AR1]display ospf peer

      OSPF Process 100 with Router ID 1.1.1.1
            Neighbors

 Area 0.0.0.0 interface 10.8.0.1(GigabitEthernet0/0/0)'s neighbors
 Router ID: 2.2.2.2          Address: 10.8.0.2
```

```
    State: 2-Way  Mode:Nbr is  Master  Priority: 1
    DR: 10.8.0.4  BDR: 10.8.0.3  MTU: 0
    Dead timer due in 32  sec
    Retrans timer interval: 0
    Neighbor is up for 00:00:00
    Authentication Sequence: [ 0 ]

  Router ID: 3.3.3.3          Address: 10.8.0.3
    State: Full  Mode:Nbr is  Master  Priority: 1
    DR: 10.8.0.4  BDR: 10.8.0.3  MTU: 0
    Dead timer due in 31  sec
    Retrans timer interval: 4
    Neighbor is up for 02:04:55
    Authentication Sequence: [ 0 ]

  Router ID: 4.4.4.4          Address: 10.8.0.4
    State: Full  Mode:Nbr is  Master  Priority: 1
    DR: 10.8.0.4  BDR: 10.8.0.3  MTU: 0
    Dead timer due in 33  sec
    Retrans timer interval: 5
    Neighbor is up for 02:04:55
    Authentication Sequence: [ 0 ]
```

在例 7-5 中，我们使用命令 **display ospf peer** 查看了 AR1 上 OSPF 邻居的详细信息，在本例的环境中，管理员还可以使用命令 **display ospf peer g0/0/0** 来查看相同的信息——因为 AR1 只通过 G0/0/0 接口建立了 OSPF 邻居。在这条命令的输出内容中，展示了每个邻居更多的信息，并且更重要的是，这里展示了 DR 和 BDR 信息。

在邻居明细的输出内容之前，有一行首先展示出这是本地路由器通过哪个接口建立的邻居（Area 0.0.0.0 interface 10.8.0.1(GigabitEthernet0/0/0)'s neighbors），之后分段落展示出每个邻居的信息。在每个邻居段落的第一行，输出信息会先标明这个邻居的 RID 和用来形成邻居的 IP 地址；第二行会显示出邻居的当前状态，从 AR1 与 AR2 之间的邻居状态可以看出，它们两者之间是 2-Way 状态，主从关系显示出对方（AR2）是主，优先级为默认值 1；再下一行会展示出 DR 和 BDR 的 IP 地址。通过这些信息我们可以看到，本例中的 DR 是 AR4，BDR 是 AR3。从前文可以知道，OSPF 路由器在协商 DR 和 BDR 时，会先根据优先级进行选择，鉴于本例将优先级保留为默认值 1，因此路由器会继续比较 RID，最大的成为 DR，次大的成为 BDR。所以，本例中 RID 最大的 AR4 成为了 DR，RID 次大的 AR3 成为了 BDR。

我们在前文中提到过，就算 OSPF 路由器在选择 DR 和 BDR 时都会遵循相同的规则，可是，一旦 DR 和 BDR 选择成功，就算有更适合成为 DR 的路由器加入到网络中，当前的 DR 和 BDR 也不会出现变化。只有当现有 DR 出现问题后，BDR 接任 DR，网络中再选举出新的 BDR。

在本例网络中，如果 AR1 和 AR2 先启用了 OSPF，等它们之间建立起 OSPF 完全邻接关系，确定了 DR 和 BDR 后，AR3 和 AR4 上才启用 OSPF。这时 DR 就会是 AR2，而 BDR 则会是 AR1。如果单靠路由器自行选举 DR 和 BDR 的话，管理员很难确认路由器真的能够按照设计需求，选举出合理的 DR 和 BDR。我们会在后面的章节中，详细介绍如何通过修改优先级值，由管理员指定 DR 和 BDR。

到目前为止，我们还没有看到与 AR5 相关的邻居状态，这是因为 OSPF 只能与直连设备之间形成邻居，进而建立完全邻接关系，因此 AR5 只会与 AR4 之间形成邻居并建立完全邻接关系。例 7-6 在 AR4 上查看了 OSPF 邻居。

例 7-6　在 AR4 上查看 OSPF 邻居

```
[AR4]display ospf 100 peer brief

     OSPF Process 100 with Router ID 4.4.4.4
           Peer Statistic Information
 ----------------------------------------------------------------------------
 Area Id            Interface                         Neighbor id      State
 0.0.0.0            GigabitEthernet0/0/0              1.1.1.1          Full
 0.0.0.0            GigabitEthernet0/0/0              2.2.2.2          Full
 0.0.0.0            GigabitEthernet0/0/0              3.3.3.3          Full
 0.0.0.0            Serial0/0/0                       5.5.5.5          Full
 ----------------------------------------------------------------------------
[AR4]display ospf 100 peer

     OSPF Process 100 with Router ID 4.4.4.4
          Neighbors

 Area 0.0.0.0 interface 10.8.0.4(GigabitEthernet0/0/0)'s neighbors
 Router ID: 1.1.1.1          Address: 10.8.0.1
   State: Full  Mode:Nbr is  Slave  Priority: 1
   DR: 10.8.0.4  BDR: 10.8.0.3  MTU: 0
   Dead timer due in 29  sec
   Retrans timer interval: 0
   Neighbor is up for 03:14:47
   Authentication Sequence: [ 0 ]

 Router ID: 2.2.2.2          Address: 10.8.0.2
```

```
    State: Full  Mode:Nbr is  Slave  Priority: 1
    DR: 10.8.0.4  BDR: 10.8.0.3  MTU: 0
    Dead timer due in 35  sec
    Retrans timer interval: 4
    Neighbor is up for 03:14:41
    Authentication Sequence: [ 0 ]

  Router ID: 3.3.3.3          Address: 10.8.0.3
    State: Full  Mode:Nbr is  Slave  Priority: 1
    DR: 10.8.0.4  BDR: 10.8.0.3  MTU: 0
    Dead timer due in 40  sec
    Retrans timer interval: 0
    Neighbor is up for 03:14:55
    Authentication Sequence: [ 0 ]

           Neighbors

  Area 0.0.0.0 interface 192.168.45.1(Serial0/0/0)'s neighbors
  Router ID: 5.5.5.5          Address: 192.168.45.2
    State: Full  Mode:Nbr is  Master  Priority: 1
    DR: None   BDR: None   MTU: 0
    Dead timer due in 32  sec
    Retrans timer interval: 5
    Neighbor is up for 00:30:57
    Authentication Sequence: [ 0 ]
```

例 7-6 共计使用了两条命令，从第一条命令（**display ospf 100 peer brief**）中我们可以看出，AR4 与 AR5 通过 S0/0/0 接口建立了状态为 Full 的完全邻接关系。第二条命令（**display ospf 100 peer**）中展示了更多详细信息，从中我们可以看出这条命令以接口为单位罗列了邻居信息：这条命令的输出信息首先展示了 AR4 是通过 G0/0/0 接口形成的邻居，接着通过最后一个阴影行标明以下为AR4通过S0/0/0接口形成的邻居。在 AR4 与 AR5 的邻居状态中，我们可以看出邻居状态为 Full（完全邻接关系），DR 和 BDR 都显示为 None，表示这条链路上不需要选举 DR 和 BDR。这是因为 AR4 与 AR5 之间通过串行链路相连，串行链路上 OSPF 的网络类型默认为点到点，因此不需要选举 DR。

管理员可以使用例 7-7 所示的命令来查看接口的 OSPF 参数。

例 7-7　在 AR4 上查看与 OSPF 相关的接口参数

```
[AR4]display ospf 100 interface g0/0/0

      OSPF Process 100 with Router ID 4.4.4.4
```

```
          Interfaces


 Interface: 10.8.0.4 (GigabitEthernet0/0/0)
 Cost: 1          State: DR     Type: Broadcast     MTU: 1500
 Priority: 1
 Designated Router: 10.8.0.4
 Backup Designated Router: 10.8.0.3
 Timers: Hello 10 , Dead 40 , Poll  120 , Retransmit 5 , Transmit Delay 1
[AR4]display ospf 100 interface s0/0/0

     OSPF Process 100 with Router ID 4.4.4.4
          Interfaces


 Interface: 192.168.45.1 (Serial0/0/0) --> 192.168.45.2
 Cost: 1562     State: P-2-P       Type: P2P          MTU: 1500
 Timers: Hello 10 , Dead 40 , Poll  120 , Retransmit 5 , Transmit Delay 1
```

如上例所示，管理员可以使用命令 **display ospf** *process-id* **interface** *interface-id* 来查看接口上有关 OSPF 的参数。本例的第一条命令展示了 G0/0/0 接口的 OSPF 参数，第二条命令展示了 S0/0/0 接口的 OSPF 参数。将这两条命令的输出内容进行对比，我们可以发现：G0/0/0 接口的 OSPF 开销默认为 1，S0/0/0 接口的 OSPF 开销默认为 1562。G0/0/0 接口所在的 OSPF 网络默认类型为广播（Broadcast）且它为这个广播域中的 DR，S0/0/0 接口所在的 OSPF 网络默认类型则为点到点（P2P）。

每条命令输出信息中的最后一行都会显示出这个接口的 OSPF 计时器参数，通过观察我们可以发现，无论是以太网接口还是串行链路接口，OSPF 计时器参数的默认设置都是相同的。

7.3　本章总结

本章通过两部分分别介绍了 OSPF 的原理和基本配置方法。在本章的 7.1 节中，我们介绍了 OSPF 的大量基本概念，包括 OSPF 的三张表（邻居表、LSDB 和路由表）、OSPF 报文的封装格式、5 种报文类型（Hello、DBD、LSR、LSU 和 LSAck）、OSPF 网络类型（广播、NBMA、点到点、P2MP）、路由器 ID，以及 DR 和 BDR 的概念。在本章的 7.2 节中，我们首先介绍了单区域 OSPF 的工作方式，包括 OSPF 邻居之间如何形成邻居甚至建立完全邻接关系、如何交互链路状态消息，以及如何计算路由等。接下来，我们通过一个简单的案例介绍了单区域 OSPF 的基本配置方法，包括如何通过各种 display 命令来查看与 OSPF 相关的重要信息。

7.4　练习题

一、选择题

1. 以下针对 OSPF 的描述中，正确的是？（多选）（　　）

A. OSPF 是链路状态型路由协议

B. OSPF 使用跳数作为路由的开销值

C. OSPF 路由器之间先建立完全邻接关系再交互链路状态信息

D. 两个 OSPF 邻居之间总有一个是 DR/BDR

2. OSPF 协议号 89 是携带在哪种头部中的？（　　）

A. 数据链路层头部　　B. IP 头部

C. TCP 头部　　D. UDP 头部

3. OSPF 的报文类型有哪些？（多选）（　　）

A. Hello　　B. 数据库描述（DBD）

C. 链路状态请求（LSR）　　D. 链路状态更新（LSU）

E. 链路状态确认（LSAck）

4. 在 OSPF 进程还未启用前，OSPF 路由器上配置了以下接口 IP 地址，当 OSPF 进程启用后，它的路由器 ID 会是什么？（　　）

```
Ethernet0/0/0：192.168.10.1/24
GigabitEthernet0/0/10：172.16.0.1/16
LoopBack3：1.0.0.1/32
```

A. 192.168.10.1　　B. 172.16.0.1

C. 1.0.0.1　　D. 无法决定

5. 下列哪些 OSPF 邻居状态是稳定状态？（多选）（　　）

A. Init　　B. Exstart

C. 2-Way　　D. Exchange

E. Full

6. 在使用 **network** 命令把接口（IP 地址为 10.0.8.10/24）加入 OSPF 进程 100 的区域 1 时，以下哪条命令是正确的？（　　）

A. [AR1-ospf-100]**network 10.0.8.10 255.255.255.0**

B. [AR1-ospf-100]**network 10.0.8.10 0.0.0.0**

C. [AR1-ospf-100-area-0.0.0.1]**network 10.0.8.10 255.255.255.0**

D. [AR1-ospf-100-area-0.0.0.1]**network 10.0.8.10 0.0.0.0**

7. 在下列哪种类型的网络中，OSPF 路由器不会使用组播地址 224.0.0.5 来相互发送消息？（　　）

A. P2P 类型　　B. P2MP 类型

C. NBMA 类型　　D. 广播类型

二、判断题

1. OSPF 在点到点链路中无需选举 DR 和 BDR。

2. 在 OSPF 中，重新配置设备的 DR 优先级后，网络中的 DR 或 BDR 会立即发生变化。

3. 在默认情况下，两个通过串行链路相连的接口，IP 地址较高的接口会被选举为 DR，另一个接口则会被选举为 BDR。

第8章
单区域OSPF的特性设置

第 7 章的 7.2.4 小节（单区域 OSPF 的基本配置）演示了在华为路由器上启用和查看 OSPF 配置的方法。但是，与本书在第 6 章 6.4 节（RIP 协议配置）中展示的大量 RIP 配置案例相比，7.2.4 小节介绍的 OSPF 配置案例显得过于简单。显然，OSPF 协议作为一项工作方式比 RIP 更加复杂，所涉标准、消息类型、配置参数也比 RIP 更加繁多。OSPF 协议的配置远不止第 7 章 7.2.4 小节展示得那么简单。

本章会在第 7.2.4 小节所示配置的基础上，演示如何使用 OSPF 提供的一些常用特性，或者对 OSPF 使用的一些重要参数进行修改。在学习本章的部分内容时，读者可以将它们与本书第 6 章 6.4 节中 RIP 同类特性的配置进行对比。

- 掌握 OSPF 明文认证与加密认证的配置方法；
- 掌握修改 OSPF 网络类型和 DR 优先级的方法；
- 掌握修改 OSPF 各项计时器参数的方法；
- 掌握 OSPF 静默接口的作用与配置方法；
- 掌握 OSPF 路由度量值的两种配置方法；
- 理解 OSPF 的排错方法。

8.1 高级单区域 OSPF 配置

本节会演示如何在华为路由器上使用 OSPF 提供的一些常用特性，或者对 OSPF 工作中使用的一些重要参数进行修改。本节演示的配置内容包括如何配置 OSPF 认证、如何调整网络类型、如何影响 DR 的选举、如何对 OSPF 计时器的参数进行配置、如何配置 OSPF 静默接口和如何修改 OSPF 的路由度量值。下面，我们先从 OSPF 认证的配置开始演示。

8.1.1　配置 OSPF 认证

我们在第 7 章介绍了 OSPF 支持认证特性。通过配置认证，我们可以保证只有认证口令相匹配的 OSPF 路由器之间才能够形成邻居，这样做可以在一定程度上提升网络的安全性，防止未授权用户把自己的设备插入到网络中，影响其他设备的路由学习操作。

管理员可以在两种配置视图中启用 OSPF 认证特性：OSPF 区域配置视图中，以及接口配置视图中。当管理员同时在一台路由器的这两种视图中配置了不同的认证方式和认证密钥，那么路由器将会以接口的设置优先。管理员还可以选择使用明文的认证方式和加密的认证方式。在本小节中，我们会延续图 7-22 所示的环境，分别展示区域视图和接口视图下的 OSPF 认证配置，以及明文和加密认证方式的区别。为了方便读者参考，我们把图 7-22 重新粘贴为图 8-1。但在本小节中，除了基本配置之外，还需要让区域 0 中的 OSPF 路由器使用加密认证，仅 AR4 与 AR5 之间使用明文认证。

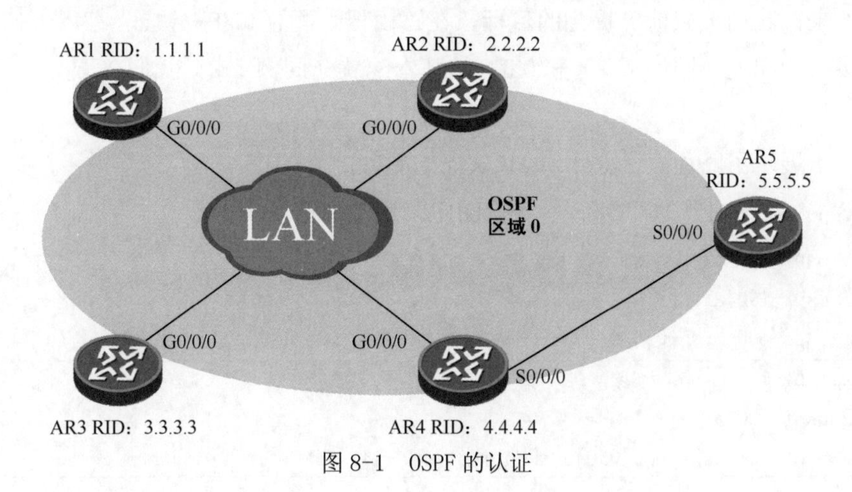

图 8-1　OSPF 的认证

在展示每台路由器上的具体配置之前，我们先来介绍配置 OSPF 认证所使用的命令句法。在接口配置视图中，管理员需要使用的命令句法为：

- 明文：**ospf authentication-mode simple** { **plain** *plain-text* | **cipher** *cipher-text* | **null** }
- 加密：**ospf authentication-mode** { **md5** | **hmac-md5** } *key-id* { **plain** *plain-text* | **cipher** *cipher-text* }

在 OSPF 区域配置视图中，管理员需要使用的命令句法为：

- 明文：**authentication-mode simple** { **plain** *plain-text* | **cipher** *cipher-text* |

null }

- 加密：**authentication-mode** { **md5** | **hmac-md5** } *key-id* { **plain** *plain-text* | **cipher***cipher-text* }

OSPF 认证在部署 OSPF 的网络中相当常用。下面，我们对加密的命令进行说明。

- **明文**：管理员可以通过关键字 **simple** 指定明文认证。当使用明文认证时，OSPF 路由器之间在通过传输密钥进行相互认证时，会发送明文的密钥。换句话说，任何人通过抓包，都可以在数据包的解析信息中看到并看懂密钥信息。在这条命令中，管理员可以通过关键字 **plain** 和 **cipher** 来指定在路由器配置文件中如何保存密钥信息，前者以明文保存，后者以密文保存。
- **加密**：管理员可以通过关键字 **md5** 或 **hmac-md5** 指定对认证进行加密的方式。当使用加密认证时，OSPF 路由器之间在通过传输密钥进行相互认证时，会发送加密后的密钥。换句话说，任何人在网络中抓包后，都无法在数据包的解析中看懂密钥信息，只能看到加密后的"乱码"。在这条命令中，管理员仍可以通过关键字 **plain** 和 **cipher** 来指定在路由器配置文件中如何保存密钥信息，前者以明文保存，后者以密文保存；这部分配置与明文认证相同。

接下来，我们按照前文提到的目标，在路由器上配置 OSPF 认证。为了突出重点，路由器接口的配置（同例 7-1）和 OSPF 的基本配置（同例 7-2）我们在下文中不再重复演示。

例 8-1 展示了路由器上关于 OSPF 认证的配置。

例 8-1　在路由器的 OSPF 区域视图中配置 OSPF 认证

```
[AR1]ospf 100
[AR1-ospf-100]area 0
[AR1-ospf-100-area-0.0.0.0]authentication-mode md5 1 cipher huawei
```

```
[AR2]ospf 100
[AR2-ospf-100]area 0
[AR2-ospf-100-area-0.0.0.0]authentication-mode md5 1 cipher huawei
```

```
[AR3]ospf 100
[AR3-ospf-100]area 0
[AR3-ospf-100-area-0.0.0.0]authentication-mode md5 1 cipher huawei
```

```
[AR4]ospf 100
[AR4-ospf-100]area 0
[AR4-ospf-100-area-0.0.0.0]authentication-mode md5 1 cipher huawei
```

在例 8-1 展示的配置中，路由器 AR1、AR2、AR3 和 AR4 之间的 OSPF 邻居使用了 MD5 加密认证。这些路由器都属于 OSPF 区域 0，因此管理员在区域 0 的配置视图中使用了关键字 **md5**，后面定义了 MD5 的密钥 ID（key-id），这个参数的取值范围是 1～255，所有邻居之间需要使用相同的密钥 ID。管理员使用关键字 **cipher** 让路由器以加密的形式保存密钥（huawei），同时这也是默认的选项。也就是说，如果管理员省略了 cipher 关键字（既没有配置 **cipher**，也没有配置 **plain**），路由器默认使用加密的方式保存密钥。

例 8-2 在 AR4 上查看了 OSPF 邻居状态。

例 8-2　AR4 上的 OSPF 邻居状态

```
[AR4]display ospf 100 peer brief

      OSPF Process 100 with Router ID 4.4.4.4
            Peer Statistic Information
 ---------------------------------------------------------------------------------
 Area Id          Interface                          Neighbor id        State
 0.0.0.0          GigabitEthernet0/0/0               1.1.1.1            Full
 0.0.0.0          GigabitEthernet0/0/0               2.2.2.2            Full
 0.0.0.0          GigabitEthernet0/0/0               3.3.3.3            Full
 ---------------------------------------------------------------------------------
```

从例 8-2 所示命令的输出内容中，可以看出 AR4 现在只与 3 个邻居建立了完全邻接关系，AR4 与 AR5 之间的邻居并没有形成。这是因为 AR4 的 OSPF 认证是配置在区域 0 配置视图中的，因此所有属于 OSPF 进程 100 区域 0 的接口都会开始使用认证，但这时管理员还没有在 AR5 上配置 OSPF 认证，因此它们两台路由器之间的 OSPF 认证失败，无法形成邻居。图 8-2 和图 8-3 展示了在 AR4 的 S0/0/0 接口的抓包信息。

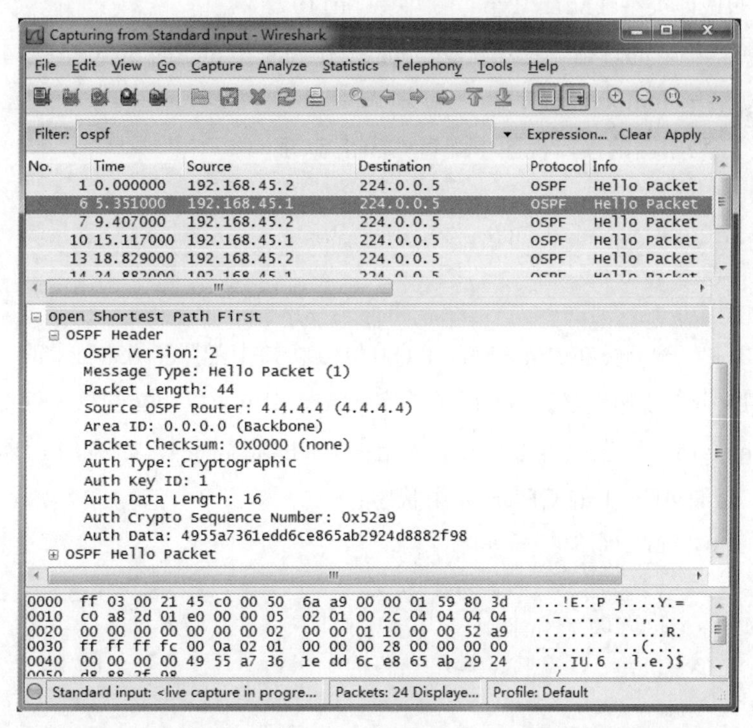

图 8-2　AR4 从 S0/0/0 接口发出的 OSPF Hello 消息（区域认证）

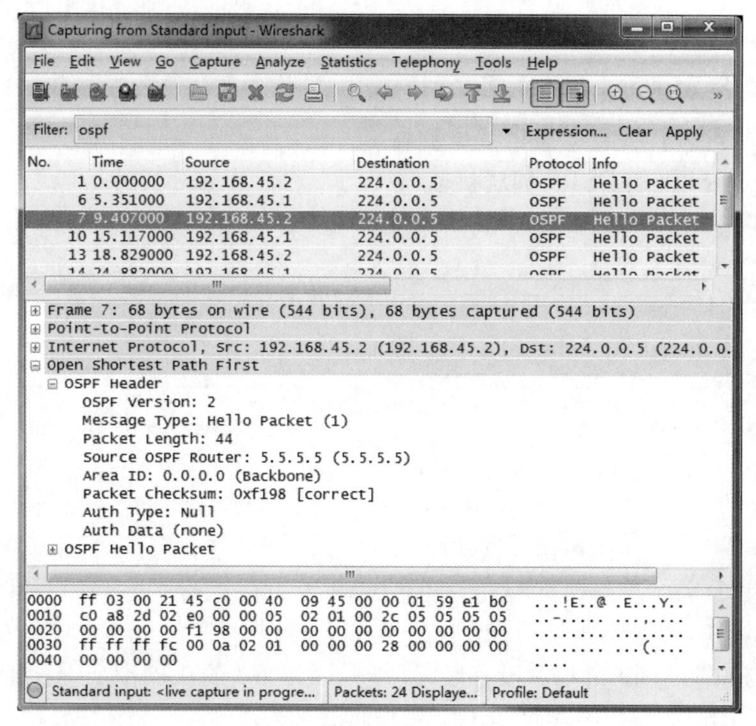

图 8-3 AR5 从 S0/0/0 接口发出的 OSPF Hello 消息

从图 8-2 和图 8-3 中可以看出，AR4 的 OSPF 头部中包含了加密认证信息，而 AR5 的 OSPF 头部中的认证类型（Auth Type）是空（Null）。

下文按照本小节的目标，使用密钥 huawei 在 AR4 和 AR5 的 S0/0/0 接口上配置明文认证。例 8-3 展示了相关配置命令。

例 8-3 在路由器的接口视图中配置 OSPF 认证

```
[AR4]interface s0/0/0
[AR4-Serial0/0/0]ospf authentication-mode simple plain huawei
```

```
[AR5]interface s0/0/0
[AR5-Serial0/0/0]ospf authentication-mode simple plain huawei
```

在例 8-3 中，管理员在 AR4 和 AR5 的 S0/0/0 接口上配置了 OSPF 认证。这条命令用关键字 **simple** 指定了明文认证，使用关键字 **plain** 指定了以明文的形式保存密钥，最后定义了密钥 huawei。现在，再来查看 AR4 上的 OSPF 邻居状态，如例 8-4 所示。

例 8-4 查看 AR4 上的 OPSF 邻居状态

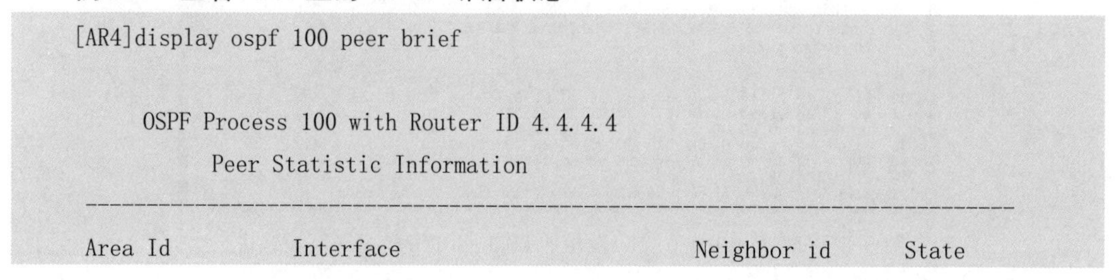

```
[AR4]display ospf 100 peer brief

      OSPF Process 100 with Router ID 4.4.4.4
            Peer Statistic Information
 ----------------------------------------------------------------------------
 Area Id          Interface                          Neighbor id        State
```

```
0.0.0.0          Serial0/0/0                    5.5.5.5          Full
0.0.0.0          GigabitEthernet0/0/0           1.1.1.1          Full
0.0.0.0          GigabitEthernet0/0/0           2.2.2.2          Full
0.0.0.0          GigabitEthernet0/0/0           3.3.3.3          Full
-------------------------------------------------------------------------------
```

现在AR4与AR5之间通过认证建立了状态为Full的完全邻接关系。

图8-2通过抓包软件展示了AR4按照区域视图中的认证配置向AR5发送的Hello消息。在该消息中，我们可以看到消息中的密钥信息（Auth data）是加密显示的，看不到我们配置的密钥（huawei）。这是因为我们在区域0的OSPF配置中使用了加密认证的方法。现在，我们又在AR4的S0/0/0接口上启用了明文的OSPF认证。接下来，我们在AR4的S0/0/0接口抓包来分析AR4当前与AR5形成邻居时所使用的OSPF认证信息，如图8-4所示。

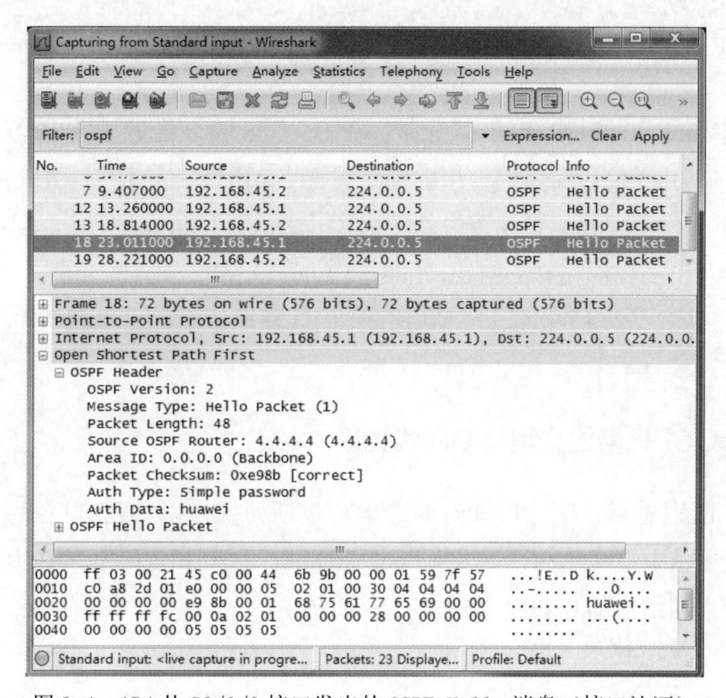

图8-4 AR4从S0/0/0接口发出的OSPF Hello消息（接口认证）

从抓包截图中我们可以清晰地看出，当前AR4使用了明文认证，并且密钥为huawei。此时任何人在网络中截取到这个OSPF Hello消息，都可以直接获得这个认证密钥。

例8-5为我们在AR4上查看与OSPF认证相关的配置时，设备输出的信息。读者需要注意关键字**plain**和**cipher**带来的不同效果。

例8-5 查看AR4上的OSPF认证配置

```
[AR4]display current-configuration configuration ospf
#
```

```
ospf 100 router-id 4.4.4.4
 area 0.0.0.0
  authentication-mode md5 1 cipher ZUyi3fTgD,c,AZQNe\L$9j/#
  network 10.8.0.4 0.0.0.0
  network 4.4.4.4 0.0.0.0
  network 192.168.45.1 0.0.0.0
#
return
[AR4]display current-configuration interface s0/0/0
#
interface Serial0/0/0
 link-protocol ppp
 ip address 192.168.45.1 255.255.255.252
 ospf authentication-mode simple plain huawei
#
return
```

鉴于我们在 AR4 上配置 OSPF 认证时，在 OSPF 区域 0 配置视图中使用的是关键字 **cipher**，而在 S0/0/0 接口配置中使用的则是关键字 **plain**，因此在例 8-5 所示的输出信息中可以看到，OSPF 区域配置视图中的密钥（huawei）显示为乱码，但接口的 OSPF 认证配置中则显示出了我们配置的密钥（huawei）。

最后提示一点，管理员在接口视图下所作的认证配置其优先级高于在区域视图下所作的认证配置。

8.1.2 调整 OSPF 网络类型与 DR 优先级

本小节的配置重点在于 DR/BDR 的选举，包括如何在以太网（广播）环境中指定 DR/BDR，以及在帧中继（NBMA）环境中指定 DR/BDR。本小节会首先介绍以太网环境，然后再介绍帧中继网络中的 OSPF 配置。

1. 指定 DR 优先级

首先，我们忽略图 8-1 中 AR4 与 AR5 之间的串行链路，只考虑其中的 LAN 部分，如图 8-5 所示。前文将 AR1～AR4 4 台路由器连接到 LAN 中的以太网接口加入到了 OSPF 区域 0 中，让路由器根据 OSPF 的选举规则自行决定 DR 和 BDR（结果是路由器 AR4 被选举为 DR，AR3 则被选举为 BDR）。在例 8-6 中，需要通过修改 DR 优先级的方式，来指定 LAN 网络中的 DR 和 BDR，让 AR1 成为 DR，AR2 成为 BDR，AR3 和 AR4 成为 DROther。

我们在前文中介绍过，DR 和 BDR 角色是没有抢占机制的，即一旦网络中确定了 DR 和 BDR，在网络运行正常的情况下，就算有更符合 DR 条件的路由器加入到网络中，新加入的路由器也不会自动成为 DR 或者 BDR。这种设定有助于维护网络的稳定性，使已有配置不会随新加入的设备而发生变动。为了让网络的逻辑拓扑更加合理，管理员应该在网络设计阶段，就根据需求和网络环境确立 DR 和 BDR 的位置，并且在实施过程中，通过命令指定路由器接口的 OSPF 角色（DR/BDR/DROTHER）。

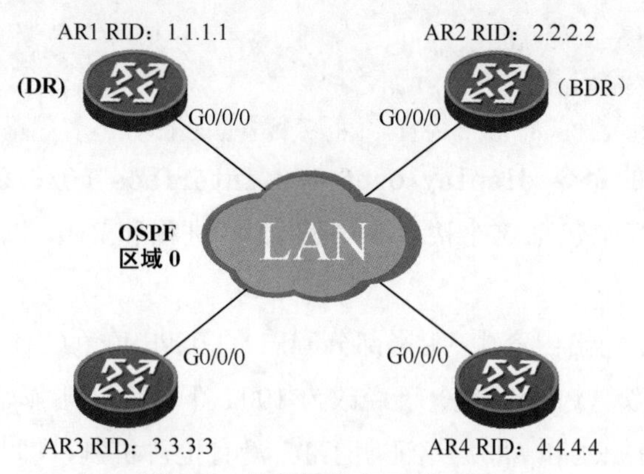

图 8-5　管理员指定 DR 和 BDR

接下来，我们来看看如何将这个环境中的 AR1 和 AR2 分别指定为 DR 和 BDR。例 8-6 在例 7-1 和例 7-2 的基础上，在 AR1 和 AR2 上添加了下列配置。

例 8-6　将 AR1 和 AR2 分别指定为 DR 和 BDR

```
[AR1]interface g0/0/0
[AR1-GigabitEthernet0/0/0]ospf dr-priority 100
```

```
[AR2]interface g0/0/0
[AR2-GigabitEthernet0/0/0]ospf dr-priority 50
```

在此，我们复习一下 DR 选举过程。一个 OSPF 网络中的路由器在选举 DR/BDR 时，它们首先会比较参与选举的接口 DR 优先级，如果优先级相等，它们则会继续比较参与选举的路由器 RID。

从上述选举步骤可以看出，管理员可以通过更改参与选举的接口 DR 优先级，来指定 DR 和 BDR 角色。要想更改 DR 优先级，管理员需要使用接口配置视图的命令 **ospf dr-priority** *value*。DR 优先级的取值范围是 0～255，数值越大表示优先级越高，0 表示不参与 DR 选举，默认的 DR 优先级是 1。

例 8-6 将 AR1 G0/0/0 接口的 DR 优先级从默认值 1 调整为了 100，将 AR2 G0/0/0 接口调整为 50。例 8-7 展示了配置后，AR1 上的 OSPF 接口状态。

例 8-7　在 AR1 上查看 OSPF 接口状态

```
[AR1]display ospf 100 interface g0/0/0


        OSPF Process 100 with Router ID 1.1.1.1
                Interfaces
```

```
Interface: 10.8.0.1 (GigabitEthernet0/0/0)
Cost: 1        State: DROther     Type: Broadcast     MTU: 1500
Priority: 100
Designated Router: 10.8.0.4
Backup Designated Router: 10.8.0.3
Timers: Hello 10 , Dead 40 , Poll  120 , Retransmit 5 , Transmit Delay 1
```

例 8-7 中使用的命令 **display ospf 100 interface g0/0/0** 可以用来查看某个 OSPF 接口的状态，其中包括这个接口参与的 OSPF 进程和 RID，以及与 OSPF 相关的接口参数。

从例 8-7 的命令输出内容中（阴影部分）AR1 的 OSPF 角色（State）仍然是 DROther，但它的接口 DR 优先级（Priority）已经改为 100。下面两行阴影输出显示了当前的 DR 和 BDR，仍然分别为 AR4 和 AR3。这证明了 DR 没有抢占机制，即使 AR1 和 AR2 现在的 DR 优先级远高于 AR3 和 AR4（默认值 1），也不会抢走 AR3 和 AR4 已经占据的 DR 和 BDR 地位。

第 7 章 7.1.7 小节（DR 与 BDR）中介绍过，正是因为 DR/BDR 没有抢占机制，所以 OSPF 网络中选举出的 DR/BDR 与设备的启动顺序紧密相关。在这种先机重于优先级的选举当中，优先级最高的接口只要启用得晚，同样会丧失成为 DR/BDR 的时机。因此，要想避免接口的启动顺序影响 DR/BDR 选举的结果，导致不适宜充当 DR/BDR 的设备被选举为 DR/BDR，最好的方法是将那些不宜被选举为 DR/BDR 的接口优先级设置为 0。在例 8-7 中，如果想在当前的环境中直接让 AR1 和 AR2 接管 DR 和 BDR，管理员可以把 AR3 和 AR4 上 G0/0/0 接口的 DR 优先级调整为 0，使其失去 DR 和 BDR 的选举资格。例 8-8 展示了 AR3 和 AR4 上的相关配置。

例 8-8　在 AR3 和 AR4 上配置 OSPF DR 优先级

```
[AR3]interface g0/0/0
[AR3-GigabitEthernet0/0/0]ospf dr-priority 0
```

```
[AR4]interface g0/0/0
[AR4-GigabitEthernet0/0/0]ospf dr-priority 0
```

在例 8-8 中，管理员使用了与例 8-6 中相同的配置命令，但这次是剥夺该接口的 OSPF DR 选举资格，即将该接口的 DR 优先级配置为 0。事实上，在管理员执行这条命令后，AR4 马上中断了 G0/0/0 接口的所有 OSPF 邻居，并根据新的 DR 优先级，重新形成了邻居并建立完全邻接关系。例 8-9 展示了 AR4 与 AR1 之间邻居状态的变化过程，这些是从众多日志中挑选的与 AR1 相关的信息。为了让这些信息看起来清晰一些，我们省略了 AR2 与 AR3 之间的邻居状态变化过程，用阴影标出了每条日志的重点内容，还为每条日志消息编写了序号。在后文中，我们会按照序号详细解释这个过程中发生了什么。

例 8-9　AR4 与 AR1 之间邻居状态变化过程

```
[AR4-GigabitEthernet0/0/0]ospf dr-priority 0
[AR4-GigabitEthernet0/0/0]
（1）
Oct 18 2016 22:19:11-08:00 AR4 %%01OSPF/3/NBR_CHG_DOWN(l)[0]:Neighbor event:neig
hbor state changed to Down. (ProcessId=100, NeighborAddress=1.1.1.1, NeighborEve
nt=KillNbr, NeighborPreviousState=Full, NeighborCurrentState=Down)
（2）
Oct 18 2016 22:19:11-08:00 AR4 %%01OSPF/3/NBR_DOWN_REASON(l)[1]:Neighbor state l
eaves full or changed to Down. (ProcessId=100, NeighborRouterId=1.1.1.1, Neighbo
rAreaId=0, NeighborInterface=GigabitEthernet0/0/0,NeighborDownImmediate reason=N
eighbor Down Due to Kill Neighbor, NeighborDownPrimeReason=Interface Parameter M
ismatch, NeighborChangeTime=2016-10-18 22:19:11-08:00)
（3）
Oct 18 2016 22:19:16-08:00 AR4 %%01OSPF/4/NBR_CHANGE_E(l)[9]:Neighbor changes ev
ent: neighbor status changed. (ProcessId=100, NeighborAddress=10.8.0.1, Neighbor
Event=HelloReceived, NeighborPreviousState=Down, NeighborCurrentState=Init)
（4）
Oct 18 2016 22:19:16-08:00 AR4 %%01OSPF/4/NBR_CHANGE_E(l)[10]:Neighbor changes e
vent: neighbor status changed. (ProcessId=100, NeighborAddress=10.8.0.1, Neighbo
rEvent=2WayReceived, NeighborPreviousState=Init, NeighborCurrentState=2Way)
（5）
Oct 18 2016 22:19:16-08:00 AR4 %%01OSPF/4/NBR_CHANGE_E(l)[11]:Neighbor changes e
vent: neighbor status changed. (ProcessId=100, NeighborAddress=10.8.0.1, Neighbo
rEvent=AdjOk?, NeighborPreviousState=2Way, NeighborCurrentState=ExStart)
（6）
Oct 18 2016 22:19:16-08:00 AR4 %%01OSPF/4/NBR_CHANGE_E(l)[12]:Neighbor changes e
vent: neighbor status changed. (ProcessId=100, NeighborAddress=10.8.0.1, Neighbo
rEvent=NegotiationDone, NeighborPreviousState=ExStart, NeighborCurrentState=Exch
ange)
（7）
Oct 18 2016 22:19:16-08:00 AR4 %%01OSPF/4/NBR_CHANGE_E(l)[13]:Neighbor changes e
vent: neighbor status changed. (ProcessId=100, NeighborAddress=10.8.0.1, Neighbo
rEvent=ExchangeDone, NeighborPreviousState=Exchange, NeighborCurrentState=Loading)
（8）
Oct 18 2016 22:19:16-08:00 AR4 %%01OSPF/4/NBR_CHANGE_E(l)[14]:Neighbor changes e
vent: neighbor status changed. (ProcessId=100, NeighborAddress=10.8.0.1, Neighbo
rEvent=LoadingDone, NeighborPreviousState=Loading, NeighborCurrentState=Full)
```

下面让我们逐条分析一下每条日志消息的具体内容。

（1）从第一部分阴影中，我们可以看出邻居状态失效（Down）了，后面括号中的内容具体指出了 OSPF 进程、邻居地址、邻居事件、邻居的前一状态和邻居的当前状态，下面每条日志消息（除了第 2 条）使用的都是相同的格式。由于我们只挑选了与 AR1 相关的日志消息，因此接下来我们只关注括号中的后三个参数。

（2）这条日志消息中指出了邻居状态失效的原因，从阴影标出的参数可以推断出，这次邻居状态的失效是由于 G0/0/0 接口的参数发生了改变，这个消息中还提供了接口参数变更的时间。

（3）在邻居状态失效后，AR4 开始重新通过 G0/0/0 接口形成 OSPF 邻居（这里只关注 AR1）。要注意，在邻居状态失效后，AR1 的 Hello 消息中就不再包含 AR4 的 RID，因此 AR4 从 AR1（以及 AR2 和 AR3）收到的第一个 Hello 消息中是不包含自己的 RID 的。从阴影标出的消息中可以看到 HelloReceived 事件，表示 AR4 从 AR1 那里接收到了 Hello 消息，并且这个 Hello 消息中不包含自己的 RID，邻居前一状态为 Down，现在邻居的当前状态变为 Init（NeighborCurrentState=Init）。

（4）这个消息通过 2WayReceived 事件，表示 AR4 从 AR1 的 Hello 消息中看到了自己的 RID，因此邻居状态从 Init 变为 2Way。AR4 与 AR1 之间形成了邻居。

（5）进入 2-Way 状态后，AR4 与 AR1 需要决定是否继续建立完全邻接关系。由于 AR1 是这个 LAN 中的 DR，因此 AR4 最终需要与 AR1 建立状态为 Full 的完全邻接关系。从这个消息的邻居事件中可以看到 AdjOK?，表示两台路由器在协商是否继续建立完全邻接关系。从邻居当前状态 ExStart 可以看出，它们协商的结果是继续建立完全邻接关系，因此邻居状态从 2-Way 进入 ExStart。

在 AR4 与 AR3 之间形成邻居的过程中，也会经历 AdjOK?邻居事件，并且它们协商后的结论是仍维持 2-Way 状态，因为 AR4 和 AR3 都是 DROther。

（6）这个消息记录的邻居事件是 NegotiationDone，这表示 AR4 与 AR1 之间已协商好同步数据库时的主从关系。RID 大的一方成为引导数据库同步的主设备，这在后续的邻居状态中可以看出。这个消息同时还显示出协商结束后，邻居状态从 ExStart 变为了 Exchange。

（7）这个消息显示出邻居状态的进一步变化，邻居事件名称为 ExchangeDone，即从 Exchange 状态变为 Loading 状态。这表示 OSPF 路由器获得了对方的 LSD（链路状态数据库）汇总信息，并开始请求自己缺失的链路条目。

（8）在数据库同步后，这条消息显示出邻居事件 LoadingDone，并且邻居状态从 Loading 状态进入最终的 Full 状态。

例 8-10 展示了 AR4 上的 OSPF 邻居表

例 8-10　在 AR4 上查看 OSPF 邻居表

```
[AR4]display ospf 100 peer
```

```
     OSPF Process 100 with Router ID 4.4.4.4
          Neighbors

 Area 0.0.0.0 interface 10.8.0.4(GigabitEthernet0/0/0)'s neighbors
 Router ID: 1.1.1.1          Address: 10.8.0.1
   State: Full  Mode:Nbr is  Slave  Priority: 100
   DR: 10.8.0.1  BDR: 10.8.0.2  MTU: 0
   Dead timer due in 35  sec
   Retrans timer interval: 5
   Neighbor is up for 00:42:53
   Authentication Sequence: [ 0 ]

 Router ID: 2.2.2.2          Address: 10.8.0.2
   State: Full  Mode:Nbr is  Slave  Priority: 50
   DR: 10.8.0.1  BDR: 10.8.0.2  MTU: 0
   Dead timer due in 29  sec
   Retrans timer interval: 4
   Neighbor is up for 00:42:47
   Authentication Sequence: [ 0 ]

 Router ID: 3.3.3.3          Address: 10.8.0.3
   State: 2-Way  Mode:Nbr is  Master  Priority: 0
   DR: 10.8.0.1  BDR: 10.8.0.2  MTU: 0
   Dead timer due in 36  sec
   Retrans timer interval: 0
   Neighbor is up for 00:00:00
   Authentication Sequence: [ 0 ]
```

从例 8-10 所示命令的输出内容中，我们可以看出 AR4 已经如管理员计划的那样，与 DR AR1、BDR AR2 和 DROther AR3 建立了完全邻接关系或仅维持 2-Way 的邻居状态。从这条命令中还可以看出 AR1 的优先级是 100，AR2 的优先级是 50，AR3 的优先级是 0。读者请特别注意本例中最后一个阴影行（Neighbor is up for 00:00:00），这个计时器指的是建立完全邻接关系的时长。由于两台 DROther 路由器之间并不会建立完全邻接关系（它们之间的邻居状态只会停留在 2-Way 状态），因此对于稳定在 2-Way 状态的两台 DROther 路由器来说，这个计时器永不开启。

例 8-11 查看了 AR4 G0/0/0 接口的 OSPF 状态。

例 8-11　在 AR4 上查看 OSPF 接口状态

```
[AR4]display ospf 100 interface g0/0/0
```

```
        OSPF Process 100 with Router ID 4.4.4.4
                Interfaces


    Interface: 10.8.0.4 (GigabitEthernet0/0/0)
    Cost: 1         State: DROther     Type: Broadcast     MTU: 1500
    Priority: 0
    Designated Router: 10.8.0.1
    Backup Designated Router: 10.8.0.2
    Timers: Hello 10 , Dead 40 , Poll  120 , Retransmit 5 , Transmit Delay 1
```

从接口 OSPF 的状态中可以看出，AR4 现在已经成为了 DROther，这是因为它的 DR 优先级已被管理员更改为 0，永不参与 DR 选举。这条命令还展示了当前的 DR 和 BDR 分别为 AR1 和 AR2，这与本小节的配置目标相符。

通过更改所有参与 DR 选举的路由器的 DR 优先级，管理员可以手动指定谁是 DR、谁是 BDR，以及谁不可以参与 DR 选举。这样一来，无论这些路由器在断电重启后的启动顺序如何，都能够确保管理员指定的路由器成为 DR，消除了网络的随机性，使网络规划能够得到完美执行。

2. 配置网络类型

在第 7 章 7.1.5 小节（网络类型）中介绍了 OSPF 网络类型：点到点、广播、NBMA 和 P2MP。在例 7-7 中可以看到前两种 OSPF 网络类型，点到点（串行链路默认的 OSPF 网络类型）和广播（以太网链路默认的 OSPF 网络类型）。其中点到点链路上没有 DR 和 BDR 的概念，而广播网络中则需要选出 DR 和 BDR。

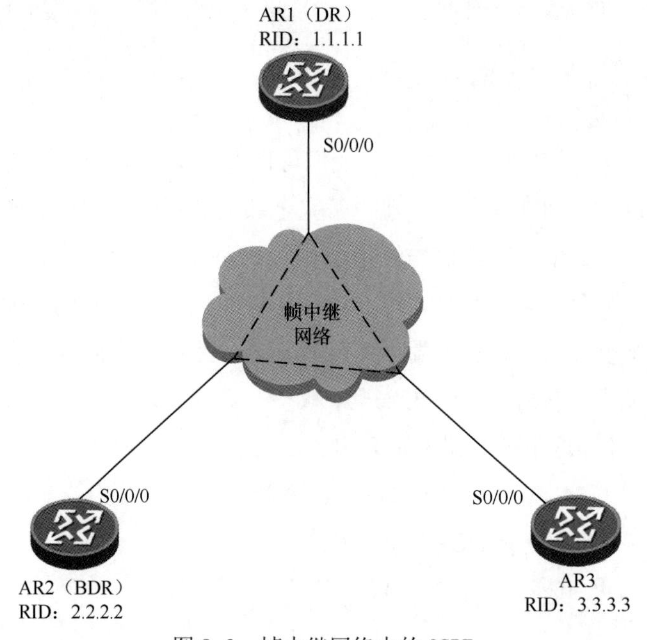

图 8-6　帧中继网络中的 OSPF

NBMA 和 P2MP 网络类型适用于帧中继和 ATM 网络，帧中继和 ATM 网络不支持广播和组播，这种链路上的 OSPF 网络类型默认是 NBMA。由于 NBMA 网络类型不支持广播和组播，但却需要实现多路访问，因此在帧中继和 ATM 网络环境中配置 OSPF 时，管理员需要通过手动指定邻居来实现单播更新。通过单播更新，OSPF 邻居之间仍需要选择 DR 和 BDR，本例中仍由管理员通过命令指定 DR。在下文的示例中，我们暂时抛开到目前为止一直使用的 OSPF 拓扑，改为使用图 8-6 所示帧中继网络。

帧中继网络技术基本已被淘汰，不是我们这里的重点，因此在此只演示路由器上的相关配置，而不讨论帧中继网络中帧中继交换机上的配置。例 8-12 中展示了三台路由器上的接口配置信息。

例 8-12　路由器的接口配置

```
[AR1]interface loopback0
[AR1-LoopBack0]ip address 1.1.1.1 32
[AR1-LoopBack0]interface s0/0/0
[AR1-Serial0/0/0]link-protocol fr
Warning: The encapsulation protocol of the link will be changed.
Continue? [Y/N]:y
[AR1-Serial0/0/0]ip address 10.0.0.1 24
[AR1-Serial0/0/0] ospf dr-priority 100
```

```
[AR2]interface loopback0
[AR2-LoopBack0]ip address 2.2.2.2 32
[AR2-LoopBack0]interface s0/0/0
[AR2-Serial0/0/0]link-protocol fr
Warning: The encapsulation protocol of the link will be changed.
Continue? [Y/N]:y
[AR2-Serial0/0/0]ip address 10.0.0.2 24
[AR2-Serial0/0/0] ospf dr-priority 50
```

```
[AR3]interface loopback0
[AR3-LoopBack0]ip address 3.3.3.3 32
[AR3-LoopBack0]interface s0/0/0
[AR3-Serial0/0/0]link-protocol fr
Warning: The encapsulation protocol of the link will be changed.
Continue? [Y/N]:y
[AR3-Serial0/0/0]ip address 10.0.0.3 24
[AR3-Serial0/0/0] ospf dr-priority 0
```

华为路由器串行链路接口（Serial）的默认链路协议是 PPP，因此在连接帧中继网络时，管理员要使用接口配置视图的命令 **link-protocol fr**，将接口的链路协议更改为帧中继。

在这个环境中，为了确保AR1是DR、AR2是BDR、AR3是DROther，管理员在接口下分别设置了OSPF DR优先级：AR1（DR）为100，AR2（BDR）为50，AR3（DROther）为0，即AR3不参与DR选举。

例8-13展示了三台路由器上的OSPF相关配置。

例8-13 路由器的OSPF配置

```
[AR1]ospf 200 router-id 1.1.1.1
[AR1-ospf-200]peer 10.0.0.2
[AR1-ospf-200]peer 10.0.0.3
[AR1-ospf-200]area 0
[AR1-ospf-200-area-0.0.0.0]network 10.0.0.1 0.0.0.0
[AR1-ospf-200-area-0.0.0.0]network 1.1.1.1 0.0.0.0
```

```
[AR2]ospf 200 router-id 2.2.2.2
[AR2-ospf-200]peer 10.0.0.1
[AR2-ospf-200]peer 10.0.0.3
[AR2-ospf-200]area 0
[AR2-ospf-200-area-0.0.0.0]network 10.0.0.2 0.0.0.0
[AR2-ospf-200-area-0.0.0.0]network 2.2.2.2 0.0.0.0
```

```
[AR3]ospf 200 router-id 3.3.3.3
[AR3-ospf-200]peer 10.0.0.1
[AR3-ospf-200]peer 10.0.0.2
[AR3-ospf-200]area 0
[AR3-ospf-200-area-0.0.0.0]network 10.0.0.3 0.0.0.0
[AR3-ospf-200-area-0.0.0.0]network 3.3.3.3 0.0.0.0
```

从例8-13所示的配置中可以看出，NBMA网络环境中的OSPF需要管理员手动指定邻居，并且本例中三台路由器通过帧中继网络实现互联，而管理员在每台路由器上，都使用OSPF配置视图中的命令 **peer** *ip-address* 来指定邻居。

例8-14查看了OSPF的相关参数。

例8-14 查看OSPF网络类型

```
[AR1]display ospf interface s0/0/0

      OSPF Process 200 with Router ID 1.1.1.1
           Interfaces


 Interface: 10.0.0.1 (Serial0/0/0)
 Cost: 1562     State: DR          Type: NBMA       MTU: 1500
 Priority: 100
 Designated Router: 10.0.0.1
```

```
Backup Designated Router: 10.0.0.2
Timers: Hello 30 , Dead 120 , Poll  120 , Retransmit 5 , Transmit Delay 1
```

通过命令 **display ospf interface s0/0/0**，我们可以查看接口上与 OSPF 相关的参数，这些参数中就包括了网络类型。从例 8-14 的输出信息中，我们可以看出 AR1 S0/0/0 接口的 OSPF 网络类型是 NBMA，以及这个网络中的具体 DR 和 BDR。由于管理员手动调整了参与选举接口的 DR 优先级，因此本例中 AR1 的接口是 DR，AR2 的接口则是 BDR。

在这条命令的最后一行输出内容中，我们可以看到 NBMA 网络中所使用的 OSPF 计时器。在例 7-7 中展示了这条命令的输出内容，即广播和点到点网络类型，并且在这两种网络类型中，OSPF 的 Hello 和 Dead 计时器分别是 10s 和 40s。对比例 8-14 可以发现，不同网络类型的计时器默认值有所不同，在 NBMA 网络类型中，OSPF 的 Hello 和 Dead 计时器分别为 30s 和 120s。在 8.1.3 小节中，我们会介绍如何调整这些计时器的设置。

在前文中，我们介绍了如何配置接口支持帧中继链路（使用接口配置视图的命令 **link-protocol fr**）以及如何在帧中继环境中配置 OSPF（重点是在 OSPF 配置视图中手动指定邻居 **peer** *ip-address*），但仍没有介绍如何更改 OSPF 的网络类型。

通过前面的配置，我们可以看到当路由器串行链路接口使用的是 PPP 封装时，接口的 OSPF 网络类型默认就是 P2P。在例 8-12 的配置中，管理员将路由器串行链路接口的封装改为了帧中继，这条命令除了会修改接口的封装格式，还会导致 OSPF 网络类型发生变化：封装为帧中继的串行链路接口默认的 OSPF 网络类型是 NBMA。因此在本例中，管理员没有通过任何命令明确修改 OSPF 网络类型，但从命令 **display ospf interface s0/0/0** 的输出内容中，我们可以确认目前 S0/0/0 接口的 OSPF 网络类型已经变为了 NBMA。

在第 7 章 7.1.5 小节（网络类型）中我们提到，如果在 NBMA（帧中继/ATM）环境中，所有路由器之间没有形成全互联，那么在 OSPF 的配置中，管理员就要把默认的 NBMA 改为 P2MP，这时邻居之间不再选择 DR 和 BDR，而是以多个点到点连接的方式建立完全邻接关系。图 8-7 展示了部分互联的帧中继网络。

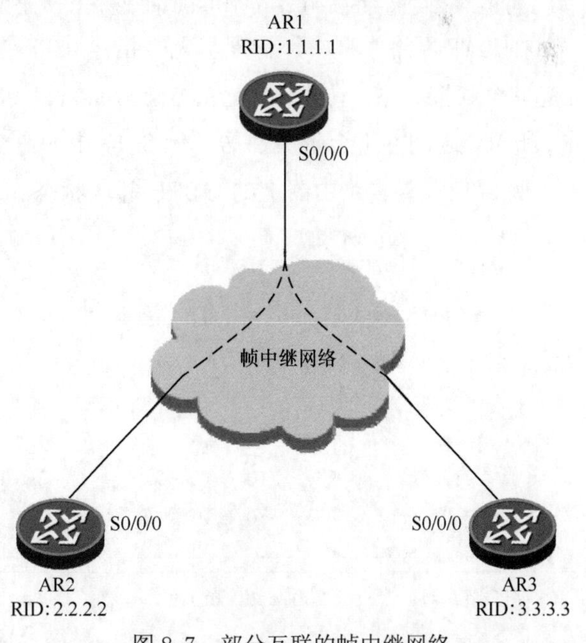

图 8-7　部分互联的帧中继网络

在图 8-7 所示的网络环境中，AR1 与 AR2、AR3 之间建立了帧中继映射关系，但 AR2 与 AR3 之间无法直接通信。此时，管理员需要首先更改 OSPF 网络类型，例 8-15 中展示了如何更改 OSPF 的网络类型。

例 8-15　更改 OSPF 网络类型

```
[AR1]interface s0/0/0
[AR1-Serial0/0/0]ospf network-type p2mp
```

```
[AR2]interface s0/0/0
[AR2-Serial0/0/0]ospf network-type p2mp
```

```
[AR3]interface s0/0/0
[AR3-Serial0/0/0]ospf network-type p2mp
```

在将三台路由器的串行链路接口的网络类型改为了点到多点后，管理员在路由器上完成 OSPF 的配置，详见例 8-16 所示。

例 8-16　配置 OSPF 相关参数

```
[AR1]ospf 200 router-id 1.1.1.1
[AR1-ospf-200]area 0
[AR1-ospf-200-area-0.0.0.0]network 10.0.0.1 0.0.0.0
[AR1-ospf-200-area-0.0.0.0]network 1.1.1.1 0.0.0.0
```

```
[AR2]ospf 200 router-id 2.2.2.2
[AR2-ospf-200]area 0
[AR2-ospf-200-area-0.0.0.0]network 10.0.0.2 0.0.0.0
[AR2-ospf-200-area-0.0.0.0]network 2.2.2.2 0.0.0.0
```

```
[AR3]ospf 200 router-id 3.3.3.3
[AR3-ospf-200]area 0
[AR3-ospf-200-area-0.0.0.0]network 10.0.0.3 0.0.0.0
[AR3-ospf-200-area-0.0.0.0]network 3.3.3.3 0.0.0.0
```

在 P2MP 网络类型中，管理员无需指定 OSPF 邻居，路由器之间会自动形成邻居并建立起完全邻接关系。在本例中，AR1 会与 AR2 和 AR3 之间形成邻居并建立完全邻接关系，AR2 和 AR3 之间并不会形成邻居。例 8-17 中的命令验证了这一点。

例 8-17　查看路由器上的 OSPF 邻居状态

```
[AR1]display ospf 200 peer brief

     OSPF Process 200 with Router ID 1.1.1.1
          Peer Statistic Information
 ----------------------------------------------------------------------------
 Area Id          Interface                     Neighbor id       State
 0.0.0.0          Serial0/0/0                   2.2.2.2           Full
 0.0.0.0          Serial0/0/0                   3.3.3.3           Full
 ----------------------------------------------------------------------------
```

```
[AR2]display ospf 200 peer brief
```

```
     OSPF Process 200 with Router ID 2.2.2.2
           Peer Statistic Information
 ----------------------------------------------------------------------------
 Area Id          Interface                       Neighbor id      State
 0.0.0.0          Serial0/0/0                     1.1.1.1          Full
 ----------------------------------------------------------------------------
```

```
[AR3]display ospf 200 peer brief

     OSPF Process 200 with Router ID 3.3.3.3
           Peer Statistic Information
 ----------------------------------------------------------------------------
 Area Id          Interface                       Neighbor id      State
 0.0.0.0          Serial0/0/0                     1.1.1.1          Full
 ----------------------------------------------------------------------------
```

例 8-17 在三台路由器上分别查看了邻居汇总信息，从中我们可以确认 AR2 与 AR3 之间并没有形成 OSPF 邻居。下面，我们来查看一下这个环境中的 OSPF 路由，比如 AR3 上是否学到了 AR2 环回接口（2.2.2.2/32）的路由，如例 8-18 所示。

例 8-18　在 AR3 上查看 OSPF 路由

```
[AR3]display ip routing-table
Route Flags: R - relay, D - download to fib
------------------------------------------------------------------------------
Routing Tables: Public
         Destinations : 9        Routes : 9

Destination/Mask    Proto   Pre  Cost      Flags NextHop         Interface

        1.1.1.1/32  OSPF    10   1562        D   10.0.0.1        Serial0/0/0
        2.2.2.2/32  OSPF    10   3124        D   10.0.0.1        Serial0/0/0
        3.3.3.3/32  Direct  0    0           D   127.0.0.1       LoopBack0
       10.0.0.0/24  Direct  0    0           D   10.0.0.3        Serial0/0/0
       10.0.0.1/32  Direct  0    0           D   10.0.0.1        Serial0/0/0
       10.0.0.2/32  OSPF    10   3124        D   10.0.0.1        Serial0/0/0
       10.0.0.3/32  Direct  0    0           D   127.0.0.1       Serial0/0/0
      127.0.0.0/8   Direct  0    0           D   127.0.0.1       InLoopBack0
      127.0.0.1/32  Direct  0    0           D   127.0.0.1       InLoopBack0
```

通过查看 AR3 的 IP 路由表，我们可以看出 AR3 即使没有与 AR2 形成 OSPF 邻居，但它仍然学习到了 AR2 的环回接口路由。在这里，读者应该注意 2.2.2.2/32 这条路由的开销值：3124。串行链路的默认 OSPF 开销为 1562（见路由 1.1.1.1/32），由于 AR3 想要访问 2.2.2.2/32 需要由 AR1 进行中转，因此这里的度量值累加了两条串行链路的默认开销值。从这一点读者也可以看出，AR3 与 AR2 之间没有直连映射关系，它们之间的通信需要穿越 AR1。

最后，我们通过例 8-19 展示了本例环境中接口的 OSPF 参数。

例 8-19　查看 AR1 S0/0/0 接口的 OSPF 参数

```
[AR1]display ospf interface s0/0/0


        OSPF Process 200 with Router ID 1.1.1.1
                Interfaces



 Interface: 10.0.0.1 (Serial0/0/0)
 Cost: 1562     State: P-2-P      Type: P2MP         MTU: 1500
 Timers: Hello 30 , Dead 120 , Poll  120 , Retransmit 5 , Transmit Delay 1
```

从例 8-19 的命令输出内容中，我们可以看出，此时 S0/0/0 接口的 OSPF 网络类型是 P2MP，状态是点到点（P-2-P），开销是 1562。

最后一行的输出信息展示出此时 OSPF 计时器的默认值，通过观察我们可以发现，P2MP 网络类型中使用的计时器默认值与 NBMA 网络类型相同。在 8.1.3 小节中，我们会介绍如何更改这些计时器值。

8.1.3　调整 OSPF 计时器

8.1.2 小节最后的对比中我们可以看出，OSPF 计时器的设置与 OSPF 网络类型相关。要想修改 OSPF 计时器值，管理员首先需要进入接口的配置视图中，然后使用命令 **ospf timer** 加上相应的计时器名称进行修改。在本小节中，我们主要介绍 Hello 和 Dead 计时器的修改原则、注意事项以及具体命令。

以广播网络类型为例，OSPF Hello 计时器默认为 10s，Dead 计时器默认为 40s。一般来说，管理员在设定 OSPF Hello 和 Dead 计时器参数时，会将 Hello 计时器的 4 倍作为 Dead 计时器。在配置时，Hello 计时器的配置也会影响 Dead 计时器。例 8-20 至例 8-22 展示了一个通过 Hello 计时器影响 Dead 计时器的配置案例。

例 8-20　查看 AR1 G0/0/0 接口当前的 OSPF 计时器

```
[AR1]display ospf interface g0/0/0


        OSPF Process 100 with Router ID 1.1.1.1
                Interfaces



 Interface: 10.8.0.1 (GigabitEthernet0/0/0)
```

```
   Cost: 1         State: DR          Type: Broadcast     MTU: 1500
   Priority: 100
   Designated Router: 10.8.0.1
   Backup Designated Router: 10.8.0.2
   Timers: Hello 10 , Dead 40 , Poll  120 , Retransmit 5 , Transmit Delay 1
```

由于这是一个以太网接口，因此OPSF网络类型默认为广播，OSPF计时器默认为：Hello计时器10s，Dead计时器40s。在例8-21中，我们将Hello计时器修改为40s。

例8-21　修改G0/0/0的OSPF Hello计时器

```
[AR1]interface g0/0/0
[AR1-GigabitEthernet0/0/0]ospf timer hello 40
```

管理员在G0/0/0接口配置视图中，将这个接口的OSPF Hello计时器更改为40s，例8-22再次查看了G0/0/0接口的OSPF计时器参数。

例8-22　查看G0/0/0接口修改后的OSPF计时器参数

```
[AR1-GigabitEthernet0/0/0]display ospf interface g0/0/0

        OSPF Process 100 with Router ID 1.1.1.1
                Interfaces


   Interface: 10.8.0.1 (GigabitEthernet0/0/0)
   Cost: 1         State: DR          Type: Broadcast     MTU: 1500
   Priority: 100
   Designated Router: 10.8.0.1
   Backup Designated Router: 10.8.0.2
   Timers: Hello 40 , Dead 160 , Poll  120 , Retransmit 5 , Transmit Delay 1
```

从这条命令的输出内容中，我们发现Dead计时器相应的更改为Hello计时器的4倍。接下来，假设AR1的G0/0/0接口恢复默认的OSPF计时器，即Hello计时器为10s，Dead计时器为40s。这次管理员先修改Dead计时器，看看会发生什么，例8-23展示了相应的配置命令。

例8-23　修改G0/0/0接口的OSPF Dead计时器

```
[AR1]interface g0/0/0
[AR1-GigabitEthernet0/0/0]ospf timer dead 80
```

例8-24查看了AR1 G0/0/0接口修改后的OSPF计时器参数。

例8-24　查看G0/0/0接口的OSPF计时器

```
[AR1]display ospf interface g0/0/0


        OSPF Process 100 with Router ID 1.1.1.1
                Interfaces
```

```
Interface: 10.8.0.1 (GigabitEthernet0/0/0)
Cost: 1        State: DR        Type: Broadcast     MTU: 1500
Priority: 100
Designated Router: 10.8.0.1
Backup Designated Router: 10.8.0.2
Timers: Hello 10 , Dead 80 , Poll  120 , Retransmit 5 , Transmit Delay 1
```

从本例中我们可以看出，Hello 计时器并没有随着 Dead 计时器的改变而改变。因此我们可以对此总结：**在配置 Hello 和 Dead 计时器时：若管理员先配置 Hello 计时器，路由器会按照管理员指定的 4 倍 Hello 时间，自动更新 Dead 计时器的设置；反之若管理员先配置 Dead 计时器，Hello 计时器不受影响**。即管理员实际上是可以打破这两个计时器之间 4 倍关系的，比如例 8-24 中的 Dead 计时器就是 Hello 计时器的 8 倍。

OSPF Hello 和 Dead 计时器的具体取值需要管理员根据网络链路的实际情况和需求来设置，在网络实施前的设计阶段就做好规划。举例来说，如果延长 Dead 计时器的时长，网络环境出现变化后设备的反应时间也会延长，但是在低速且容易遇到拥塞的链路上，将 Dead 计时器设置得时间长一些，在一定程度上有助于降低网络中邻居状态变化的频率。此外，管理员还要注意在需要形成邻居的 OSPF 路由器之间，相应接口上要使用相同的 OSPF 计时器。

8.1.4 配置 OSPF 静默接口

在第 6 章 6.4.6 小节(RIP 公共特性的调试)中，我们介绍过在 RIP 中配置抑制接口的作用和命令。在本小节中，我们将介绍 OSPF 中的类似概念——OSPF 静默接口。OSPF 静默接口与 RIP 中的抑制接口相比，两者有相同之处，也有不同之处。首先它们都是在路由进程配置视图中进行配置的，并且配置时都要使用 **silent-interface** 命令；但它们的作用却不完全相同。关于这一点，我们会在后文中通过案例详细展示。

本小节将使用图 8-8 所示拓扑来展示 OSPF 静默接口的配置案例。

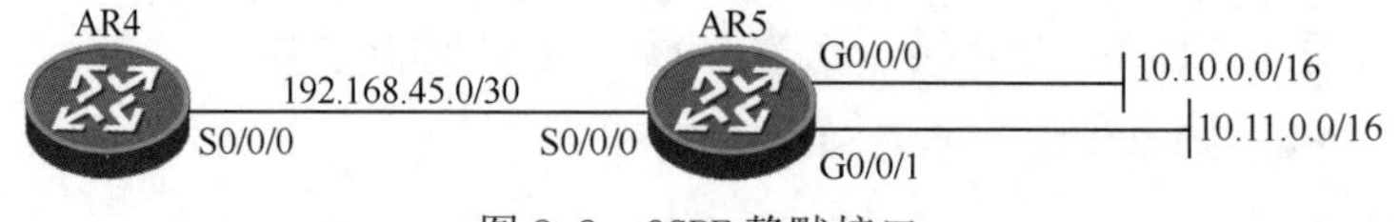

图 8-8　OSPF 静默接口

图 8-8 所示的网络是图 8-1 所示拓扑中的一部分。在完整的网络拓扑中，除 AR4 与 AR5 通过串行链路相连外，AR1-AR4 各有一个接口连接在同一个局域网当中。在本例中，

为了突出本例的重点，我们只显示 AR4 与 AR5 相关的连接。鉴于后面我们会在 AR1 上查看配置效果，读者可以参考图 8-1 了解完整的拓扑。

在本小节中，我们要在例 7-1 和例 7-2 配置的基础上，让 AR5 通过以太网接口再连接两个子网（10.10.0.0/16 和 10.11.0.0/16），并由 AR5 充当这两个子网中主机的网关。在 AR5 连接的两个以太网 LAN 中，没有其他路由器或三层交换机需要参与 OSPF 路由，但网络的其他部分（比如 AR1）需要与这两个 LAN 进行通信。因此管理员希望 AR5 能够将两个 LAN 子网的路由通告到 OSPF 中，但 AR5 无需向这两个以太网 LAN 中发送任何 OSPF 消息。在这种情况下，管理员就可以将 AR5 的两个以太网接口（G0/0/0 和 G0/0/1）设置为静默接口，例 8-25 以例 7-1 和例 7-2 为基础，展示了 AR5 上的新增配置。

例 8-25　AR5 上的新增配置

```
[AR5]interface g0/0/0
[AR5-GigabitEthernet0/0/0]ip address 10.10.0.1 24
[AR5-GigabitEthernet0/0/0]interface g0/0/1
[AR5-GigabitEthernet0/0/1]ip address 10.11.0.1 24
[AR5-GigabitEthernet0/0/1]ospf 100
[AR5-ospf-100]area 0
[AR5-ospf-100-area-0.0.0.0]network 10.10.0.1 0.0.0.0
[AR5-ospf-100-area-0.0.0.0]network 10.11.0.1 0.0.0.0
[AR5-ospf-100-area-0.0.0.0]silent-interface all
[AR5-ospf-100-area-0.0.0.0]undo silent-interface serial 0/0/0
```

例 8-26 中展示了 AR5 上完整的 OSPF 进程配置。

例 8-26　查看 AR5 的 OSPF 配置

```
[AR5]ospf 100
[AR5-ospf-100]display this
#
ospf 100 router-id 5.5.5.5
 silent-interface all
 undo silent-interface Serial0/0/0
 area 0.0.0.0
  network 192.168.45.2 0.0.0.0
  network 5.5.5.5 0.0.0.0
  network 10.10.0.1 0.0.0.0
  network 10.11.0.1 0.0.0.0
#
return
```

通过例 8-25 和例 8-26 可以看出，管理员在 OSPF 配置视图中使用命令 **silent-**

interface all 将AR5上的所有OSPF接口都设置为静默接口，之后又通过相同视图中的命令 **undo silent-interface serial 0/0/0** 将S0/0/0接口恢复为正常状态。接下来，我们会通过在AR1上查看有无两个LAN子网（10.10.0.0/16和10.11.0.0/16）的路由来验证这两个子网的通告是否成功，并且通过在AR5的G0/0/0接口进行抓包，来验证静默接口是否生效。

例8-27中展示了AR1通过OSPF学习到的路由。

例8-27　查看AR1的OSPF路由

```
[AR1]display ip routing-table protocol ospf
Route Flags: R - relay, D - download to fib
------------------------------------------------------------------------------
Public routing table : OSPF
         Destinations : 7        Routes : 7

OSPF routing table status : <Active>
         Destinations : 7        Routes : 7

Destination/Mask    Proto   Pre  Cost      Flags NextHop         Interface

        2.2.2.2/32  OSPF    10   1           D   10.8.0.2        GigabitEthernet0/0/0
        3.3.3.3/32  OSPF    10   1           D   10.8.0.3        GigabitEthernet0/0/0
        4.4.4.4/32  OSPF    10   1           D   10.8.0.4        GigabitEthernet0/0/0
        5.5.5.5/32  OSPF    10   1563        D   10.8.0.4        GigabitEthernet0/0/0
      10.10.0.0/16  OSPF    10   1564        D   10.8.0.4        GigabitEthernet0/0/0
      10.11.0.0/16  OSPF    10   1564        D   10.8.0.4        GigabitEthernet0/0/0
   192.168.45.0/30  OSPF    10   1563        D   10.8.0.4        GigabitEthernet0/0/0

OSPF routing table status : <Inactive>
         Destinations : 0        Routes : 0
```

从AR1的IP路由表中可以看到新增的两条AR5子网路由，它们的开销值都是1564。OSPF开销值的计算和调试将在8.1.5小节中进行介绍。图8-9展示了AR5接口G0/0/0上的抓包截图。

从图8-9中可以看出，AR5并没有从G0/0/0接口向外发送任何OSPF消息。

最后总结一下，OSPF静默接口特性会阻止接口向外发送任何OSPF消息，因此该接口上也就不可能形成任何OSPF邻居。静默接口的配置并不会影响其他路由器学习到去往静默接口所连子网的路由信息。RIP中的抑制接口会默默接收RIP消息，与此有所不同的是，OSPF的静默接口不会发送和接收OSPF消息，也不会与任何OSPF设备形成OSPF邻居。

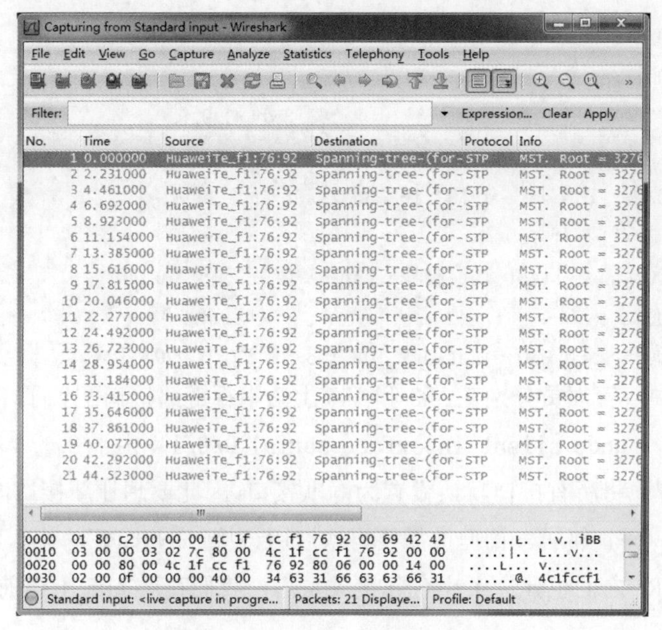

图 8-9 AR5 接口 G0/0/0 的抓包

8.1.5 配置 OSPF 路由度量值

本小节在图 8-8 变更（在 AR5 上添加两个子网）的基础上，再在 AR5 与 AR3 之间添加一条串行链路，并且让串行接口也参与 OSPF 路由，详见图 8-10 所示。

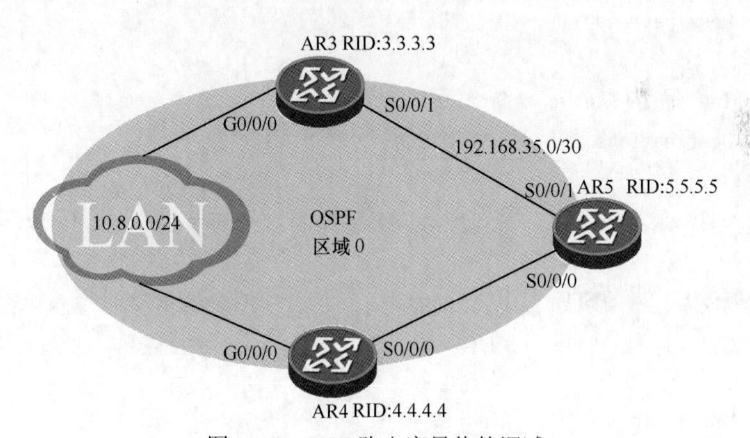

图 8-10 OSPF 路由度量值的调试

现在 AR5 分别通过两条串行链路连接了子网 10.8.0.0/24，本小节要求管理员通过调整 OSPF 路由度量值（以下简称 OSPF 度量值），使 AR5 默认只使用通过 AR3 的路径访问子网 10.8.0.0/24。例 8-28 首先展示了 AR3 和 AR5 上添加的配置信息。

例 8-28 在 AR3 和 AR5 上添加新配置

```
[AR3]interface s0/0/1
[AR3-Serial0/0/1]ip address 192.168.35.1 30
```

```
[AR3-Serial0/0/1]ospf 100
[AR3-ospf-100]area 0
[AR3-ospf-100-area-0.0.0.0]network 192.168.35.1 0.0.0.0
```

```
[AR5]interface s0/0/1
[AR5-Serial0/0/1]ip address 192.168.35.2 30
[AR5-Serial0/0/1]ospf 100
[AR5-ospf-100]undo silent-interface serial 0/0/1
[AR5-ospf-100]area 0
[AR5-ospf-100-area-0.0.0.0]network 192.168.35.2 0.0.0.0
```

在例 8-28 中，管理员分别在 AR3 和 AR5 上为串行链路接口配置了 IP 地址。读者应注意 AR5 上的命令 **undo silent-interface serial 0/0/1**，由于 8.1.4 小节中管理员在 AR5 的 OSPF 进程中将所有接口默认设置为静默接口，因此要想让新接口能够与其他 OSPF 路由器之间形成 OSPF 邻居，管理员需要再次启用该接口的 OSPF 功能。

当 AR5 与 AR3 之间也建立了完全邻接关系后，我们查看 AR5 上当前的 OSPF 路由，详见例 8-29 所示。

例 8-29　查看 AR5 上的 OSPF 路由

```
[AR5]display ip routing-table protocol ospf
Route Flags: R - relay, D - download to fib
------------------------------------------------------------------------------
Public routing table : OSPF
         Destinations : 1        Routes : 2

OSPF routing table status : <Active>
         Destinations : 1        Routes : 2

Destination/Mask    Proto   Pre  Cost       Flags NextHop          Interface

       10.8.0.0/24  OSPF    10   1563         D   192.168.35.1     Serial0/0/1
                    OSPF    10   1563         D   192.168.45.1     Serial0/0/0

OSPF routing table status : <Inactive>
         Destinations : 0        Routes : 0
```

在 AR5 的 IP 路由表中，我们可以看到去往子网 10.8.0.0/24 的下一跳分别是 AR3 和 AR4，对应 AR5 的本地接口 S0/0/1 和 S0/0/0。由于通过两个邻居学到的路由开销值相等，因此 OSPF 会同时使用这两条路由，实现负载分担，管理员可以在 OSPF 进程配置视图中，通过命令 **maximum load-balancing** *value* 调整 OSPF 等价路由的条数。

本小节的目标是让 AR5 默认只使用经过 AR3 的路径。实际上，管理员有多种方法能够实现这一目标，在这里我们当然会使用与度量值相关的配置方法。要想让路由器选择使用 AR3 提供的路由，管理员可以将这条路由的开销值相应降低，这样一来，根据路由器的选路原则，开销值低的路由较优，就可以达到本例的实验目的。

AR5 在通过 S0/0/0 和 S0/0/1 接口学习 OSPF 路由时，默认的接口开销是 1562，这是华为路由器串行链路接口的默认 OSPF 开销值。具体计算方法，我们会在后文中进行详细介绍。管理员为了让 AR5 优选 AR3 提供的路由，需要使用接口配置视图的命令 **ospf cost** *value*，将 S0/0/1 接口的 OSPF 开销值更改为 1000，如例 8-30 所示；OSPF 开销值（value）的取值范围是 1～65535。

例 8-30　更改 AR5 S0/0/1 接口的 OSPF 开销值

```
[AR5]interface s0/0/1
[AR5-Serial0/0/1]ospf cost 1000
```

当接口上应用了命令 **ospf cost 1000** 后，AR5 会重新计算通过该接口学到的 OSPF 路由开销值，并重新选择放入 IP 路由表中的路由。例 8-31 中再次查看了 AR5 上学到的 OSPF 路由。

例 8-31　查看 AR5 学到的 OSPF 路由

```
[AR5]display ip routing-table protocol ospf
Route Flags: R - relay, D - download to fib
------------------------------------------------------------------------------
Public routing table : OSPF
         Destinations : 1        Routes : 1

OSPF routing table status : <Active>
         Destinations : 1        Routes : 1

Destination/Mask    Proto   Pre  Cost       Flags NextHop         Interface

       10.8.0.0/24  OSPF    10   1001         D   192.168.35.1    Serial0/0/1

OSPF routing table status : <Inactive>
         Destinations : 0        Routes : 0
```

从例 8-31 命令的输出内容可以看出，我们所作的配置已经生效，现在 AR5 只使用 AR3 提供的路径去往子网 10.8.0.0/24。在这里开销值之所以为 1001，是因为在 AR3 发来的路由更新中指出，AR3 去往子网 10.8.0.0/24 的开销值为 1，AR5 在计算自己去往这个子网的开销时，会在 AR3 通告的开销值 1 的基础上，加上自己 S0/0/1 接口的开销值。因此当管理员将 S0/0/1 接口的开销值设置为 1000 后，AR5 从 AR3 学到的路由开销值就是 AR3 去往目的地的开销值，加上 1000，因此本例最终得出 1001。

如果管理员没有通过接口配置视图命令 **ospf cost**，而是直接指定 OSPF 接口的开销值，OSPF 会根据该接口的链路带宽间接计算出具体的开销值，默认的开销值就是通过这种计算得出的。计算公式为：接口 OSPF 开销=带宽参考值/接口链路带宽，计算结果如果小于 1，最终取值为 1；计算结果如果大于 1，只保留整数部分作为开销值。这个计算公式中涉及到一个管理员可以自行修改的参数：带宽参考值。管理员可以使用 OPSF 配置进程命令 **bandwidth-reference** *value* 来修改带宽参考值，这个参数的取值范围是 1～2147483648，默认值为 100 Mbit/s。

对于串行链路来说，其链路默认带宽为 64 Kbit/s，因此 OSPF 开销值=100Mbit/s / 64Kbit/s=100000 Kbits/s / 64 Kbit/s=1562.5，最终取值为 1562。对于本例中使用的千兆以太网接口来说，OSPF 开销值=100Mbit/s / 1Gbit/s=100Mbit/s / 1000Mbit/s=0.1，最终取值为 1。对于快速（百兆）以太网接口的 OSPF 开销值，我们也可以套用相同的计算方法，即 100Mbit/s / 100Mbit/s=1，最终取值也为 1。从千兆和百兆接口的案例可以看出，虽然带宽相差 10 倍，但开销值却是相同的，这也是度量不够精确的一种体现。

在有些环境中，管理员可能希望使用更精细的度量值，因此可以通过修改 OSPF 带宽参考值来提高开销值的精度。例 8-32 中展示了本小节所示环境中的配置案例。

例 8-32 更改 OSPF 带宽参考值

```
[AR1]ospf 100
[AR1-ospf-100] bandwidth-reference 10000
```
```
[AR2]ospf 100
[AR2-ospf-100] bandwidth-reference 10000
```
```
[AR3]ospf 100
[AR3-ospf-100] bandwidth-reference 10000
```
```
[AR4]ospf 100
[AR4-ospf-100] bandwidth-reference 10000
```
```
[AR5]ospf 100
[AR5-ospf-100] bandwidth-reference 10000
```

在调整 OSPF 带宽参考值时，最重要的莫过于要在整个 OSPF 域的所有 OSPF 设备上统一进行修改。如果 OSPF 域中使用了不同的 OSPF 带宽参考值，OSPF 计算出的路由往往不是最优。例 8-33 展示了配置后 AR3 上接口的 OSPF 参数。

例 8-33 查看 AR3 接口的 OSPF 参数

```
[AR3]display ospf interface g0/0/0

      OSPF Process 100 with Router ID 3.3.3.3
          Interfaces


  Interface: 10.8.0.3 (GigabitEthernet0/0/0)
 Cost: 10       State: DROther    Type: Broadcast    MTU: 1500
```

```
 Priority: 0
 Designated Router: 10.8.0.1
 Backup Designated Router: 10.8.0.2
 Timers: Hello 10 , Dead 40 , Poll  120 , Retransmit 5 , Transmit Delay 1
[AR3]display ospf interface s0/0/1

      OSPF Process 100 with Router ID 3.3.3.3
           Interfaces


 Interface: 192.168.35.1 (Serial0/0/1) --> 192.168.35.2
Cost: 65535    State: P-2-P      Type: P2P        MTU: 1500
 Timers: Hello 10 , Dead 40 , Poll  120 , Retransmit 5 , Transmit Delay 1
```

在本例中，我们查看了 AR3 G0/0/0 和 S0/0/1 接口的 OSPF 参数，从中可以看出接口开销值分别为 10 和 65535。G0/0/0 接口的开销值等于 10 这一点很好理解，这是用参考带宽值 10000 除以接口带宽 1000 得到的。S0/0/1 接口按照公式计算出的结果应该 156250，最后取值却是 65535，这是因为 65535 就是 OSPF 接口开销值的最大值。在展示例 8-30 中的配置命令之前，我们就曾经提到过，如果管理员直接在接口配置视图中通过命令 **ospf cost** 直接修改接口 OSPF 开销值的话，开销值的取值范围就是 1～65535。

下节，我们对单区域 OSPF 的排错命令进行一个简单的总结。

8.2 单区域 OSPF 的排错

在 8.1 节 OSPF 配置部分的案例中，我们已经结合案例展示了每个环境中的 OSPF 验证命令，并解释了命令输出内容中的重要信息。本节会对这些重要的 **display** 命令进行总结，并说明这些命令的适用场合。在第 9 章的最后，我们将结合第 7、8、9 章学习的内容，给出一个较为复杂的 OSPF 网络环境，并根据网络故障排错思路，展示排错案例。

本节将介绍以下重要的显示命令。

- **display ospf** [*process-id*] **brief**

管理员可以使用这条命令来查看 OSPF 概要信息，对照例 8-34，重点关注以下信息。

 * OSPF 路由进程和路由器 ID：例 8-34 中第 1 个阴影行，本例显示的 OSPF 进程号是 12，AR1 的路由器 ID 是 1.1.1.1;
 * 参与 OSPF 进程的接口信息：例 8-34 中第 2 个阴影行，这一部分显示了接口 G0/0/0 的相关信息，其中包括开销（1）、状态（DR）、类型（Broadcast）、MTU（1500）、优先级（1），以及 OSPF 计时器参数，如果需要选举 DR/BDR

的话，还会显示出 DR 和 BDR 的信息。

例 8-34　命令 display ospf 12 brief 的输出信息

```
[AR1]display ospf 12 brief

     OSPF Process 12 with Router ID 1.1.1.1
          OSPF Protocol Information

 RouterID: 1.1.1.1          Border Router:
 Multi-VPN-Instance is not enabled
 Global DS-TE Mode: Non-Standard IETF Mode
 Spf-schedule-interval: max 10000ms, start 500ms, hold 1000ms
 Default ASE parameters: Metric: 1 Tag: 1 Type: 2
 Route Preference: 10
 ASE Route Preference: 150
 SPF Computation Count: 7
 RFC 1583 Compatible
 Retransmission limitation is disabled
 Area Count: 1   Nssa Area Count: 0
 ExChange/Loading Neighbors: 0

 Area: 0.0.0.0          (MPLS TE not enabled)
 Authtype: None   Area flag: Normal
 SPF scheduled Count: 7
 ExChange/Loading Neighbors: 0
 Router ID conflict state: Normal

 Interface: 10.0.0.1 (GigabitEthernet0/0/0)
 Cost: 1       State: DR        Type: Broadcast    MTU: 1500
 Priority: 1
 Designated Router: 10.0.0.1
 Backup Designated Router: 10.0.0.2
 Timers: Hello 10 , Dead 40 , Poll  120 , Retransmit 5 , Transmit Delay 1

 Interface: 1.1.1.1 (LoopBack0)
 Cost: 0       State: P-2-P     Type: P2P      MTU: 1500
 Timers: Hello 10 , Dead 40 , Poll  120 , Retransmit 5 , Transmit Delay 1
[AR1]
```

- **display ospf** [*process-id*] **interface** [**all** | *interface-type interface-number*] [**verbose**]

管理员可以使用这条命令来查看某个 OSPF 接口的相关信息。从例 8-35 展示的命令输出信息中我们可以发现，这条命令展示了 AR1 接口 G0/0/0 的 OSPF 信息，与例 8-34 中接口 G0/0/0 部分展示的信息相同。当一台路由器上有多个接口参与了 OSPF 进程时，管理员可以使用这条命令单独查看某一个接口的相关信息，精简命令的输出内容，更容易找到所需信息。

这条命令中还有一个关键字 **verbose** 在这里没有展示，使用这个关键字可以查看这个接口接收和发送的 OSPF 包数量。这条命令的输出内容我们会在第 9 章的排错部分进行展示。

例 8-35 命令 display ospf 12 interface g0/0/0 的输出信息

```
[AR1]display ospf 12 interface g0/0/0

      OSPF Process 12 with Router ID 1.1.1.1
            Interfaces


 Interface: 10.0.0.1 (GigabitEthernet0/0/0)
 Cost: 1        State: DR        Type: Broadcast    MTU: 1500
 Priority: 1
 Designated Router: 10.0.0.1
 Backup Designated Router: 10.0.0.2
 Timers: Hello 10 , Dead 40 , Poll  120 , Retransmit 5 , Transmit Delay 1
[AR1]
```

- **display ospf** [*process-id*] **peer** [**brief**]

管理员可以使用这条命令来查看 OSPF 的邻居信息，对照例 8-36，重点关注以下信息。

- * 使用关键字 **brief**，以每个邻居一行的格式，查看每个邻居的概要信息，详见例 8-36 第 1 个阴影行。从这部分显示的信息我们可以看出，AR1 目前只有一个 OSPF 邻居，这个邻居是通过本地接口 G0/0/0 建立起来的，区域 ID 是 0（在这里区域 ID 以点分十进制格式表示 0.0.0.0），邻居 ID 是 2.2.2.2，它们之间的 OSPF 邻居状态为 Full（完全邻接关系）。这条命令在管理员整体浏览所有 OSPF 邻居状态时非常有用，对于每个邻居的状态可以做到一目了然。
- * 不使用关键字 **brief** 可以看到更多的邻居信息，详见例 8-36 中多个连续的阴影行，这些是通过 G0/0/0 接口建立的邻居信息。从这里我们会发现，这条命令不仅显示了区域、建立接口、RID 和状态，还显示了更多信息，这些信息与命令 **display ospf 12 interface g0/0/0** 展示的信息类似，此外从倒数第 2 个阴影行中还可以看出这个邻居已经建立的时长。

例 8-36 命令 display ospf 12 peer [brief]的输出信息

```
[AR1]display ospf 12 peer brief

	 OSPF Process 12 with Router ID 1.1.1.1
		  Peer Statistic Information
 ----------------------------------------------------------------------------
 Area Id          Interface                         Neighbor id      State
 0.0.0.0          GigabitEthernet0/0/0              2.2.2.2          Full
 ----------------------------------------------------------------------------
[AR1]
[AR1]display ospf 12 peer

	 OSPF Process 12 with Router ID 1.1.1.1
		 Neighbors

 Area 0.0.0.0 interface 10.0.0.1(GigabitEthernet0/0/0)'s neighbors
 Router ID: 2.2.2.2          Address: 10.0.0.2
   State: Full  Mode:Nbr is  Master  Priority: 1
   DR: 10.0.0.1  BDR: 10.0.0.2  MTU: 0
   Dead timer due in 32  sec
   Retrans timer interval: 5
   Neighbor is up for 00:23:51
   Authentication Sequence: [ 0 ]

[AR1]
```

- **display ip routing-table protocol ospf**

管理员可以使用这条命令来查看 IP 路由表中 OSPF 路由的信息，对照例 8-37，重点关注以下信息。

* 从这条命令的输出信息中，我们可以看出 AR1 通过 OSPF 协议学到了 1 条路由：2.2.2.2/32。这条命令我们从第 4 章开始就不断展示，读者已经相当了解，在这里不再进行过多解释，在第 9 章的排错部分，我们还会再次展示这条命令的用法。

例 8-37 命令 display ip routing-table protocol ospf 的输出信息

```
[AR1]display ip routing-table protocol ospf
Route Flags: R - relay, D - download to fib
------------------------------------------------------------------------------
Public routing table : OSPF
         Destinations : 1        Routes : 1
```

```
OSPF routing table status : <Active>
        Destinations : 1        Routes : 1

Destination/Mask    Proto   Pre  Cost       Flags NextHop         Interface

       2.2.2.2/32  OSPF    10   1            D   10.0.0.2        GigabitEthernet0/0/0

OSPF routing table status : <Inactive>
        Destinations : 0        Routes : 0

[AR1]
```

在越复杂的环境中，排查 OSPF 问题的难度越大。在排查 OPSF 问题时，管理员要根据网络中发生的问题（比如缺少应有的 OSPF 路由等问题）来缩小排查范围。

在检查路由器本地的 OSPF 配置时，读者要注意接口配置的地址/掩码。在检查 OSPF 邻居关系时，读者要注意查看邻居之间有无发送 Hello 消息；邻居之间设置的 OSPF 计时器值是否相同；邻居路由器之间的接口类型是否相同；如果启用了认证，邻居之间的认证方式以及认证密钥是否相同等等。

本章介绍的配置只涉及一个区域（区域 0），有可能发生的错误多为配置错误，在这里我们不再设计“手误”错误来展示排错思路。在学习了第 9 章的内容后，我们将给出一个较为复杂的 OSPF 网络环境，结合一个较为复杂的错误示例，来带领读者“透过现象看本质”，剥丝抽茧地找到问题根源。

8.3　本章总结

本章内容以与 OSPF 协议相关的实际操作为主。在本章中，我们演示了 OSPF 明文认证和加密认证的配置方法，并且通过抓包软件展示了 OSPF 认证过程中路由器发送的明文和加密数据包。接下来，我们介绍了如何配置 OSPF 网络类型，以及如何通过修改 DR 优先级来影响 DR 选举的结果。此后，我们介绍了两种 OSPF 计时器的设置方法，以及它们的相互关联。再然后，我们演示了 OSPF 静默接口的配置方法，并且将 OSPF 静默接口与 RIP 中的相似特性——RIP 抑制接口进行了简单的对比。在 8.1.5 小节中，我们介绍了通过调整接口的 OSPF 度量值，来影响路由器转发行为的操作。

在本章的 8.2 节中，我们介绍和演示了几条重要的 display 命令，这些命令在针对 OSPF 网络进行排错时相当常用。在本册书的 9.3.2 小节（多区域 OSPF 的排错）中，我们会通过一个案例，来演示如何灵活使用这些 display 命令，在一个相对复杂的多区域

OSPF 网络中排查出妨碍网络正常工作的问题。

8.4 练习题

一、选择题

1. 对于 OSPF 网络类型 NBMA 下列说法中正确的是？（　　）

A. 以太网接口的默认 OSPF 网络类型

B. 串行链路接口的默认 OSPF 网络类型

C. 封装为 FR 的接口的默认 OSPF 网络类型

D. 必须由管理员手动设定

2. 管理员在一台路由器的 OSPF 区域配置视图中使用命令 authentication-mode md5 1 plain huawei 配置认证后，下列说法中正确的是？（多选）（　　）

A. 根据该区域中的 Hello 消息无法解析出认证密钥 huawei

B. 根据该区域中的 Hello 消息可以解析出认证密钥 huawei

C. 在该路由器上查看配置命令时，管理员看不到认证密钥 huawei

D. 在该路由器上查看配置命令时，管理员可以看到认证密钥 huawei

3. 下列关于配置 DR 优先级的说法，错误的是？（　　）

A. 在默认情况下，DR 优先级为 1

B. DR 全称为指定路由器，因此 DR 优先级需要在路由器的系统视图下进行配置

C. DR 优先级被配置为 0 的设备不会参与 DR 选举

D. 成为 DR 的设备总是比与之对应的 BDR 或 DROther 设备具有更高的路由器优先级

4. 在选举 DR/BDR 时，如果 DR 优先级相等，那么设备之间就会相互比较它们的________来决定 DR 选举的结果。（　　）

A. 路由器 ID　　　　B. 接口 IP 地址

C. 接口 MAC 地址　　　　D. OSPF 进程号

5. 下列关于 OSPF 开销值的说法，错误的是？（　　）

A. OSPF 开销值越小，OSPF 协议即认为该路径越优

B. 如果管理员没有指定接口的 OSPF 开销值，设备就会使用接口带宽自行计算出该接口的开销值

C. OSPF 开销值的最大值为 65535

D. 在参考带宽值相等的前提下，接口的带宽不同，开销值就一定不同

6. 下列关于 OSPF 计时器的说法，错误的是？（　　）

A. 管理员可以在参与 OSPF 协议接口的接口视图下设置 OSPF 计时器

B. 对于不同的网络类型，OSPF 计时器的默认值也有所不同

C. 当管理员配置 Dead 计时器时，Hello 计时器的设置也会随之更改

D. 当管理员配置 Hello 计时器时，Dead 计时器的设置也会随之更改

二、判断题

1. 管理员使用接口配置视图的命令 **ospf timer hello 40** 手动设置了 OSPF Hello 计时器后，路由器会自动将 Dead 计时器值变更为 120。

2. 管理员无法通过配置一个接口的优先级值来确保其成为 DR。

3. 如果管理员将一个接口配置为 OSPF 静默接口，那么其他路由器就不会学习到去往该静默接口所在子网的路由。

4. 管理员无法通过修改接口的封装协议，来将该接口的 OSPF 网络类型修改为 P2MP。

第9章 多区域OSPF

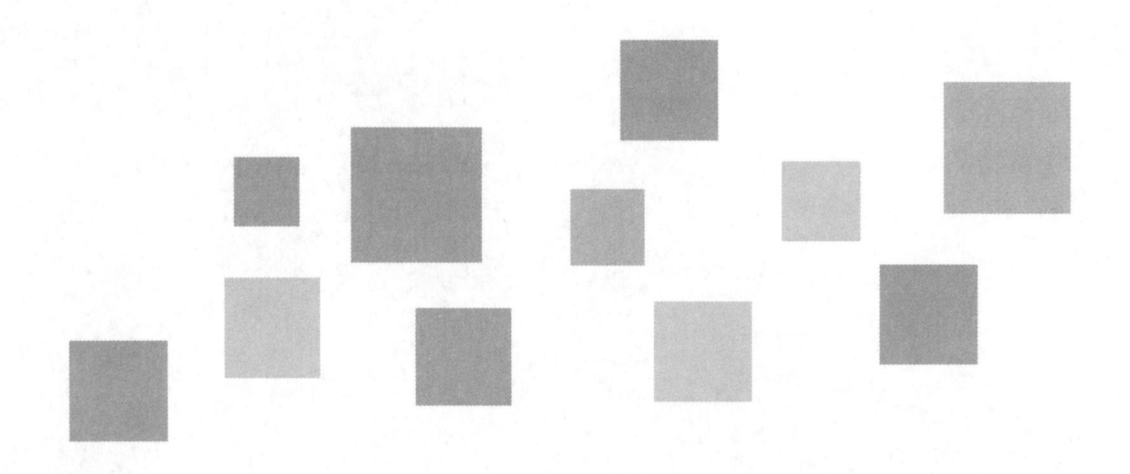

在第 7、8 章中，我们在介绍 OSPF 时，都是以整个 OSPF 网络中只包含了区域 0 这一个区域为前提的。然而，无论一种路由协议将路由器之间相互通告的信息简化到什么样的程度，使用它的路由器还是会随着网络的扩展而不得不处理越来越多的信息，这种路由协议也还是会随着网络的扩展而面临效率逐渐降低的问题。为了解决基于链路状态信息进行网络拓扑计算及路由计算的复杂度会随网络规模增大而急剧增大的问题，OSPF 定义了区域的概念，实现了路由网络的层级化。关于这一点，我们在第 7 章 7.1.3 小节（OSPF 封装格式）中就提到过。

从另一个角度上看，这种区域设计方案虽然提升了 OSPF 网络的扩展性，但同时也增加了 OSPF 操作的复杂程度。在本章的 9.1 节和 9.2 节中，我们会对 OSPF 区域的概念进行进一步解释说明。

本章的 9.3.2 小节是实践环节。在这小节中，我们会通过大量实验介绍 9.1 节和 9.2 节中的大部分原理如何服务于工程技术人员的实际工作，演示如何在华为路由器上配置与验证多区域 OSPF 网络。

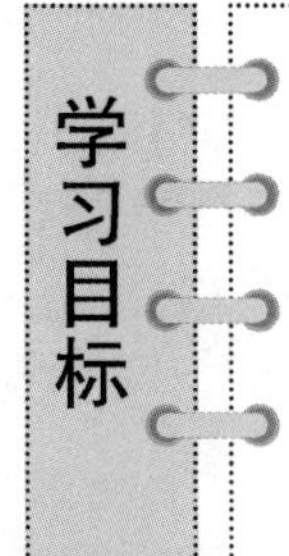

- 理解 OSPF 的区域概念和分层结构；
- 掌握多区域环境中，OSPF 路由器的不同类型；
- 了解 OSPF 虚链路的用途；
- 理解几种重要的 LSA 类型；
- 了解 OSPF 的三种特殊区域；
- 理解多区域 OSPF 的配置；
- 理解对多区域 OSPF 进行排错的方法。

9.1　多区域 OSPF

为了在介绍 OSPF 时不再引入更多变量，我们把 OSPF 区域的概念保留本章介绍。

OSPF 多区域结构的引入，限制了各区域内部网络拓扑计算及路由计算的复杂度，让 OSPF 网络获得了更好的扩展性，可以适用于更大的网络环境，但同时也在客观上增加了 OSPF 的学习和实施难度。

在本节中，我们首先会浅谈 OSPF 区域概念对于扩展 OSPF 网络的意义，然后探讨路由器可以在多区域 OSPF 网络中扮演的不同角色。为了满足 OSPF 设计需求，OSPF 定义了一种特殊的网络类型——虚链路，这个概念是本节 9.1.3 小节的重点。

9.1.1　OSPF 分层结构概述

与 RIP 相比，OSPF 的可靠性要高得多。说 OSPF 可靠，不仅是因为 OSPF 会在同步数据库之后再独立计算路由，这种方式规避了环路等由于路由器对于网络环境缺乏了解而导致的问题，同时也是因为 OSPF 计算出来的最短路径往往会比仅凭衡量跳数计算出来的 RIP 最短路径更优。这也正是华为路由器默认 OSPF 路由的路由优先级优于 RIP 路由的原因。

OSPF 采用了分层结构，管理员可以根据需要将 OSPF 网络划分为不同的区域。通过图 7-4 展示的 OSPF 头部封装结构我们可以看出，区域的编号是一个 32 位的二进制数。这个数既可以用点分十进制表示，也可以直接表示为一个十进制数。在华为设备上，管理员在配置时可以自行选用比较方便的方式，但无论管理员配置时采用的是哪种表示方式，在使用 **display** 命令查看输出信息时，华为设备基本会以点分十进制的方式展示区域编号。

提示：

在区域的数值比较小的时候，使用普通的十进制进行配置比较方便，比如输入 0 就远比输入 0.0.0.0 效率更高。而在区域的取值比较大的时候，则点分十进制会更有优势：10.1.1.1 相比于 167837953 的优势也相当明显。关于十进制与二进制之间的转换，我们已经在《网络基础》教材的第 6 章中进行了介绍，这里不再赘述。

9.1.2　OSPF 路由器的类型

图 9-1 所示为一个典型的 OSPF 分层区域设计方案，下面我们就用这个区域设计方案来介绍这种分层结构中的各类路由器类型。这里需要提前说明一点，了解 OSPF 路由器

的分类是学习 9.2.2 小节（LSA 的类型）的基础，因此读者应当对这些技术术语给予足够的重视。

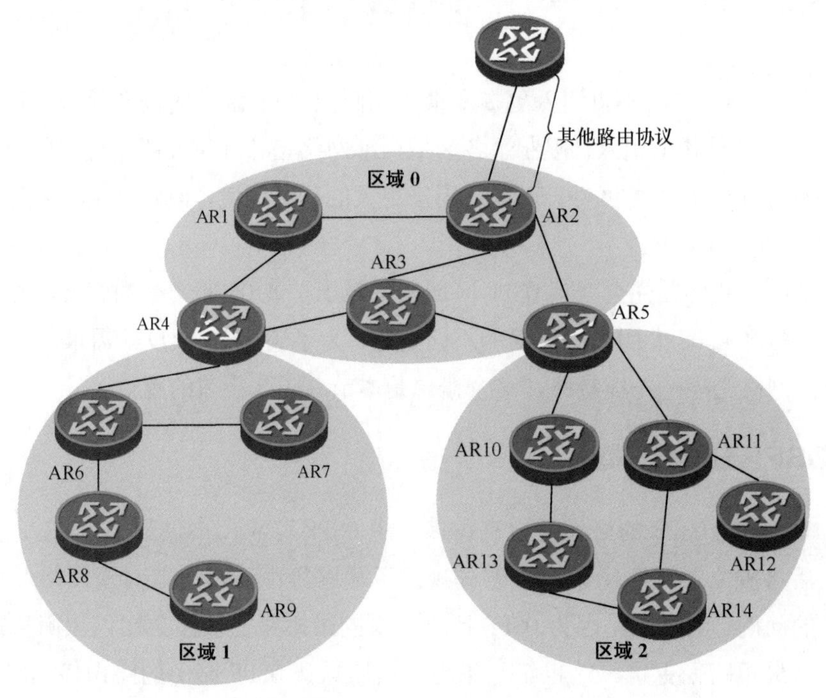

图 9-1　OSPF 区域设计方案

在多区域 OSPF 网络中，OSPF 路由器可以分为下面几种类型。

- **内部路由器（Internal Router）：是指所有接口被划分到了同一个 OSPF 区域中的 OSPF 路由器**。在图 9-1 中，除 AR4 和 AR5 之外，所有其他路由器都属于内部路由器。
- **骨干路由器（Backbone Router）：是指有接口被划分到区域 0 中的 OSPF 路由器**。在图 9-1 中，AR1～AR5 都属于骨干路由器。
- **区域边界路由器（Area Border Router）：简称为 ABR 路由器，是指有接口被划分到区域 0，也有接口被划分到其他 OSPF 区域的路由器**。区域边界路由器的作用是连接区域 0 与其他 OSPF 区域，并充当这些区域间通信的关口。区域边界路由器在 OSPF 区域设计理念中发挥着核心作用，正是 ABR 将自己连接的某一个区域中的路由发送到自己连接的另一个区域，从而达到从整体上减轻 OSPF 路由器进行网络拓扑计算及路由计算的负担，并在一定程度上隔离网络故障的设计效果。在图 9-1 中，AR4 和 AR5 即为区域边界路由器（ABR）。
- **自治系统边界路由器（Autonomous System Boundary Router）：简称 ASBR 路由器，是指将通过其他方式获得（包括动态学习和静态配置）的外部路由条目注入到 OSPF 网络中，让启用 OSPF 的路由器获取 OSPF 网络之外的路由信息的**

路由器。在图 9-1 中，AR2 为自治系统边界路由器。

针对上面的路由器类型划分方式，我们有必要补充一些重要的信息。

- 在所有 OSPF 区域中，区域 0（或区域 0.0.0.0）是一个特殊区域。**区域 0 称为骨干区域（Backbone Area）。**因此，骨干路由器是指有接口被划分到区域 0 中的路由器。
- 在上面的几种类型中，除内部路由器和区域边界路由器是两种互斥的类型之外，其他类型并不互斥。比如在图 9-1 中，AR2 既为内部路由器、也是骨干路由器，同时还是 ASBR 路由器。
- OSPF 区域是以接口为单位进行划分的，而不是以路由器为单位进行划分的。换句话说，OSPF 区域的边界在路由器（ABR）上而不是在链路上。
- **根据 OSPF 区域设计要求，所有区域都必须与区域 0 直接相连。非骨干区域之间必须通过骨干区域交换 OSPF 消息，而不能直接交换链路状态信息。非骨干区域之间的任何通信也必须通过骨干区域的中转才能实现。**

然而，在有些情况下，非骨干区域和骨干区域（即区域 0）并没有直接连接在一起。更有甚者，OSPF 网络的骨干区域（即区域 0）本身就不是连续的。比如，当两家使用 OSPF 网络的公司合并时，原本两个 OSPF 网络的区域 0 在合并后就有可能并不连续。因此，为了满足 OSPF 的设计要求，必须通过某种逻辑方式将物理上没有与区域 0 直接相连的区域在逻辑上直接连接到区域 0，将物理上不连续的区域 0 在逻辑上连接起来，这是我们 9.1.3 小节中将要介绍的内容。

*9.1.3　OSPF 虚链路

在 9.1.2 小节的最后，我们提到了两种违背 OSPF 设计要求，但是这种网络设计方案在客观上又有可能会出现下面两种情况：

- 非骨干区域没有与骨干区域在物理上直接相连；
- 骨干区域本身在物理上不连续。

对于上述这两种情形，管理员必须通过逻辑的方式，按照 OSPF 区域设计要求，通过在 ABR 之间建立 OSPF 虚链路来实现。

如图 9-2 所示，读者会发现区域 2 并没有与骨干区域——区域 0 直接相连。为了在逻辑上将区域 2 与区域 0 直接相连，管理员此时必须在两台 ABR 之间建立一条虚链路。

如图 9-2 所示，AR4 与 AR5 之间的虚链路从逻辑上将区域 2 和区域 0 直接连接在一起。当然，在这种情况下，区域 0 与区域 2 之间传输的路由信息在物理上还是会经过区域 1，但 AR5 和 AR4 这两台 ABR 确实会通过虚链路形成 OSPF 邻居并建立完全邻接关系。如果不配置这条虚链路，那么区域 2 的内部路由器就无法学习到区域 0 和区域 1 的路由信息。

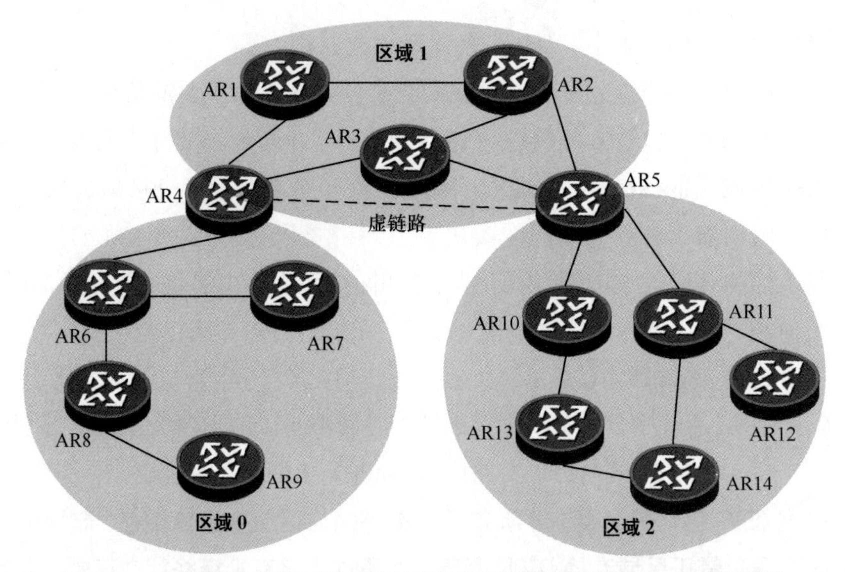

图 9-2　因非骨干区域没有与骨干区域直接相连而采用 OSPF 虚链路设计

同理，如图 9-3 所示，我们可以在左下和右下看到两个区域 0。这样的区域设计方案同样违背 OSPF 区域设计需求，因此管理员通过一条虚链路将这两个区域 0 中连接同一个区域（区域 1）的 ABR 连接起来。

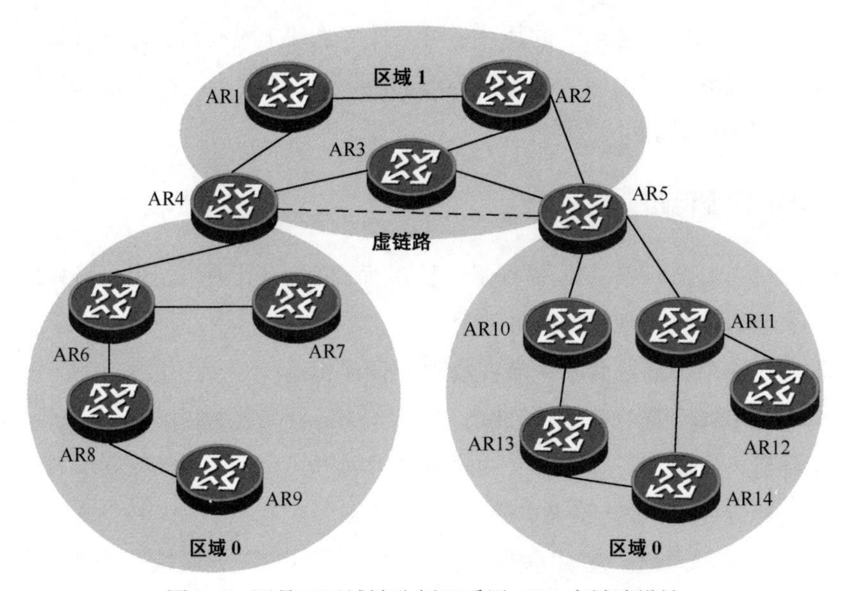

图 9-3　因骨干区域被分割而采用 OSPF 虚链路设计

在图 9-3 中，通过 AR4 和 AR5 之间的虚链路，两个区域 0 在逻辑上被建立成了一个连续的骨干区域。**为了防止区域之间在相互通告路由时出现环路，OSPF 提出了一个与 RIP 水平分割特性思维方式相同的设计规定，即从骨干区域学习到的路由信息不能再次被通告到骨干区域中**。因此，如果不配置上面这条虚链路，那么 AR4 就不会把从 AR10～

AR14 学习到的路由信息通告给 AR6～AR9，而 AR5 也不会把从 AR6～AR9 学习到的路由通告信息给 AR10～AR14。

总之，**虚链路是一条穿越非骨干区域的逻辑通道，它的作用是当 OSPF 区域设计不满足 OSPF 设计要求时，通过在 ABR 之间建立逻辑连接让 OSPF 网络能够正常完成路由信息的交互**。具体来说，当 OSPF 网络出现非骨干区域没有与骨干区域在物理上直接相连，或者骨干区域在物理上不连续的问题时，管理员就需要在两台连接某一相同非骨干区域的区域边界路由器上配置这条逻辑通道，让非骨干区域能够在逻辑上与骨干区域直接相连，或者让骨干区域在逻辑上变得连续。

在企业兼并或者网络出现故障时，有可能出现骨干区域物理上不连续，或者非骨干区域没有与骨干区域物理上直接相连的情况，此时管理员就可以用虚链路作为让网络正常运转的权宜之策。说得再明白一点，**虚链路是网络的补丁类技术，网络中采用了虚链路是这个网络中存在故障或设计缺陷的体现**，这种技术会增加网络中的管理流量和设备的处理负担，提高管理员对网络问题进行排错的难度。因此，除非将虚链路作为某些链路失效时的备份策略，否则在设计全新的 OSPF 网络时，这种并不光鲜的技术不应该以其他理由而被考虑在内。

9.2　多区域 OSPF 的工作原理

在 9.1 节中，我们介绍了 OSPF 定义的路由器类型。为了落实不同类型的路由器在网络中发挥的作用，OSPF 协议定义了不同类型的 LSA，继而通过限定不同类型 LSA 的泛洪范围，来减少 OSPF 网络中各个区域之内所泛洪的 LSA。此外，OSPF 还定义了一些特殊类型的区域，这些区域中的路由器比其他 OSPF 区域中的路由器需要的路由信息更加简单。

综上所述，OSPF 对于 LSA 分类和特殊区域的定义，提升了 OSPF 协议的扩展性，是 OSPF 可以在更大范围网络中进行部署的关键。这些内容正是我们要在本节中进行介绍的重点。

9.2.1　LSA 的类型

LSA 的不同类型是通过 LSA 头部中的一个字段来标识的。由于数据库描述消息（见图 7-6）、链路状态更新消息（见图 7-8）和链路状态确认消息（见图 7-9）中均包含了 LSA 头部，而链路状态请求消息（见图 7-7）中也包含 LSA 类型字段，因此 OSPF 路由器在描述数据库中的 LSA、请求 LSA、发送 LSA 和确认 LSA 时，都会指明相关 LSA 的类型。

LSA 的头部结构如图 9-4 所示。

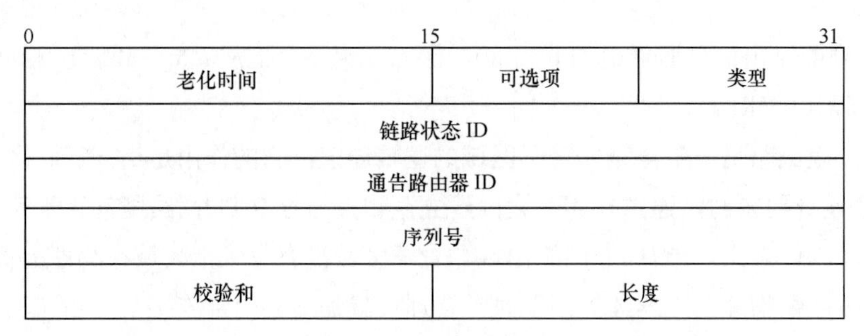

图 9-4 LSA 头部格式

在上面的 LSA 头部字段中，类型字段、链路状态 ID 字段和通告路由器 ID 字段在图 10-7 展示 OSPF 链路状态请求消息时出现过。但由于当时我们尚未正式提出 OSPF 区域的概念，无法对 LSA 类型进行说明，因此并没有对这些字段的作用进行说明。鉴于本小节的重点是 LSA 的类型，因此我们正好可以对这三个字段的作用进行简单补充。

- **通告路由器 ID**：这个字段顾名思义，标识的是通告这条 LSA 那台路由器的路由器 ID。
- **类型**：这个字段是本小节的核心。类型字段标识了这个头部中封装的 LSA 属于哪种类型。关于 LSA 的类型我们将在后文中进行介绍。
- **链路状态 ID**：对于不同类型的 LSA，这个字段的用途不同。因此这个字段的作用取决于类型字段的取值。

通过 LSA 头部格式，我们可以看出类型字段的长度为 8 位，因此类型字段的取值范围是 0～255。OSPF 当然并没有定义这么多类型的 LSA。即使在 OSPF 定义的 LSA 类型中，也并不是所有类型的 LSA 都十分常用。但对于准备投身网络技术行业的人员，掌握下面几类 LSA 还是很有必要的。

- **类型 1 LSA**（类型值取 1 的 LSA）：这种 LSA 称为路由器 LSA（Router LSA），网络中的每一台路由器都会创建路由器 LSA。路由器 LSA 通告的是这台路由器所连接的链路和接口状态，这类 LSA 只会在创建它的区域内泛洪。
- **类型 2 LSA**（类型值取 2 的 LSA）：这种 LSA 称为网络 LSA（Network LSA），只有多路访问网络中的 DR 路由器才会创建网络 LSA。网络 LSA 通告的是这个多路访问网络中与这台 DR 相连的路由器（的路由器 ID），这类 LSA 同样只会在创建它的区域内泛洪。
- **类型 3 LSA**（类型值取 3 的 LSA）：这种 LSA 称为网络汇总 LSA（Network Summary LSA），只有 ABR 路由器会创建网络汇总 LSA。网络汇总 LSA 的作用是将一个 OSPF 区域的路由通告给另一个区域，让另一个区域中的 OSPF 路由器学习到通过这台 ABR 向第一个区域发送数据包的路由。因此，网络汇总 LSA 描述的是哪个区域的路由，它就会在这台 ABR 连接的另一个区域中泛洪。

- **类型4 LSA**（类型值取4的LSA）：这种LSA称为ASBR汇总LSA（ASBR-Summary LSA），这种LSA和类型3 LSA一样都是由ABR路由器创建的。不仅如此，这种LSA连格式都和类型3 LSA相同。ASBR汇总LSA的作用是将去往ASBR路由器的主机路由通告给另一个区域，让另一个区域中的OSPF路由器学习到一条可以通过这台ABR向另一个区域中的ASBR转发数据包的路由。ASBR汇总LSA会在整个OSPF网络中泛洪。
- **类型 5 LSA**（类型值取 5 的 LSA）：这种 LSA 称为自治系统外部 LSA（AS-ExternalLSA），只有OSPF自治系统中的ASBR会创建这种LSA。自治系统外部LSA的作用是将去往OSPF网络之外其他自治系统网络的路由，通告给这个OSPF 自治系统中的所有路由器，从而让这些 OSPF 路由器学习到可以通过这台ASBR向其他自治系统中的网络发送数据包的路由。因此，自治系统外部LSA会在整个OSPF网络中泛洪。
- **类型7 LSA**（类型值取7的LSA）：这种LSA称为NSSA LSA，只有NSSA区域中的ASBR会创建这种LSA。NSSA LSA的作用是将去往OSPF网络之外其他自治系统网络的路由，通告给这个NSSA区域中的所有路由器，让这些OSPF路由器学习到可以通过自己区域中的这台 ASBR 向其他自治系统中的网络发送数据包的路由。这也就是说，类型5的LSA和类型7的LSA相比，主要的区别是它们的泛洪区域。关于NSSA的概念，我们会在9.2.2小节中进行介绍。打算跳过9.2.2小节内容的读者，可以暂时忽略这种类型的LSA。

当然，LSA的类型不只上述6种类型，但其他类型的LSA难免会涉及一些本书没有介绍的知识点。如介绍类型6 LSA则需要介绍MOSPF等。因此，其他类型的LSA只能留待读者在进一步学习相关技术或者从事OSPF相关工作时，再进行学习和总结。在这里我们提醒读者：在学习LSA类型时，读者应该围绕着各类LSA的要点进行总结，这里所说的要点主要包括三项重要信息：哪类路由器会创建这类LSA、这类LSA描述的是什么信息、这类LSA会在什么范围内泛洪。

*9.2.2 OSPF的特殊区域

在本节开篇我们提到，为了进一步减少 OSPF 路由器需要处理和保存的信息，OSPF定义了一些特殊类型的区域。网络工程师可以根据网络的实际情况，将一些区域设置为特殊类型的区域，来减少这些区域中泛洪的 LSA，提高网络的收敛速度，并减少甚至消除（其他）网络信息变更对这类区域造成的影响。在本小节中，我们会对三种OSPF特殊区域进行介绍。

1. 末节区域（Stub Area）

末节区域不允许类型4和类型5的LSA进入。如图9-5所示，由于管理员将区域1

配置为末节区域，因此 AR4 不再向 AR7 通告类型 4 的 LSA，也不再将 AR2 生成的类型 5 LSA 通告给区域 1。这样做的结果是，如果不考虑 AR4 与 AR7 之间通过多路访问链路相连，且 AR4 连接 AR7 的 OSPF 接口被选举为 DR 的情形，那么在我们在 9.2.1 小节中介绍的 6 种 LSA 中，AR4 只会向 AR7 通告类型 1 和类型 3 的 LSA。相比之下，同为 ABR 的 AR5 则至少会向区域 2 中的 AR10 和 AR11 通告 4 种类型的 LSA。

如果不将区域 1 配置为末节区域，那么区域 1 中的每台路由器都会通过 AR4 始发的类型 4 LSA，计算出一条通往 ASBR 路由器 AR2 的主机路由，同时它们也应该通过 AR2 始发的类型 5 LSA，计算出一条或多条去往外部自治系统的路由。为了避免配置为末节区域的网络不知道如何通过 ASBR 向外部自治系统发送数据包，当我们将一个区域配置为末节区域之后，连接末节区域与骨干区域的 ABR 会向这个区域中通告一条默认路由（0.0.0.0/0），让这个区域中的设备将去往未知位置网络的数据包，都发送给自己。这里所说的未知网络，当然包括 ASBR 和它所连接的外部网络。这条默认路由，是通过一个额外的类型 3 LSA 通告给末节区域的。

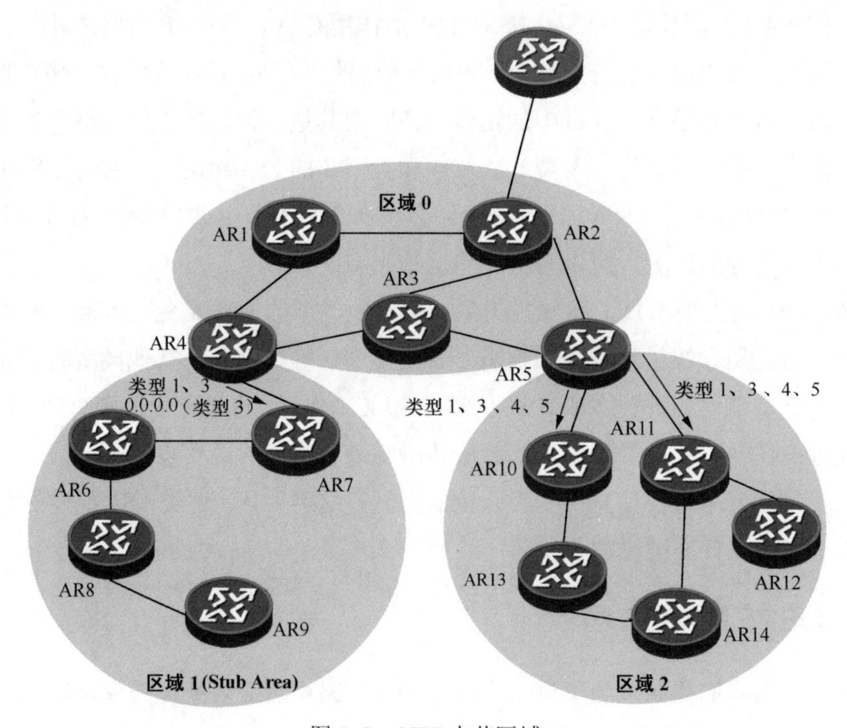

图 9-5　OSPF 末节区域

概括地说，若将一个区域配置为末节区域，那么这个区域中的路由器就不会获得关于 ASBR 和外部自治系统的明细路由，但 ABR 会通过一条类型 3 LSA 向这个区域通告一条默认路由，让这个区域中的路由器将去往 ASBR 和外部自治系统的数据都发送给自己。

由于末节区域不允许类型 5 的 LSA 进入，因此末节区域中不能包含 ASBR。另外，其他OSPF区域之间传输LSA的区域也不能配置为末节区域。换句话说，骨干区域0和有虚链路穿过的区域是不能配置为末节区域的。

2. 完全末节区域（Totally Stub Area）

除了不允许类型4和类型5的LSA进入之外，完全末节区域的ABR也不向这个区域中通告除默认路由之外的其他所有类型3 LSA。如图9-6所示，由于管理员将区域1配置为完全末节区域，因此AR4不再向AR7通告类型4 LSA，也不再将AR2生成的类型5 LSA通告给区域1。而且，它唯一会向AR7通告的类型3 LSA，表示的是指向自己的默认路由。这样做的结果是，如果不考虑AR4与AR7之间通过多路访问链路相连，且AR4连接AR7的OSPF接口被选举为DR的情形，那么在我们在9.2.1小节中介绍的6种LSA中，AR4只会向AR7通告类型1 LSA，和表示默认路由的类型3 LSA。

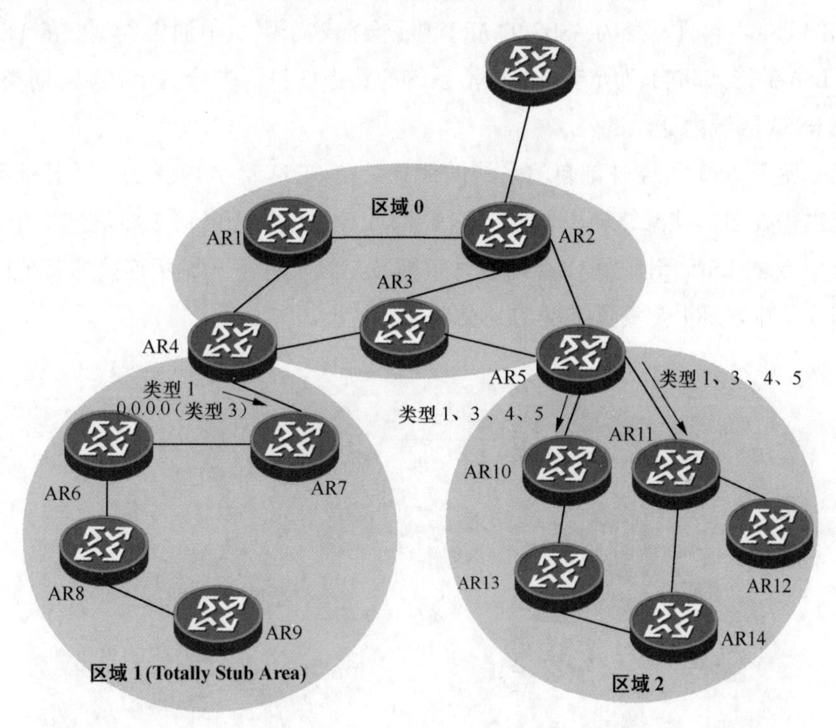

图9-6　OSPF完全末节区域

概括地说，若将一个区域配置为完全末节区域，那么这个区域中的路由器就不会获得任何关于自己所在区域之外的目的网络的明细路由。为了避免完全末节区域中的路由器无法向本区域之外的目的网络转发数据包，ABR会通过一条类型3 LSA向这个区域通告一条默认路由，让这个区域中的路由器将去往该区域外的数据都发送给自己。

完全末节区域中当然同样既不能包含ASBR，也不能用来给其他OSPF区域之间传输LSA。

3. 非纯末节区域（Not-So-Stubby-Area，NSSA）

我们在前面介绍过，如果一个区域中包含了ASBR，那么它就不能被设置为末节区域或完全末节区域。此时，如果我们希望一个区域既具有末节区域的特点，又能够拥有ASBR，则可以将这个区域配置为NSSA区域。

与末节区域一样，NSSA 区域中也不允许出现类型 4 和类型 5 LSA。但是，在 NSSA 区域中允许存在ASBR，这个ASBR可以引入OSPF网络外部的路由信息，并将其表示为类型 7 LSA。类型 7 LSA 会在这个 NSSA 区域内泛洪；进一步讲，这个 NSSA 区域的 ABR 路由器会把它收到的类型 7 LSA 转换成类型 5 LSA，并向所有的其他区域泛洪。

如图 9-7 所示，管理员将包含 AR9 这台 ASBR 的区域 1 配置为了 NSSA。此时，AR4 不再向 AR7 通告类型 4 的 LSA，也不再将 AR2 生成的类型 5 LSA 通告给区域 1。于是，如果不考虑 AR4 与 AR7 之间通过多路访问链路相连，且 AR4 连接 AR7 的 OSPF 接口被选举为 DR 的情形，那么在我们在 9.2.1 小节中介绍的 6 种 LSA 中，AR4 只会向 AR7 通告类型 1 和类型 3 的 LSA。同时，身为 ASBR 的 AR9 也不会向这个区域中通告类型 5 的 LSA，它会以类型 7 LSA 的形式将自己所连外部自治系统的路由信息通告给这个区域。而类型 7 LSA 是只会在 NSSA 区域内泛洪的。

当然，鉴于 AR9 所连外部自治系统的信息只在 NSSA 区域内泛洪，而其他区域中的设备可能也需要向那些网络转发数据包，因此 NSSA 区域的 ABR 可以将这些类型 7 的 LSA 转换为类型 5 的 LSA，让它可以继续在骨干区域，以及骨干区域所连接的其他区域中泛洪。在图 9-7 中，AR4 会负责类型 7 到类型 5 的转换。

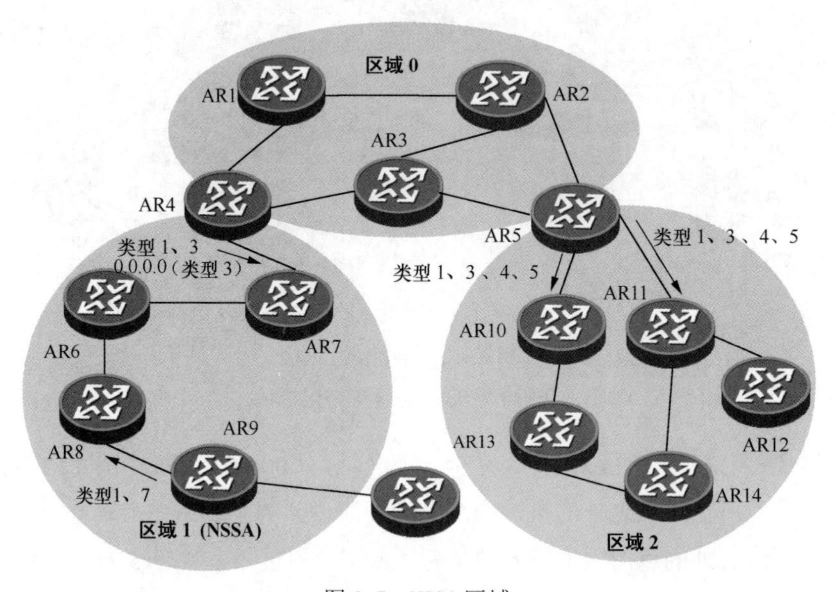

图 9-7 NSSA 区域

如果说 NSSA 区域是连接 ASBR 的末节区域，那么 OSPF 还定义了一种“连接 ASBR 的完全末节区域”，这类区域称为完全 NSSA（Totally Not-So-Stubby-Area）。我们相信读者完全可以参考前面的内容推测出设置完全 NSSA 区域的效果，因此在这里不再赘述。

但有一点需要强调：同一个区域的区域类型必须是一致的，但并不意味着管理员需要在特殊区域中每一台路由器上都输入命令来设置它所在区域的（特殊）区域类型，有些特殊区域只需要在这个区域的 ABR 上进行配置。

关于 OSPF 的原理，我们介绍到这里可以暂时告一段落。OSPF 的原理实际上相当复杂，我们推荐读者在华为 ICT 学院学习之余，通过实验和抓包来不断强化自己的理论基础和操作能力。如果读者希望在未来工作中能够熟练应对各类路由环境，仅仅掌握 OSPF 的理论和操作仍然不够。对于这类读者，我们建议在课余时间多向任课教师请教，选择其他路由技术的相关图书进行阅读参考，或者选择知名培训机构通过培训进一步了解 ICT 学院大纲之外的重要路由技术。

接下来，我们会对多区域 OSPF 的配置和排错方法进行演示。

9.3　配置多区域 OSPF

在本节中，我们会演示多区域 OSPF 的配置和验证方法，同时介绍如何在复杂的多区域环境中，对 OSPF 故障进行排查。

9.3.1　多区域 OSPF 的配置

本小节会将 OSPF 的配置从单区域环境扩展到多区域环境当中。我们参照图 9-8 所示的拓扑来进行配置。

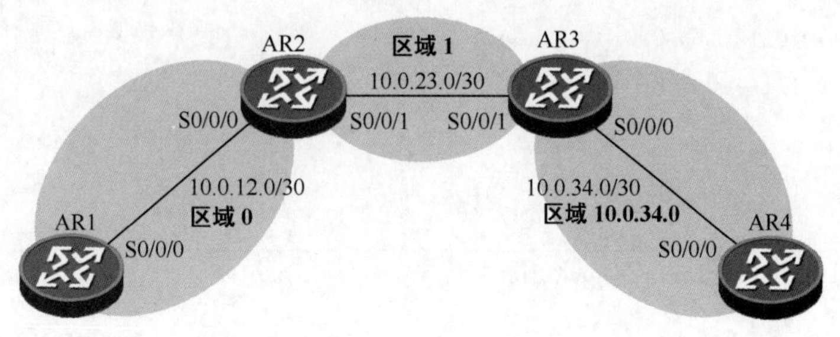

图 9-8　多区域 OSPF

从图 9-8 中可以看出，这个 OSPF 网络并没有按照 OSPF 的设计原则进行规划。OSPF 要求所有区域必须与骨干区域（区域 0）直接相连，而本例中，区域 10.0.34.0 与区域 0 之间并没有直接连接，因此按照在前文中介绍的理论，管理员需要在 AR2 和 AR3 之间建立 OSPF 虚链路，使区域 10.0.34.0 能够在逻辑上连接到区域 0。接下来，我们通过例 9-1 和例 9-2 配置除虚链路之外的其他基本配置。在这个案例中，我们会按需显示接口的 IP 地址配置，省略没有使用的接口。

例 9-1　路由器接口配置

```
[AR1]display ip interface brief
Interface                       IP Address/Mask      Physical   Protocol
LoopBack0                       1.1.1.1/32           up         up(s)
Serial0/0/0                     10.0.12.1/30         up         up
```

```
[AR2]display ip interface brief
Interface                       IP Address/Mask      Physical   Protocol
LoopBack0                       2.2.2.2/32           up         up(s)
Serial0/0/0                     10.0.12.2/30         up         up
Serial0/0/1                     10.0.23.2/30         up         up
```

```
[AR3]display ip interface brief
Interface                       IP Address/Mask      Physical   Protocol
LoopBack0                       3.3.3.3/32           up         up(s)
Serial0/0/0                     10.0.34.1/30         up         up
Serial0/0/1                     10.0.23.1/30         up         up
```

```
[AR4]display ip interface brief
Interface                       IP Address/Mask      Physical   Protocol
LoopBack0                       4.4.4.4/32           up         up(s)
Serial0/0/0                     10.0.34.2/30         up         up
```

例 9-2　路由器的 OSPF 配置

```
[AR1]display current-configuration configuration ospf
#
ospf 10 router-id 1.1.1.1
 area 0.0.0.0
  network 10.0.12.1 0.0.0.0
  network 1.1.1.1 0.0.0.0
#
return
[AR1]
```

```
[AR2]display current-configuration configuration ospf
#
ospf 20 router-id 2.2.2.2
 area 0.0.0.0
  network 10.0.12.2 0.0.0.0
  network 2.2.2.2 0.0.0.0
 area 0.0.0.1
  network 10.0.23.2 0.0.0.0
#
return
[AR2]
```

```
[AR3]display current-configuration configuration ospf
#
ospf 30 router-id 3.3.3.3
 area 0.0.0.1
  network 10.0.23.1 0.0.0.0
  network 3.3.3.3 0.0.0.0
 area 10.0.34.0
  network 10.0.34.1 0.0.0.0
#
return
[AR3]
```

```
[AR4]display current-configuration configuration ospf
#
ospf 40 router-id 4.4.4.4
 area 10.0.34.0
  network 4.4.4.4 0.0.0.0
  network 10.0.34.2 0.0.0.0
#
return
[AR4]
```

从例 9-2 中我们可以看出每台路由器上配置了不同的 PID，以此展示 PID 不同 OSPF 路由器也可以形成邻居。例 9-3 以 AR3 为例，展示了 AR3 的 OSPF 邻居。

例 9-3　AR3 的 OSPF 邻居和 OSPF 路由

```
[AR3]display ospf peer

      OSPF Process 30 with Router ID 3.3.3.3
           Neighbors

 Area 0.0.0.1 interface 10.0.23.1(Serial0/0/1)'s neighbors
 Router ID: 2.2.2.2          Address: 10.0.23.2
   State: Full  Mode:Nbr is  Slave  Priority: 1
   DR: None   BDR: None   MTU: 0
   Dead timer due in 34  sec
   Retrans timer interval: 5
   Neighbor is up for 01:19:29
   Authentication Sequence: [ 0 ]

           Neighbors

 Area 10.0.34.0 interface 10.0.34.1(Serial0/0/0)'s neighbors
```

```
Router ID: 4.4.4.4          Address: 10.0.34.2
  State: Full  Mode:Nbr is  Master  Priority: 1
  DR: None   BDR: None   MTU: 0
  Dead timer due in 37  sec
  Retrans timer interval: 5
  Neighbor is up for 00:00:53
  Authentication Sequence: [ 0 ]
```

从例 9-3 中命令 **display ospf peer** 的输出内容中我们可以看出，AR3 上有两个 OSPF 邻居，分别是通过接口 S0/0/1 在区域 1 中形成的邻居、通过接口 S0/0/0 在区域 10.0.34.0 中形成的邻居。接下来，我们通过例 9-4 查看了 AR3 上学习到的 OSPF 路由。

例 9-4　在 AR3 上查看 OSPF 路由

```
[AR3]display ospf routing

     OSPF Process 30 with Router ID 3.3.3.3
          Routing Tables

 Routing for Network
 Destination         Cost  Type        NextHop         AdvRouter       Area
 3.3.3.3/32          0     Stub        3.3.3.3         3.3.3.3         0.0.0.1
 10.0.23.0/30        1562  Stub        10.0.23.1       3.3.3.3         0.0.0.1
 10.0.34.0/30        1562  Stub        10.0.34.1       3.3.3.3         10.0.34.0
 1.1.1.1/32          3124  Inter-area  10.0.23.2       2.2.2.2         0.0.0.1
 2.2.2.2/32          1562  Inter-area  10.0.23.2       2.2.2.2         0.0.0.1
 4.4.4.4/32          1562  Stub        10.0.34.2       4.4.4.4         10.0.34.0
 10.0.12.0/30        3124  Inter-area  10.0.23.2       2.2.2.2         0.0.0.1

 Total Nets: 7
 Intra Area: 4  Inter Area: 3  ASE: 0  NSSA: 0
```

从 AR3 的 OSPF 路由表中，我们可以看到 AR3 已经学习到网络中的所有 OSPF 路由。每条路由显示为一行，每一行都明确标注了这条路由的类型（Type）和区域（Area）。由于我们到现在都还没有配置 OSPF 虚链路，因此 AR4 目前应该学习不到任何 OSPF 路由，区域 0 中的路由器也学习不到区域 10.0.34.0 中的路由，下面我们来验证这两点。

管理员通过例 9-5 来查看 AR4 上的 OSPF 路由。

例 9-5　在 AR4 上查看 OSPF 路由

```
[AR4]display ospf routing

     OSPF Process 40 with Router ID 4.4.4.4
          Routing Tables
```

```
 Routing for Network
 Destination         Cost  Type        NextHop         AdvRouter       Area
 4.4.4.4/32          0     Stub        4.4.4.4         4.4.4.4         10.0.34.0
 10.0.34.0/30        1562  Stub        10.0.34.2       4.4.4.4         10.0.34.0

 Total Nets: 2
 Intra Area: 2  Inter Area: 0  ASE: 0  NSSA: 0
```

从例 9-5 中我们可以看出，AR4 上目前有 2 条 OSPF 路由，这两条路由都是它自己通告的。即 AR4 没有学习到网络中的其他 OSPF 路由。例 9-6 查看了 AR1 上的 OSPF 路由。

例 9-6　在 AR1 上查看 OSPF 路由

```
[AR1]display ospf routing

	 OSPF Process 10 with Router ID 1.1.1.1
		 Routing Tables

 Routing for Network
 Destination         Cost  Type        NextHop         AdvRouter       Area
 1.1.1.1/32          0     Stub        1.1.1.1         1.1.1.1         0.0.0.0
 10.0.12.0/30        1562  Stub        10.0.12.1       1.1.1.1         0.0.0.0
 2.2.2.2/32          1562  Stub        10.0.12.2       2.2.2.2         0.0.0.0
 3.3.3.3/32          3124  Inter-area  10.0.12.2       2.2.2.2         0.0.0.0
 10.0.23.0/30        3124  Inter-area  10.0.12.2       2.2.2.2         0.0.0.0

 Total Nets: 5
 Intra Area: 3  Inter Area: 2  ASE: 0  NSSA: 0
```

从例 9-6 所示命令的输出内容中我们可以看出，AR1 上除了本区域（区域 0）中的路由（2.2.2.2/32）之外，还学习到了两条区域间路由（3.3.3.3/32 和 10.0.23.0/30），这两条路由的类型（Type）被标注为 Inter-area。但它没有学习到区域 10.0.34.0 中的任何路由。

接下来，我们在 AR2 和 AR3 上补全 OSPF 虚链路的配置，具体的配置方法如例 9-7 所示。

例 9-7　配置 OSPF 虚链路

```
[AR2]ospf 20
[AR2-ospf-20]area 1
[AR2-ospf-20-area-0.0.0.1]vlink-peer 3.3.3.3
```

```
[AR3]ospf 30
[AR3-ospf-30]area 1
[AR3-ospf-30-area-0.0.0.1]vlink-peer 2.2.2.2
```

从例 9-7 中我们可以看出，管理员需要在 OSPF 区域配置视图中，使用命令 **vlink-peer** *router-id* 来配置 OSPF 虚链路。在配置这条命令时，我们需要指明对端 OSPF 路由器的 RID。例 9-8 在 AR3 上查看了虚链路的状态。

例 9-8　在 AR3 上查看虚链路

```
[AR3]display ospf vlink

      OSPF Process 30 with Router ID 3.3.3.3
           Virtual Links

 Virtual-link Neighbor-id  -> 2.2.2.2, Neighbor-State: Full

 Interface: 10.0.23.1 (Serial0/0/1)
 Cost: 1562  State: P-2-P  Type: Virtual
 Transit Area: 0.0.0.1
 Timers: Hello 10 , Dead 40 , Retransmit 5 , Transmit Delay 1
```

如上例所示，管理员可以使用命令 **display ospf vlink** 来查看 OSPF 虚链路的状态。从这个示例的阴影行中，我们可以看出 AR3 已经与 2.2.2.2 形成了虚链路邻居，邻居状态为 Full（完全邻接关系）。在虚链路建立起来后，我们可以再次在 AR4 上查看 OSPF 路由，如例 9-9 所示。

例 9-9　AR4 上的 OSPF 路由

```
[AR4]display ospf routing

      OSPF Process 40 with Router ID 4.4.4.4
            Routing Tables

 Routing for Network
 Destination        Cost  Type        NextHop         AdvRouter       Area
 4.4.4.4/32         0     Stub        4.4.4.4         4.4.4.4         10.0.34.0
 10.0.34.0/30       1562  Stub        10.0.34.2       4.4.4.4         10.0.34.0
 1.1.1.1/32         4686  Inter-area  10.0.34.1       3.3.3.3         10.0.34.0
 2.2.2.2/32         3124  Inter-area  10.0.34.1       3.3.3.3         10.0.34.0
 3.3.3.3/32         1562  Inter-area  10.0.34.1       3.3.3.3         10.0.34.0
 10.0.12.0/30       4686  Inter-area  10.0.34.1       3.3.3.3         10.0.34.0
 10.0.23.0/30       3124  Inter-area  10.0.34.1       3.3.3.3         10.0.34.0

 Total Nets: 7
 Intra Area: 2  Inter Area: 5  ASE: 0  NSSA: 0
```

从例 9-9 的命令输出中我们可以看出，AR4 现在学习到网络中的其他 OSPF 路由。

例 9-10 在 AR3 上查看了 OSPF LSDB。

例 9-10　在 AR3 上查看 OSPF LSDB

```
[AR3]display ospf lsdb

	 OSPF Process 30 with Router ID 3.3.3.3
		 Link State Database

		         Area: 0.0.0.0
 Type      LinkState ID    AdvRouter          Age  Len   Sequence   Metric
 Router    2.2.2.2         2.2.2.2            285  72    80000010        0
 Router    1.1.1.1         1.1.1.1            321  60    8000001B        0
 Router    3.3.3.3         3.3.3.3            284  36    80000004     1562
 Sum-Net   10.0.34.0       3.3.3.3            284  28    80000005     1562
 Sum-Net   3.3.3.3         3.3.3.3            284  28    80000004        0
 Sum-Net   3.3.3.3         2.2.2.2           1067  28    80000004     1562
 Sum-Net   4.4.4.4         3.3.3.3            294  28    80000001     1562
 Sum-Net   10.0.23.0       3.3.3.3            284  28    80000004     1562
 Sum-Net   10.0.23.0       2.2.2.2            442  28    80000005     1562

		         Area: 0.0.0.1
 Type      LinkState ID    AdvRouter          Age  Len   Sequence   Metric
 Router    2.2.2.2         2.2.2.2            285  48    80000009     1562
 Router    3.3.3.3         3.3.3.3            284  60    8000000A     1562
 Sum-Net   10.0.34.0       3.3.3.3            294  28    80000001     1562
 Sum-Net   10.0.12.0       2.2.2.2           1581  28    80000005     1562
 Sum-Net   4.4.4.4         3.3.3.3            294  28    80000001     1562
 Sum-Net   2.2.2.2         2.2.2.2            425  28    80000005        0
 Sum-Net   1.1.1.1         2.2.2.2           1569  28    80000003     1562

		         Area: 10.0.34.0
 Type      LinkState ID    AdvRouter          Age  Len   Sequence   Metric
 Router    4.4.4.4         4.4.4.4           1751  60    8000000D        0
 Router    3.3.3.3         3.3.3.3            294  48    80000008     1562
 Sum-Net   10.0.12.0       3.3.3.3            294  28    80000001     3124
 Sum-Net   3.3.3.3         3.3.3.3            294  28    80000001        0
 Sum-Net   2.2.2.2         3.3.3.3            294  28    80000001     1562
 Sum-Net   1.1.1.1         3.3.3.3            294  28    80000001     3124
 Sum-Net   10.0.23.0       3.3.3.3            294  28    80000001     1562
```

管理员可以使用命令 **display ospf lsdb** 来查看 OSPF 的 LSDB。对于 AR3 来说，它的两个接口分别连接区域 1 和区域 10.0.3.40，并且通过与 AR2 建立的 OSPF 虚链路获得了区域 0 的链路状态信息。

通过本小节，我们演示了如何通过配置华为路由器来搭建一个简单的多区域 OSPF 网络。在 9.3.2 小节中，我们会演示一个相对比较复杂的多区域 OSPF 排错案例，并借此介绍 OSPF 网络的排错方法。

*9.3.2 多区域 OSPF 的排错

9.3.1 小节展示了多区域 OSPF 的配置，尤其是虚链路的配置。本小节会通过一个较复杂的案例，展示 OSPF 的排错思路，并且结合向 OSPF 路由域中引入外部路由的配置，展示 9.2.1 小节中介绍的各种 LSA 类型。这个拓扑可能并不具备太多的实用意义，旨在展示各种类型的 LSA。本小节使用的拓扑，如图 9-9 所示。

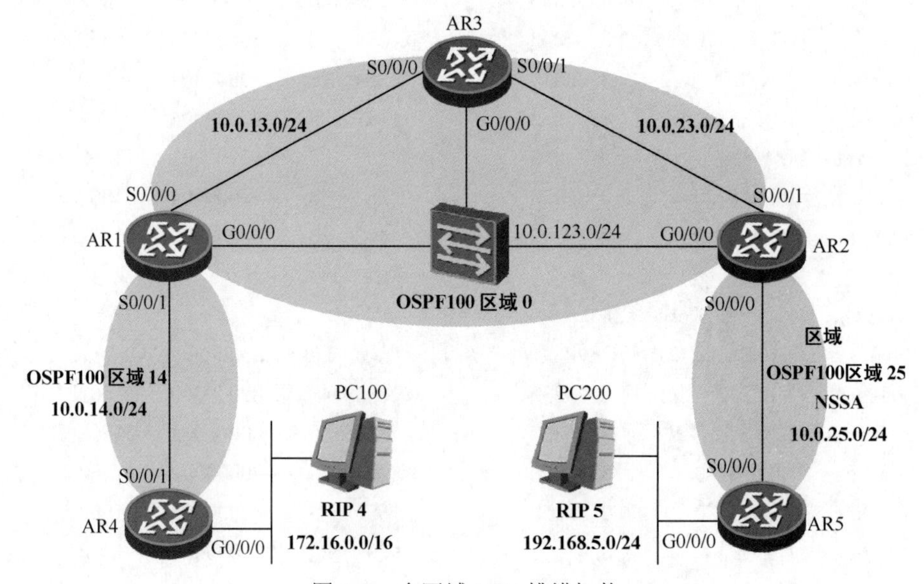

图 9-9 多区域 OSPF 排错拓扑

图 9-9 所示的拓扑中共有 5 台路由器，并由 3 个路由域构成：1 个 OSPF 路由域，以及 2 个 RIP 路由域。为了更清晰地汇总拓扑中的信息，我们以路由器为单位，总结了每个接口的 IP 地址和运行的协议，以及 PC 的 IP 地址和网关地址，详见表 9-1。

表 9-1 接口信息汇总表

路由器 AR1	IP 地址	子网掩码	路由协议	路由协议区域
G0/0/0	10.0.123.1	255.255.255.0	OSPF 100	0
S0/0/0	10.0.13.1	255.255.255.0	OSPF 100	0
S0/0/1	10.0.14.1	255.255.255.0	OSPF 100	14
路由器 AR2	IP 地址	子网掩码	路由协议	路由协议区域
G0/0/0	10.0.123.2	255.255.255.0	OSPF 100	0
S0/0/0	10.0.25.2	255.255.255.0	OSPF 100	25
S0/0/1	10.0.23.2	255.255.255.0	OSPF 100	0

（续表）

路由器 AR3	IP 地址	子网掩码	路由协议	路由协议区域
G0/0/0	10.0.123.3	255.255.255.0	OSPF 100	0
S0/0/0	10.0.13.3	255.255.255.0	OSPF 100	0
S0/0/1	10.0.23.3	255.255.255.0	OSPF 100	0
路由器 AR4	IP 地址	子网掩码	路由协议	路由协议区域
G0/0/0	172.16.0.4	255.255.0.0	RIP	–
S0/0/1	10.0.14.4	255.255.255.0	OSPF 100	14
路由器 AR5	IP 地址	子网掩码	路由协议	路由协议区域
G0/0/0	192.168.5.5	255.255.255.0	RIP	–
S0/0/0	10.0.25.5	255.255.255.0	OSPF 100	25
PC100	IP 地址	子网掩码	网关地址	
E0/0/1	172.16.0.100	255.255.0.0	172.16.0.4	
PC200	IP 地址	子网掩码	网关地址	
E0/0/1	192.168.5.200	255.255.255.0	192.168.5.5	

在开始进行排错前，我们需要先来了解一下这个网络的正常运行情况。OSPF 100 路由域中的骨干部分（区域 0）由 AR1、AR2 和 AR3 组成，其中 AR3 不仅与 AR1 和 AR2 之间通过以太网络形成 OSPF 邻居，还通过串行链路分别与 AR1 和 AR2 形成 OSPF 邻居，以此提供备份链路。AR1 与 AR4 之间通过串行链路，在 OSPF 100 区域 14 中形成 OSPF 邻居，这是一个普通区域，并且引入外部（RIP 4）路由。AR2 与 AR5 之间也通过串行链路，在 OSPF 100 区域 25 中形成 OSPF 邻居，这是一个 NSSA 区域，并且引入了外部（RIP 5）路由。AR4 和 AR5 在连接 PC 的区域中运行的是 RIP 协议；PC100 和 PC200 分别以 AR4 和 AR5 作为自己的网关，并且能够实现相互之间的通信。

为了使读者能够在自己的实验中复现这个网络环境，接下来我们通过命令 **display current-configuration configuration ospf** 展示每台路由器的 OSPF 进程的配置，大多数命令都在第 7 章单区域 OSPF 的配置小节中介绍过，本节只针对未使用过的命令进行解释。先从例 9-11 AR1 上的 OSPF 命令开始展示。

例 9-11 AR1 上的 OSPF 配置

```
[AR1]display current-configuration configuration ospf
#
ospf 100 router-id 1.1.1.1
 area 0.0.0.0
  network 10.0.123.1 0.0.0.0
  network 10.0.13.1 0.0.0.0
 area 0.0.0.14
```

```
  network 10.0.14.1 0.0.0.0
#
return
```

路由器AR1参与了OSPF 100的路由，使用的RID（路由器ID）是1.1.1.1，这是管理员为了好识别而手动进行设置的，AR1上并没有一个接口的IP地址是1.1.1.1。其他路由器（ARX）的RID也会采用×.×.×.×的形式，且都由管理员手动设置。

从配置中可以看出，AR1是ABR（区域边界路由器），同时连接在区域0和区域14中。例9-12中展示了AR2上的OSPF配置。

例9-12　AR2上的OSPF配置

```
[AR2]display current-configuration configuration ospf
#
ospf 100 router-id 2.2.2.2
 area 0.0.0.0
  network 10.0.123.2 0.0.0.0
  network 10.0.23.2 0.0.0.0
 area 0.0.0.25
  network 10.0.25.2 0.0.0.0
  nssa
#
return
```

在路由器AR2上我们需要注意一条以前没有介绍过的命令**nssa**。这条命令需要在OSPF区域配置模式中进行设置，目的是把这个区域设置为NSSA区域。在配置了这条命令后，ABR路由器（在这里也就是AR2）会自动为NSSA区域生成一条默认路由，在之后的命令展示中我们会继续关注这个区域的特殊性。例9-13展示了AR3上的OSPF配置。

例9-13　AR3上的OSPF配置

```
[AR3]display current-configuration configuration ospf
#
ospf 100 router-id 3.3.3.3
 area 0.0.0.0
  network 10.0.123.3 0.0.0.0
network 10.0.13.3 0.0.0.0
  network 10.0.23.3 0.0.0.0
#
return
```

路由器AR3的OSPF配置相对简单，它只参与了OSPF 100区域0的路由，是一台区域内路由器。例9-14展示了AR4上的OSPF和RIP配置。

例 9-14 AR4 上的 OSPF 和 RIP 配置

```
[AR4]display current-configuration configuration ospf
#
ospf 100 router-id 4.4.4.4
 import-route rip 4
area 0.0.0.14
  network 10.0.14.4 0.0.0.0
#
return
[AR4]
[AR4]display current-configuration configuration rip
#
rip 4
 network 172.16.0.0
#
return
```

在路由器 AR4 上，管理员使用 OSPF 配置模式下的命令 **import-route rip 4** 向 OSPF 路由域中注入了 RIP 路由。这个行为也使 AR4 成为了 ASBR 路由器，在接下来的命令展示中，我们也会重点观察 AR4 引入的外部路由。例 9-15 展示了 AR5 上的 OSPF 和 RIP 配置。

例 9-15 AR5 上的 OSPF 和 RIP 配置

```
[AR5]display current-configuration configuration ospf
#
ospf 100 router-id 5.5.5.5
 import-route rip 5
 area 0.0.0.25
  network 10.0.25.5 0.0.0.0
  nssa
#
return
[AR5]
[AR5]display current-configuration configuration rip
#
rip 5
 network 192.168.5.0
#
return
```

路由器 AR5 是 NSSA 区域中的 ASBR 路由器，这一点从例 9-15 中的命令 **import-route rip 5** 和 **nssa** 可以看出，前一条命令把 RIP 5 的路由注入到 OSPF 中，后一条命令把区域 25 设置为 NSSA 区域。需要注意的是，NSSA 区域中的所有路由器上都要在相应的区域中配置这条命令。

在 NSSA 区域中，ABR 路由器（AR2）会生成一条默认路由，ASBR 路由器（AR5）会注入外部路由，这两条路由都是通过类型 7 的 LSA 进行通告的。例 9-16 展示了相关信息。

例 9-16　在 AR5 上查看有关 NSSA 区域的特殊路由

```
[AR5]display ospf lsdb brief

         OSPF Process 100 with Router ID 5.5.5.5
                 LS Database Statistics

Area ID         Stub   Router    Network  S-Net   S-ASBR   Type-7    | Subtotal
0.0.0.25        0      2         0        4       0        2         | 8
 Total           0      2         0        4       0        2        |
 ----------------------------------------------------------------------+---------
 Area ID         Opq-9  Opq-10                                        | Subtotal
 0.0.0.25        0      0                                             | 0
 Total           0      0                                             |
 ----------------------------------------------------------------------+---------
                 ASE    Opq-11                                        | Subtotal
 Total           0      0                                             | 0
 ----------------------------------------------------------------------+---------
                                                                      | Total
                                                                      | 8
[AR5]
[AR5]display ospf lsdb

         OSPF Process 100 with Router ID 5.5.5.5
                 Link State Database

                        Area: 0.0.0.25
 Type      LinkState ID    AdvRouter          Age  Len   Sequence   Metric
 Router    2.2.2.2         2.2.2.2            897  48    80000008    1562
 Router    5.5.5.5         5.5.5.5            554  48    8000000F    1562
 Sum-Net   10.0.14.0       2.2.2.2           1171  28    80000002    1563
 Sum-Net   10.0.13.0       2.2.2.2           1566  28    80000002    1563
 Sum-Net   10.0.23.0       2.2.2.2            896  28    80000009    1562
 Sum-Net   10.0.123.0      2.2.2.2            902  28    80000007       1
 NSSA      192.168.5.0     5.5.5.5            554  36    80000007       1
```

```
NSSA        0.0.0.0          2.2.2.2              902  36    80000007        1

[AR5]
[AR5]display ospf routing

      OSPF Process 100 with Router ID 5.5.5.5
            Routing Tables

 Routing for Network
 Destination          Cost  Type        NextHop          AdvRouter        Area
 10.0.25.0/24         1562  Stub        10.0.25.5        5.5.5.5          0.0.0.25
 10.0.13.0/24         3125  Inter-area  10.0.25.2        2.2.2.2          0.0.0.25
 10.0.14.0/24         3125  Inter-area  10.0.25.2        2.2.2.2          0.0.0.25
 10.0.23.0/24         3124  Inter-area  10.0.25.2        2.2.2.2          0.0.0.25
 10.0.123.0/24        1563  Inter-area  10.0.25.2        2.2.2.2          0.0.0.25

 Routing for NSSAs
 Destination          Cost       Type       Tag          NextHop          AdvRouter
 0.0.0.0/0            1          Type2      1            10.0.25.2        2.2.2.2

 Total Nets: 6
 Intra Area: 1  Inter Area: 4  ASE: 0  NSSA: 1
```

从例 9-16 中第一条命令（**display ospf lsdb brief**）的输出信息中我们可以看出，在 AR5 的 OSPF 100 区域 25 中，有两个类型 7 的 LSA。从第二条命令（**display ospf lsdb**）的输出信息中我们可以看出这两个 LSA 分别是由 AR5 通告的外部路由（192.168.5.0），以及由 AR2 通告的默认路由（0.0.0.0）。第三条命令（**display ospf routing**）展示了 AR5 上的 OSPF 路由，从中我们会发现阴影部分突出显示了 NSSA 路由，即 AR2 自动通告的默认路由。但这里并没有显示 192.168.5.0，因为这条路由是 AR5 从其他路由源（RIP）注入到 OSPF 中的，因此对于 AR5 来说，这条路由并不是 OSPF 路由。

现在我们关注这条由 AR5 注入到 OSPF 路由域中的 RIP 路由（192.168.5.0），看看在不同区域的路由器上，这条路由的显示状态。例 9-17 展示了 AR2 上这条路由的状态。

例 9-17　在 AR2 上查看有关 NSSA 区域的特殊路由

```
[AR2]display ospf routing

      OSPF Process 100 with Router ID 2.2.2.2
            Routing Tables
```

```
Routing for Network
Destination        Cost  Type       NextHop        AdvRouter       Area
10.0.23.0/24       1562  Stub       10.0.23.2      2.2.2.2         0.0.0.0
10.0.25.0/24       1562  Stub       10.0.25.2      2.2.2.2         0.0.0.25
10.0.123.0/24      1     Transit    10.0.123.2     2.2.2.2         0.0.0.0
10.0.13.0/24       1563  Stub       10.0.123.3     3.3.3.3         0.0.0.0
10.0.14.0/24       1563  Inter-area 10.0.123.1     1.1.1.1         0.0.0.0

Routing for ASEs
Destination        Cost      Type       Tag         NextHop         AdvRouter
172.16.0.0/16      1         Type2      1           10.0.123.1      4.4.4.4

Routing for NSSAs
Destination        Cost      Type       Tag         NextHop         AdvRouter
192.168.5.0/24     1         Type2      1           10.0.25.5       5.5.5.5

Total Nets: 7
Intra Area: 4  Inter Area: 1  ASE: 1  NSSA: 1

[AR2]
[AR2]display ip routing-table protocol ospf
Route Flags: R - relay, D - download to fib
------------------------------------------------------------------------------
Public routing table : OSPF
         Destinations : 4        Routes : 5

OSPF routing table status : <Active>
         Destinations : 4        Routes : 5

Destination/Mask    Proto   Pre  Cost      Flags NextHop         Interface

      10.0.13.0/24  OSPF    10   1563        D   10.0.123.1      GigabitEthernet0/0/0
                    OSPF    10   1563        D   10.0.123.3      GigabitEthernet0/0/0
      10.0.14.0/24  OSPF    10   1563        D   10.0.123.1      GigabitEthernet0/0/0
     172.16.0.0/16  O_ASE   150  1           D   10.0.123.1      GigabitEthernet0/0/0
    192.168.5.0/24  O_NSSA  150  1           D   10.0.25.5       Serial0/0/0

OSPF routing table status : <Inactive>
Destinations : 0         Routes : 0
```

我们在9.2.2小节中介绍NSSA区域时提到过，NSSA区域的ABR会把NSSA区域中的类型 7 LSA 转换为类型 5 LSA，并通告到其他区域中。在我们这个案例中，也就是 AR2会把OSPF 100区域25中，AR5使用类型7 LSA注入的外部路由（192.168.5.0），转换为类型5 LSA并通告到区域0中。

从例 9-17 的第一条命令（**display ospf routing**）输出内容中，我们可以看到阴影部分的这条NSSA路由。但同样作为外部路由，由AR4注入的路由（172.16.0.0）则显示为外部路由，即由类型 5 LSA 通告过来的路由。从第二条命令（**display ip routing-table protocol ospf**）中也可以看出这两条路由的区别：**Proto（协议）部分O_ASE表示"OSPF外部路由"，O_NSSA表示"NSSA路由"，即是通过类型7 LSA计算出的路由。**

接下来，例9-18展示了在AR3上查看这两条路由的情况。

例9-18　在AR3上查看两条外部路由

```
[AR3]display ospf routing

         OSPF Process 100 with Router ID 3.3.3.3
                 Routing Tables

 Routing for Network
 Destination        Cost  Type         NextHop          AdvRouter        Area
 10.0.13.0/24       1562  Stub         10.0.13.3        3.3.3.3          0.0.0.0
 10.0.23.0/24       1562  Stub         10.0.23.3        3.3.3.3          0.0.0.0
 10.0.123.0/24      1     Transit      10.0.123.3       3.3.3.3          0.0.0.0
 10.0.14.0/24       1563  Inter-area 10.0.123.1         1.1.1.1          0.0.0.0
 10.0.25.0/24       1563  Inter-area 10.0.123.2         2.2.2.2          0.0.0.0

 Routing for ASEs
 Destination        Cost      Type       Tag           NextHop          AdvRouter
 172.16.0.0/16      1         Type2      1             10.0.123.1       4.4.4.4
 192.168.5.0/24     1         Type2      1             10.0.123.2       2.2.2.2

 Total Nets: 7
 Intra Area: 3  Inter Area: 2  ASE: 2  NSSA: 0

[AR3]
[AR3]display ip routing-table protocol ospf
Route Flags: R - relay, D - download to fib
------------------------------------------------------------------------------
Public routing table : OSPF
```

```
         Destinations : 4         Routes : 4

   OSPF routing table status : <Active>
   Destinations : 4         Routes : 4

   Destination/Mask    Proto   Pre  Cost      Flags NextHop         Interface

         10.0.14.0/24  OSPF    10   1563        D   10.0.123.1      GigabitEthernet0/0/0
         10.0.25.0/24  OSPF    10   1563        D   10.0.123.2      GigabitEthernet0/0/0
        172.16.0.0/16  O_ASE   150  1           D   10.0.123.1      GigabitEthernet0/0/0
      192.168.5.0/24   O_ASE   150  1           D   10.0.123.2      GigabitEthernet0/0/0

   OSPF routing table status : <Inactive>
   Destinations : 0         Routes : 0
```

从 9-18 所示的第一条命令（**display ospf routing**）中我们可以发现，这两条从 RIP 注入到 OSPF 路由域的路由现在都显示为外部路由。并且注意路由 192.168.5.0 的通告路由器是 2.2.2.2，从这里也可以证明，ABR 路由器（AR2）在把从类型 7 的 LSA 获得的路由转换为类型 5 LSA 时，会把这条路由当作由自己通告的路由发送出去。第二条命令（**display ip routing-table protocol ospf**）展示了外部路由出现在 IP 路由表中的状态，这两条路由的 Proto（协议）部分都是 O_ASE，表示“OSPF 外部路由”。

在例 9-16 中查看 AR5 上的 OSPF 路由时，读者可能会发现一个问题，那就是 AR5 已经从 AR2 收到了一条默认路由，并且它只有一条链路能够去往 OSPF 100 区域 0，因此实际上 AR5 并不需要 OSPF 100 路由域中的其他明细路由。并且 NSSA 区域的作用是通过缩小 NSSA 设备上的路由表大小，来节省 CPU 和内存资源，因此在 **nssa** 命令的后面，管理员可以添加可选关键字 **no-summary**，来限制 ABR 路由器向 NSSA 区域中通告类型 3 LSA。例 9-19 展示了管理员使用关键字 **no-summary** 后，AR5 上的 OSPF LSDB。

例 9-19　使用 nssa no-summary 后的 AR5 OSPF LSDB

```
[AR5]display ospf lsdb

         OSPF Process 100 with Router ID 5.5.5.5
                 Link State Database

                          Area: 0.0.0.25
 Type       LinkState ID      AdvRouter            Age  Len    Sequence    Metric
 Router     2.2.2.2           2.2.2.2              341  48     80000013     1562
```

```
 Router     5.5.5.5          5.5.5.5               338  48     80000012     1562
 Sum-Net    0.0.0.0          2.2.2.2               658  28     80000001        1
 NSSA       192.168.5.0      5.5.5.5               340  36     80000001        1
 NSSA       0.0.0.0          2.2.2.2               658  36     80000001        1

[AR5]
[AR5]display ip routing-table protocol ospf
Route Flags: R - relay, D - download to fib
------------------------------------------------------------------------------
Public routing table : OSPF
         Destinations : 1        Routes : 1

OSPF routing table status : <Active>
         Destinations : 1        Routes : 1

Destination/Mask    Proto   Pre  Cost      Flags NextHop         Interface

        0.0.0.0/0   OSPF    10   1563        D   10.0.25.2       Serial0/0/0

OSPF routing table status : <Inactive>
Destinations : 0         Routes : 0
```

从例 9-19 中的第二条命令中我们可以看出，AR5 的路由表中现在只有一条从 OSPF 学到的默认路由，缩小了路由表大小。并且当 OSPF 路由域中出现路由变更时，AR5 也感知不到网络变化，因此也就无需重新计算路径。

到目前为止，读者应该已经对这个网络有所了解，接下来我们来看看如果这个网络中出现问题的话，该如何进行排错。根据我们在第 5 章 VLAN 间路由的排错部分提出的排错思路，首先要收集故障信息。

故障一

PC100 的用户报告说与 PC200 之间的数据传输比以前慢了一些。根据这个线索，我们能提出一个疑问：从 PC100 到 PC200，数据包走的是哪条路径？例 9-20 给出了答案。

例 9-20　在 AR4 上判断路径

```
<AR4>tracert -a 172.16.0.4 192.168.5.200

traceroute to  192.168.5.200(192.168.
5.200), max hops: 30 ,packet length: 40,press CTRL_C to break

 1 10.0.14.1 60 ms  30 ms  30 ms
```

```
 2 10.0.13.3 50 ms  80 ms  60 ms

 3 10.0.23.2 60 ms  80 ms  80 ms

 4 10.0.25.5 80 ms  80 ms  70 ms

 5 192.168.5.200 140 ms  130 ms  160 ms
<AR4>
```

由于 AR4 是 PC100 的网关，因此我们可以在 AR4 上进行路径测试。在这里我们使用了一条非常有用的命令 **tracert**，要注意这条命令的应用视图是用户视图。在这条命令中，除了追踪的目的地 192.168.5.100 之外，我们还可以设置一些其他参数，比如例 9-20 中设置了源 IP 地址参数，使用可选关键字**-a** 加上想要使用的源。

从这条命令的输出内容中，我们可以判断出网络设备路由数据包所使用的路径。

1. 10.0.14.1（AR1）
2. 10.0.13.3（AR3）
3. 10.0.23.2（AR2）
4. 10.0.25.5（AR5）
5. 192.168.5.200（PC200）

从这个路径中我们已经可以看出问题所在：AR1 和 AR2 之间本应该直接通过以太网链路进行通信，但却绕行了 AR3。这时我们可以判断 AR1 的 G0/0/0 接口所连链路出现了问题，有可能是这个接口出了问题，有可能是网线出了问题，也有可能问题出现在 AR1 所连接的交换机上。

在进一步通过命令缩小范围前，我们再仔细观察上面的路径，从中可以发现从 AR3 去往 AR2 也使用了低速的串行链路，而没有使用高速的以太网链路。把这个现象和上面 AR1 与 AR3 之间选择走串行链路的现象结合考虑，几乎可以断定问题出现在 AR1、AR2 和 AR3 所连接的交换机上。

接下来管理员可以尝试登录这台交换机并进一步排查问题根源。本例导致故障的原因是管理员手动关闭了这台交换机的电源，现实环境中有可能是交换机或交换机接口卡出现了问题。

故障二

PC100 用户报告说今天上班后就无法与 PC200 进行通信。根据这个现象，我们还是先使用 **tracert** 命令，这次应该能够从这条命令中看出路径断掉的地方，详见例 9-21 所示。

例 9-21　在 AR4 上使用 tracert 命令

```
<AR4>tracert -a 172.16.0.4 192.168.5.200

traceroute to  192.168.5.200(192.168.
5.200), max hops: 30 ,packet length: 40,press CTRL_C to break

 1 10.0.14.1 70 ms  10 ms  30 ms

 2 10.0.123.2 100 ms  90 ms  120 ms

3 10.0.25.5 130 ms  110 ms  120 ms

 4 *  *  *

 5 *
<AR4>
```

从例 9-21 所示命令的测试结果我们可以看出，数据包最远可以到达 AR5，即 PC200 的网关。由此可以判断问题很可能出现在 AR5 与 PC200 之间的网络环境中。

提示：

在使用 **tracert** 命令进行路径追踪时，如遇例 9-21 所示数据包无法继续路由的情形（路由器返回“*”），可以同时按下 Ctrl_C 来退出测试。

接下来管理员可以先在 AR5 上对 PC200 发起 ping 测试，再次确认问题确实出现在这段链路上。然后登录到 PC200 连接的交换机上，查看 PC200 所连交换机接口的配置，着重查看 VLAN 的配置是否正确。本例中导致问题的原因是管理员变更了 PC200 所连交换机接口的 VLAN 信息，实际工作中有可能是 PC200 的用户把网线插在了错误的交换机接口上，导致交换机接口的 VLAN 配置与 PC200 应用的配置不符。

根据网络的规模和设计需求，多区域 OSPF 的配置可以非常复杂，管理员在进行配置前，要首先做好设计文档和实施文档，然后按部就班地进行实施。我们之所以会在一些配置章节的后面提供排错章节，是为了让读者了解排错思路（发现问题、找到问题、解决问题），从而在遇到问题时能够做到临危不乱。读者在搭建实验环境的过程中，就有可能因为手误而犯下各种各样的错误。排错的过程能够强化自己对每一部分知识的理解，以及各个部分知识的串联。因此在发现问题时，读者一定要按照排错思路进行排查，不要轻易放弃这个现成的排错机会，而直接清空网络设备的配置重新实施。

9.4 本章总结

在本章中，我们的重点是多区域OSPF环境中OSPF的工作方式与配置方法。为了说清楚多区域OSPF的操作原理，首先介绍了OSPF协议引入多区域的原因，并且陈述了OSPF分层结构的设计要点，即所有区域都必须与区域 0，即骨干区域相连。基于这些知识背景，我们进而介绍了只有在多区域OSPF环境下才会涉及的概念，这些概念包括OSPF路由器的类型、虚链路、OSPF特殊区域和LSA的类型。对于初学者来说，这些概念、术语和原理读起来拗口、记起来凌乱，需要不断通过逻辑演绎和实验操作才能真正理解并准确掌握它们。

本章的 9.3 节首先通过一个十分简单的环境演示了多区域环境中 OSPF 的基本配置方法。9.3.2 小节通过一个相对复杂的环境，演示了如何在多区域OSPF环境中，通过逻辑判断和测试命令，逐步找出网络中存在的问题。

9.5 练习题

一、选择题

1. 下列对于OSPF区域设计的说法正确的是？（多选）（　　）

A. 无论单区域OSPF还是多区域OSPF设计，必须包含骨干区域（区域0）

B. 无论单区域 OSPF 还是多区域 OSPF 设计，必须包含骨干区域，但区域编号可以由管理员自行指定

C. 在多区域OSPF设计中，非骨干区域必须与骨干区域在物理上或逻辑上直接相连

D. 在多区域OSPF设计中，非骨干区域不能连接外部路由域（比如RIP）

2. 在OSPF虚链路配置命令vlink-peer后面需要指明的参数是什么？（　　）

A. 对端路由器参与OSPF进程的物理接口IP地址

B. 对端路由器参与OPSF进程的环回接口IP地址

C. 对端路由器的路由器ID

D. 以上都不对

3. 在同一个OSPF自治系统中，一台内部路由器一定不会是________（　　）

A. 一台ABR　　　　B. 一台ASBR

C. 一台骨干路由器　　　　D. 一台三层交换机

4. 下列哪一类LSA会在整个自治系统内泛洪？（　　）

A．类型 3 LSA　　B．类型 4 LSA

C．类型 5 LSA　　D．类型 7 LSA

5．在完全末节区域中，有可能出现下面哪一类 LSA？（　　）

A．类型 2 LSA　　B．类型 4 LSA

C．类型 5 LSA　　D．类型 7 LSA

6．在完全 NSSA 区域中，不可能出现下面哪一类 LSA？（　　）

A．类型 1 LSA　　B．类型 2 LSA

C．类型 4 LSA　　D．类型 7 LSA

7．对于一个包含 ASBR 的区域，管理员可以将其设置为下列哪几种区域？（多选）（　　）

A．末节区域　　B．完全末节区域

C．NSSA　　D．完全 NSSA

二、判断题

1．在配置 OSPF 区域时，管理员既可以使用点分十进制表示该区域，也可以使用一个十进制数表示该区域。

2．因为有了虚链路技术，所以管理员在设计 OSPF 网络时不必预先考虑非骨干区域是否与骨干区域在物理上直接相连的问题。

3．顾名思义，ASBR 汇总 LSA（类型 4 LSA）是由 ASBR 创建的一类 LSA。

术语表

第 1 章　交换网络

局域网：在一个有限区域内实现终端设备互联的网络。

冲突：因多台设备在一个共享媒介中同时发送数据而导致的干扰。冲突的结果是各方发送的数据均无法被接收方正常识别。

冲突域：通过共享媒介连接在一起的设备所共同构成的网络区域。在这个区域内，同时只能有一台设备发送数据包。

集线器：拥有多个端口，可以将大量设备连接成一个共享型以太网，是一种只能把从一个接口接收到的数据通过（除该接口外的）所有接口发送出去的物理层设备。

共享型以太网：所有连网设备处于一个冲突域中，需要竞争发送资源的以太网环境。

网桥：两端口的数据链路层设备，它可以记录入站数据帧的源 MAC 地址与其入站端口之间的映射关系，并借此有针对性地转发数据帧，从而将两个端口隔离为不同的冲突域。

交换机：多端口网桥，鉴于其每端口为一个独立的冲突域，因此通过交换机连接大量设备形成的以太网为交换型以太网。

交换型以太网：连网设备相互之间不需要相互竞争发送资源，而是分别与中心设备两两组成点到点连接的以太网环境。

交换容量：交换机的最大数据交换能力，单位为 bit/s。

包转发率：交换机每秒可以转发的数据包数，单位为 pps。

交换机接口速率：接口每秒能够转发的比特数，单位为 bit/s。

双工模式：描述接口是否可以（同时）双向传输数据的工作模式。

半双工模式：在这种双工模式下，接口可以双向传输数据，但数据的接收和发送不能同时进行。

全双工模式：在这种双工模式下，接口可以同时双向传输数据。

MAC 地址表：交换机上用来记录 MAC 地址与端口之间映射关系的数据库。交换机依照该数据库中的条目来执行数据帧交换。

第 2 章　虚拟局域网（VLAN）技术

VLAN：虚拟局域网，它能够在逻辑层面把一个局域网划分为多个“虚拟”局域网，以此限制局域网的规模，从而既能够解决随网络用户数量增长而来的数据帧冲突和广播流量激增问题，也能够提高网络的安全性。

VLAN 标签（VLAN Tag）：用来区分数据帧所属 VLAN 的 4 字节长度字段，插在以太网数据帧头。

标记帧（Tagged frame）：携带 VLAN 标签的数据帧。通常交换机之间会传输标记帧。

无标记帧（Untagged）：不携带 VLAN 标签的数据帧。通常终端设备发出的就是无标记帧。

PVID（接口 VLAN ID）：交换机接口上的配置参数，它表示交换机接口默认使用的 VLAN ID，也称为缺省 VLAN。

Access（接入）：Access 接口通常用于连接交换机与终端设备，它们之间的链路也称为 Access 链路。

Trunk（干道）：Trunk 接口通常用于连接交换机与交换机，它们之间的链路也称为 Trunk 链路。

Hybrid（混合）：Hybrid 接口既可以连接交换机与终端设备，又可以连接交换机与交换机。

GARP：全称是通用属性注册协议，它的工作原理是把一个 GARP 成员（交换机等设备）上配置的属性信息，快速且准确地传播到整个交换网络中。

GVRP：利用 GARP 定义的属性事件来实现 VLAN 信息的自动传播。

静态 VLAN：管理员手动配置的 VLAN。

动态 VLAN：交换机通过 GVRP 特性学习到的 VLAN。

第 3 章　生成树协议

根桥：也称为根交换机或根网桥。这是交换网络中的一台交换机，也是交换网络中所有路径的起点。

根端口：这是交换网络中的一些端口，负责转发数据。

指定端口：这是交换网络中的一些端口，负责转发数据。

预备端口：这是交换网络中的一些端口，处于阻塞状态，不能转发数据。

BPDU：全称为桥协议数据单元，一个STP域中的交换机需要各自决定根桥以及自身端口的角色（根端口、指定端口或阻塞端口），为了确保这些交换机能够做出正确的决定，就需要它们之间能够以某种方式交互相关信息。出于这种目的交换的特殊数据帧就称为BPDU，其中携带着桥ID、根桥ID、根路径开销等信息。

配置BPDU：由根网桥创建，每隔Hello时间发送。其他非根交换机只能从根端口接收配置BPDU，并从指定端口进行转发。

拓扑变化通知BPDU：由检测到拓扑变化的非根交换机创建，通过自己的根端口向根网桥方向发送。收到TCN BPDU的非根交换机会通过自己的根端口向根网桥方向转发，同时向接收到TCN BPDU的指定端口返回确认消息。根网桥收到TCN BPDU后，会在下一个CBPDU中更新拓扑的变化。

桥ID：由STP优先级和MAC地址构成，用在STP选举中。

根路径开销：PRC，去往根网桥每条路径上每个出端口开销的总和。

端口ID：由端口优先级和ID构成，用在STP选举中。

预备端口：这类端口可以在根端口及其链路出现故障时，接任根端口的角色。

备份端口：这类端口可以在连接到冲突域的指定端口出现故障时，接任指定端口的角色。

边缘端口功能：这不是RSTP中定义的端口角色，而是能够使端口立即切换到转发状态的快速收敛特性。

P/A机制：能够实现点到点指定端口的快速状态切换，即跳过转换延迟直接进入转发状态。

点到点端口：全双工状态的端口。

共享型端口：半双工状态的端口（比如连接Hub的端口）。

MSTP：多生成树协议，按照管理员指定的实例运行STP计算。

第4章 静态路由

路由条目：路由器根据目的IP地址匹配路由条目，并根据路由条目中的出接口和下一跳信息来转发数据包。

路由表：存放路由条目的数据库。

路由优先级：当路由器上有多条通过不同途径获得的路由时，路由器根据路由优先级来选择最优路由。

路由度量值：当路由器上有多条通过相同途径获得的路由时，路由器根据路由度量值来选择最优路由。

直连路由：路由器接口所连子网，只有当接口处于工作状态时，路由表中才会出现相应的直连路由。

静态路由：管理员手动在路由器上配置的路由。

默认路由：掩码为 0 的路由，也是最不精确的路由，但却可以匹配任意目的 IP 地址。

动态路由：路由器通过动态路由协议学到的路由。

静态路由：由管理员手动配置在路由器上的路由条目。

默认路由：掩码为 0 的路由，最不精确的路由，任何无法匹配其他路由条目的路由都会匹配默认路由。

浮动静态路由：当一条主用路由发生问题时，自动切换到备用路由。

汇总路由：将多个子网的路由汇总为一条路由。

第 5 章　VLAN 间路由

三层拓扑：描述的是各个网络的地址和路由器根据网络地址转发数据包的逻辑通道。

物理拓扑：展示网络基础设施之间物理连接方式的拓扑。

VLAN 间路由：通过路由器为不同 VLAN 中的设备路由数据包的设计方案。

三层交换机：拥有三层路由功能的交换机。

VLANIF 接口：三层交换机上具有三层路由功能的虚拟接口，常作为相应 VLAN 中主机的默认网关。

第 6 章　动态路由

路由协议：定义路由设备之间如何交换路径信息、交换何种信息，以及路由设备如何根据这些信息计算出去往各个网络最佳路径等选路操作相关事项的协议。

距离矢量路由协议：让路由器之间交换与距离和方向有关的信息，而后使各台路由器在邻居所提供的信息基础上，计算出自己去往各个网络最优路径的路由协议。

链路状态路由协议：让路由器之间交换与网络拓扑有关的信息，而后使每台设备依照接收到的信息独立计算出去往各个网络最佳路径的路由协议。

有类路由协议：路由通告信息中不包含 IP 地址掩码信息的路由协议。对于非直连子网路由，使用有类路由协议的路由器只能依靠主网络的掩码对其进行标识。

无类路由协议：路由通告信息中包含 IP 地址掩码信息的路由协议。

链路状态通告（LSA）：链路状态型路由协议用来通告路由信息的方式。

路由信息协议（Routing Information Protocol）：简称 RIP，是一种距离矢量型路由协议。

更新计时器（Update Timer）：RIP 路由器以更新计时器设置的参数作为周期，每周期向外通告一次路由更新信息，默认为 30 秒。

老化计时器（Age Timer）：如果路由器连续一段时间没有通过启用了 RIP 的接口接收到某条路由的更新消息，而这条路由的更新消息就应该通过这个接口接收到时，路由器就会将这条路由标注为不可达，但不会将这条路由从 RIP 数据库中删除。这段时间是由 RIP 老化计时器定义的，默认的时间为 180 秒。

垃圾收集计时器（Garbage Collect Timer）：这个计时器定义的是从一条路由被标记为不可达，到路由器将其彻底删除之间的时间。垃圾收集计时器默认的设置是 120 秒。

水平分割（Split Horizon）：禁止路由器将从一个接口学习到的路由，再从同一个接口通告出去。

毒性反转：当路由器从一个接口学习到一条去往某个网络路由时，它就会通过这个接口通告一条该网络不可达的路由。

路由毒化（Route Poisoning）：是指路由器会将自己路由表中已经失效的路由作为一条不可达路由主动通告出去。

触发更新（Triggered Update）：是指路由器在网络发生变化时，不等待更新计时器到时，就主动发送更新。

第 7 章　单区域 OSPF

OSPF 邻居表：用来记录自己各个接口所连接的 OSPF 邻居设备，及自己与该邻居设备之间的邻居状态等信息。

OSPF 拓扑表：即链路状态数据库，包含了同一区域中所有其他路由器通告的链路状态信息。

网络类型：接口的 OSPF 概念，包括广播类型、P2P 类型、NBMA 类型和 P2MP 类型。

路由器 ID：OSPF 域中路由器用来标识自己的值。

DR 和 BDR：指定路由器和备份指定路由器。在多路访问网络中，为了减少网络中传输的 OSPF 管理流量而设置的 OSPF 接口角色。

链路状态消息：即 LSA。OSPF 路由器之间会通过交互链路状态消息统一链路状态数据库。

第 9 章　多区域 OSPF

OSPF 骨干区域：即 OSPF 区域 0，所有区域都需要通过物理或逻辑的方式与区域 0 相连。

内部路由器：所有接口属于同一个 OSPF 区域中的 OSPF 路由器。

骨干路由器：有接口处于骨干区域，即区域 0 的 OSPF 路由器。

区域边界路由器：即 ABR，即并非所有 OSPF 接口都同属于一个 OSPF 区域的 OSPF 路由器。

自治系统边界路由器：即 ASBR，通过其他方式获得（包括动态学习和静态配置）的外部路由条目注入到 OSPF 网络中，让启用 OSPF 的路由器获取 OSPF 之外网络路由信息的路由器。

OSPF 虚链路：OSPF 设计要求所有非骨干区域都要与骨干区域直接相连，若没有直接相连，则需要通过 OSPF 虚链路将其间接连接到骨干区域。

路由器 LSA：类型 1 LSA。每台路由器都会通告的 LSA，仅在创建的区域内泛洪。

网络 LSA：类型 2LSA。仅 DR 路由器通告的 LSA，仅在创建的区域内泛洪。

网络汇总 LSA：类型 3LSA。仅 ABR 路由器会通告的 LSA，仅在创建的区域内泛洪。

ASBR 汇总 LSA：类型 4 LSA。仅 ABR 路由器会通告的 LSA，通告关于其他区域中 ASBR 的链路状态信息，仅在创建的区域内泛洪。

自治系统外部 LSA：类型 5 LSA。仅 ASBR 路由器会通告的 LSA，通告关于这个自治系统外部的链路状态信息，会在整个 OSPF 自治系统中泛洪。

NSSA 外部 LSA：类型 7LSA。仅 ASBR 路由器会通告的 LSA，通告关于这个自治系统外部的链路状态信息，仅会在创建的 NSSA 区域内泛洪。

推荐延伸阅读与其他参考文献

推荐延伸阅读

[1] 华为技术有限公司.《HCNA 网络技术学习指南》[M]. 北京：人民邮电出版社，2015.

[2] [日]三轮贤一.《图解网络硬件》[M]. 盛荣，译. 北京：人民邮电出版社，2014.

[3] [美]彼得森，戴维.《计算机网络 系统方法》第 5 版[M]. 王勇，等译. 北京：机械工业出版社，2015.

[4] 谢希仁.《计算机网络》第 7 版[M]. 北京：电子工业出版社，2017.

[5] 王树禾.《图论》第二版[M]. 北京：科学出版社，2009.

其他参考文献

[1] [美]特南鲍姆，韦瑟罗尔.《计算机网络》第 5 版[M]. 严伟，等译. 北京：清华大学出版社，2012.

[2] [美]史蒂文斯.《TCP/IP 详解 卷 1：协议》[M]. 范建华，等译. 北京：机械工业出版社，2000.

[3] [美]斯托林斯，凯斯.《数据通信：基础设施、联网和安全》原书第 7 版[M]. 陈秀真，等译. 2015.

[4] [美]库罗斯，罗斯.《计算机网络 自顶向下方法》原书第 6 版[M]. 陈鸣，译.

北京：机械工业出版社，2015.

[5] [美]科默.《计算机网络与因特网》第6版[M]. 范冰冰，等译. 2015.

[6] [日]竹下隆史，村山公保，荒井透，苅田幸雄.《图解 TCP/IP》第5版[M]. 乌尼日其其格，译. 北京：人民邮电出版社，2013.

[7] [美]福罗赞. 《TCP/IP 协议族》第4版[M]. 王海，等译. 北京：清华大学出版社，2011.

[8] [美]沙特朗，张萍.《图论导引》[M]. 范益政，等译. 北京：人民邮电出版社，2007.

其他信息来源

华为（中国）官方网站：http://www.huawei.com/cn/

华为信息与网络技术学院官方网站：https://www.huaweiacad.com

IEEE 802 标准委员会网站：http://www.ieee802.org

IANA 官方网站：http://www.iana.org

ICANN 官方网站：https://www.icann.org

ITU 官方网站：http://www.itu.int

ISO 官方网站：https://www.iso.org

IETF 官方网站：http://www.ietf.org

IETF 官方网站 RFC 文档查询链接：https://www.rfc-editor.org/search/rfc_search.php

维基百科英文：https://en.wikipedia.org